电子信息科学与工程类专业规划教材

离散时间信号处理与 MATLAB 仿真
——学习及实验指导

王 芳 陈 勇 编著

西北工业大学出版社

西 安

【内容简介】《离散时间信号处理与MATLAB仿真》是普通高等教育“十三五”电子信息科学与工程类专业规划教材。本书是该规划教材的配套参考书，由离散时间信号与系统、离散时间信号的频域分析、离散傅里叶变换、数字滤波器的基本结构、IIR滤波器设计方法、FIR滤波器设计方法、综合实验等7章组成。第1～6章每章都是先介绍各章的学习要点，然后给出全部习题的详细解答，最后介绍相应的MATLAB实验指导以及上机题详细题解。第7章综合实验部分包括MATLAB实验名称、实验目的、实验原理、实验内容等。

本书可以与《离散时间信号处理与MATLAB仿真》配套使用，也可以作为普通高等学校通信、电子、电气工程及其自动化等专业学生和从事数字信号处理的科技人员教学、自学或考研的参考用书。

图书在版编目(CIP)数据

离散时间信号处理与MATLAB仿真：学习及实验指导/王芳，陈勇编著. — 西安：西北工业大学出版社，2021.2
ISBN 978-7-5612-7627-3

Ⅰ.①离… Ⅱ.①王… ②陈… Ⅲ.①离散信号-时间信号-信号处理-高等学校-教材 ②计算机仿真-Matlab软件-高等学校-教材 Ⅳ.①TN911.7 ②TP317

中国版本图书馆CIP数据核字(2021)第027402号

LISAN SHIJIAN XINHAO CHULI YU MATLAB FANGZHEN
离散时间信号处理与MATLAB仿真

责任编辑：刘 敏 李阿盟 **策划编辑**：李 杰
责任校对：孙 倩 **装帧设计**：李 飞
出版发行：西北工业大学出版社
通信地址：西安市友谊西路127号 邮编：710072
电　　话：(029)88491757，88493844
网　　址：www.nwpup.com
印 刷 者：兴平市博闻印务有限公司
开　　本：787 mm×1 092 mm 1/16
印　　张：18
字　　数：472千字
版　　次：2021年2月第1版 2021年2月第1次印刷
定　　价：58.00元

前　　言

“离散时间信号处理”(或“数字信号处理”)是电子信息类专业的基础课程，主要讲述离散时间信号处理的理论、原理与实现方法。拙作《离散时间信号处理与 MATLAB 仿真》主要介绍了离散时间信号处理的基本概念和相关理论知识，以及离散时间信号处理的 MATLAB 仿真方法。本书《离散时间信号处理与 MATLAB 仿真——学习及实验指导》可作为上述教材或相关数字信号处理教材的辅助学习资料，也可作为“离散时间信号处理”(或“数字信号处理”)课程的实验指导教材。

本书特色主要包括：①学习要点总结全面。本书通过大量的图形、列表等对各章的学习要点进行了总结，方便学生快速查找、复习重点学习内容。②典型例题充实。目前大部分《离散时间信号处理》(或《数字信号处理》)教材，由于篇幅原因仅给出少量的例题，不利于学生掌握离散时间信号处理的学习内容。本书在每章均补充了大量的典型例题，每道典型例题都给出了详细的解题步骤。③习题解答详尽。对《离散时间信号处理与 MATLAB 仿真》教材中出现的习题，本书均给出了详细的解答过程。④实验项目丰富。本书不仅针对各章内容给出了基于 MATLAB 的离散时间信号处理的实验项目，而且还在本书第 7 章详细介绍了 7 个综合实验项目，学生可利用 MATLAB 软件和离散时间信号处理理论解决实际工程中的综合性问题。此外，在每章最后还给出了《离散时间信号处理与 MATLAB 仿真》教材上机习题的解答过程。

本书第 1 章介绍离散时间信号与系统的学习要点、典型例题、习题解答、典型 MATLAB 实验以及上机题解答。第 2 章介绍离散时间信号的频域分析的学习要点、典型例题、习题解答、典型 MATLAB 实验以及上机题解答。第 3 章介绍离散傅里叶变换的学习要点、典型例题、习题解答、典型 MATLAB 实验以及上机题解答。第 4 章介绍数字滤波器结构的学习要点、典型例题和习题解答。第 5 章介绍 IIR 滤波器设计方法的学习要点、典型例题、习题解答、典型 MATLAB 实验以及上机题解答。第 6 章介绍 FIR 滤波器设计方法的学习要点、典型例题、习题解答、典型 MATLAB 实验以及上机题解答。第 7 章介绍 7 个综合实验，包括音频信号的采集及时域处理、音频信号的时域采样与重建、离散时间系统的响应及稳定性、用 DFT 计算线性卷积、音频信号的频域分析与处理、用 FDATool 设计数字滤波器以及双音多频拨号系统信号处理仿真等。

本书得到了国家自然科学基金(61601209)、江西省高等学校教学改革研究重点课题(JXJG－19－2－28)、江西省自然科学基金(20171BAB202003)以及江西省教育厅科学技术研究项目(GJJ160338)等的支持。

限于编者水平，书中难免有错误或不完善之处，恳请广大读者予以批评指正。

编　者

2020 年 10 月

目　　录

第 1 章　离散时间信号与系统

1.1　学习要点

1.1.1　典型序列及序列运算

离散时间信号通常用符号 $x(n)$ 表示，其中自变量 n 取整数，变化范围为 $-\infty \sim +\infty$。离散时间信号 $x(n)$ 只在 n 为整数时有意义，而在 n 为非整数时没有意义。连续时间信号与离散时间信号之间的关系可以表示为

$$x(n) = x_a(t)\big|_{t=nT} = x_a(nT)$$

式中，T 表示相邻两个采样时刻之间的时间间隔，也称为采样周期。采样周期的倒数称为采样频率，一般用 f_s 表示。典型序列包括单位脉冲序列、单位阶跃序列、矩形序列、余弦序列及指数序列等，上述典型序列的总结如表 1-1 所示。

表 1-1　典型序列

序列名称	表达式	图形	说明
单位脉冲序列	$\delta(n) = \begin{cases} 1, & n = 0 \\ 0, & n \neq 0 \end{cases}$	$\delta(n)$；1；0；n	$\delta(n) = u(n) - u(n-1)$
单位阶跃序列	$u(n) = \begin{cases} 1, & n \geqslant 0 \\ 0, & n < 0 \end{cases}$	$u(n)$；1；…；0 1 2 3 4；n	$u(n) = \sum\limits_{m=0}^{\infty} \delta(n-m) = \sum\limits_{k=-\infty}^{n} \delta(k)$
矩形序列	$R_N(n) = \begin{cases} 1, & 0 \leqslant n \leqslant N-1 \\ 0, & \text{其他} \end{cases}$	$R_N(n)$；1；…；0 1 2 3 4　$N-1$；n	$R_N(n) = u(n) - u(n-N)$
余弦序列	$x(n) = A\cos(\omega n + \phi)$	$\cos\left(\frac{\pi}{2}n\right)$；1；0 1 2 3 4 5 6 7；$n$	$x(n) = x_i(n) + x_q(n)$ $x_i(n) = A\cos\phi\cos\omega n$ $x_q(n) = -A\sin\phi\sin\omega n$
指数序列	$x(n) = A\alpha^n$	0.5^n；1；…；0 1 2 3；n	当 $\alpha = e^{(\sigma+j\omega)}$，$A = \lvert A \rvert e^{j\phi}$ 时， $x(n) = \lvert A \rvert e^{\sigma n} e^{j(\omega n+\phi)}$

表1-1中列举了几种常用的典型序列,而对于任意序列,则可以表示成单位脉冲序列的移位加权和形式,即

$$x(n)=\sum_{m=-\infty}^{\infty}x(m)\delta(n-m)$$

此外,如果对所有n,存在一个最小的正整数N,使得等式

$$x(n)=x(n+N)$$

成立,则称序列$x(n)$是周期为N的周期序列。正弦序列$x(n)=A\sin(\omega_0 n+\phi)$的周期性判断方法如下:

若$2\pi/\omega_0$为整数,则正弦序列的周期为$2\pi/\omega_0$;

若$2\pi/\omega_0$为有理数P/Q,则正弦序列的周期为P;

若$2\pi/\omega_0$为无理数,则正弦序列为非周期序列。

序列的基本运算包括加法、乘法、移位、翻转及尺度变换等。序列的加法或乘法运算就是将序列的样本值逐点对应相加或相乘。序列$x(n)$的移位可以表示为$x(n-n_0)$。当$n_0>0$时,表示将序列向右移动;当$n_0<0$时,表示将序列向左移动。序列$x(n)$的翻转可以表示为$x(-n)$,序列$x(n)$中位于正半轴的部分经过翻转后位于负半轴的位置;而序列$x(n)$中位于负半轴的部分经过翻转后位于正半轴的位置。序列$x(n)$的尺度变换可以表示为$x(kn)$或$x(n/k)$,k为正整数,$x(kn)$是对序列$x(n)$每隔$k-1$个值抽取一点;$x(n/k)$是在序列$x(n)$两点之间插入$k-1$个零点。

1.1.2 系统类型判断

在离散时间信号处理课程中,主要学习的系统类型包括线性系统、移不变系统、因果系统和稳定系统。这些系统的判断方法如表1-2所示。

表1-2 系统类型的判断方法

线性系统	1. 同时满足可加性及齐次性: $T[x_1(n)+x_2(n)]=T[x_1(n)]+T[x_2(n)]$, $T[ax_1(n)]=aT[x_1(n)]$ 2. 直接满足以下条件: $T[ax_1(n)+bx_2(n)]=aT[x_1(n)]+bT[x_2(n)]$
移不变系统	1. 满足$T[x(n-n_0)]=y(n-n_0)$,n_0为任意整数
因果系统	1. 根据定义进行判断:系统n时刻输出只取决于n时刻及n时刻之前的输入 2. 根据单位脉冲响应进行判断:$h(n)=0,n<0$
稳定系统	1. 根据定义进行判断:系统对任意有界输入必得到有界输出 2. 根据单位脉冲响应进行判断:$\sum_{n=-\infty}^{\infty}\mid h(n)\mid<\infty$

1.1.3 线性卷积计算

对于线性移不变离散时间系统,可用一个常系数线性差分方程进行描述,即

$$y(n)=-\sum_{k=1}^{N}a(k)y(n-k)+\sum_{r=0}^{M}b(r)x(n-r)$$

式中，$a(k)$，$b(r)$ 是方程的系数，其中 $k=1,\cdots,N$，$r=0,\cdots,M$。给定系统的输入信号 $x(n)$，以及系统的初始条件，可根据常系数线性差分方程求解系统的输出 $y(n)$。通过计算输入序列与单位脉冲响应之间的线性卷积，也可得到线性移不变系统的输出序列。设线性移不变系统的输入为 $x(n)$，单位脉冲响应为 $h(n)$，则输出序列为

$$y(n)=\sum_{m=-\infty}^{\infty} x(m)h(n-m)=x(n)*h(n)$$

式中，输入序列与单位脉冲响应之间的运算称为线性卷积，并用符号“$*$”表示。

常用的线性卷积计算方法主要有图解法（列表法）、解析法以及 MATLAB 编程求解方法。下面重点介绍图解法（列表法）和解析法，MATLAB 编程求解方法见后续章节内容。

1. 图解法（列表法）

图解法（列表法）常用于计算两个有限长序列的线性卷积。例如，给定 $x(n)=R_5(n)$，$h(n)=R_3(n-1)$，求 $y(n)=x(n)*h(n)$。图解法（列表法）的解题过程如表 1－3 所示。

表 1－3　根据图解法（列表法）求解线性卷积

m	-7	-6	-5	-4	-3	-2	-1	0	1	2	3	4	5	6	7	8	
$x(m)$								1	1	1	1	1					
$h(m)$									1	1	1						
$h(-m)$					1	1	1										$y(0)=0$
$h(1-m)$						1	1	1									$y(1)=1$
$h(2-m)$							1	1	1								$y(2)=2$
$h(3-m)$								1	1	1							$y(3)=3$
$h(4-m)$									1	1	1						$y(4)=3$
$h(5-m)$										1	1	1					$y(5)=3$
$h(6-m)$											1	1	1				$y(6)=2$
$h(7-m)$												1	1	1			$y(7)=1$
$h(8-m)$													1	1	1		$y(8)=0$

对表 1－3 中各行的解释如下：

第 1 行填写离散时间信号对应的时刻 m；

第 2 行填写序列 $x(m)$ 的取值，需要注意的是，这里序列 $x(m)$ 的取值与序列 $x(n)$ 的取值相同；

第 3 行填写序列 $h(m)$ 的取值；

第 4 行填写序列 $h(m)$ 翻转之后的取值，即 $h(-m)$，将第 2 行与第 4 行对应相乘并求和，求和结果记录在本行最后一列；

第 5 行填写序列 $h(-m)$ 向右移动 1 位后的结果，即 $h(1-m)$，将第 2 行与第 5 行对应相乘并求和，求和结果记录在本行最后一列；

以此类推，可写出后续各行的结果。通常情况下，当卷积计算结果持续等于 0 时，即可停

止计算。

2.解析法

解析法常用于计算两个无限长序列的线性卷积。例如，给定 $x(n)=u(n)$，$h(n)=u(n-1)$，用解析法求解线性卷积 $y(n)=x(n)*h(n)$ 的具体步骤如下：

(1) 根据线性卷积定义，写出计算表达式

$$y(n)=x(n)*h(n)=\sum_{m=-\infty}^{\infty}x(m)h(n-m)=\sum_{m=-\infty}^{\infty}u(m)u(n-m-1)$$

(2) 为方便计算，确定各乘积项的非零区间。

$u(m)$ 对应的非零区间是：$m\geqslant 0$；$u(n-m-1)$ 对应的非零区间是：$n-m-1\geqslant 0$。注意，此处的自变量是 m，而式中的 n 应看作一常量。因此，非零区间进一步简化为 $0\leqslant m\leqslant n-1$。

显然，只有当各乘积项的非零区间存在重合时，线性卷积计算结果才等于非零值，而当各乘积项的非零区间不存在重合时，线性卷积计算结果恒等于零。

(3) 确定线性卷积计算结果取非零值的区间。

根据以上步骤可知，需要同时满足条件：$m\geqslant 0$ 以及 $m\leqslant n-1$，因此有 $0\leqslant m\leqslant n-1$，即有 $n\geqslant 1$，此即为线性卷积计算结果取非零值的区间。注意，线性卷积计算结果 $y(n)$ 是以 n 为自变量的，因此相应的区间应该是关于自变量 n 的。

(4) 简化求和计算式，得到

$$y(n)=\sum_{m=-\infty}^{\infty}u(m)u(n-m-1)=\left(\sum_{m=0}^{n-1}1\cdot 1\right)u(n-1)$$

这里，根据步骤(2)的结果，将求和号的上限修改为 $n-1$，而将求和号的下限修改为0。此时，乘积项 $u(m)$ 和 $u(n-m-1)$ 均等于1。另外需要特别注意的是，根据步骤(3)线性卷积计算结果取非零值的区间是：$n\geqslant 1$，为此在求和计算式之后添加了表达式 $u(n-1)$，表示线性卷积计算结果 $y(n)$ 在 $n\geqslant 1$ 时取非零值，而在 $n<1$ 时恒等于零。最终，容易得到卷积计算结果为 $y(n)=nu(n-1)$。

1.1.4 时域采样定理

时域采样定理为连续信号与离散信号之间的相互转换提供了理论基础。当采样角频率大于信号最高频率的两倍，即 $\Omega_s=2\pi/T_s>2\Omega_h$ 时，理想采样信号的频谱 $F_d(j\Omega)$ 如图 1-1 所示，此时没有发生频谱混叠。当采样角频率正好等于信号最高频率的两倍，即 $\Omega_s=2\pi/T_s=2\Omega_h$ 时，理想采样信号的频谱 $F_d(j\Omega)$ 如图 1-2 所示，此时刚好没有发生频谱混叠。当采样角频率小于信号最高频率的两倍，即 $\Omega_s=2\pi/T_s<2\Omega_h$ 时，理想采样信号的频谱 $F_d(j\Omega)$ 如图 1-3 所示，此时发生了频谱混叠。

为了从理想采样信号中恢复原模拟信号，只需通过一理想低通滤波器，其频率响应为

$$H(j\Omega)=\begin{cases}T_s, & |\Omega|\leqslant\Omega_s/2\\ 0, & |\Omega|>\Omega_s/2\end{cases}$$

即可恢复原模拟信号，其原理过程如图 1-4 所示。

总结上述采样过程，可以得到信号无失真恢复的条件如下：一是信号必须为带限信号，即信号最高角频率为 Ω_h；二是采样角频率需要满足 $\Omega_s\geqslant 2\Omega_h$。

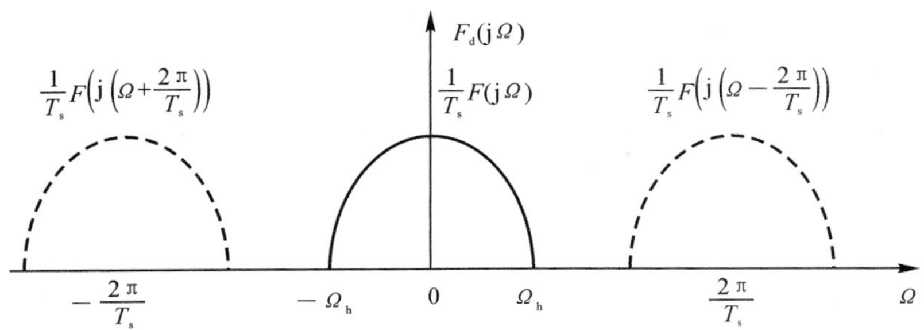

图 1 - 1　无频谱混叠

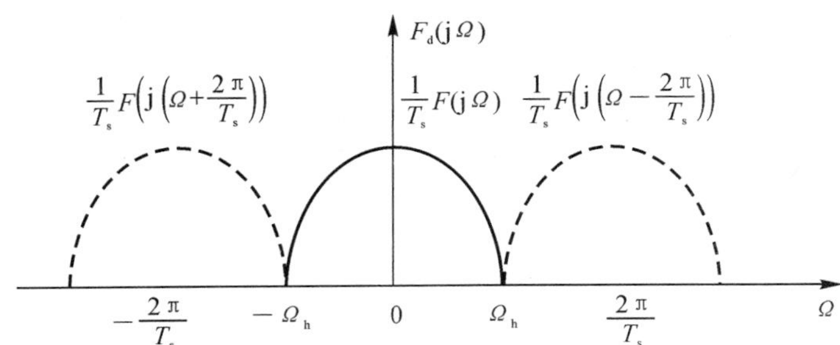

图 1 - 2　临界频谱混叠

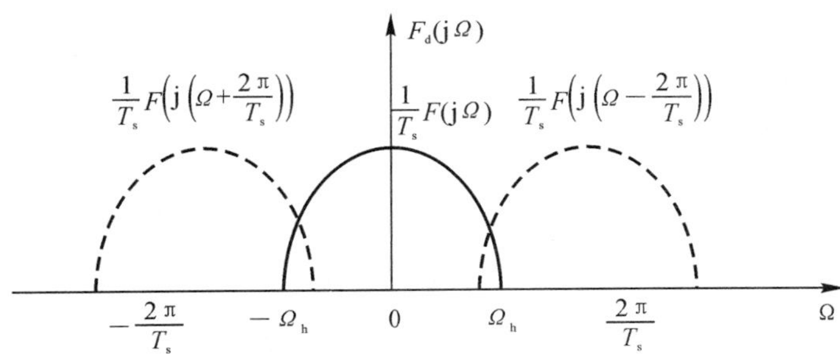

图 1 - 3　有频谱混叠

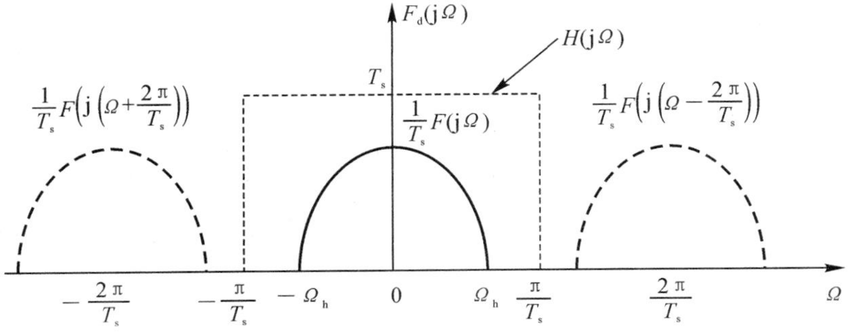

图 1 - 4　时域信号的恢复

1.2 典型例题

例 1-1 给定序列 $x(n)=(6-n)[u(n)-u(n-6)]$，试画出以下序列的图形。

(1) $y_1(n)=x(4-n)$；　　(2) $y_2(n)=x(2n-3)$；

(3) $y_3(n)=x(8-3n)$；　　(4) $y_4(n)=x(n^2-2n+1)$。

解：(1) 序列 $y_1(n)$ 相当于对序列 $x(n)$ 先向左移动4位，然后进行翻转，于是序列 $x(n)$ 和 $y_1(n)$ 的图形分别如图 1-5(a)(b) 所示。

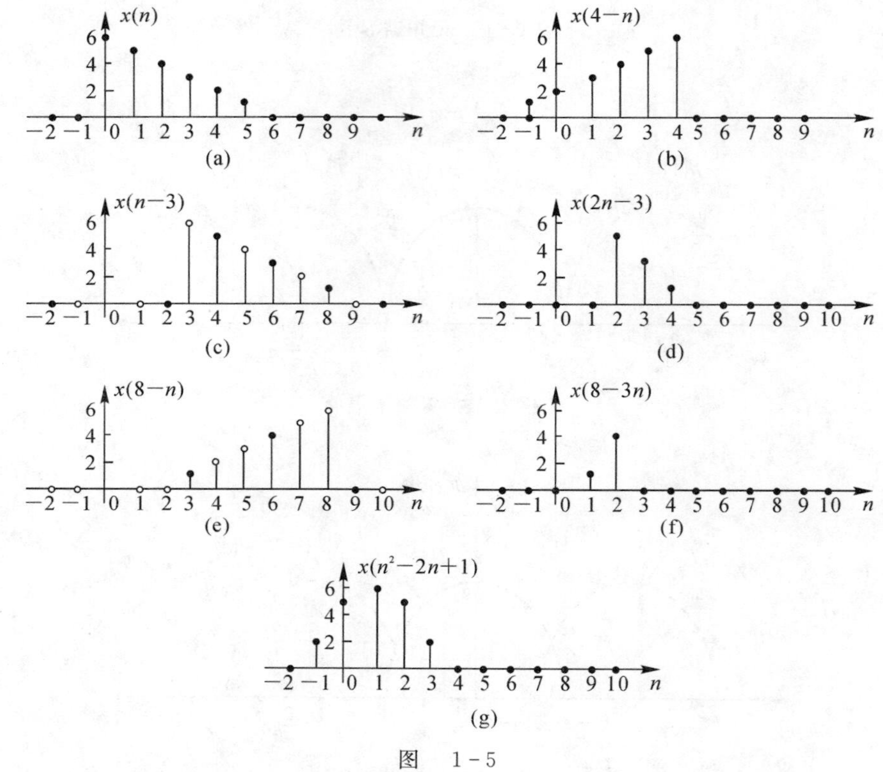

图 1-5

(a) 序列 $x(n)$ 的图形；(b) 序列 $x(4-n)$ 的图形；(c) 序列 $x(n-3)$ 的图形；(d) 序列 $x(2n-3)$ 的图形；(e) 序列 $x(8-n)$ 的图形；(f) 序列 $x(8-3n)$ 的图形；(g) 序列 $x(n^2-2n+1)$ 的图形

(2) 首先对序列 $x(n)$ 先向右移动 3 位得到 $x(n-3)$，如图 1-5(c) 所示，然后对序列 $x(n-3)$ 作降采样得到 $x(2n-3)$，如图 1-5(d) 所示。

(3) 首先画出序列 $x(8-n)$ 的图形，如图 1-5(e) 所示，接着对序列 $x(8-n)$ 进行降采样得到序列 $x(8-3n)$，如图 1-5(f) 所示。

(4) 由于当 $n\geqslant 4$ 或 $n\leqslant -2$ 时，$n^2-2n+1\geqslant 9$，于是可得 $y_4(n)=0$。而当 $-1\leqslant n\leqslant 3$ 时，分别计算 $y_4(n)$ 各点的值如下：

$$y_4(-1)=y_4(3)=x(4)=2,\quad y_4(0)=y_4(2)=x(1)=5,\quad y_4(1)=x(0)=6$$

因此，可画出 $y_4(n)$ 的图形如图 1-5(g) 所示。

例 1-2 已知序列 $x(n)$ 等于

$$x(n)=\begin{cases}1, & n=0\\ 2, & n=1\\ 3, & n=2\\ 0, & 其他\end{cases}$$

试将序列 $x(n)$ 表示为单位阶跃序列及其延迟的线性组合。

解:首先将序列 $x(n)$ 表示为单位脉冲序列及其延迟的线性组合,即

$$x(n)=\delta(n)+2\delta(n-1)+3\delta(n-2)$$

然后利用单位脉冲序列和单位阶跃序列之间的关系,即

$$\delta(n)=u(n)-u(n-1)$$

于是易得

$$x(n)=u(n)-u(n-1)+2[u(n-1)-u(n-2)]+3[u(n-2)-u(n-3)]$$

整理后得到

$$x(n)=u(n)+u(n-1)+u(n-2)-3u(n-3)$$

例 1-3　判断下列每个序列是否是周期序列?若是,试确定其周期。

(1)$x(n)=2\cos\left(\frac{3}{5}\pi n+\frac{\pi}{4}\right)$;　　　(2)$x(n)=e^{j\left(\frac{1}{3}n-\frac{\pi}{6}\right)}$;

(3)$x(n)=\sin(3n)-2\cos(7\pi n)$

解:(1) 由 $x(n)=2\cos\left(\frac{3}{5}\pi n+\frac{\pi}{4}\right)$ 可得 $\omega=\frac{3}{5}\pi$,那么

$$\frac{2\pi}{\omega}=\frac{2\pi}{3\pi/5}=\frac{10}{3}$$

结果$\frac{10}{3}$为有理数,所以 $x(n)$ 是周期性序列,周期为 10。

(2) 利用欧拉公式对 $x(n)=e^{j\left(\frac{1}{3}n-\frac{\pi}{6}\right)}$ 展开得

$$x(n)=e^{j\left(\frac{1}{3}n-\frac{\pi}{6}\right)}=\cos\left(\frac{1}{3}n-\frac{\pi}{6}\right)+j\sin\left(\frac{1}{3}n-\frac{\pi}{6}\right)$$

可得 $\omega=\frac{1}{3}$,那么

$$\frac{2\pi}{\omega}=\frac{2\pi}{1/3}=6\pi$$

结果 6π 为无理数,所以 $x(n)$ 是非周期序列。

(3) 由 $x(n)=\sin(3n)-2\cos(7\pi n)$ 可得 $\omega_1=3,\omega_2=7\pi$,那么

$$\frac{2\pi}{\omega_1}=\frac{2\pi}{3},\quad \frac{2\pi}{\omega_2}=\frac{2\pi}{7\pi}=\frac{2}{7}$$

对于 $x(n)$ 来说,结果$\frac{2\pi}{3}$为无理数,所以 $\sin(3n)$ 是非周期性的,因此 $x(n)$ 是非周期序列。

例 1-4　已知序列 $x(n)=(3/2)^n u(-n)$,试计算:

(1) 计算数值 A 的大小,其中 $A=\sum\limits_{n=-\infty}^{\infty}x(n)$;

(2) 计算序列 $x(n)$ 的能量,即 $P=\sum\limits_{n=-\infty}^{\infty}x^2(n)$。

解:(1) 由 $x(n)=(3/2)^n u(-n)$,可得

$$A=\sum_{n=-\infty}^{\infty}(3/2)^n u(-n)=\sum_{n=-\infty}^{0}(3/2)^n$$

在上式中用 $-n$ 代替 n,得到

$$A=\sum_{n=0}^{\infty}(3/2)^{-n}=\sum_{n=0}^{\infty}(2/3)^n$$

根据等比序列求和公式可得

$$A=\frac{1}{1-\frac{2}{3}}=3$$

(2) 首先写出序列能量计算表达式

$$P=\sum_{n=-\infty}^{\infty}x^2(n)=\sum_{n=-\infty}^{\infty}[(3/2)^n u(-n)]^2=\sum_{n=-\infty}^{0}(3/2)^{2n}$$

同样地,在上式中用 $-n$ 代替 n,并利用等比序列求和公式可得

$$P=\sum_{n=0}^{\infty}(3/2)^{-2n}=\sum_{n=0}^{\infty}(2/3)^{2n}=\frac{1}{1-\frac{4}{9}}=\frac{9}{5}$$

例 1-5 试判断下列系统是否是线性系统,是否是移不变系统?

(1) $y(n)=2x(-n)$; (2) $y(n)=x(n)\sin\left(\frac{1}{3}\pi n\right)$; (3) $y(n)=5x^2(n)$。

解:(1) 根据 $y(n)=2x(-n)$,可得

$$y_1(n)=T[x_1(n)]=2x_1(-n)$$
$$y_2(n)=T[x_2(n)]=2x_2(-n)$$

因此,$y_1(n)$ 和 $y_2(n)$ 的线性组合形式为

$$aT[x_1(n)]+bT[x_2(n)]=a\cdot 2x_1(-n)+b\cdot 2x_2(-n)$$

将 $ax_1(n)+bx_2(n)$ 作用于系统可得

$$T[ax_1(n)+bx_2(n)]=2\cdot[ax_1(-n)+bx_2(-n)]$$

可见

$$T[ax_1(n)+bx_2(n)]=aT[x_1(n)]+bT[x_2(n)]$$

此式满足叠加原理,所以系统是线性系统。

将 $x(n-m)$ 作用于系统可得

$$T[x(n-m)]=2x(-n-m)$$

而根据已知条件

$$y(n-m)=2x(-(n-m))=2x(-n+m)$$

即

$$T[x(n-m)]\neq y(n-m)$$

所以系统不是移不变系统。

(2) 由 $y(n)=x(n)\sin\left(\frac{1}{3}\pi n\right)$,可得

$$y_1(n)=T[x_1(n)]=x_1(n)\sin\left(\frac{1}{3}\pi n\right)$$

$$y_2(n)=T[x_2(n)]=x_2(n)\sin\left(\frac{1}{3}\pi n\right)$$

因此 $y_1(n)$ 和 $y_2(n)$ 的线性组合形式为

$$aT[x_1(n)]+bT[x_2(n)]=ax_1(n)\sin\left(\frac{1}{3}\pi n\right)+bx_2(n)\sin\left(\frac{1}{3}\pi n\right)$$

将 $ax_1(n)+bx_2(n)$ 作用于系统可得

$$T[ax_1(n)+bx_2(n)]=(ax_1(n)+bx_2(n))\sin\left(\frac{1}{3}\pi n\right)$$

可见

$$T[ax_1(n)+bx_2(n)]=aT[x_1(n)]+bT[x_2(n)]$$

此式满足叠加原理，所以系统是线性系统。

将 $x(n-m)$ 作用于系统可得

$$T[x(n-m)]=x(n-m)\sin\left(\frac{1}{3}\pi n\right)$$

而根据已知条件

$$y(n-m)=x(n-m)\sin\left(\frac{1}{3}\pi(n-m)\right)$$

即

$$T[x(n-m)]\neq y(n-m)$$

所以系统不是移不变系统。

(3) 由 $y(n)=5x^2(n)$，可得

$$y_1(n)=T[x_1(n)]=5\,[x_1(n)]^2$$
$$y_2(n)=T[x_2(n)]=5\,[x_2(n)]^2$$

因此 $y_1(n)$ 和 $y_2(n)$ 的线性组合形式为

$$aT[x_1(n)]+bT[x_2(n)]=a\cdot 5\,[x_1(n)]^2+b\cdot 5\,[x_2(n)]^2$$

将 $ax_1(n)+bx_2(n)$ 作用于系统可得

$$T[ax_1(n)+bx_2(n)]=5[ax_1(n)+bx_2(n)]^2=$$
$$5a^2\,[x_1(n)]^2+10abx_1(n)x_2(n)+5b^2\,[x_2(n)]^2$$

可见

$$T[ax_1(n)+bx_2(n)]\neq aT[x_1(n)]+bT[x_2(n)]$$

此式不满足叠加原理，所以系统不是线性系统。

将 $x(n-m)$ 作用于系统可得

$$T[x(n-m)]=5\,[x(n-m)]^2$$

而根据已知条件

$$y(n-m)=5\,[x(n-m)]^2$$

即

$$T[x(n-m)]=y(n-m)$$

所以系统是移不变系统。

例 1－6　线性系统是同时满足比例性和可加性的系统。试给出：

(1) 一个服从比例性但是不满足可加性的系统；

(2) 一个服从可加性但是不满足比例性的系统。

解:本题的答案并不唯一,下面仅分别给出服从题意的一个范例。

(1) 一个服从比例性但是不满足可加性的系统是

$$y(n)=\frac{x(n-1)x(n)}{x(n+1)}$$

这是因为,当输入 $x(n)$ 乘以常数 c 时,则输出为

$$y(n)=\frac{cx(n-1)cx(n)}{cx(n+1)}=c\,\frac{x(n-1)x(n)}{x(n+1)}$$

可见,该系统服从比例性。而下式则表明此系统不满足可加性。

$$\frac{[x_1(n-1)+x_2(n-1)][x_1(n)+x_2(n)]}{x_1(n+1)+x_2(n+1)}\neq\frac{x_1(n-1)x_1(n)}{x_1(n+1)}+\frac{x_2(n-1)x_2(n)}{x_2(n+1)}$$

(2) 一个服从可加性但是不满足比例性的系统是

$$y(n)=\text{Im}\,[x(n)]$$

由于 $\text{Im}\,[x_1(n)+x_2(n)]=\text{Im}\,[x_1(n)]+\text{Im}\,[x_2(n)]$,因此本系统服从可加性。但是,当比例系数取 $c=\text{j}$ 时,发现

$$\text{Im}\,[\text{j}x(n)]\neq \text{j}\,\text{Im}\,[x(n)]$$

因此该系统不满足比例性。

例 1-7 根据下列系统的单位脉冲响应 $h(n)$,判断系统的因果性及稳定性。

(1)$h(n)=(1/2)^n u(n)$; (2)$h(n)=4^n u(-n)$; (3)$h(n)=-u(1-n)$

解:(1) 根据 $h(n)=(1/2)^n u(n)$,可知

$$h(n)=0,\quad n<0$$

所以系统是因果系统,又因为

$$\sum_{n=-\infty}^{\infty}|h(n)|=\sum_{n=0}^{\infty}(1/2)^n=\frac{1}{1-\dfrac{1}{2}}=2$$

所以系统是稳定系统。

(2) 根据 $h(n)=4^n u(-n)$,可知

$$h(n)\neq 0,\quad n<0$$

所以系统是非因果系统,又因为

$$\sum_{n=-\infty}^{\infty}|h(n)|=\sum_{n=-\infty}^{0}|4^n|=1+\frac{1}{4}+\frac{1}{16}+\frac{1}{64}+\cdots=\frac{1}{1-\dfrac{1}{4}}=\frac{4}{3}$$

所以系统是稳定系统。

(3) 根据 $h(n)=-u(1-n)$,可知

$$h(n)\neq 0,\quad n<0$$

所以系统是非因果系统,又因为

$$\sum_{n=-\infty}^{\infty}|h(n)|=\sum_{n=-\infty}^{1}u(1-n)=1+1+1+1+\cdots\Rightarrow\infty$$

所以系统是不稳定系统。

例 1-8 已知序列 $x(n)=3^n u(n)$,$h(n)=5^n u(n)$,求系统的输出 $y(n)$。

解:由卷积和的定义得到

$$y(n)=\sum_{k=-\infty}^{\infty}x(k)h(n-k)=\sum_{k=-\infty}^{\infty}3^{k}u(k)5^{n-k}u(n-k)$$

根据单位阶跃序列的定义可知:$u(k)=1,k\geqslant 0$;$u(n-k)=1,k\leqslant n$。因此,上述卷积求和过程可以简化为 $y(n)=\sum_{k=0}^{n}3^{k}\cdot 5^{n-k},n\geqslant 0$;或者表示为 $y(n)=\sum_{k=0}^{n}3^{k}\cdot 5^{n-k}u(n)$。由几何级数的求和公式得到

$$y(n)=5^{n}\frac{1-(3/5)^{n+1}}{1-3/5}u(n)=\frac{1}{2}[5^{n+1}-3^{n+1}]u(n)$$

例 1-9　某线性移不变系统的单位脉冲响应为

$$h(n)=3\ (1/2)^{n}u(n)-2\ (1/3)^{n-1}u(n)$$

假设系统输入为单位阶跃序列,即

$$x(n)=\begin{cases}1, & n\geqslant 0\\ 0, & \text{其他}\end{cases}$$

且 $y(n)=h(n)*x(n)$,试确定$\lim\limits_{n\to\infty}y(n)$。

解:根据序列卷积计算的定义

$$y(n)=h(n)*x(n)=\sum_{k=-\infty}^{\infty}h(k)x(n-k)$$

当输入 $x(n)$ 为单位阶跃序列时,代入上式得

$$y(n)=\sum_{k=-\infty}^{\infty}h(k)u(n-k)=\sum_{k=-\infty}^{n}h(k)$$

因此输出序列的极限值为

$$\lim_{n\to\infty}y(n)=\sum_{k=-\infty}^{\infty}h(k)$$

将单位脉冲响应代入上式得到

$$\lim_{n\to\infty}y(n)=3\sum_{k=0}^{\infty}\ (1/2)^{k}-2\sum_{k=0}^{\infty}\ (1/3)^{k-1}=\frac{3}{1-1/2}-\frac{6}{1-1/3}=-3$$

例 1-10　已知序列 $x(n)$ 及 $h(n)$ 分别为 $x(n)=(0.9)^{n}u(n)$,$h(n)=nu(n)$,试求两者的卷积 $x(n)*h(n)$。

解:根据卷积计算的公式得到

$$y(n)=x(n)*h(n)=\sum_{k=-\infty}^{\infty}x(k)h(n-k)=\sum_{k=-\infty}^{\infty}[(0.9)^{k}u(k)][(n-k)u(n-k)]$$

因为当 $k<0$ 时 $u(k)$ 等于零,且当 $k>n$ 时 $u(n-k)$ 也等于零,故上式可化简为

$$y(n)=\sum_{k=0}^{n}(n-k)\ (0.9)^{k},\quad n\geqslant 0$$

或等价地写为

$$y(n)=n\sum_{k=0}^{n}\ (0.9)^{k}-\sum_{k=0}^{n}k\ (0.9)^{k},\quad n\geqslant 0$$

利用如下公式:

$$\sum_{n=0}^{N-1}a^{n}=\frac{1-a^{N}}{1-a}$$

以及

$$\sum_{n=0}^{N-1} na^n = \frac{(N-1)a^{N+1} - Na^N + a}{(1-a)^2}$$

可计算得到

$$y(n) = n\frac{1-(0.9)^{n+1}}{1-0.9} - \frac{n(0.9)^{n+2} - (n+1)(0.9)^{n+1} + 0.9}{(1-0.9)^2} =$$

$$10n[1-(0.9)^{n+1}] - 100[n(0.9)^{n+2} - (n+1)(0.9)^{n+1} + 0.9], \quad n \geqslant 0$$

化简后得到

$$y(n) = [10n - 90 + 90(0.9)^n]u(n)$$

例 1-11 序列 $h(n) = (1/2)^n u(n)$ 以及 $x(n) = (1/3)^n[u(n) - u(n-101)]$，试计算它们之间的卷积 $y(n) = x(n) * h(n)$。

解:根据卷积计算公式

$$y(n) = x(n) * h(n) = \sum_{k=-\infty}^{\infty} x(k)h(n-k)$$

将 $x(n)$ 和 $h(n)$ 的表达式代入上式，得到

$$y(n) = \sum_{k=-\infty}^{\infty} (1/3)^k[u(k) - u(k-101)](1/2)^{n-k}u(n-k)$$

即

$$y(n) = \sum_{k=0}^{100} (1/3)^k (1/2)^{n-k} u(n-k)$$

下面分三种情况计算上面的求和式。

首先，当 $n < 0$ 时，$u(n-k) = 0$，其中 $0 \leqslant k \leqslant 100$，于是有

$$y(n) = 0, \quad n < 0$$

其次，当 $0 \leqslant n \leqslant 100$ 时，$u(n-k) = 1$，其中 $k \leqslant n$，因此得到

$$y(n) = \sum_{k=0}^{n} (1/3)^k (1/2)^{n-k} = (1/2)^n \sum_{k=0}^{n} (2/3)^k =$$

$$(1/2)^n \frac{1-(2/3)^{n+1}}{1-\dfrac{2}{3}} = 3(1/2)^n[1-(2/3)^{n+1}]$$

最后，当 $n > 100$ 时，$u(n-k) = 1$，其中 $0 \leqslant k \leqslant 100$，此时有

$$y(n) = \sum_{k=0}^{100} (1/3)^k (1/2)^{n-k} = (1/2)^n \sum_{k=0}^{100} (2/3)^k =$$

$$(1/2)^n \frac{1-(2/3)^{101}}{1-\dfrac{2}{3}} = 3(1/2)^n[1-(2/3)^{101}]$$

总结以上分析，得到

$$y(n) = \begin{cases} 0, & n < 0 \\ 3\cdot(1/2)^n[1-(2/3)^{n+1}], & 0 \leqslant n \leqslant 100 \\ 3\cdot(1/2)^n[1-(2/3)^{101}], & n > 100 \end{cases}$$

例 1-12 已知连续信号 $x_a(t)$ 的奈奎斯特频率为 Ω_s，试确定以下信号的奈奎斯特频率。

(1) $\dfrac{\mathrm{d}x_a(t)}{\mathrm{d}t}$；　　　(2) $x_a(2t)$；

(3) $x_a^2(t)$；　　　(4) $x_a(t)\cos(\Omega_0 t)$。

解：(1) 奈奎斯特频率 Ω_s 是信号最高频率的两倍，对于 $y_a(t)=\dfrac{\mathrm{d}x_a(t)}{\mathrm{d}t}$ 有

$$Y_a(\mathrm{j}\Omega)=\mathrm{j}\Omega X_a(\mathrm{j}\Omega)$$

若 $X_a(\mathrm{j}\Omega)=0$，$|\Omega|>\Omega_0$，则可发现 $Y_a(\mathrm{j}\Omega)=0$，$|\Omega|>\Omega_0$。于是$\dfrac{\mathrm{d}x_a(t)}{\mathrm{d}t}$对应的奈奎斯特频率仍然等于 Ω_s。

(2) 对于 $y_a(t)=x_a(2t)$，有

$$Y_a(\mathrm{j}\Omega)=\int_{-\infty}^{\infty}y_a(t)\mathrm{e}^{-\mathrm{j}\Omega t}\mathrm{d}t=\int_{-\infty}^{\infty}x_a(2t)\mathrm{e}^{-\mathrm{j}\Omega t}\mathrm{d}t=\int_{-\infty}^{\infty}\frac{1}{2}x_a(\tau)\mathrm{e}^{-\mathrm{j}\Omega\tau/2}\mathrm{d}\tau=\frac{1}{2}X_a\left(\frac{\mathrm{j}\Omega}{2}\right)$$

可见，若 $X_a(\mathrm{j}\Omega)=0$，$|\Omega|>\Omega_0$，则可发现 $Y_a(\mathrm{j}\Omega)=0$，$|\Omega|>2\Omega_0$。于是 $x_a(2t)$ 对应的奈奎斯特频率等于 $2\Omega_s$。

(3) 对于 $y_a(t)=x_a^2(t)$，有

$$Y_a(\mathrm{j}\Omega)=\frac{1}{2\pi}X_a(\mathrm{j}\Omega)*X_a(\mathrm{j}\Omega)$$

根据卷积计算的规律可得，$y_a(t)=x_a^2(t)$ 的最高频率将是 $x_a(t)$ 的两倍，故 $x_a^2(t)$ 对应的奈奎斯特频率等于 $2\Omega_s$。

(4) 对于 $x_a(t)\cos(\Omega_0 t)$，根据傅里叶变换的频移性质可知，$x_a(t)$ 的频谱将被同时向左和向右移动 Ω_0，故 $x_a(t)\cos(\Omega_0 t)$ 对应的奈奎斯特频率等于 $\Omega_s+2\Omega_0$。

例 1-13　已知某连续信号 $x_a(t)$ 为带限信号，且 $X_a(\mathrm{j}\Omega)=0$，$|\Omega|>\Omega_0$，对此连续信号 $x_a(t)$ 进行采样，且采样频率 $\Omega_s\geqslant 2\Omega_0$。定义序列的能量为

$$E_d=\sum_{n=-\infty}^{\infty}|x(n)|^2$$

以及连续信号的能量为

$$E_a=\int_{-\infty}^{\infty}|x_a(t)|^2\mathrm{d}t$$

试确定 E_d、E_a 以及与采样周期 T_s 之间的联系。

解：根据帕塞瓦尔定理，有

$$E_a=\int_{-\infty}^{\infty}|x_a(t)|^2\mathrm{d}t=\frac{1}{2\pi}\int_{-\infty}^{\infty}|X_a(\mathrm{j}\Omega)|^2\mathrm{d}\Omega$$

因为连续信号 $x_a(t)$ 为带限信号，且 $X_a(\mathrm{j}\Omega)=0$，$|\Omega|>\Omega_0$，故有

$$E_a=\frac{1}{2\pi}\int_{-\Omega_0}^{\Omega_0}|X_a(\mathrm{j}\Omega)|^2\mathrm{d}\Omega$$

对连续信号 $x_a(t)$ 进行采样，且采样频率 $\Omega_s\geqslant 2\Omega_0$ 时，在频域存在以下关系：

$$X(\mathrm{e}^{\mathrm{j}\omega})=\begin{cases}\dfrac{1}{T_s}X_a\left(\dfrac{\mathrm{j}\omega}{T_s}\right), & |\omega|\leqslant\Omega_0 T_s\\ 0, & \Omega_0 T_s<|\omega|\leqslant\pi\end{cases}$$

于是，对于序列 $x(n)$ 利用帕塞瓦尔定理可得

$$E_d=\sum_{n=-\infty}^{\infty}x(n)|^2=\frac{1}{2\pi}\int_{-\pi}^{\pi}|X(\mathrm{e}^{\mathrm{j}\omega})|^2\mathrm{d}\omega=\frac{1}{2\pi}\int_{-\Omega_0 T_s}^{\Omega_0 T_s}\frac{1}{T_s^2}\left|X_a\left(\frac{\mathrm{j}\omega}{T_s}\right)\right|^2\mathrm{d}\omega=$$

$$\frac{1}{2\pi T_s}\int_{-\Omega_0}^{\Omega_0} |X_a(ju)|^2 du = \frac{1}{T_s}E_a$$

即 E_d、E_a 与采样周期 T_s 之间的联系为 $E_d = \frac{1}{T_s}E_a$。

1.3 习题解答

1. 给定序列

$$x(n)=\begin{cases} n+6, & -5\leqslant n\leqslant -1 \\ 2, & 0\leqslant n\leqslant 5 \\ 0, & \text{其他} \end{cases}$$

(1) 画出序列的波形图,标上各序列的值;

(2) 试用延迟的单位脉冲序列及其加权和表示序列 $x(n)$;

(3) 令 $x_1(n)=2x(n-2)+3x(n+2)$,试画出序列 $x_1(n)$ 的波形图;

(4) 令 $x_2(n)=x(-n)+x(2-n)$,试画出序列 $x_2(n)$ 的波形图。

解:(1) 序列 $x(n)$ 的波形图如图 1-6(a) 所示。

(2)
$$\begin{aligned} x(n) &= \delta(n+5)+2\delta(n+4)+3\delta(n+3)+4\delta(n+2)+5\delta(n+1)+2\delta(n)+ \\ &\quad 2\delta(n-1)+2\delta(n-2)+2\delta(n-3)+2\delta(n-4)+2\delta(n-5)= \\ &\quad \sum_{m=-5}^{-1}(m+6)\delta(n-m)+\sum_{m=0}^{5}2\delta(n-m) \end{aligned}$$

(3) $x_1(n)$ 的波形是两部分波形之和,一部分是序列 $x(n)$ 的波形右移 2 位之后再乘以 2,一部分是序列 $x(n)$ 的波形左移 2 位之后再乘以 3,$x_1(n)$ 波形图如图 1-6(b) 所示。

(4) 序列 $x_2(n)$ 的波形是两部分波形之和,一部分是序列 $x(n)$ 的波形进行翻转,一部分是序列 $x(n)$ 的波形翻转之后再向右移 2 位,$x_2(n)$ 波形图如图 1-6(c) 所示。

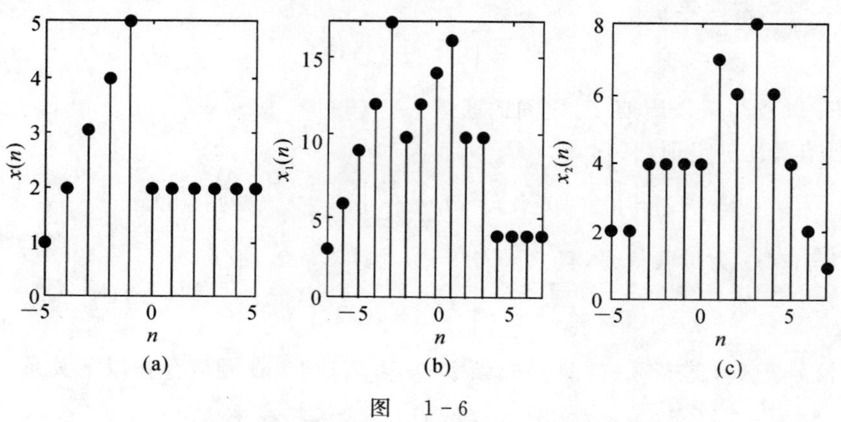

图 1-6

(a) 题 1 解图(一); (b) 题 1 解图(二); (c) 题 1 解图(三)

2. 判断下面的序列是否是周期的,若是周期的,确定其周期。

(1) $x(n)=2\sin\left(\frac{3}{8}\pi n-\frac{\pi}{8}\right)$; (2) $x(n)=2\sin\left(\frac{1}{8}n-\frac{3}{8}\pi\right)$;

(3)$x(n)=e^{j\left(\frac{3}{7}\pi n\right)}$；　　　　(4)$x(n)=e^{j\left(\frac{1}{4}n\right)}$。

解：(1) 因为 $\omega=\frac{3}{8}\pi$，则$\frac{2\pi}{\omega}=\frac{16}{3}$，为有理数，因此该序列为周期序列，周期 $T=16$。

(2) 因为 $\omega=\frac{1}{8}$，则$\frac{2\pi}{\omega}=16\pi$，为无理数，因此该序列为非周期序列。

(3) 利用欧拉公式对 $x(n)=e^{j\left(\frac{3}{7}\pi n\right)}$ 展开得

$$x(n)=e^{j\left(\frac{3}{7}\pi n\right)}=\cos\left(\frac{3}{7}\pi n\right)+j\sin\left(\frac{3}{7}\pi n\right)$$

可得 $\omega=\frac{3}{7}\pi$，则$\frac{2\pi}{\omega}=\frac{14}{3}$，为有理数，因此该序列为周期序列，周期 $T=14$。

(4) 利用欧拉公式对 $x(n)=e^{j\left(\frac{1}{4}n\right)}$ 展开如下：

$$x(n)=e^{j\left(\frac{1}{4}n\right)}=\cos\left(\frac{1}{4}n\right)+j\sin\left(\frac{1}{4}n\right)$$

可得 $\omega=\frac{1}{4}$，则$\frac{2\pi}{\omega}=8\pi$，为无理数，因此该序列为非周期序列。

3. 设某系统分别用下面的差分方程描述，$x(n)$ 和 $y(n)$ 分别表示系统输入和输出，判断系统是否是线性系统，是否是移不变系统。

(1)$y(n)=2x(n)+x(n-1)$；　　　　(2)$y(n)=2x(n)+1$；

(3)$y(n)=x(-n)$；　　　　(4)$y(n)=x^2(n)$；

(5)$y(n)=nx(n)$；　　　　(6)$y(n)=x(n^2)$。

解：(1) 根据 $y(n)=2x(n)+x(n-1)$，可得

$$y_1(n)=T[x_1(n)]=2x_1(n)+x_1(n-1),y_2(n)=T[x_2(n)]=2x_2(n)+x_2(n-1)$$

因此

$$\begin{aligned}ay_1(n)+by_2(n)=&a[2x_1(n)+x_1(n-1)]+b[2x_2(n)+x_2(n-1)]=\\&2[ax_1(n)+bx_2(n)]+[ax_1(n-1)+bx_2(n-1)]\end{aligned}$$

将 $ax_1(n)+bx_2(n)$ 作用于系统可得

$$T[ax_1(n)+bx_2(n)]=2[ax_1(n)+bx_2(n)]+[ax_1(n-1)+bx_2(n-1)]$$

可见

$$T[ax_1(n)+bx_2(n)]=ay_1(n)+by_2(n)$$

此式满足叠加原理，所以该系统是线性系统。

将 $x(n-m)$ 作用于系统可得

$$T[x(n-m)]=2x(n-m)+x(n-m-1)$$

而根据已知条件

$$y(n-m)=2x(n-m)+x(n-m-1)=T[x(n-m)]$$

所以该系统是移不变系统。

(2) 因为 $y(n)=2x(n)+1$，所以

$$y_1(n)=T[x_1(n)]=2x_1(n)+1$$
$$y_2(n)=T[x_2(n)]=2x_2(n)+1$$

将 $x_1(n)+x_2(n)$ 作用于系统可得

$$T[x_1(n)+x_2(n)]=2[x_1(n)+x_2(n)]+1\neq T[x_1(n)]+T[x_2(n)]$$

所以该系统不是线性系统。

又因为 $T[x(n-m)]=2x(n-m)+1=y(n-m)$，所以该系统是移不变系统。

(3) 根据 $y(n)=x(-n)$，可得

$$y_1(n)=T[x_1(n)]=x_1(-n),y_2(n)=T[x_2(n)]=x_2(-n)$$

将 $ax_1(n)+bx_2(n)$ 作用于系统可得

$$T[ax_1(n)+bx_2(n)]=ax_1(-n)+bx_2(-n)=aT[x_1(n)]+bT[x_2(n)]$$

此式满足叠加原理，所以系统是线性系统。

将 $x(n-m)$ 作用于系统可得

$$T[x(n-m)]=x(-n-m)$$

而根据已知条件

$$y(n-m)=x(-(n-m))=x(-n+m)\neq T[x(n-m)]$$

所以该系统不是移不变系统。

(4) 由 $y(n)=x^2(n)$ 可得

$$y_1(n)=T[x_1(n)]=[x_1(n)]^2,y_2(n)=T[x_2(n)]=[x_2(n)]^2$$

$$T[ax_1(n)+bx_2(n)]=[ax_1(n)+bx_2(n)]^2=a^2[x_1(n)]^2+2abx_1(n)x_2(n)+b^2[x_2(n)]^2$$

可见

$$T[ax_1(n)+bx_2(n)]\neq aT[x_1(n)]+bT[x_2(n)]$$

此式不满足叠加原理，所以该系统不是线性系统。

将 $x(n-m)$ 作用于系统可得

$$T[x(n-m)]=[x(n-m)]^2=y(n-m)$$

所以该系统是移不变系统。

(5) 由 $y(n)=nx(n)$，可得

$$y_1(n)=T[x_1(n)]=nx_1(n),y_2(n)=T[x_2(n)]=nx_2(n)$$

$$T[ax_1(n)+bx_2(n)]=n[ax_1(n)+bx_2(n)]=aT[x_1(n)]+bT[x_2(n)]$$

此式满足叠加原理，所以该系统是线性系统。

又因为

$$T[x(n-m)]=nx(n-m)\neq y(n-m)=(n-m)x(n-m)$$

所以该系统不是移不变系统。

(6) 由 $y(n)=x(n^2)$，可得

$$y_1(n)=T[x_1(n)]=x_1(n^2),\quad y_2(n)=T[x_2(n)]=x_2(n^2)$$

$$T[ax_1(n)+bx_2(n)]=ax_1(n^2)+bx_2(n^2)]=aT[x_1(n)]+bT[x_2(n)]$$

此式满足叠加原理，所以该系统是线性系统。

将 $x(n-m)$ 作用于系统可得

$$T[x(n-m)]=x((n-m)^2)=y(n-m)$$

所以该系统是移不变系统。

4. 给定下列系统的差分方程，试判断系统是否是因果系统；是否是稳定系统。

(1) $y(n)=x(n)+2x(n-1)$；　　(2) $y(n)=2x(n)+x(n+1)$；

(3) $y(n)=x(1-n)$；　　(4) $y(n)=x^2(n-1)$；

(5) $y(n)=nx(n)$；　　(6) $y(n)=e^{x(n)}$。

解:(1) 因为系统 n 时刻的输出取决于 n 时刻及 n 时刻以前的输入,所以该系统是因果系统。假设 $|x(n)| \leqslant M$,则 $|y(n)| = |x(n) + 2x(n-1)| \leqslant |x(n)| + 2|x(n-1)| \leqslant 3M$,所以该系统是稳定系统。

(2) 因为系统 n 时刻的输出不仅与 n 时刻有关系,还与 n 时刻以后的输入有关,所以该系统是非因果系统。假设 $|x(n)| \leqslant M$,则 $|y(n)| = |2x(n) + x(n+1)| \leqslant 2|x(n)| + |x(n+1)| \leqslant 3M$,所以该系统是稳定系统。

(3) 因为当 $n=0$ 时,$y(0)=x(1)$,即 $y(n)$ 在 0 时刻的输出还取决于 $x(n)$ 在 1 时刻的输入,所以该系统是非因果系统。假设 $|x(n)| \leqslant M$,则 $|y(n)| = |x(1-n)| \leqslant M$,所以该系统是稳定系统。

(4) 因为该系统 n 时刻的输出仅与 n 时刻以前的输入有关系,所以该系统是因果系统。假设 $|x(n)| \leqslant M$,则 $|y(n)| = |x^2(n-1)| \leqslant M^2$,所以该系统是稳定系统。

(5) 因为系统 n 时刻的输出仅与 n 时刻的输入有关系,所以该系统是因果系统。假设 $|x(n)| \leqslant M$,则 $|y(n)| = |nx(n)|$,当 $n \to \infty$ 时,$|y(n)| \to \infty$,所以该系统是不稳定系统。

(6) 因为系统 n 时刻的输出仅与 n 时刻有关系不取决于 $x(n)$ 的未来值,所以该系统是因果系统。假设 $|x(n)| \leqslant M$,则 $|y(n)| = |\mathrm{e}^{x(n)}| \leqslant \mathrm{e}^M$,所以该系统是稳定系统。

5. 设线性移不变系统的单位脉冲响应 $h(n)$ 和输入序列 $x(n)$ 分别为如图 1-7(a)(b) 所示的两种情况,试分别求系统的输出序列 $y(n)$。

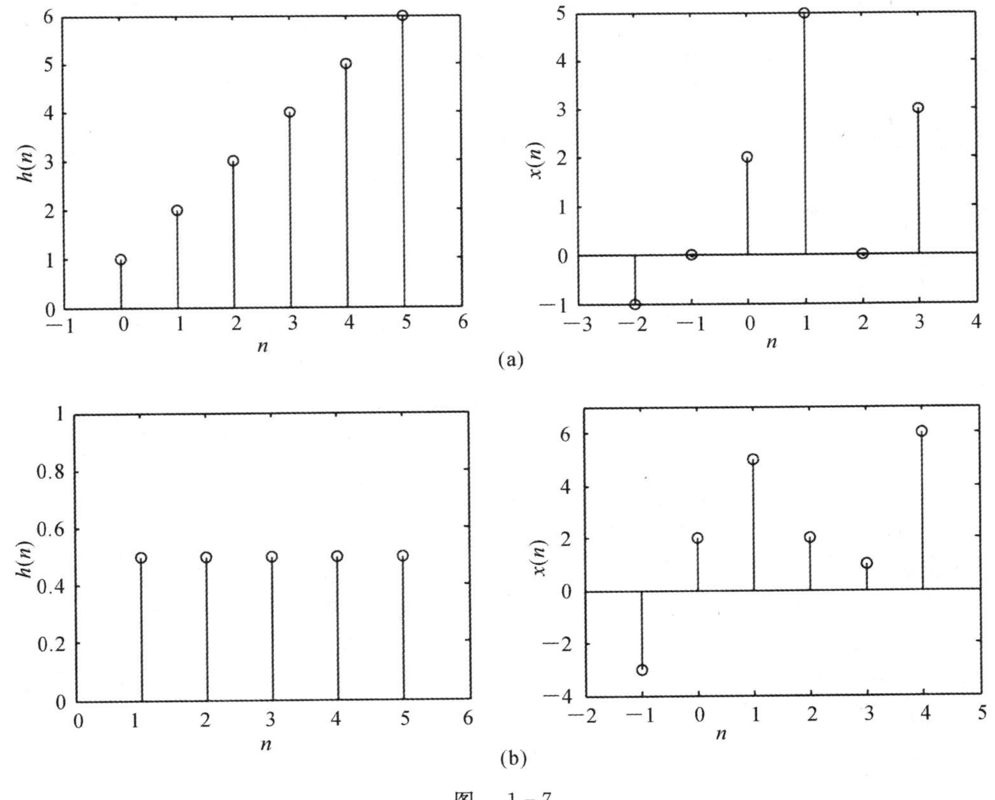

图　1-7

(a) 题 5 图(一);　(b) 题 5 图(二)

解:根据单位脉冲响应 $h(n)$ 和输入序列 $x(n)$ 的数值,采用列表法求解题 5 图(一)的输出 $y(n)$ 的过程如表 1-4 所示,其中输出为

$$y(n)=\sum_{m=-\infty}^{\infty}x(m)h(n-m)$$

表 1-4　通过列表法求解题 5 图(一)的输出 $y(n)$

m	−7	−6	−5	−4	−3	−2	−1	0	1	2	3	4	5	6	7	8	
$x(m)$						−1	0	2	5	0	3						
$h(m)$								1	2	3	4	5	6				
$h(-m)$			6	5	4	3	2	1									$y(0)=-1$
$h(1-m)$				6	5	4	3	2	1								$y(1)=5$
$h(2-m)$					6	5	4	3	2	1							$y(2)=11$
$h(3-m)$						6	5	4	3	2	1						$y(3)=20$
$h(4-m)$							6	5	4	3	2	1					$y(4)=36$
$h(5-m)$								6	5	4	3	2	1				$y(5)=46$
$h(6-m)$									6	5	4	3	2	1			$y(6)=42$
$h(7-m)$										6	5	4	3	2	1		$y(7)=15$
$h(8-m)$											6	5	4	3	2	1	$y(8)=18$
$h(-1-m)$		6	5	4	3	2	1										$y(-1)=-2$
$h(-2-m)$	6	5	4	3	2	1											$y(-2)=-1$

题 5 图(二)的输出 $y(n)$ 则采用解析法来求解,$x(n)$ 及 $h(n)$ 的表达式分别为

$$x(n)=-3\delta(n+1)+2\delta(n)+5\delta(n-1)+2\delta(n-2)+\delta(n-3)+6\delta(n-4)$$

$$h(n)=\frac{1}{2}[\delta(n-1)+\delta(n-2)+\delta(n-3)+\delta(n-4)+\delta(n-5)]$$

则

$$y(n)=x(n)*h(n)=x(n)*\frac{1}{2}[\delta(n-1)+\delta(n-2)+\delta(n-3)+\delta(n-4)+\delta(n-5)]=$$

$$\frac{1}{2}[x(n-1)+x(n-2)+x(n-3)+x(n-4)+x(n-5)]$$

将 $x(n)$ 代入上式整理得到

$$y(n)=-1.5\delta(n)-0.5\delta(n-1)+2\delta(n-2)+3\delta(n-3)+3.5\delta(n-4)+8\delta(n-5)+$$
$$7\delta(n-6)+4.5\delta(n-7)+3.5\delta(n-8)+3\delta(n-9)$$

6. 设线性移不变系统的单位脉冲响应 $h(n)$ 和输入序列 $x(n)$ 分别有以下三种情况,试分别求系统的输出序列 $y(n)$。

(1) $h(n)=R_3(n)$, $x(n)=R_6(n)$;

(2) $h(n)=3R_5(n)+R_3(n-1)$, $x(n)=\delta(n)+\delta(n-1)$;

(3) $h(n)=(0.6)^n u(n)$, $x(n)=R_3(n)$。

解：(1) $y(n)=x(n)*h(n)=\sum_{m=-\infty}^{\infty}R_3(m)*R_6(n-m)$，确定求和区域如下：

$$0\leqslant m\leqslant 2,\quad 0\leqslant n-m\leqslant 5\Rightarrow n-5\leqslant m\leqslant n$$

下面将分成以下几种情况来求解。

① 当 $n<0$ 及 $n>7$ 时，$y(n)=0$；

② 当 $0\leqslant n-5\leqslant 2$，即 $5\leqslant n\leqslant 7$ 时，$y(n)=\sum_{m=n-5}^{2}1=8-n$；

③ 当 $n-5<0$ 且 $0\leqslant n\leqslant 2$，即 $0\leqslant n\leqslant 2$ 时，$y(n)=\sum_{m=0}^{n}1=n+1$；

④ 当 $n-5<0$ 且 $n>2$，即 $2<n<5$ 时，$y(n)=\sum_{m=0}^{2}1=3$。

$y(n)$ 的波形图如图 1-8(a) 所示。

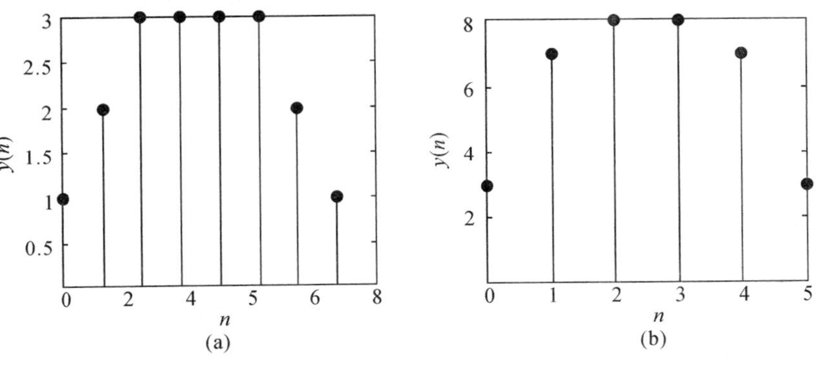

图　1-8

(a) 题 6 解图(一)；(b) 题 6 解图(二)

(2) 由卷积性质可得

$$y(n)=[3R_5(n)+R_3(n-1)]*[\delta(n)+\delta(n-1)]=$$
$$3R_5(n)+R_3(n-1)+3R_5(n-1)+R_3(n-2)$$

整理得

$$y(n)=3\delta(n)+7\delta(n-1)+8\delta(n-2)+8\delta(n-3)+7\delta(n-4)+3\delta(n-5)$$

$y(n)$ 的波形如图 1-8(b) 所示。

(3) $y(n)=x(n)*h(n)=R_3(n)*(0.6)^n u(n)=[\delta(n)+\delta(n-1)+\delta(n-2)]*(0.6)^n u(n)$

由卷积性质可知

$$y(n)=(0.6)^n u(n)+(0.6)^{n-1}u(n-1)+(0.6)^{n-2}u(n-2)$$

7. 设系统由差分方程 $y(n)=y(n-1)+2x(n)+x(n-1)$ 表示，且系统是因果系统，试用递推方法求系统的单位脉冲响应。

解：令输入 $x(n)=\delta(n)$，代入上述差分方程得

$$h(n)=h(n-1)+2\delta(n)+\delta(n-1)$$

当 $n=0$ 时，因为系统是因果系统，则

$$h(0)=h(-1)+2\delta(0)+\delta(-1)=2$$

当 $n=1$ 时

$$h(1)=h(0)+2\delta(1)+\delta(0)=3$$

当 $n=2$ 时

$$h(2)=h(1)+2\delta(2)+\delta(1)=3$$

当 $n=3$ 时

$$h(3)=h(2)+2\delta(3)+\delta(2)=3$$

用递推的方法，不难发现，结果应为

$$h(n)=2\delta(n)+3u(n-1)$$

8. 设某系统由下面的差分方程描述

$$y(n)=2y(n-1)+x(n)$$

(1) 当初始状态 $y(0)=1$ 时，试分析该系统是否是线性系统，是否是移不变系统；

(2) 当初始状态 $y(-1)=0$ 时，试分析该系统是否是线性系统，是否是移不变系统。

解：(1) 令 $x(n)=\delta(n)$，此时系统输出记为 $y_1(n)$，且初始状态 $y_1(0)=1$，则

$$y_1(n)=2y_1(n-1)+\delta(n)$$

当 $n=1$ 时

$$y_1(1)=2y_1(0)+\delta(1)=2$$

当 $n=2$ 时

$$y_1(2)=2y_1(1)+\delta(2)=4$$

经过递推易得

$$y_1(n)=2^n u(n)$$

然后令 $x(n)=\delta(n-1)$，此时系统输出记为 $y_2(n)$，代入差分方程得

$$y_2(n)=2y_2(n-1)+\delta(n-1)$$

重复上述过程可知

$$y_2(n)=\delta(n)+3\cdot 2^{n-1}u(n-1)\neq y_1(n-1)$$

故当初始状态 $y(0)=1$ 时，该系统不是移不变系统。

再令 $x(n)=\delta(n)+\delta(n-1)$，系统输出记为 $y_3(n)$，代入差分方程得

$$y_3(n)=2y_3(n-1)+\delta(n)+\delta(n-1)$$

当 $n=1$ 时

$$y_3(1)=2y_3(0)+\delta(1)+\delta(0)=2+1=3$$

当 $n=2$ 时

$$y_3(2)=2y_3(1)+\delta(2)+\delta(1)=6$$

用递推法得

$$y_3(n)=\delta(n)+3\cdot 2^{n-1}u(n-1)\neq y_1(n)+y_2(n)$$

故当初始状态 $y(0)=1$ 时，该系统不是线性系统。

(2) 当初始状态改为 $y(-1)=0$ 时，求解过程与前面类似。令 $x(n)=\delta(n)$，输出 $y_1(n)$，则

$$y_1(n)=2y_1(n-1)+\delta(n)$$

当 $n=0$ 时

$$y_1(0)=2y_1(-1)+\delta(0)=1$$

当 $n=1$ 时

$$y_1(1)=2y_1(0)+\delta(1)=2$$

经过递推易得
$$y_1(n)=2^n u(n)$$

再令 $x(n)=\delta(n-1)$，输出 $y_2(n)$，代入差分方程得
$$y_2(n)=2y_2(n-1)+\delta(n-1)$$

当 $n=0$ 时
$$y_2(0)=2y_2(-1)+\delta(-1)=0$$

当 $n=1$ 时
$$y_2(1)=2y_2(0)+\delta(0)=1$$

当 $n=2$ 时
$$y_2(2)=2y_2(1)+\delta(1)=2$$

最后可得
$$y_2(n)=2^{n-1}u(n-1)=y_1(n-1)$$

因此，当初始状态为 $y(-1)=0$ 时，该系统是移不变系统。

最后当 $x(n)=\delta(n)+\delta(n-1)$ 时，输出 $y_3(n)$，此时差分方程满足
$$y_3(n)=2y_3(n-1)+\delta(n)+\delta(n-1)$$

当 $n=0$ 时
$$y_3(0)=2y_3(-1)+\delta(0)+\delta(-1)=1$$

当 $n=1$ 时
$$y_3(1)=2y_3(0)+\delta(1)+\delta(0)=3$$

当 $n=2$ 时
$$y_3(2)=2y_3(1)+\delta(2)+\delta(1)=6$$

归纳可得
$$y_3(n)=\delta(n)+3\cdot 2^{n-1}u(n-1)=y_1(n)+y_2(n)=2^n u(n)+2^{n-1}u(n-1)$$

因此，当初始状态为 $y(-1)=0$ 时，该系统也是线性系统。

9. 有一连续信号 $x_a(t)=\sin(2\pi ft+\varphi)$，其中，$f=30$ Hz，$\varphi=\pi/3$，试分析下面的问题。

(1) 求连续信号 $x_a(t)$ 的周期；

(2) 用采样频率 $F_s=100$Hz 对连续信号 $x_a(t)$ 进行采样，试写出采样序列的表达式，并计算采样序列的周期。

解：(1) 连续信号 $x_a(t)$ 的周期满足
$$T=\frac{1}{f}=\frac{1}{30}\ \text{s}$$

(2) 采样信号 $\hat{x}_a(t)$ 为
$$\hat{x}_a(t)=\sum_{n=-\infty}^{\infty}\sin(2\pi fnT_s+\varphi)\delta(t-nT_s)=\sum_{n=-\infty}^{\infty}\sin(2\pi fT_s\cdot n+\varphi)\delta(t-nT_s)$$

其中，采样周期与采样频率互为倒数关系，即
$$T_s=\frac{1}{F_s}=\frac{1}{100}\ \text{s}$$

所以采样序列 $x(n)$ 的数字频率 $\omega=2\pi f\cdot T_s=2\pi\cdot 30\cdot\frac{1}{100}=\frac{3}{5}\pi$。又因为 $\frac{2\pi}{\omega}=\frac{10}{3}$，故采样序列的周期为 $N=10$，则采样序列为
$$x(n)=\sin(\omega n+\varphi)=\sin\left(\frac{3}{5}\pi n+\varphi\right)$$

10. 有一理想采样系统，采样频率为 $\Omega_s = 6\pi$，采样后经理想低通滤波器 $H_a(j\Omega)$ 还原，其中

$$H_a(j\Omega) = \begin{cases} 1/2, & |\Omega| < 3\pi \\ 0, & |\Omega| \geqslant 3\pi \end{cases}$$

有两个输入 $x_1(t) = \cos(2\pi t)$，$x_2(t) = \cos(5\pi t)$。问输出信号 $y_1(t)$，$y_2(t)$ 有无失真，并说明原因。

解：由奈奎斯特采样定理可知，只有当采样频率大于等于信号的最高频率两倍时，即

$$\Omega_s \geqslant 2\Omega_h$$

时，通过一个截止频率为 $\frac{1}{2}\Omega_s$ 的低通滤波器，可以无失真地恢复出原来的信号。

显然当 $\Omega_s = 6\pi$ 时，信号最高频率应满足 $\Omega_h \leqslant \frac{1}{2}\Omega_s = 3\pi$。因此，输入为 $x_1(t) = \cos(2\pi t)$ 时，输出信号 $y_1(t)$ 无失真；而当输入为 $x_2(t) = \cos(5\pi t)$ 时，输出信号 $y_2(t)$ 产生失真。

11. 已知一个线性移不变系统的单位脉冲响应 $h(n)$ 除区间 $N_0 \leqslant n \leqslant N_1$ 之外皆为零；又已知输入 $x(n)$ 除区间 $N_2 \leqslant n \leqslant N_3$ 之外皆为零，设输出 $y(n)$ 除区间 $N_4 \leqslant n \leqslant N_5$ 之外皆为零，试以 N_0，N_1，N_2 和 N_3 来表示 N_4，N_5。

解：由于系统为因果系统，故系统的单位脉冲响应 $h(n)$ 只有在 $n \geqslant 0$ 时有意义，所以 N_0 及 N_1 均为非负值。同时又由于输入序列也为因果序列，则 N_2 及 N_3 也为非负值。

根据线性卷积的图解法可知

$$N_4 = N_0 + N_2, N_5 = N_1 + N_3$$

12. 有一调幅信号 $x_a(t) = [1 + \cos(2\pi \times 50t)]\cos(2\pi \times 600t)$，对该调幅信号进行采样，为了避免频谱混叠，试确定采样频率和采样时间间隔。

解：对调幅信号 $x_a(t)$ 化简可得

$$\begin{aligned} x_a(t) = [1 + \cos(2\pi \times 50t)]\cos(2\pi \times 600t) = \cos(2\pi \times 600t) + \\ \cos(2\pi \times 50t) \cdot \cos(2\pi \times 600t) = \\ \cos(2\pi \times 600t) + \frac{1}{2}[\cos(2\pi \times 650t) + \cos(2\pi \times 550t)] \end{aligned}$$

由上式可知信号包含的频率分量为 $f_1 = 600$ Hz，$f_2 = 650$ Hz，$f_3 = 550$ Hz。因此，为了不发生频谱混叠，采样频率可选为 $f_s = 4f_h = 4 \times 650 = 2\,600$ Hz，此时采样时间间隔为

$$T_s = \frac{1}{f_s} = \frac{1}{2\,600}s$$

13. 设有一因果系统，其输入、输出关系由差分方程 $y(n) - 2y(n-1) = x(n) + 2x(n-1)$ 表示。

(1) 求该系统的单位脉冲响应；

(2) 当系统输入 $x(n) = e^{j\omega n}u(n)$ 时，求系统的输出响应。

解：(1) 令输入 $x(n) = \delta(n)$，代入上述差分方程得

$$h(n) = 2h(n-1) + \delta(n) + 2\delta(n-1)$$

当 $n = 0$ 时，由于系统是因果系统，则

$$h(0) = 2h(-1) + \delta(0) + 2\delta(-1) = 1$$

当 $n = 1$ 时

$$h(1) = 2h(0) + \delta(1) + 2\delta(0) = 4$$

当 $n=2$ 时

$$h(2)=2h(1)+\delta(2)+2\delta(1)=8$$

当 $n=3$ 时

$$h(3)=2h(2)+\delta(3)+2\delta(2)=16$$

用递推的方法不难发现，单位脉冲响应为

$$h(n)=\delta(n)+2\cdot 2^{n}u(n-1)$$

（2）当系统输入 $x(n)=\mathrm{e}^{\mathrm{j}\omega n}u(n)$ 时，系统输出为

$$\begin{aligned}
y(n)=x(n)*h(n)=\mathrm{e}^{\mathrm{j}\omega n}u(n)*[\delta(n)+2\cdot 2^{n}u(n-1)]=\\
\mathrm{e}^{\mathrm{j}\omega n}u(n)+\mathrm{e}^{\mathrm{j}\omega n}u(n)*2^{n+1}u(n-1)=\\
\mathrm{e}^{\mathrm{j}\omega n}u(n)+\sum_{m=-\infty}^{\infty}\mathrm{e}^{\mathrm{j}\omega m}u(m)\cdot 2^{n-m+1}u(n-m-1)=\\
\mathrm{e}^{\mathrm{j}\omega n}u(n)+\left(\sum_{m=0}^{n-1}\mathrm{e}^{\mathrm{j}\omega m}\cdot 2^{n-m+1}\right)u(n-1)=\\
\mathrm{e}^{\mathrm{j}\omega n}u(n)+2^{n+1}\cdot\frac{1-\left(\frac{1}{2}\mathrm{e}^{\mathrm{j}\omega}\right)^{n}}{1-\frac{1}{2}\mathrm{e}^{\mathrm{j}\omega}}u(n-1)=\\
\mathrm{e}^{\mathrm{j}\omega n}u(n)+4\cdot\frac{2^{n}-\mathrm{e}^{\mathrm{j}\omega n}}{2-\mathrm{e}^{\mathrm{j}\omega}}u(n-1)
\end{aligned}$$

1.4　典型 MATLAB 实验

1.4.1　MATLAB 简介

MATLAB（矩阵实验室）的名字来源于 MATrix 和 LABoratory 这两个词的缩写形式组合，是一款由美国 MathWorks 公司推出的商业数学软件。MATLAB、Mathematica 和 Maple 并称为三大数学软件，而 MATLAB 因其具有易于学习和使用的特点，以及高效的数值计算能力，目前在工程计算、控制系统的设计与仿真、信号处理与通信、图像处理、信号检测、金融建模设计与分析等领域得到了广泛的应用。其主要功能如下：

（1）MATLAB 基于矩阵和数组的高级语言，具有高效的数值计算及符号计算功能，能帮助用户减少许多烦琐的数学运算；

（2）MATLAB 由一系列工具组成，如桌面工具和对代码、文件及数据进行管理的开发环境，其中桌面工具主要包括 MATLAB 桌面和命令窗口、编辑器和调试器、代码分析和浏览帮助、工作空间、文件浏览器等；

（3）MATLAB 是一款包含大量数学算法的软件，其拥有 600 多个可用于线性代数、统计、傅里叶分析、筛选、优化以及数值积分等的数学函数库，可以很方便地实现用户所需要的各种计算功能；

（4）MATLAB 具有完备的图形处理功能，能够实现计算结果和数据的可视化；

（5）可将基于 MATLAB 的算法与外部应用程序和语言（如 C、C++、Fortran、Java、Microsoft Excel）集成。

1.4.2 离散时间信号的产生

在MATLAB中,离散时间信号以数组的形式进行创建和寻访。数组是MATLAB最重要的一种数据类型,因此,理解和掌握数组的创建、寻访及运算显得尤为重要,数组一般有以下几种创建方式。

1. 冒号生成法

x=a:inc:b

其中,a是数组x的第一个元素;inc是该数组中相邻两个元素的间隔;如果(b-a)是inc的整数倍,则b是数组x的最后一个元素,否则最后一个元素将小于b。需要注意的是,inc可以省略,此时步长为默认值1。

例1-14 用冒号法创建离散时间信号。

运行程序如下:

```
x1=1:2:10            %步长为2
x2=0:pi/4:pi         %非整数步长
x3=9:-1:3            %负实数步长
```

运行结果如下:

```
x1=
 1    3    5    7    9
x2=
0    0.7854    1.5708    2.3562    3.1416
x3=
9    8    7    6    5    4    3
```

2. 线性(或对数)定点法

x=linspace(a,b,n):以a为起始值,b为终值,线性等间隔产生n个元素。

x=logspace(a,b,n):以10^a为起始值,10^b为终值,对数等间隔产生n个元素。

例1-15 用linspace、logspace函数创建离散时间信号。

运行程序如下:

```
x1=linspace(10,100,6)
x2=logspace(1,2,5)
```

运行结果如下:

```
x1=
10    28    46    64    82    100
x2=
10.0000    17.7828    31.6228    56.2341    100.0000
```

3. 逐个元素输入法

这种方法是最简单也是最常用的方式,用[ ]将序列放在方括号内,相邻元素之间用空格或者逗号分隔开来,列数组用分号分隔开来。

例1-16 创建序列实例。

运行程序如下:

```
A=[-1  3  2  5  7]
A1=[2, -3, 4, 6, 5, 10]           %创建行向量
B=[10; 3; 4; 9; 6]                %创建列向量
C=A'                              %转置
```

运行结果如下：

```
A=
  -1     3     2     5     7
A1=
   2    -3     4     6     5    10
B=
  10
   3
   4
   9
   6
C=
  -1
   3
   2
   5
   7
```

4. 调用 MATLAB 函数法

MATLAB 系统还提供了许多函数，用于直接产生某些特定的数组(矩阵)，这些函数如表 1-5 所示。

表 1-5　常用的数组生成函数

命　令	功　能
zeros	生成全 0 数组
ones	生成全 1 数组
eye	生成单位数组
diag	生成对角数组
magic	生成魔方数组
rand	生成均匀分布随机数组
randn	生成正态分布随机数组

例 1-17　利用 MATLAB 函数产生数组或矩阵。

运行程序如下：

```
A=zeros(2,4)              %产生(2×4)全 0 数组
B=ones(2,3)               %产生(2×3)全 1 数组
C=eye(2)                  %产生二阶单位矩阵
```

```
D=magic(4)              %产生(4×4)魔方阵
E=rand(1,6)             %产生(1×6)均匀分布随机数组
F=randn(2,3)            %产生(2×3)正态随机阵
```

运行结果如下：

```
A =
    0    0    0    0
    0    0    0    0
B =
    1    1    1
    1    1    1
C =
    1    0
    0    1
D =
    16     2     3    13
     5    11    10     8
     9     7     6    12
     4    14    15     1
E =
   0.6324   0.0975   0.2785   0.5469   0.9575   0.9649
F =
   -1.3077    0.3426    2.7694
   -0.4336    3.5784   -1.3499
```

例 1-18 数组寻访实例。

运行程序如下：

```
A=[3  4  5  6  7  8]
A1=A(5)                 %获取数组第 5 个元素
A2=A(1:3)               %获取数组从第 1 个元素至第 3 个元素
A3=A(4:end)             %获取数组从第 4 个元素至最后一个元素
A4=A([1  3])            %获取数组第 1 个元素和第 3 个元素
```

运行结果如下：

```
A =
    3    4    5    6    7    8
A1 =
    7
A2 =
    3    4    5
A3 =
    6    7    8
A4 =
    3    5
```

1.4.3　离散时间信号的绘制

MATLAB 的图形处理系统不仅能方便地图形化显示离散时间信号，而且还能为所绘制图形添加标识和注释，从而使用户能高效地对数据结果进行分析和利用。一般绘制二维图形的基本步骤如表 1－6 所示。

表 1－6　绘制二维图形的基本步骤及说明

步骤		说明
1	数据准备	确定自变量取值范围
2	设置当前绘图区	指定图形窗号或子图号
3	调用绘图指令	确定图形属性，如线型、颜色、数据点形
4	设置显示范围、网格线属性	确定横轴、纵轴范围及网格线属性
5	图形注释	图名、坐标名、图例、文字说明
6	保存、打印	采用图形窗选项打印

例 1－19　绘制二维图形实例。在同一坐标轴上绘制 sin(x)、sin(2x)、sin(3x)这 3 条曲线。

运行程序如下：

```
x=0:0.01:4*pi;                  %产生数据
y1=sin(x);
y2=sin(2*x);
y3=sin(3*x);
figure;                         %设置当前绘图区
plot(x,y1,'--',x,y2,':',x,y3);  %调用绘图指令
axis([0 13 -2 2]);              %设置显示范围
grid on;                        %绘制网格线
xlabel('x');ylabel('y');        %注释坐标轴
title('演示绘制二维图形基本步骤');
legend('sin(x)','sin(2x)','sin(3x)');
```

运行结果如图 1－9 所示。

1.4.4　离散时间信号卷积运算的仿真

在 MATLAB 中，conv 函数用于实现两个序列之间的卷积运算。下面举例说明两个序列卷积运算的 MATLAB 程序实现过程。

例 1－20　两个序列的卷积和运算实例，其中第一个序列 $x(n)=R_3(n)$为矩形序列；第二个序列 $h(n)=0.6^n[u(n)-u(n-5)]$为指数序列。

运行程序如下：

```
x=ones(1,3);                    %序列 x
n1=0:length(x)-1;
n2=0:4;
```

```
h=0.6.^n2;                                          %序列 h 为指数序列
subplot(1,3,1);stem(n1,x,'fill');                   %绘制矩形序列 x
axis([-3 10 0 1.1]);grid on;
xlabel('n');title('x(n)');
subplot(1,3,2);stem(n2,h,'fill');                   %绘指数序列 h
axis([-3 10 0 1.1]);grid on;xlabel('n');title('h(n)');
y=conv(x,h);                                        %序列线性卷积和
subplot(1,3,3);stem(0:length(y)-1,y,'fill');        %绘制卷积之后的序列
axis([-3 10 0 2]);grid on;xlabel('n');title('x(n) * h(n)')
```

运行结果如图 1-10 所示，且卷积后的 y 序列长度为 7，等于 x 序列的长度 3 与 h 序列长度 5 之和减 1，这与理论值一致。

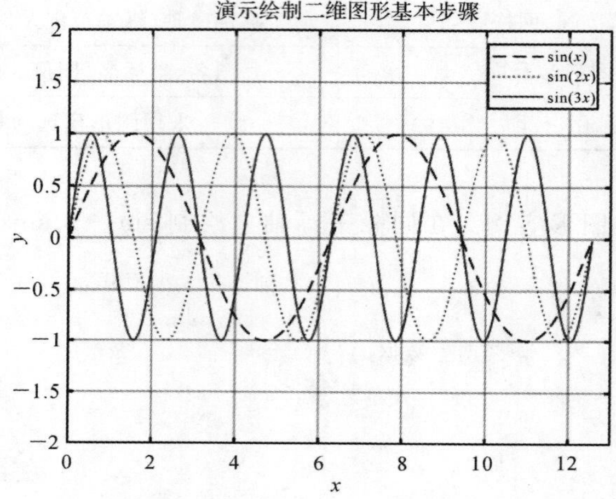

图 1-9　在同一坐标轴上绘制 $\sin(x)$、$\sin(2x)$、$\sin(3x)$

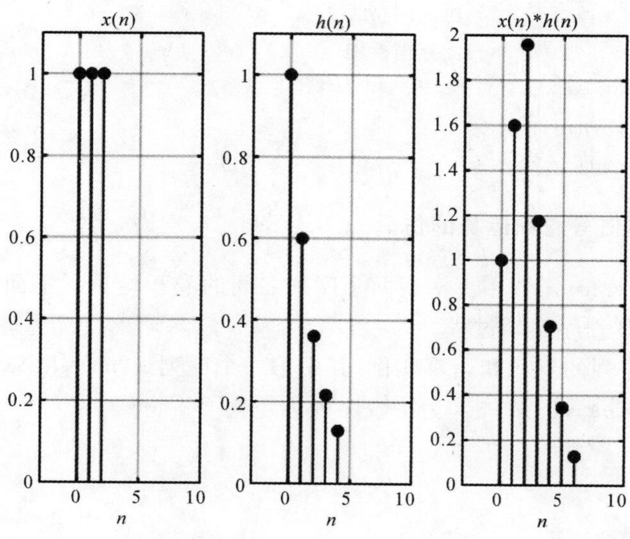

图 1-10　两个序列的卷积和运算

1.5　上机题解答

1. 绘制 x(n)＝u(n)－u(n－20)的时域波形图。

解：x(n)＝u(n)－u(n－20)＝R_{20}(n)为长度 20 的矩形序列，程序如下：

```
clear all;
n=0:19;                          %矩形序列的自变量取值范围
x=ones(1,length(n));             %产生矩形序列，长度 n=20
figure(1);stem(n,x);             %绘制矩形序列
grid on;axis([-1 21 0 1.1]);
xlabel('n');ylabel('x(n)');
title('x(n)=u(n)-u(n-20)');
```

根据上述程序，运行结果如图 1－11 所示。

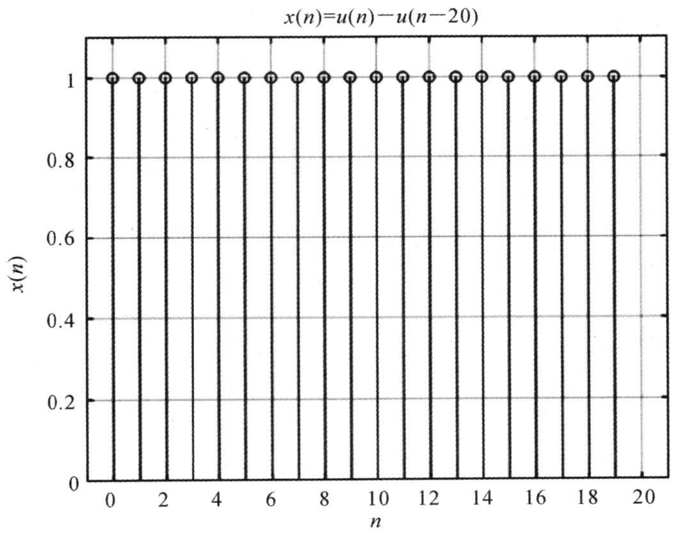

图 1－11　上机题 1 解图

2. 绘制下列各序列的时域波形图，并判断其是否为周期序列。

(1) $x(n)=\cos\left(\frac{4\pi n}{5}+\frac{\pi}{4}\right)$；　　(2) $x(n)=\sin\left(\frac{\pi n}{6}-\frac{\pi}{3}\right)$；

(3) $x(n)=e^{j\left(\frac{n}{7}-\frac{\pi}{2}\right)}$；　　(4) $x(n)=e^{j\left(\frac{2\pi n}{3}-\frac{\pi}{2}\right)}$。

解：由前面判断正弦序列周期性的结论易知，该题中序列(1)(2)(4)为周期序列，序列(3)为非周期序列，程序如下：

```
n=0:30;                          %序列的起止时刻
x=2*cos(n*4*pi/5+pi/4);          %产生余弦序列
subplot(2,2,1);stem(n,x);        %绘制余弦序列
xlabel('n');ylabel('x(n)');title('余弦序列');
axis([0 31 -2.1 2.1]);
```

```
x=sin(n*pi/6-pi/3);                                %产生正弦序列
subplot(2,2,2);stem(n,x);                          %绘制正弦序列
xlabel('n');ylabel('x(n)');title('正弦序列');
axis([0 31 -1.1 1.1]);
x=exp(i*(n/7-pi/2));                               %产生复指数序列 1
subplot(2,2,3);stem(n,real(x),'fill');             %绘制复指数序列 1 的实部
xlabel('n');ylabel('x(n)');title('复指数序列 1 的实部');
x=exp(i*(2*pi*n/3-pi/2));                          %产生复指数序列 2
subplot(2,2,4);stem(n,real(x),'fill');             %绘制复指数序列 2 的实部
xlabel('n');ylabel('x(n)');title('复指数序列 2 的实部');
```

运行结果如图 1-12 所示，从结果图中也验证了序列(1)(2)(4)为周期序列，序列(3)为非周期序列。

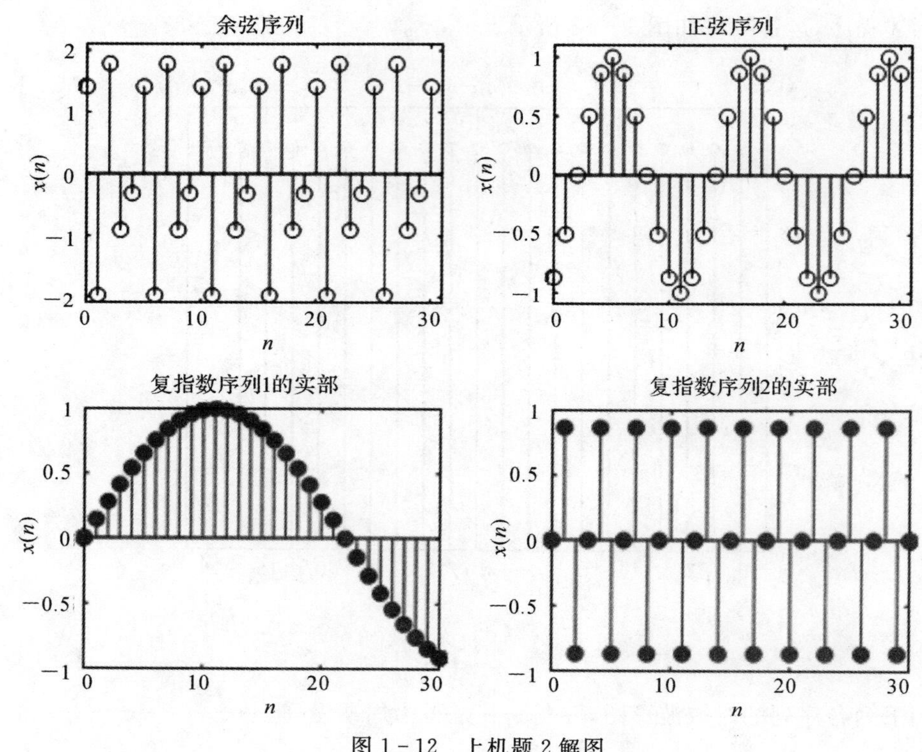

图 1-12　上机题 2 解图

3. 绘制下列各种指数序列的时域波形图。

(1) $x(n)=3^n u(n)$；　　(2) $x(n)=(-3)^n u(n)$；

(3) $x(n)=\left(\frac{2}{5}\right)^n u(n)$；　　(4) $x(n)=\left(-\frac{2}{5}\right)^n u(n)$。

解：上述序列均为指数序列，程序如下：

```
clear all;
n=0:10;
x1=3.^n;x2=(-3).^n;                                %产生指数序列 1 和指数序列 2
x3=0.4.^n;x4=(-0.4).^n;                            %产生指数序列 3 和指数序列 4
```

```
subplot(2,2,1);stem(n,x1);                              %绘制指数序列 1
xlabel('n');ylabel('x_1(n)');title('x_1(n)=3^n');
subplot(2,2,2);stem(n,x2);                              %绘制指数序列 2
xlabel('n');ylabel('x_2(n)');title('x_2(n)=(-3)^n');
subplot(2,2,3);stem(n,x3);                              %绘制指数序列 3
xlabel('n');ylabel('x_3(n)');title('x_3(n)=0.4^n');
subplot(2,2,4);stem(n,x4);                              %绘制指数序列 4
xlabel('n');ylabel('x_4(n)');title('x_4(n)=(-0.4)^n');
```

运行结果如图 1－13 所示，从结果图中可知，指数序列(1)(2)为指数增长序列，指数序列(3)(4)是指数衰减序列。

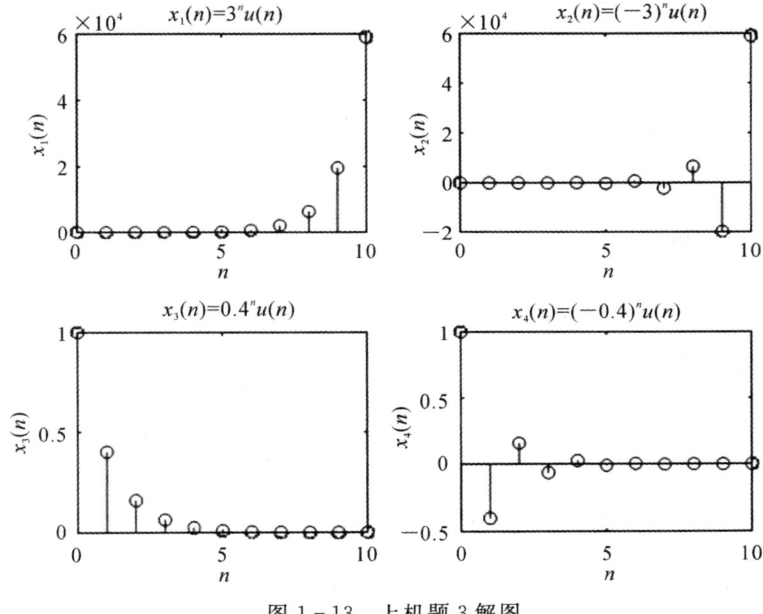

图 1－13　上机题 3 解图

4. 分别绘制复指数序列 $x(n)=\mathrm{e}^{\mathrm{j}\left(\frac{2\pi n}{9}+\frac{\pi}{3}\right)}$ 的振幅序列、相位序列、实部序列、虚部序列。

解：由复指数序列 $x(n)=\mathrm{e}^{\mathrm{j}\left(\frac{2\pi n}{9}+\frac{\pi}{3}\right)}$ 可知，其一般为复数，故可从实部、虚部、模和相角四部分来考虑其特性。并且，易知该序列的模值始终为 1，程序如下：

```
clear all;
n=0:20;                                   %给出序列自变量的取值范围
x=exp(i*(2*pi*n/9+pi/3));                 %产生复指数序列
subplot(2,2,1);                           %绘制子图 1
stem(n,real(x),'fill');                   %绘制复指数序列的实部
xlabel('n');title('实部');
grid on;
subplot(2,2,2);                           %绘制子图 2
stem(n,imag(x),'fill');                   %绘制复指数序列的虚部
xlabel('n');title('虚部');
grid on;
```

```
subplot(2,2,3);                          %绘制子图 3
stem(n,abs(x),'fill');                   %绘制复指数序列的模
xlabel('n');title('模');grid on;
subplot(2,2,4);                          %绘制子图 4
stem(n,angle(x),'fill');                 %绘制复指数序列的相角
xlabel('n');title('相角');grid on;
```

运行结果如图 1-14 所示，从结果图中易知该复指数序列的模值始终为 1，从而验证了前面初步分析的结论是正确的。

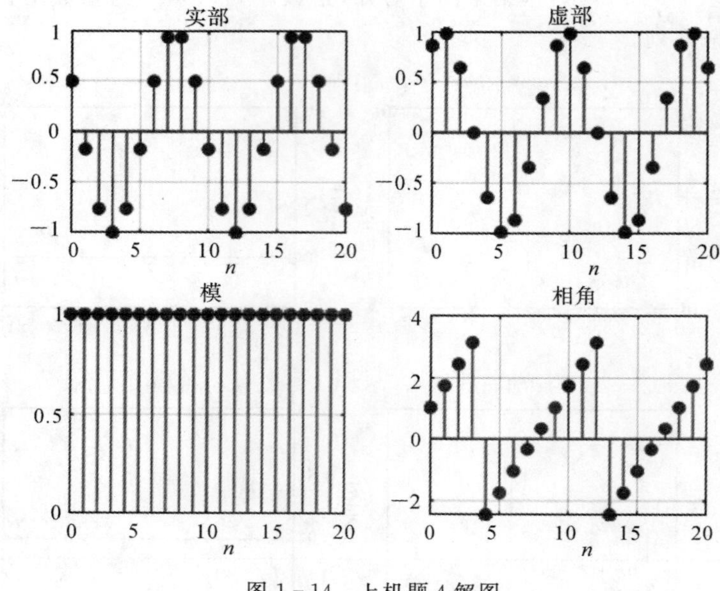

图 1-14　上机题 4 解图

5. 已知序列 $x_1(n)=[1\quad 3\quad 5\quad 7\quad 9]$，序列 $x_2(n)=[12\quad -2\quad 4\quad 6\quad 8]$，用 MATLAB 程序实现这两个序列的相加及相乘，并绘制出相应的图形。

解：程序如下：

```
n=0:4;                                   %确定序列自变量取值范围
x1=[1 3 5 7 9];                          %产生序列 1
x2=[12 -2 4 6 8];                        %产生序列 2
y1=x1+x2;                                %两个序列进行相加
y2=x1.*x2;                               %两个序列进行相乘
subplot(2,2,1);stem(n,x1);               %绘制序列 1
xlabel('n');title('x_1(n)');
subplot(2,2,2);stem(n,x2);               %绘制序列 2
xlabel('n');title('x_2(n)');
subplot(2,2,3);stem(n,y1);               %绘制序列相加之后的结果
xlabel('n');title('x_1(n)+x_2(n)');
subplot(2,2,4);stem(n,y2);               %绘制序列相乘之后的结果
xlabel('n');title('x_1(n)x_2(n)');
```

运行结果如图 1-15 所示。

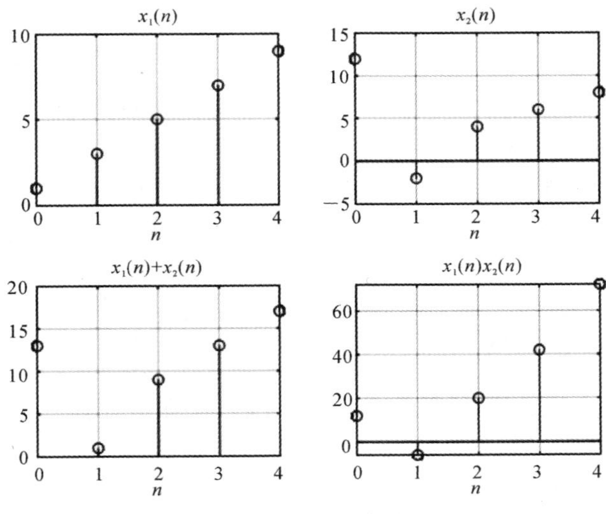

图 1-15 上机题 5 解图

6. 序列 $x(n)=[2\quad 4\quad 6\quad 8\quad 10]$，$n$ 的取值范围为 0～4，分别绘制序列 $x(n)$ 的翻转序列 $x(-n)$，$x(n)$ 序列的移位序列 $x(n-2)$ 和 $x(n+5)$。

解：序列 $x(n-2)$ 是将序列 $x(n)$ 向右移 2 位，序列 $x(n+5)$ 是将序列 $x(n)$ 向左移 5 位，同时，为了仿真 $x(n)$ 的翻转序列 $x(-n)$，可以调用 MATLAB 的 fliplr 函数来实现，程序如下：

```
n1=0:4;x1=[2 4 6 8 10];                                    %产生序列 x(n)
n2=-fliplr(n1);x2=fliplr(x1);                              %对序列 x(n)进行翻转得到序列 x(-n)
m1=2;m2=-5;n3=n1+m1;n4=n1+m2;                              %得到移位序列 x(n-2)及 x(n+5)
x3=x1;x4=x1;
subplot(2,2,1);stem(n1,x1);title('原始序列');               %绘制原始序列
subplot(2,2,2);stem(n2,x2);title('翻转序列');               %绘制翻转序列
subplot(2,2,3);stem(n3,x3);title('向右移 2 位后的序列');     %绘制右移序列 x(n-2)
subplot(2,2,4);stem(n4,x4);title('向左移 5 位后的序列');     %绘制左移序列 x(n+5)
```

运行结果如图 1-16 所示。

7. 将长度为 16 的矩形序列 $R(n)$ 做奇偶分解，并分别绘制出原矩形序列以及该序列的奇分量部分和偶分量部分。

解：对任意实序列进行分解，可分别得到该序列的奇分量部分 $x_e(n)=\frac{1}{2}[x(n)-x(-n)]$ 及偶分量部分 $x_o(n)=\frac{1}{2}[x(n)+x(-n)]$，这里调用自定义函数 seq_add 和 seq_sub 来实现两个不同起止时刻序列的加法及减法，求解程序如下：

```
clear all;
n1=0:15;
x1=ones(1,length(n1));                    %产生长度为 16 的矩形序列 R(n)
x2=fliplr(x1);                            %得到翻转序列 x(-n)
n2=-fliplr(n1);
```

```
[y_sub,n]=seq_sub(x1,n1,x2,n2);          %调用 seq_sub 函数实现 x(n)-x(-n)
[y_add,n]=seq_add(x1,n1,x2,n2);          %调用 seq_add 函数实现 x(n)+x(-n)
subplot(3,1,1);stem(n1,x1);              %绘制原序列
title('原始序列');
xlabel('n');
subplot(3,1,2);stem(n,y_sub/2);          %绘制序列的奇分量部分
title('奇分量部分');xlabel('n');
subplot(3,1,3);stem(n,y_add/2);          %绘制序列的偶分量部分
title('偶分量部分');
xlabel('n');
```

运行结果如图 1-17 所示。

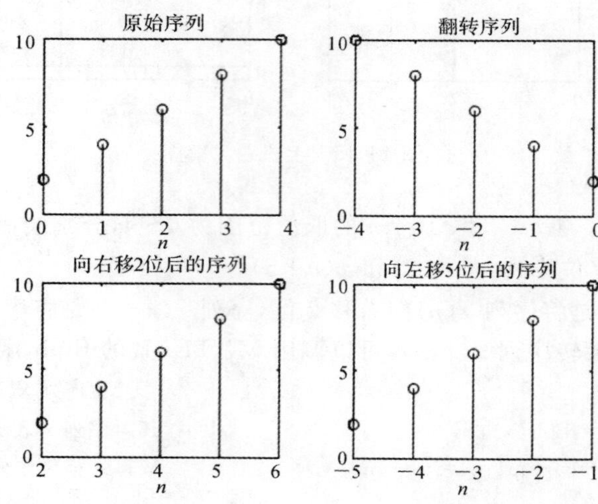

图 1-16　上机题 6 解图

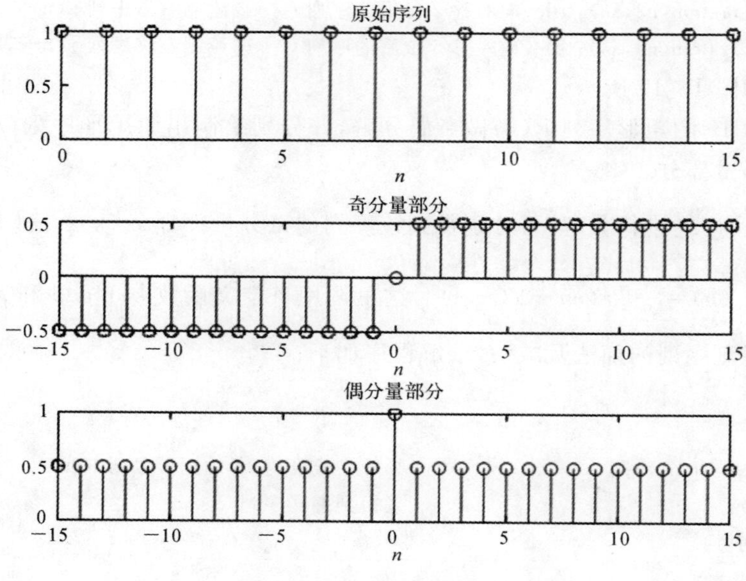

图 1-17　上机题 7 解图

8. 已知序列 $x_1(n)=u(n)-u(n-6)$，序列 $x_2(n)=\left(\frac{2}{3}\right)^n[u(n)-u(n-10)]$，分别绘制序列 $x_1(n)$、$x_2(n)$及它们之间的卷积和 $y(n)=x_1(n)*x_2(n)$。

解：两个有限长序列进行线性卷积，可以利用 MATLAB 的 conv 函数来实现。其中，序列 $x_1(n)$的长度为 6，序列 $x_2(n)$的长度为 10，它们之间进行卷积和计算之后的序列长度应为各自序列的长度之和再减 1，即得到 15，求解程序如下：

```
clear all;clc;
x=ones(1,6);                                  %构造矩形序列
n1=0:length(x)-1;
n2=0:9;
y=(2/3).^n2;                                  %构造指数序列
subplot(1,3,1);stem(n1,x,'fill');             %绘制矩形序列
axis([-3 13 0 1.1]);grid on;
xlabel('n');ylabel('x1_(n)');title('序列 x_1(n)');
subplot(1,3,2);stem(n2,y,'fill');             %绘制指数序列
axis([-3 13 0 1.1]);grid on;
xlabel('n');ylabel('x_2(n)');title('序列 x_2(n)');
y1=conv(x,y);                                 %两序列做线性卷积和运算
subplot(1,3,3);stem(0:length(y1)-1,y1,'fill');  %绘制卷积运算之后的序列
axis([-3 16 0 3]);grid on;
xlabel('n');ylabel('y(n)');title('x_1(n) * x_2(n)')
```

运行结果如图 1-18 所示。

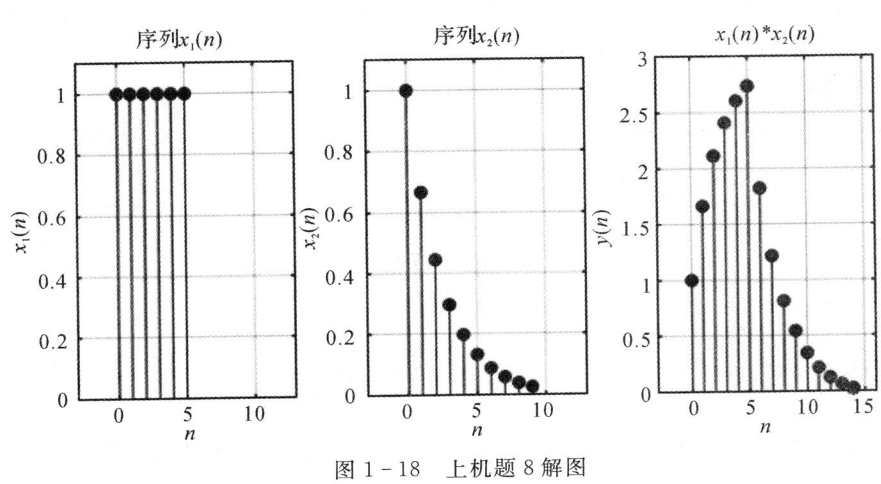

图 1-18　上机题 8 解图

9. 已知描述某 LTI 离散时间系统的差分方程为 $y(n)+y(n-1)=x(n)-2x(n-1)$，求该系统的单位脉冲响应，用 MATLAB 程序完成求解过程。

解：根据递推法可知，该线性常系数差分方程的单位脉冲响应 $h(n)$为

$$h(n)=\delta(n)-3\cdot(-1)^{n-1}u(n-1)$$

MATLAB 可以利用 impz 函数实现线性常系数差分方程 h(n)的求解，求解程序如下：

```
n=0:10;                                       %产生时间序列
```

```
a=[1,1];                         %输出序列系数
b=[1,-2];                        %输入序列系数
impz(b,a,n);                     %求系统的单位脉冲响应
```

运行结果如图 1-19 所示，从图中可以看出仿真结果与前面理论部分计算出来的结果一致。

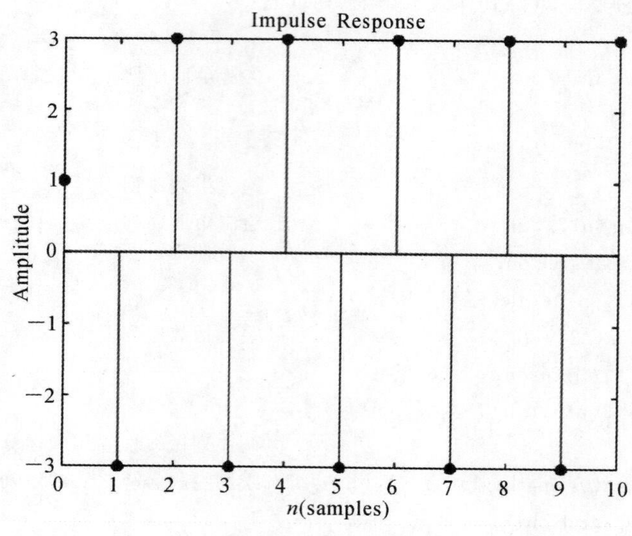

图 1-19　上机题 9 解图

10. 已知描述某 LTI 离散时间系统的差分方程为 $y(n)+3y(n-1)=2x(n)$，求该系统的单位阶跃响应，用 MATLAB 程序完成求解过程。

解：上述线性常系数差分方程的输出序列系数为[1，-3]，输入序列的系数为[2]，调用 MATLAB 程序的 filter 函数可以用来计算系统的单位阶跃响应 $g(n)$，并绘制系统的单位阶跃响应随着时间 n 变化的曲线，求解程序如下：

```
n=0:10;                          %产生时间序列
a=[1,3];                         %输出序列系数
b=[2];                           %输入序列系数
x=ones(1,length(n));
y=filter(b,a,x);                 %求系统的单位阶跃响应
stem(n,y);xlabel('n');ylabel('y(n)');
```

运行结果图 1-20 所示，从图中易验证通过 MATLAB 求出的系统的单位阶跃响应与理论上的计算值相等。

11. 利用 MATLAB 求解差分方程

$$y(n)-0.3y(n-1)-0.5y(n-2)=0.2x(n)+0.3x(n-1)-x(n-2)$$

其中，输入序列 $x(n)=0.6^n u(n)$，系统的初始状态为 $y(-1)=1, y(-2)=2, x(-1)=2, x(-2)=3$。

解：该题是已知系统的初始状态和输入序列来求解系统的全响应，在 MATLAB 中可以利用函数 filter 求系统的输出，求解程序如下：

```
clear all;clc;
b=[0.2,0.3,-1];                          %系统输入的系数组合
a=[1,-0.3,-0.5];                         %系统输出的系数组合
x0=[2,3];                                %输入序列的初始状态
y0=[1,2];                                %输出序列的初始状态
N=50;
n=0:N-1;
x=0.6.^n;                                %输入序列为指数序列
zi=filtic(b,a,y0,x0);                    %计算等效初始条件
[y,zf]=filter(b,a,x,zi);                 %求系统的输出
plot(n,x,'r-',n,y,'b--');
xlabel('n');
legend('输入序列 x(n)','输出序列 y(n)');
grid on;
```

运行结果如图 1-21 所示，由图可验证通过 MATLAB 求出的系统全响应与理论上用递推法求得全响应的结果相等。

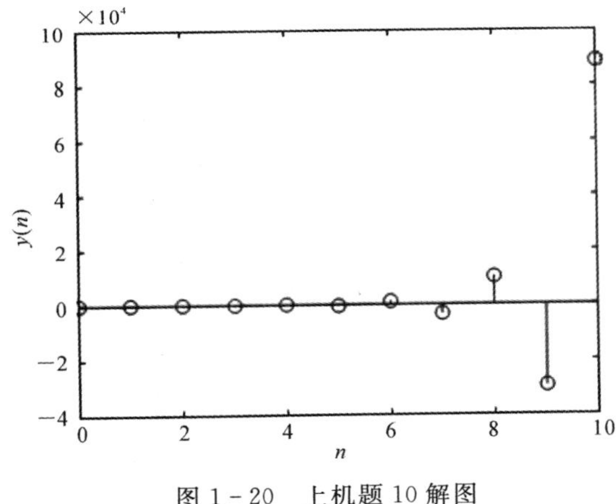

图 1-20　上机题 10 解图

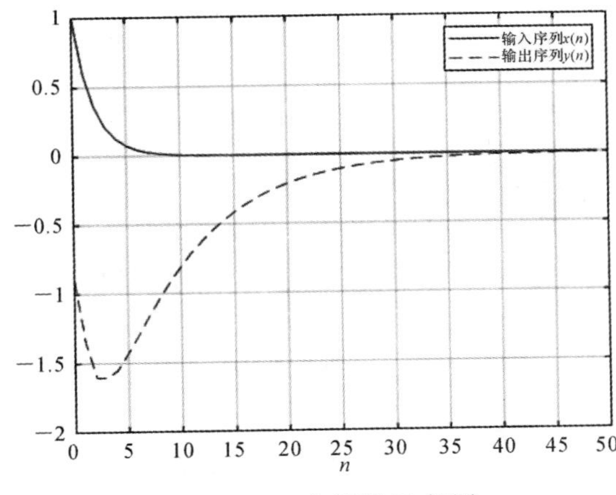

图 1-21　上机题 11 解图

第 2 章　离散时间信号的频域分析

2.1　学 习 要 点

3.1.1　z 变换及其性质

z 变换的定义可以从两方面引出，一是直接对离散时间信号给出定义，即

$$X(z)=\sum_{n=-\infty}^{\infty}x(n)z^{-n}$$

二是由抽样信号的拉普拉斯变换过渡到 z 变换，其过程如图 2－1 所示。

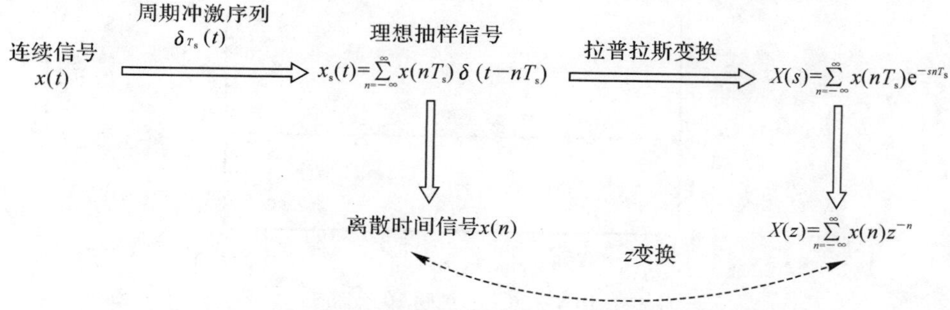

图 2－1　由抽样信号的拉普拉斯变换过渡到 z 变换

z 变换存在的条件是定义式中的级数收敛，即

$$\sum_{n=-\infty}^{\infty}|x(n)z^{-n}|<\infty$$

满足上式收敛条件的 z 取值范围称为 z 变换的收敛域。在计算离散时间信号的 z 变换时，通常需要用到数列求和公式，其总结如表 2－1 所示。对于无限长序列的 z 变换求解，可利用表2－1 中的第 3 或第 4 个公式，需要特别指出的是，两者成立的前提条件都是 $|a|<1$，此条件对确定 z 变换的收敛域很有帮助。

例如：计算右边序列 $x(n)=2^n u(n)$ 的 z 变换，其计算过程如下：

$$X(z)=\sum_{n=0}^{\infty}2^n z^{-n}=\sum_{n=0}^{\infty}(2/z)^n$$

由表 2－1 中的第 3 个公式，得到

$$X(z)=\sum_{n=0}^{\infty}(2/z)^n=\frac{1}{1-2/z}=\frac{z}{z-2}$$

上式成立的条件是 $|2/z|<1$，即 $|z|>2$，此即为相应的 z 变换收敛域。

表 2-1　常用数列求和公式

序　号	公　式	说　明
1	$\sum_{j=0}^{k}a^j=\begin{cases}\frac{1-a^{k+1}}{1-a}, & a\neq 1\\ k+1, & a=1\end{cases}$	$k\geqslant 0$
2	$\sum_{j=k_1}^{k_2}a^j=\begin{cases}\frac{a^{k_1}-a^{k_2+1}}{1-a}, & a\neq 1\\ k_2-k_1+1, & a=1\end{cases}$	$k_2\geqslant k_1$
3	$\sum_{j=0}^{\infty}a^j=\frac{1}{1-a}$	$\|a\|<1$
4	$\sum_{j=k_1}^{\infty}a^j=\frac{a^{k_1}}{1-a}$	$\|a\|<1$
5	$\sum_{j=0}^{k}j=\frac{k(k+1)}{2}$	$k\geqslant 0$
6	$\sum_{j=k_1}^{k_2}j=\frac{(k_2+k_1)(k_2-k_1+1)}{2}$	$k_2\geqslant k_1$
7	$\sum_{j=0}^{k}j^2=\frac{k(k+1)(2k+1)}{6}$	$k\geqslant 0$

关于 z 变换收敛域，有以下结论，相关示意图如图 2-2 所示。

(1) 有限长序列 z 变换的收敛域至少包括：$0<|z|<\infty$；

(2) 右边序列的收敛域为圆外区域：$R_{x^-}<|z|<\infty$；

(3) 左边序列的收敛域为圆内区域：$0<|z|<R_{x^+}$；

(4) 双边序列的收敛域为环状区域，即：$R_{x^-}<|z|<R_{x^+}$。

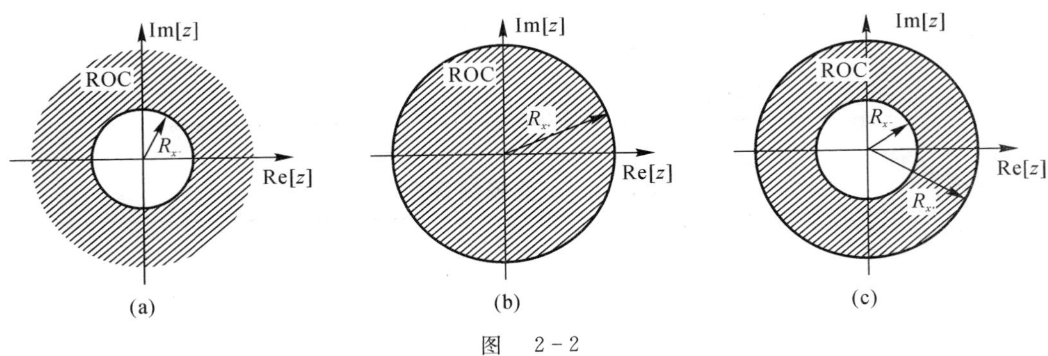

图　2-2

(a) 右边序列收敛域；(b) 左边序列收敛域；(c) 双边序列收敛域

常用的 z 变换对总结如表 2-2 所示，熟悉常用的 z 变换对对今后要熟悉和掌握的逆 z 变换求解很有帮助。此外，观察表 2-2 可以得到极点与收敛域的重要联系，即 z 变换的收敛域中不存在任何极点，且收敛域总是以极点为边界。因此，若已知极点，可简单确定收敛域的可能情况。

z 变换的基本性质和定理主要包括线性性质、移位性质、尺度变换性质、卷积定理、z 域微分性质、z 域积分性质、序列翻转性质、序列部分和性质、初值定理以及终值定理等，上述性质总结如表 2-3 所示。

表 2-2　常用的 z 变换对

序列 $x(n)$	z 变换 $X(z)$	收敛域
$\delta(n)$	1	全平面
$\delta(n-n_0), n_0>0$	z^{-n_0}	$\lvert z\rvert>0$
$\delta(n+n_0), n_0>0$	z^{n_0}	$\lvert z\rvert<\infty$
$u(n)$	$\frac{z}{z-1}$	$\lvert z\rvert>1$
$-u(-n-1)$	$\frac{z}{z-1}$	$\lvert z\rvert<1$
$a^n u(n)$	$\frac{z}{z-a}$	$\lvert z\rvert>\lvert a\rvert$
$-a^n u(-n-1)$	$\frac{z}{z-a}$	$\lvert z\rvert<\lvert a\rvert$
$na^{n-1}u(n)$	$\frac{z}{(z-a)^2}$	$\lvert z\rvert>\lvert a\rvert$
$-na^{n-1}u(-n-1)$	$\frac{z}{(z-a)^2}$	$\lvert z\rvert<\lvert a\rvert$
$a^n\sin(\omega n)u(n)$	$\frac{az\sin\omega}{z^2-2az\cos\omega+a^2}$	$\lvert z\rvert>\lvert a\rvert$
$-a^n\sin(\omega n)u(-n-1)$	$\frac{az\sin\omega}{z^2-2az\cos\omega+a^2}$	$\lvert z\rvert<\lvert a\rvert$
$a^n\cos(\omega n)u(n)$	$\frac{z(z-a\cos\omega)}{z^2-2az\cos\omega+a^2}$	$\lvert z\rvert>\lvert a\rvert$
$-a^n\cos(\omega n)u(-n-1)$	$\frac{az\sin\omega}{z^2-2az\cos\omega+a^2}$	$\lvert z\rvert<\lvert a\rvert$

表 2-3　z 变换的性质

名称	$x(n)\longleftrightarrow X(z), \alpha<\lvert z\rvert<\beta$	
线性性质	$a_1x_1(n)+a_2x_2(n)$	$a_1X_1(z)+a_2X_2(z)$
移位性质	$x(n\pm m)$	$z^{\pm m}X(z), \alpha<\lvert z\rvert<\beta$
尺度变换性质	$a^n x(n)$	$X\left(\frac{z}{a}\right), \alpha\lvert a\rvert<\lvert z\rvert<\beta\lvert a\rvert$

续表

卷积定理	$x_1(n)*x_2(n)$	$X_1(z)X_2(z)$
z 域微分性质	$n^m x(n)$	$\left[-z\dfrac{\mathrm{d}}{\mathrm{d}z}\right]^m X(z),\alpha<\mid z\mid<\beta$
z 域积分性质	$\dfrac{x(n)}{n+m},n+m>0$	$z^m\displaystyle\int_z^{\infty}\dfrac{X(\eta)}{\eta^{m+1}}\mathrm{d}\eta,\alpha<\mid z\mid<\beta$
序列翻转性质	$x(-n)$	$X(z^{-1}),\dfrac{1}{\beta}<\mid z\mid<\dfrac{1}{\alpha}$
序列部分和性质	$\displaystyle\sum_{i=-\infty}^{n}x(i)$	$\dfrac{z}{z-1}X(z),\max(\alpha,1)<\mid z\mid<\beta$
初值定理	$x(0)=\lim\limits_{z\to\infty}X(z)$，$x(n)$ 为因果序列	
终值定理	$x(\infty)=\lim\limits_{z\to 1}(z-1)X(z)$，$x(n)$ 为因果序列，$X(z)$ 极点在单位圆内，最多在 $z=1$ 有一阶极点	

熟练掌握并灵活运用 z 变换的性质是本章学习的重点和难点。z 变换性质的应用场合有很多，常见的应用如下：

(1) 利用 z 变换的移位性质求常系数差分方程的 z 变换；

(2) 利用 z 变换的卷积定理计算序列卷积；

(3) 利用 z 变换的微分性质求序列的 z 变换。

z 变换终值定理的使用条件比较复杂，即：$x(n)$ 为因果序列，$X(z)$ 的极点在单位圆内，最多只在 $z=1$ 处可能有一阶极点。上述条件将保证：在 $(z-1)X(z)$ 中乘因子 $(z-1)$ 将抵消 $z=1$ 处可能的极点，从而使得 $(z-1)X(z)$ 的收敛域至少在单位圆之外，且包含单位圆，即在 $1\leqslant\mid z\mid\leqslant\infty$ 上都收敛。

2.1.2　逆 z 变换的求解

序列 $x(n)$ 的 z 变换经常可表示为 z 的有理分式的形式，即

$$X(z)=\frac{B(z)}{A(z)}=\frac{b_m z^m+b_{m-1}z^{m-1}+\cdots+b_1 z+b_0}{z^n+a_{n-1}z^{n-1}+\cdots+a_1 z+a_0}$$

其中，$m\leqslant n$。对于有理分式形式 $X(z)$，可用部分分式展开法方便快速求解逆 z 变换。下面分两种情况简要总结求解过程。

1. 单极点(一阶极点)情况

若 $X(z)$ 的极点为 $z_1,z_2,\cdots,z_n$，各极点互不相同，且不等于 0。该情况下的逆 z 变换的求解过程如下：

首先，根据 $X(z)$ 的极点写出部分分式表达式，即

$$\frac{X(z)}{z}=\frac{K_0}{z}+\frac{K_1}{z-z_1}+\frac{K_2}{z-z_2}+\cdots+\frac{K_n}{z-z_n}$$

然后，按以下公式求解上式中的系数

$$K_0=X(z)\mid_{z=0}$$

$$K_1 = \frac{X(z)}{z}(z - z_1)\mid_{z=z_1}$$

$$\vdots$$

$$K_n = \frac{X(z)}{z}(z - z_n)\mid_{z=z_n}$$

接着，根据所确定的各系数值，得到

$$X(z) = K_0 + K_1\frac{z}{z - z_1} + K_2\frac{z}{z - z_2} + \cdots + K_n\frac{z}{z - z_n}$$

最后，查表 2-2 得到各分式的逆 z 变换结果。需要注意的是，在使用表 2-2 时应注意 $X(z)$ 的收敛域。例如，在表 2-2 中，当 $X(z) = z/(z-1)$，收敛域为 $|z| > 1$ 时，对应的序列 $x(n) = u(n)$，若 $X(z)$ 不变，而收敛域变为 $|z| < 1$，则对应的序列为 $x(n) = -u(-n-1)$。

2. 重极点(高阶极点)情况

若 $X(z)$ 在 $z = z_1$ 处有 r 重极点，则称此情况为重极点(高阶极点)情况。此时，逆 z 变换的求解过程如下：

首先，根据 $X(z)$ 的极点以及极点的阶数写出部分分式表达式，即

$$\frac{X(z)}{z} = \frac{K_0}{z} + \frac{K_{11}}{(z - z_1)^r} + \frac{K_{12}}{(z - z_1)^{r-1}} + \cdots \frac{K_{1r}}{z - z_1} + \frac{K_2}{z - z_2} + \cdots + \frac{K_n}{z - z_n}$$

然后，按以下公式求解上式中的系数：

$$K_0 = X(z)\mid_{z=0}$$

$$K_{1i} = \frac{1}{(i-1)!}\frac{\mathrm{d}^{i-1}}{\mathrm{d}z^{i-1}}\left[\frac{X(z)}{z}(z - z_1)^r\right]\mid_{z=z_1},\quad i = 1, 2\cdots, r$$

$$\cdots\cdots$$

$$K_n = \frac{X(z)}{z}(z - z_n)\mid_{z=z_n}$$

接着，根据所确定的各系数值，得到

$$X(z) = K_0 + \frac{K_{11}z}{(z - z_1)^r} + \frac{K_{12}z}{(z - z_1)^{r-1}} + \cdots \frac{K_{1r}z}{z - z_1} + \frac{K_2 z}{z - z_2} + \cdots + \frac{K_n z}{z - z_n}$$

最后，查表 2-2 得到各分式的逆 z 变换结果。需要注意的是，对于部分分式 $K_{11}z/(z - z_1)^r$，可利用 z 变换微分性质求其逆 z 变换。

2.1.3 DTFT 及其性质

序列 $x(n)$ 的离散时间傅里叶变换 (Discrete-time Fourier Transform，简称 DTFT)，可以表示为

$$X(\mathrm{e}^{\mathrm{j}\omega}) = \sum_{n=-\infty}^{\infty} x(n)\mathrm{e}^{-\mathrm{j}\omega n}$$

DTFT 与连续时间傅里叶变换，以及 DTFT 与 z 变换之间的关系如图 2-3 所示。DTFT 存在的充分必要条件是：序列 $x(n)$ 满足绝对可和，即

$$\sum_{n=-\infty}^{\infty} |x(n)| < \infty$$

利用已知的 DTFT 变换结果 $X(\mathrm{e}^{\mathrm{j}\omega})$ 计算序列 $x(n)$ 的过程，称为 DTFT 逆变换，可以表示

为

$$x(n)=\frac{1}{2\pi}\int_{-\pi}^{\pi}X(e^{j\omega})e^{j\omega n}d\omega$$

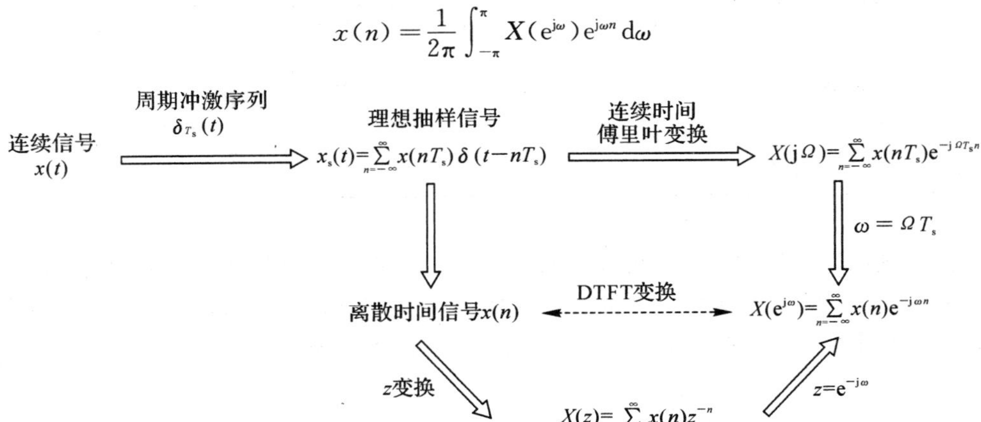

图 2-3　DTFT、连续时间傅里叶变换以及 z 变换之间的关系

离散时间傅里叶变换的性质总结如表 2-4 所示。

表 2-4　DTFT 的性质

名称	时域 $x(n)\leftrightarrow$ 频域 $X(e^{j\omega})$	
线性性质	$a_1x_1(n)+a_2x_2(n)$	$a_1X_1(e^{j\omega})+a_2X_2(e^{j\omega})$
移位性质	$x(n\pm m)$	$e^{\pm j\omega m}X(e^{j\omega})$
频移性质	$e^{\mp j\omega_0 n}x(n)$	$X(e^{j(\omega\pm\omega_0)})$
时域卷积定理	$x_1(n)*x_2(n)$	$X_1(e^{j\omega})X_2(e^{j\omega})$
频域卷积定理	$x_1(n)x_2(n)$	$\frac{1}{2\pi}X_1(e^{j\omega})*X_2(e^{j\omega})$
帕塞瓦尔定理	$\sum_{n=-\infty}^{\infty}\lvert x(n)\rvert^2=\frac{1}{2\pi}\int_{-\pi}^{\pi}\lvert X(e^{j\omega})\rvert^2d\omega$	
实数序列的对称性质	$\mathrm{Re}[X(e^{j\omega})]=\mathrm{Re}[X(e^{-j\omega})]$	
	$\mathrm{Im}[X(e^{j\omega})]=-\mathrm{Im}[X(e^{-j\omega})]$	
	$\lvert X(e^{j\omega})\rvert=\lvert X(e^{-j\omega})\rvert$	
	$\arg[X(e^{j\omega})]=-\arg[X(e^{-j\omega})]$	

2.1.4　DFS

与连续时间周期信号一样，周期序列可用离散傅里叶级数（Discrete Fourier Series，DFS）来表示，也就是用周期为 N 的复指数序列来表示，连续周期信号与离散周期序列的复指数对比如表 2-5 所示。

表 2－5　连续周期信号与离散周期信号的对比

	基频序列	周期	基频	k 次谐波序列
连续周期	$e^{j\Omega_0 t}=e^{j\left(\frac{2\pi}{T_0}\right)t}$	T_0	$\Omega_0=\dfrac{2\pi}{T_0}$	$e^{jk\frac{2\pi}{T_0}t}$
离散周期	$e^{j\omega_0 n}=e^{j\left(\frac{2\pi}{N}\right)n}$	N	$\omega_0=\dfrac{2\pi}{N}$	$e^{jk\frac{2\pi}{N}n}$

注意：连续周期信号的傅里叶级数有无穷多个谐波成分，而离散周期序列的傅里叶级数只包含 $k=0$ 到 $N-1$ 的 N 个独立谐波分量，否则就会产生二义性。离散傅里叶级数正变换记为 DFS，离散傅里叶级数逆变换记为 IDFS。它们分别可以表示为

$$\widetilde{X}(k)=\mathrm{DFS}[\widetilde{x}(n)]=\sum_{n=0}^{N-1}\widetilde{x}(n)e^{-j\frac{2\pi}{N}kn}$$

$$\widetilde{x}(n)=\mathrm{IDFS}[\widetilde{X}(k)]=\sum_{k=0}^{N-1}\widetilde{X}(k)e^{j\frac{2\pi}{N}kn}$$

由上式可得出结论：时域周期序列的离散傅里叶级数系数也是周期序列。为了更好理解 DFS，图 2－4 给出了 DFS、z 变换、DTFT 变换之间的转换关系。

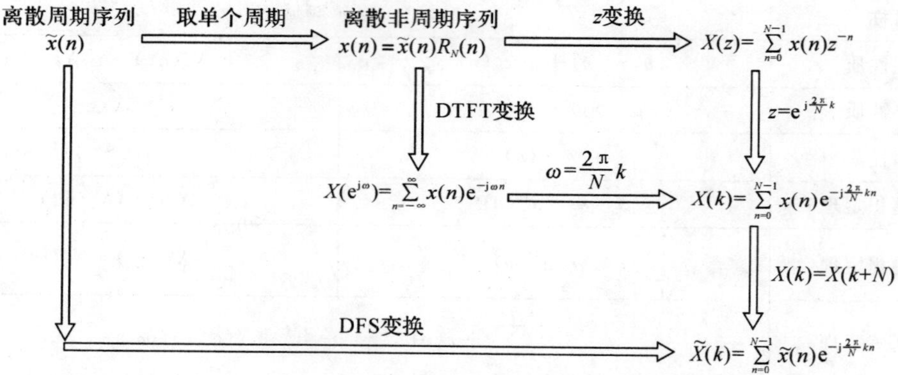

图 2－4　DFS、z 变换及 DTFT 变换之间的转换关系图

从图 2－4 可以得到以下重要结论：

(1) 周期序列的 DFS 信息仅取决于序列的单个周期；

(2)DFS 可看作对周期序列的一个周期作 z 变换，然后将 z 变换在 z 平面单位圆上按等间隔角 $2\pi/N$ 进行抽样而得；

(3)DFS 还可看作对周期序列的一个周期作 DTFT，然后将 DTFT 在频域按等间隔 $2\pi/N$ 进行抽样而得。

2.1.5　系统函数与频率响应

系统函数 $H(z)$ 定义为系统单位脉冲响应的 z 变换，即

$$H(z)=\sum_{n=-\infty}^{\infty}h(n)z^{-n}$$

也可表示为

$$H(z)=\frac{Y(z)}{X(z)}$$

即线性移不变离散时间系统的系统函数等于输出序列的 z 变换除以输入序列的 z 变换。若线性移不变离散时间系统的差分方程如下：

$$y(n)=-\sum_{k=1}^{N}a(k)y(n-k)+\sum_{r=0}^{M}b(r)x(n-r)$$

相应地，该离散时间系统的系统函数可表示为

$$H(z)=\frac{\sum_{r=0}^{M}b(r)z^{-r}}{1+\sum_{k=1}^{N}a(k)z^{-k}}$$

对于因果系统，系统函数的收敛域通常可表示为 $|z|>R_{x^-}$，因果系统的系统函数极点分布和收敛域示例如图 2-5 所示；对于稳定系统，系统函数的收敛域一定包含 $|z|=1$ 的区域，因果稳定系统的系统函数极点分布及收敛域如图 2-6 所示。

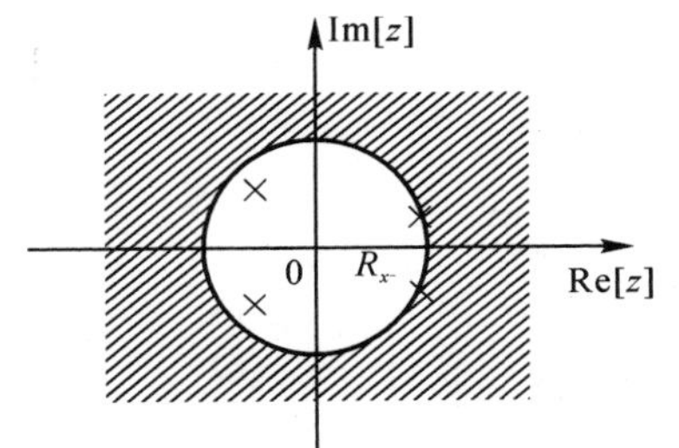

图 2-5　因果系统的极点分布和收敛域

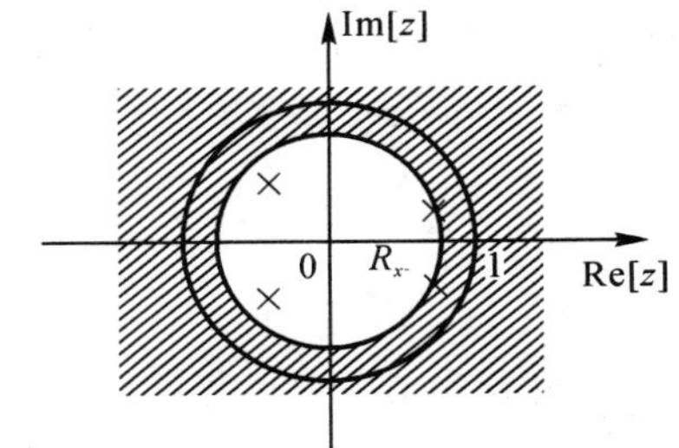

图 2-6　因果稳定系统的极点分布及收敛域图

频率响应 $H(e^{j\omega})$ 为系统单位脉冲响应的 DTFT，即

$$H(e^{j\omega})=\sum_{n=-\infty}^{\infty}h(n)e^{-j\omega n}$$

频率响应的物理含义是：频率为 ω_0 的频率分量在经过频率响应为 $H(e^{j\omega})$ 的系统后，其幅度增加了 $|H(e^{j\omega_0})|$ 倍，其相位增加了 $\arg[H(e^{j\omega_0})]$。也就是说，频率响应 $H(e^{j\omega})$ 在 $\omega=\omega_0$ 处的幅度 $|H(e^{j\omega_0})|$ 决定了频率为 ω_0 的频率分量在经过系统后所获得的幅度增益，而频率响应 $H(e^{j\omega})$ 在 $\omega=\omega_0$ 处的相位 $\arg[H(e^{j\omega_0})]$ 决定了频率为 ω_0 的频率分量在经过系统后所获得的相位增量。

此外，零、极点与频率响应之间的关系是：零、极点的位置分布将影响幅频响应的取值。幅频响应在零点对应的数字角频率处出现谷值，而且零点越靠近单位圆，谷值越小；幅频响应在极点对应的数字角频率处出现峰值，而且极点越靠近单位圆，峰值越大。

2.2　典型例题

例 2-1　利用 z 变换的性质求以下序列的 z 变换，并确定零、极点和收敛域。

(1) $x(n)=(1/2)^{n}u(-n-1)$；

(2) $x(n)=a^{|n|}$；

(3) $x(n)=0.3^n[u(n)-u(n-5)]$；

(4) $x(n)=n\sin\left(\frac{1}{4}\pi n\right)u(n)$。

解：(1) 根据 z 变换的定义可得

$$X(z)=\sum_{n=-\infty}^{\infty}x(n)z^{-n}=\sum_{n=-\infty}^{\infty}2^{-n}u(-n-1)z^{-n}=\sum_{n=-\infty}^{-1}2^{-n}z^{-n}=\sum_{n=1}^{\infty}2^nz^n=\frac{2z}{1-2z}=-\frac{z}{z-1/2}$$

显然，收敛域应满足 $|2z|<1$，即 $|z|<1/2$。此外，由 $X(z)$ 的表达式得零点为 $z=0$，极点为 $z=1/2$。

(2) 根据 z 变换的定义可得

$$X(z)=\sum_{n=-\infty}^{\infty}a^{|n|}z^{-n}=\sum_{n=-\infty}^{-1}a^{-n}z^{-n}+\sum_{n=0}^{\infty}a^nz^{-n}=\sum_{n=1}^{\infty}a^nz^n+\sum_{n=0}^{\infty}a^nz^{-n}=\frac{az}{1-az}+\frac{1}{1-az^{-1}}=$$

$$\frac{1-a^2}{(1-az)(1-az^{-1})}=\frac{(a^2-1)z}{a(z-1/a)(z-a)}$$

收敛域满足条件 $|az|<1$，且 $|az^{-1}|<1$。则当 $|a|<1$ 时，收敛域为 $|a|<|z|<1/|a|$。此外，由 $X(z)$ 的表达式得零点为 $z=0, z\to\infty$；极点为 $z=1/a, z=a$。

(3) 将序列 $x(n)=0.3^n[u(n)-u(n-5)]$ 代入 z 变换定义式得

$$X(z)=\sum_{n=-\infty}^{\infty}x(n)z^{-n}=\sum_{n=0}^{4}0.3^nz^{-n}=\frac{1-(0.3z^{-1})^5}{1-0.3z^{-1}}=$$

$$1+0.3z^{-1}+0.09z^{-2}+0.027z^{-3}+0.0081z^{-4}$$

因为上式为有限项 z 的多项式求和，所以 $x(n)$ 的 z 变换的收敛域为 $z\neq 0$。

下面求零、极点，由于

$$X(z)=\frac{1-(0.3z^{-1})^5}{1-0.3z^{-1}}=\frac{z^5-0.3^5}{z^4(z-0.3)}=$$

$$\frac{(z-0.3)(z-0.3e^{j2\pi/5})(z-0.3e^{j4\pi/5})(z-0.3e^{j6\pi/5})(z-0.3e^{j8\pi/5})}{z^4(z-0.3)}=$$

$$\frac{(z-0.3e^{j2\pi/5})(z-0.3e^{j4\pi/5})(z-0.3e^{j6\pi/5})(z-0.3e^{j8\pi/5})}{z^4}$$

从上式可看出 $z=0.3$ 时零、极点对消，故零点为 $z=0.3e^{j2\pi/5}, z=0.3e^{j4\pi/5}, z=0.3e^{j6\pi/5}, z=0.3e^{j8\pi/5}$；极点 $z=0$，为四阶极点。

(4) 设 $y(n)=\sin\left(\frac{1}{4}\pi n\right)u(n)$，则 $y(n)$ 的 z 变换为

$$Y(z)=\sum_{n=-\infty}^{\infty}y(n)z^{-n}=\sum_{n=-\infty}^{\infty}\sin\left(\frac{1}{4}\pi n\right)u(n)z^{-n}=\sum_{n=0}^{\infty}\sin\left(\frac{1}{4}\pi n\right)z^{-n}=$$

$$\sum_{n=0}^{\infty}\frac{e^{j\frac{1}{4}\pi n}-e^{-j\frac{1}{4}\pi n}}{2j}z^{-n}=\frac{1}{2j}\sum_{n=0}^{\infty}(e^{j\frac{1}{4}\pi}z^{-1})^n-\frac{1}{2j}\sum_{n=0}^{\infty}(e^{-j\frac{1}{4}\pi}z^{-1})^n=$$

$$\frac{1}{2j}\left(\frac{1}{1-e^{j\frac{1}{4}\pi}z^{-1}}-\frac{1}{1-e^{-j\frac{1}{4}\pi}z^{-1}}\right)=\frac{1}{2j}\frac{(e^{j\frac{1}{4}\pi}-e^{-j\frac{1}{4}\pi})z}{(z-e^{j\frac{1}{4}\pi})(z-e^{-j\frac{1}{4}\pi})}=$$

$$\frac{z\sin\left(\frac{1}{4}\pi\right)}{(z-e^{j\frac{1}{4}\pi})(z-e^{-j\frac{1}{4}\pi})}=\frac{z\sin\left(\frac{1}{4}\pi\right)}{z^2-2z\cos\left(\frac{1}{4}\pi\right)+1}$$

对第一个无穷项等比级数求和时，必须满足 $|e^{j\frac{1}{4}\pi}z^{-1}|<1$；同样地，在对第二个无穷项等比级数求和时，要求 $|e^{-j\frac{1}{4}\pi}z^{-1}|<1$。因此，序列 $y(n)$ 的 z 变换的收敛域为 $|z|>1$。由于 $x(n)=ny(n)$，由 z 变换的 z 域微分特性可知

$$X(z)=-z\frac{d}{dz}Y(z)=-z\frac{d}{dz}\left[\frac{z\sin\left(\frac{1}{4}\pi\right)}{z^2-2z\cos\left(\frac{1}{4}\pi\right)+1}\right]=\frac{z^{-1}(1-z^{-2})\sin\left(\frac{1}{4}\pi\right)}{\left[1-2z^{-1}\cos\left(\frac{1}{4}\pi\right)+z^{-2}\right]^2}$$

因此，$x(n)$ 的 z 变换的收敛域也为 $|z|>1$。

另外，对 $X(z)$ 进行化简可得

$$X(z)=\frac{z(z^2-1)\sin\left(\frac{1}{4}\pi\right)}{\left[z^2-2z\cos\left(\frac{1}{4}\pi\right)+1\right]^2}=\frac{z(z^2-1)\sin\left(\frac{1}{4}\pi\right)}{(z-e^{j\frac{1}{4}\pi})^2\ (z-e^{-j\frac{1}{4}\pi})^2}$$

从上式可看出零点为 $z=1, z=-1, z=0$；极点为 $z=e^{j\pi/4}, z=e^{-j\pi/4}$，且极点均为二阶极点。

例 2－2　利用部分分式法求以下 $X(z)$ 的逆 z 变换。

(1) $X(z)=\dfrac{1-\frac{1}{2}z^{-1}}{1-\frac{1}{4}z^{-2}}, |z|<\dfrac{1}{2}$；

(2) $X(z)=\dfrac{1-2z^{-1}}{1-7z^{-1}+12z^{-2}}, |z|>4$；

(3) $X(z)=\dfrac{2z^{-1}-1}{a-z^{-1}}, |z|>\dfrac{1}{a}$，且 $a\neq 0$；

(4) $X(z)=\dfrac{1-\frac{1}{4}z^{-1}}{1-z^{-1}+\frac{2}{9}z^{-2}}, \dfrac{1}{3}<|z|<\dfrac{2}{3}$。

解：(1) 对 $X(z)$ 的表达式化简可得

$$X(z)=\frac{1-\frac{1}{2}z^{-1}}{1-\frac{1}{4}z^{-2}}=\frac{1}{1+\frac{1}{2}z^{-1}}=\frac{z}{z+\frac{1}{2}}$$

已知收敛域为 $|z|<1/2$，显然 $x(n)$ 为左边序列，所以 $X(z)$ 的逆 z 变换为

$$x(n)=-\left(-\frac{1}{2}\right)^n u(-n-1)$$

(2) 对 $X(z)$ 的表达式化简可得

$$X(z)=\frac{1-2z^{-1}}{1-7z^{-1}+12z^{-2}}=\frac{z^2-2z}{z^2-7z+12}=\frac{z(z-2)}{(z-3)(z-4)}$$

再将 $X(z)$ 除以 z 得

$$\frac{X(z)}{z}=\frac{z-2}{(z-3)(z-4)}=\frac{A}{z-3}+\frac{B}{z-4}$$

其中，系数 A、B 可由下式求得

$$A=\frac{X(z)}{z}(z-3)\bigg|_{z=3}=\frac{z-2}{z-4}\bigg|_{z=3}=-1,\quad B=\frac{X(z)}{z}(z-4)\bigg|_{z=4}=\frac{z-2}{z-3}\bigg|_{z=4}=2$$

于是用部分分式法展开可得

$$\frac{X(z)}{z}=\frac{-1}{z-3}+\frac{2}{z-4}$$

则

$$X(z)=-\frac{z}{z-3}+2\cdot\frac{z}{z-4}$$

已知收敛域是 $|z|>4$，显然 $x(n)$ 为右边序列，因此 $X(z)$ 的逆 z 变换为

$$x(n)=[-(3)^n+2\cdot(4)^n]u(n)$$

(3) 对 $X(z)$ 的表达式化简，可得

$$X(z)=\frac{2z^{-1}-1}{a-z^{-1}}=\frac{2-z}{az-1}=\frac{2-z}{a(z-1/a)}$$

再将 $X(z)$ 除以 z，即

$$\frac{X(z)}{z}=\frac{2-z}{az\cdot(z-1/a)}=\frac{A}{z}+\frac{B}{z-1/a}$$

其中，系数 A、B 可由下式求得

$$A=\frac{X(z)}{z}z\,|_{z=0}=\frac{2-z}{a(z-1/a)}\,|_{z=0}=-2$$

$$B=\frac{X(z)}{z}(z-1/a)\,|_{z=1/a}=\frac{2-z}{az}\,|_{z=1/a}=2-1/a$$

于是用部分分式法展开可得

$$\frac{X(z)}{z}=\frac{-2}{z}+\frac{2-1/a}{z-1/a}$$

则

$$X(z)=-2+(2-1/a)\cdot\frac{z}{z-1/a}$$

已知收敛域为 $|z|>1/a$，即 $x(n)$ 为右边序列，所以 $X(z)$ 的逆 z 变换为

$$x(n)=-2\delta(n)+(2-1/a)\cdot(1/a)^n u(n)$$

(4) 对 $X(z)$ 的表达式化简可得

$$X(z)=\frac{1-\frac{1}{4}z^{-1}}{1-z^{-1}+\frac{2}{9}z^{-2}}=\frac{z^2-\frac{1}{4}z}{z^2-z+\frac{2}{9}}$$

再将 $X(z)$ 除以 z 得

$$\frac{X(z)}{z}=\frac{z-\frac{1}{4}}{z^2-z+\frac{2}{9}}=\frac{z-\frac{1}{4}}{\left(z-\frac{1}{3}\right)\left(z-\frac{2}{3}\right)}=\frac{A}{z-\frac{1}{3}}+\frac{B}{z-\frac{2}{3}}$$

其中，系数 A、B 可由下式求得

$$A=\frac{X(z)}{z}\left(z-\frac{1}{3}\right)\Big|_{z=\frac{1}{3}}=\frac{z-\frac{1}{4}}{\left(z-\frac{1}{3}\right)\left(z-\frac{2}{3}\right)}\left(z-\frac{1}{3}\right)\Bigg|_{z=\frac{1}{3}}=\frac{z-\frac{1}{4}}{z-\frac{2}{3}}\Bigg|_{z=\frac{1}{3}}=-\frac{1}{4}$$

$$B=\frac{X(z)}{z}\left(z-\frac{2}{3}\right)\bigg|_{z=\frac{2}{3}}=\frac{z-\frac{1}{4}}{\left(z-\frac{1}{3}\right)\left(z-\frac{2}{3}\right)}\left(z-\frac{2}{3}\right)\bigg|_{z=\frac{2}{3}}=\frac{z-\frac{1}{4}}{z-\frac{1}{3}}\bigg|_{z=\frac{2}{3}}=\frac{5}{4}$$

所以有

$$\frac{X(z)}{z}=\frac{-1/4}{z-\frac{1}{3}}+\frac{5/4}{z-\frac{2}{3}}$$

则

$$X(z)=-\frac{1}{4}\frac{z}{z-\frac{1}{3}}+\frac{5}{4}\frac{z}{z-\frac{2}{3}}$$

已知收敛域为 $1/3<|z|<2/3$，显然 $x(n)$ 为双边序列，因此 $X(z)$ 的逆 z 变换为

$$x(n)=-\frac{1}{4}\left(\frac{1}{3}\right)^n u(n)-\frac{5}{4}\left(\frac{2}{3}\right)^n u(-n-1)$$

例 2-3　设 $X(e^{j\omega})$ 是 $x(n)$ 的 DTFT 变换，用 $X(e^{j\omega})$ 表示下列信号的 DTFT 变换结果。

(1) $x_1(n)=\dfrac{x^*(-n)+x(n)}{2}$；

(2) $x_2(n)=x(n-2)+x(-1-n)$；

(3) $x_3(n)=(n+1)^2x(n)$；

(4) $x_4(n)=x^2(n)$；

(5) $x_5(n)=\cos\left(\dfrac{1}{3}\pi n\right)x(n)$。

解：(1) 根据 DTFT 的定义得

$$\text{DTFT}[x^*(-n)]=\sum_{n=-\infty}^{\infty}x^*(-n)e^{-j\omega n}=\left(\sum_{n=-\infty}^{\infty}x(-n)e^{j\omega n}\right)^*$$

令 $n'=-n$，代入上式得

$$\text{DTFT}[x^*(-n)]=\left(\sum_{n=-\infty}^{\infty}x(-n)e^{j\omega n}\right)^*=\left(\sum_{n'=\infty}^{-\infty}x(n')e^{-j\omega n'}\right)^*$$

交换求和顺序得

$$\text{DTFT}[x^*(-n)]=\left(\sum_{n'=-\infty}^{\infty}x(n')e^{-j\omega n'}\right)^*=X^*(e^{j\omega})$$

再由 DTFT 的线性性质可得

$$\text{DTFT}[x_1(n)]=\frac{1}{2}[X^*(e^{j\omega})+X(e^{j\omega})]=\text{Re}[X(e^{j\omega})]$$

(2) 因为 $\text{DTFT}[x(n)]=X(e^{j\omega})$，$\text{DTFT}[x(-n)]=X(e^{-j\omega})$，再根据 DTFT 的时域移位特性可得

$$\text{DTFT}[x_2(n)]=\text{DTFT}[x(n-2)+x(-1-n)]=\text{DTFT}[x(n-2)+x(-(n+1))]=$$
$$X(e^{j\omega})\cdot e^{-j2\omega}+X(e^{-j\omega})\cdot e^{j\omega}$$

(3) 根据 DTFT 变换的定义，有

$$X(e^{j\omega})=\sum_{n=-\infty}^{\infty}x(n)e^{-j\omega n}$$

等式两边同时对 ω 求导，得到

$$\frac{\mathrm{d}X(\mathrm{e}^{\mathrm{j}\omega})}{\mathrm{d}\omega}=\sum_{n=-\infty}^{\infty}\frac{\mathrm{d}[x(n)\mathrm{e}^{-\mathrm{j}\omega n}]}{\mathrm{d}\omega}=\sum_{n=-\infty}^{\infty}(-\mathrm{j}n)x(n)\mathrm{e}^{-\mathrm{j}\omega n}$$

即

$$\mathrm{DTFT}[-\mathrm{j}nx(n)]=\frac{\mathrm{d}X(\mathrm{e}^{\mathrm{j}\omega})}{\mathrm{d}\omega}$$

则有

$$\mathrm{DTFT}[nx(n)]=\mathrm{j}\frac{\mathrm{d}X(\mathrm{e}^{\mathrm{j}\omega})}{\mathrm{d}\omega}$$

同理，等式两边再同时对 ω 求导，得到

$$\frac{\mathrm{d}^2X(\mathrm{e}^{\mathrm{j}\omega})}{\mathrm{d}\omega^2}=\sum_{n=-\infty}^{\infty}(-\mathrm{j}n)^2x(n)\mathrm{e}^{-\mathrm{j}\omega n}=\sum_{n=-\infty}^{\infty}(-n^2x(n))\mathrm{e}^{-\mathrm{j}\omega n}$$

即

$$\mathrm{DTFT}[-n^2x(n)]=\frac{\mathrm{d}^2X(\mathrm{e}^{\mathrm{j}\omega})}{\mathrm{d}\omega^2}$$

则有

$$\mathrm{DTFT}[n^2x(n)]=-\frac{\mathrm{d}^2X(\mathrm{e}^{\mathrm{j}\omega})}{\mathrm{d}\omega^2}$$

于是，对于序列 $x_3(n)=(n+1)^2x(n)$，由 DTFT 变换的线性性质可知

$$\begin{aligned}\mathrm{DTFT}[x_3(n)]=\mathrm{DTFT}[(n+1)^2x(n)]=&\\ \mathrm{DTFT}[n^2x(n)]+\mathrm{DTFT}[2nx(n)]+\mathrm{DTFT}[x(n)]=&\\ -\frac{\mathrm{d}^2X(\mathrm{e}^{\mathrm{j}\omega})}{\mathrm{d}\omega^2}+2\mathrm{j}\frac{\mathrm{d}X(\mathrm{e}^{\mathrm{j}\omega})}{\mathrm{d}\omega}+X(\mathrm{e}^{\mathrm{j}\omega})&\end{aligned}$$

(4) 由 DTFT 变换的频域卷积定理，有

$$\mathrm{DTFT}[x(n)h(n)]=\frac{1}{2\pi}X(\mathrm{e}^{\mathrm{j}\omega})*H(\mathrm{e}^{\mathrm{j}\omega})=\frac{1}{2\pi}\int_{-\pi}^{\pi}X(\mathrm{e}^{\mathrm{j}\theta})H(\mathrm{e}^{\mathrm{j}(\omega-\theta)})\mathrm{d}\theta$$

于是，对于序列 $x_4(n)=x^2(n)$，其 DTFT 变换为

$$\mathrm{DTFT}[x^2(n)]=\frac{1}{2\pi}X(\mathrm{e}^{\mathrm{j}\omega})*X(\mathrm{e}^{\mathrm{j}\omega})=\frac{1}{2\pi}\int_{-\pi}^{\pi}X(\mathrm{e}^{\mathrm{j}\theta})X(\mathrm{e}^{\mathrm{j}(\omega-\theta)})\mathrm{d}\theta$$

(5) 对于序列 $x_5(n)=\cos\left(\frac{1}{3}\pi n\right)x(n)$，利用欧拉公式展开得

$$x_5(n)=\frac{\mathrm{e}^{-\mathrm{j}\frac{1}{3}\pi n}+\mathrm{e}^{\mathrm{j}\frac{1}{3}\pi n}}{2}x(n)=\frac{\mathrm{e}^{-\mathrm{j}\frac{1}{3}\pi n}}{2}x(n)+\frac{\mathrm{e}^{\mathrm{j}\frac{1}{3}\pi n}}{2}x(n)$$

根据 DTFT 变换的频移性质，有

$$\mathrm{DTFT}[\mathrm{e}^{\mathrm{j}\omega_0 n}x(n)]=X(\mathrm{e}^{\mathrm{j}(\omega-\omega_0)})$$

故序列 $x_5(n)$ 的 DTFT 变换为

$$\begin{aligned}\mathrm{DTFT}[x_5(n)]=\frac{1}{2}\mathrm{DTFT}[\mathrm{e}^{\mathrm{j}\frac{1}{3}\pi n}x(n)]+\frac{1}{2}\mathrm{DTFT}[\mathrm{e}^{-\mathrm{j}\frac{1}{3}\pi n}x(n)]=&\\ \frac{1}{2}[X(\mathrm{e}^{\mathrm{j}(\omega-\frac{1}{3}\pi)})+X(\mathrm{e}^{\mathrm{j}(\omega+\frac{1}{3}\pi)})]&\end{aligned}$$

例 2-4　求以下各序列的 DTFT。

(1) $x_1(n)=(0.3)^n[u(n)-u(n-10)]$；

(2)$x_2(n)=\{\underline{3},2,1,1,2,3\}$。

解:根据 DTFT 定义式求得下列各式

$$(1)X(e^{j\omega})=\sum_{n=-\infty}^{\infty}x(n)e^{-j\omega n}=\sum_{n=0}^{9}(0.3)^n e^{-j\omega n}=\frac{1-(0.3e^{-j\omega})^{10}}{1-0.3e^{-j\omega}}=\frac{1-(0.3)^{10}e^{-j10\omega}}{1-0.3e^{-j\omega}}$$

$$(2)X(e^{j\omega})=\sum_{n=-\infty}^{\infty}x(n)e^{-j\omega n}=3+2e^{-j\omega}+e^{-j2\omega}+e^{-j3\omega}+2e^{-j4\omega}+3e^{-j5\omega}=$$

$$3e^{-j2.5\omega}[e^{j2.5\omega}+e^{-j2.5\omega}]+2e^{-j2.5\omega}[e^{j1.5\omega}+e^{-j1.5\omega}]+e^{-j2.5\omega}[e^{j0.5\omega}+e^{-j0.5\omega}]=$$

$$e^{-j2.5\omega}[6\cos(2.5\omega)+4\cos(1.5\omega)+2\cos(0.5\omega)]$$

例 2-5　已知一个线性移不变系统的差分方程如下:

$$v(n)=x(n)+\alpha x(n-1)$$

其中,$x(n)$ 表示输入;$v(n)$ 表示输出。该系统与以下的系统进行级联,其差分方程为

$$y(n)=\frac{1}{7}y(n-1)+v(n)$$

此系统的输入为 $v(n)$,输出为 $y(n)$。试求当 α 取何值时可使得 $y(n)=x(n)$。

解:将第一个系统的差分方程代入第二个方程,得到

$$y(n)=\frac{1}{7}y(n-1)+x(n)+\alpha x(n-1)$$

然后对上面方程的两边作 DTFT 变换,得到

$$Y(e^{j\omega})=\frac{1}{7}e^{-j\omega}Y(e^{j\omega})+X(e^{j\omega})+\alpha e^{-j\omega}X(e^{j\omega})$$

若 $y(n)=x(n)$ 成立,则有

$$Y(e^{j\omega})=X(e^{j\omega})$$

将此结果代入上面的等式,可得:当且仅当 $\alpha=-1/7$ 时,$y(n)=x(n)$。

例 2-6　若描述某系统的线性常系数差分方程如下:

$$y(n)-\frac{1}{4}y(n-1)=x(n)-\frac{1}{8}x(n-2)$$

若已知系统输出 $y(n)=\delta(n)$,求系统输入 $x(n)$。

解:对差分方程的两边同时求 DTFT 变换,得到

$$Y(e^{j\omega})-\frac{1}{4}e^{-j\omega}Y(e^{j\omega})=X(e^{j\omega})-\frac{1}{8}e^{-j2\omega}X(e^{j\omega})$$

为了得到系统输出 $y(n)=\delta(n)$,即 $Y(e^{j\omega})=1$,因此,根据上式可得

$$1-\frac{1}{4}e^{-j\omega}=X(e^{j\omega})-\frac{1}{8}e^{-j2\omega}X(e^{j\omega})$$

求解后得到

$$X(e^{j\omega})=\frac{1-\frac{1}{4}e^{-j\omega}}{1-\frac{1}{8}e^{-j2\omega}}$$

为了求得上式的 DTFT 逆变换,使用以下的 DTFT 变换对

$$\left(\frac{1}{8}\right)^n u(n)\Leftrightarrow\frac{1}{1-\frac{1}{8}e^{-j\omega}}$$

进一步地，利用 DTFT 变换的性质

$$W(e^{j\omega})=\frac{1}{1-\frac{1}{8}e^{-j2\omega}}$$

对应的 DTFT 逆变换等于

$$w(n)=\begin{cases}\left(\frac{1}{8}\right)^{n/2}, & n=0,2,4,\cdots\\ 0, & 其他\end{cases}$$

于是，可推导出序列 $x(n)$ 等于

$$x(n)=\begin{cases}\left(\frac{1}{8}\right)^{n/2} & n=0,2,4,\cdots\\ -\frac{1}{4}\left(\frac{1}{8}\right)^{(n-1)/2}, & n=1,3,5,\cdots\end{cases}$$

例 2－7　某系统的输入为 $x(n)$，输出为 $y(n)$，且系统的输入输出关系由以下的方程组给出：

$$\begin{cases}y(n)=\frac{1}{2}y(n-1)+2v(n)+v(n-1)\\ v(n)=\frac{1}{3}v(n-1)+w(n-1)\\ w(n)=\frac{1}{2}x(n)+2x(n-1)\end{cases}$$

试用单个线性常系数差分方程来描述以上系统，并求解该系统的频率响应 $H(e^{j\omega})$。

解：首先将题中的方程组转化为频域表示，即对所有方程组的两边同时作 DTFT 变换，得到

$$\left[1-\frac{1}{2}e^{-j\omega}\right]Y(e^{j\omega})=\left[2+e^{-j\omega}\right]V(e^{j\omega})$$

$$\left[1-\frac{1}{3}e^{-j\omega}\right]V(e^{j\omega})=e^{-j\omega}W(e^{j\omega})$$

$$W(e^{j\omega})=\left[\frac{1}{2}+2e^{-j\omega}\right]X(e^{j\omega})$$

联立后两个方程，可得

$$V(e^{j\omega})=\frac{e^{-j\omega}\left[\frac{1}{2}+2e^{-j\omega}\right]}{1-\frac{1}{3}e^{-j\omega}}X(e^{j\omega})$$

然后将该结果代入第一个方程，得

$$Y(e^{j\omega})=\frac{2+e^{-j\omega}}{1-\frac{1}{2}e^{-j\omega}}\cdot\frac{\frac{1}{2}+2e^{-j\omega}}{1-\frac{1}{3}e^{-j\omega}}e^{-j\omega}X(e^{j\omega})$$

于是得到频率响为

$$H(e^{j\omega})=\frac{Y(e^{j\omega})}{X(e^{j\omega})}=\frac{e^{-j\omega}+\frac{9}{2}e^{-2j\omega}+2e^{-3j\omega}}{1-\frac{5}{6}e^{-j\omega}+\frac{1}{6}e^{-j2\omega}}$$

对上式变形后得到

$$Y(e^{j\omega})\left[1-\frac{5}{6}e^{-j\omega}+\frac{1}{6}e^{-j2\omega}\right]=X(e^{j\omega})\left[e^{-j\omega}+\frac{9}{2}e^{-2j\omega}+2e^{-3j\omega}\right]$$

利用 DTFT 的性质对上式中每一项分别求 DTFT 逆变换，得到系统的差分方程为

$$y(n)-\frac{5}{6}y(n-1)+\frac{1}{6}y(n-2)=x(n-1)+\frac{9}{2}x(n-2)+2x(n-3)$$

例 2－8　已知某系统的单位脉冲响应为

$$h(n)=\left(\frac{1}{4}\right)^n\cos\left(\frac{n\pi}{3}\right)u(n)$$

试确定该系统对应的差分方程。

解：为了确定该系统对应的差分方程，可以先计算该系统对应的频率响应函数。为此，将 $h(n)$ 展开为复指数序列的形式，即

$$h(n)=\frac{1}{2}\ (1/4)^n e^{jn\pi/3}u(n)+\frac{1}{2}\ (1/4)^n e^{-jn\pi/3}u(n)$$

于是，可写出系统频率响应函数为

$$H(e^{j\omega})=\frac{1}{2}\frac{1}{1-\frac{1}{4}e^{j\pi/3}e^{-j\omega}}+\frac{1}{2}\frac{1}{1-\frac{1}{4}e^{-j\pi/3}e^{-j\omega}}=\frac{1}{2}\frac{1-\frac{1}{4}e^{j\pi/3}e^{-j\omega}+1-\frac{1}{4}e^{-j\pi/3}e^{-j\omega}}{\left(1-\frac{1}{4}e^{j\pi/3}e^{-j\omega}\right)\left(1-\frac{1}{4}e^{-j\pi/3}e^{-j\omega}\right)}=$$

$$\frac{1}{2}\frac{2-\frac{1}{2}\cos(\pi/3)\,e^{-j\omega}}{1-\frac{1}{2}\cos(\pi/3)\,e^{-j\omega}+\frac{1}{16}e^{-2j\omega}}=\frac{Y(e^{j\omega})}{X(e^{j\omega})}$$

故系统对应的差分方程为

$$y(n)=\frac{1}{2}\cos\left(\frac{\pi}{3}\right)y(n-1)-\frac{1}{16}y(n-2)+x(n)-\frac{1}{4}\cos\left(\frac{\pi}{3}\right)x(n-1)$$

例 2－9　设 $x(n)=R_4(n)$，$\tilde{x}(n)=x((n))_6$，试求 $\tilde{X}(k)$。

解：由 DFS 的定义可知

$$\tilde{X}(k)=\text{DFS}[\tilde{x}(n)]=\sum_{n=0}^{N-1}\tilde{x}(n)e^{-j\frac{2\pi}{N}kn}=\sum_{n=0}^{5}\tilde{x}(n)e^{-j\frac{2\pi}{6}kn}=1+e^{-j\frac{\pi}{3}k}+e^{-j\frac{2\pi}{3}k}+e^{-j\pi k}$$

则将 $k=0,1,\cdots,5$ 代入上式得

$$\tilde{X}(0)=4,\quad \tilde{X}(1)=-j\sqrt{3},\quad \tilde{X}(2)=1$$

$$\tilde{X}(3)=0,\quad \tilde{X}(4)=1,\quad \tilde{X}(5)=j\sqrt{3}$$

例 2－10　假设 $x_a(t)$ 为周期连续时间信号，其表达式为

$$x_a(t)=A\cos(200\pi t)+B\cos(500\pi t)$$

对 $x_a(t)$ 进行采样，采样频率 $f_s=1\ 000$ Hz。试求采样信号 $\tilde{x}(n)=x_a(nT_s)$ 的 DFS 系数。

解：由于采样频率 $f_s=1\ 000$ Hz，故采样周期 $T_s=1/1\ 000$ s，于是 $\tilde{x}(n)$ 可表示为

$$\tilde{x}(n)=x_a(nT_s)=A\cos\left(\frac{\pi}{5}n\right)+B\cos\left(\frac{\pi}{2}n\right)$$

上式第一项为周期序列，且周期 $N_1=10$；第二项也为周期序列，且周期 $N_2=4$。因此两项之和也一定是周期序列，且周期 $N=20$。于是，上式可重新写为

$$\tilde{x}(n)=A\cos\left(\frac{2\pi}{20}2n\right)+B\cos\left(\frac{2\pi}{20}5n\right)$$

接着，进一步将序列 $\tilde{x}(n)$ 表示成复指数形式，即

$$\tilde{x}(n)=\frac{A}{2}e^{j\frac{2\pi}{20}2n}+\frac{A}{2}e^{-j\frac{2\pi}{20}2n}+\frac{B}{2}e^{j\frac{2\pi}{20}5n}+\frac{B}{2}e^{-j\frac{2\pi}{20}5n}$$

利用复指数函数的周期性，即

$$e^{-j\frac{2\pi}{20}2n}=e^{j\frac{2\pi}{20}18n},\quad e^{-j\frac{2\pi}{20}5n}=e^{j\frac{2\pi}{20}15n}$$

所以，序列 $\tilde{x}(n)$ 可等价地表示为

$$\tilde{x}(n)=\frac{A}{2}e^{j\frac{2\pi}{20}2n}+\frac{A}{2}e^{j\frac{2\pi}{20}18n}+\frac{B}{2}e^{j\frac{2\pi}{20}5n}+\frac{B}{2}e^{j\frac{2\pi}{20}15n}$$

将上式与 DFS 计算公式进行对比，即

$$\tilde{x}(n)=\frac{1}{20}\sum_{k=0}^{19}\tilde{X}(k)e^{j\frac{2\pi}{20}nk}$$

因此，可直接得出 DFS 系数为

$$\tilde{X}(2)=\tilde{X}(18)=10A,\quad \tilde{X}(5)=\tilde{X}(15)=10B$$

而当 $k=0\sim19$ 时，其他 DFS 系数均为零。

例 2 - 11 已知序列 $x(n)=\{\underline{1},1,3,2\}$，试画出 $x((-n))_5$，$x((-n))_6R_6(n)$，$x((n))_3R_3(n)$，$x((n))_6$，$x((n-3))_5R_5(n)$，$x((n))_7R_7(n)$ 等各序列波形图。

解：序列 $x((-n))_5$ 为序列 $x(n)$ 以 5 为周期做周期性延拓，然后再翻转得到的序列；$x((-n))_6R_6(n)$ 为序列 $x(n)$ 以 6 为周期做周期性延拓，然后再翻转之后取主值得到的序列；$x((n))_3R_3(n)$ 是将序列 $x(n)$ 以 3 为周期做周期性延拓，再取主值得到的序列，此时会发生混叠；$x((n))_6$ 是序列 $x(n)$ 以 6 为周期做周期性延拓得到的序列；$x((n-3))_5R_5(n)$ 是序列 $x(n)$ 以 5 为周期做周期性延拓之后向右移 3 位再取主值得到的序列；$x((n))_7R_7(n)$ 是将序列 $x(n)$ 以 7 为周期做周期性延拓，再取主值得到的序列。各序列的波形图如图 2 - 7 所示。

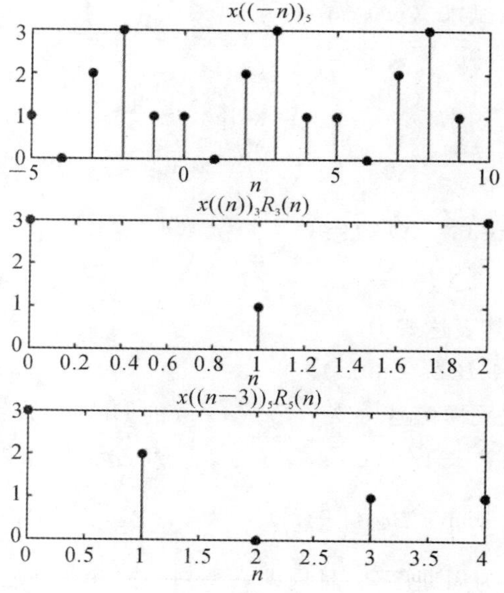

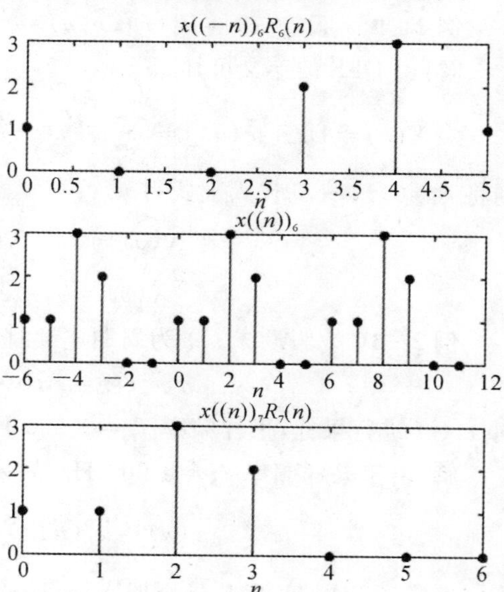

图 2 - 7　各种序列的波形图

例 2－12 已知某线性移不变系统的输入为 $x(n)=2\cos\left(\frac{n\pi}{4}\right)+3\sin\left(\frac{3n\pi}{4}+\frac{\pi}{8}\right)$，若该线性移不变系统的单位脉冲响应为 $h(n)=2\,\frac{\sin[(n-1)\pi/2]}{(n-1)\pi}$，试利用频率响应求系统的输出。

解：已知对于此线性移不变系统，若输入 $x(n)=\cos(n\omega_0)$，且频率响应函数记为 $H(\mathrm{e}^{\mathrm{j}\omega})$，则相应的输出等于

$$y(n)=|H(\mathrm{e}^{\mathrm{j}\omega_0})|\cos(n\omega_0+\phi_h(\omega_0))$$

其中

$$H(\mathrm{e}^{\mathrm{j}\omega_0})=|H(\mathrm{e}^{\mathrm{j}\omega_0})|\mathrm{e}^{\mathrm{j}\phi_h(\omega_0)}$$

又已知理想低通滤波器的频率响应为

$$H_1(\mathrm{e}^{\mathrm{j}\omega})=\begin{cases}1, & |\omega|\leqslant\omega_c\\0, & \omega_c<|\omega|\leqslant\pi\end{cases}$$

其对应的单位脉冲响应为

$$h_1(n)=\frac{\sin n\omega_c}{\pi n}$$

在本题中，$h(n)=2h_1(n-1)$，且 $\omega_c=\pi/2$，于是可得出频率响应函数为

$$H(\mathrm{e}^{\mathrm{j}\omega})=\sum_{n=-\infty}^{\infty}h(n)\mathrm{e}^{-\mathrm{j}n\omega}=\sum_{n=-\infty}^{\infty}2h_1(n-1)\mathrm{e}^{-\mathrm{j}n\omega}=2\sum_{n=-\infty}^{\infty}h_1(n)\mathrm{e}^{-\mathrm{j}(n+1)\omega}=$$
$$2\mathrm{e}^{-\mathrm{j}\omega}\sum_{n=-\infty}^{\infty}h_1(n)\mathrm{e}^{-\mathrm{j}n\omega}=2\mathrm{e}^{-\mathrm{j}\omega}H_1(\mathrm{e}^{\mathrm{j}\omega})$$

即

$$H(\mathrm{e}^{\mathrm{j}\omega})=\begin{cases}2\mathrm{e}^{-\mathrm{j}\omega} & |\omega|\leqslant\pi/2\\0 & \pi/2<|\omega|\leqslant\pi\end{cases}$$

因为当 $\omega=3\pi/4$ 时，$|H(\mathrm{e}^{\mathrm{j}\omega})|=0$，所以线性移不变系统的输入，即

$$x(n)=2\cos\left(\frac{n\pi}{4}\right)+3\sin\left(\frac{3n\pi}{4}+\frac{\pi}{8}\right)$$

中的第二项将被完全滤除。

最后，可得到系统输出为

$$y(n)=2|H(\mathrm{e}^{\mathrm{j}\pi/4})|\cos\left(\frac{n\pi}{4}+\phi_h\left(\frac{\pi}{4}\right)\right)=4\cos\left(\frac{n\pi}{4}-\frac{\pi}{4}\right)=4\cos\left[(n-1)\frac{\pi}{4}\right]$$

例 2－13 一个 90° 移相器系统的频率响应函数定义为 $H(\mathrm{e}^{\mathrm{j}\omega})=\begin{cases}-\mathrm{j} & 0<\omega<\pi\\ \mathrm{j} & -\pi<\omega<0\end{cases}$，试求该系统的单位脉冲响应。

解：直接通过 DTFT 逆变换求解，即

$$h(n)=\frac{1}{2\pi}\int_{-\pi}^{\pi}H(\mathrm{e}^{\mathrm{j}\omega})\mathrm{e}^{\mathrm{j}n\omega}\mathrm{d}\omega=\frac{1}{2\pi}\int_{-\pi}^{0}\mathrm{j}\mathrm{e}^{\mathrm{j}n\omega}\mathrm{d}\omega-\frac{1}{2\pi}\int_{0}^{\pi}\mathrm{j}\mathrm{e}^{\mathrm{j}n\omega}\mathrm{d}\omega=$$
$$\frac{1}{2\pi n}\mathrm{e}^{\mathrm{j}n\omega}\Big|_{-\pi}^{0}-\frac{1}{2\pi n}\mathrm{e}^{\mathrm{j}n\omega}\Big|_{0}^{\pi}=\frac{1}{2\pi n}[1-\mathrm{e}^{-\mathrm{j}n\pi}]-\frac{1}{2\pi n}[\mathrm{e}^{\mathrm{j}n\pi}-1]=\frac{1}{\pi n}[1-(-1)^n]$$

例 2－14 已知 $X(\mathrm{e}^{\mathrm{j}\omega})$ 如图 2－8 所示，试计算其 DTFT 逆变换。

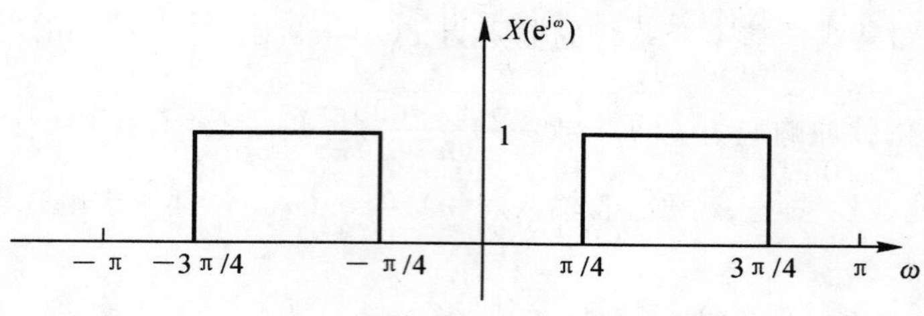

图 2-8　$X(e^{j\omega})$ 波形图

解:方法一:直接根据 DTFT 逆变换的公式,得到

$$x(n)=\frac{1}{2\pi}\int_{-\pi}^{\pi}X(e^{j\omega})e^{jn\omega}d\omega=\frac{1}{2\pi}\int_{\pi/4}^{3\pi/4}e^{jn\omega}d\omega+\frac{1}{2\pi}\int_{-3\pi/4}^{-\pi/4}e^{jn\omega}d\omega=$$

$$\frac{1}{2\pi jn}e^{jn\omega}\Big|_{\pi/4}^{3\pi/4}+\frac{1}{2\pi jn}e^{jn\omega}\Big|_{-3\pi/4}^{-\pi/4}=$$

$$\frac{1}{2\pi jn}[e^{j3n\pi/4}-e^{jn\pi/4}]+\frac{1}{2\pi jn}[e^{-jn\pi/4}-e^{-j3n\pi/4}]$$

整理后得到

$$x(n)=\frac{1}{2\pi jn}[e^{j3n\pi/4}-e^{-j3n\pi/4}]-\frac{1}{2\pi jn}[e^{jn\pi/4}-e^{-jn\pi/4}]=\frac{\sin(3\pi n/4)}{\pi n}-\frac{\sin(\pi n/4)}{\pi n}$$

方法二:将 $X(e^{j\omega})$ 表示为两部分之差,即

$$X(e^{j\omega})=X_1(e^{j\omega})-X_2(e^{j\omega})$$

其中

$$X_1(e^{j\omega})=\begin{cases}1, & |\omega|<3\pi/4\\0, & \text{其他}\end{cases};\quad X_2(e^{j\omega})=\begin{cases}1, & |\omega|<\pi/4\\0, & \text{其他}\end{cases}$$

利用理想低通滤波器的结论,可直接得到

$$x(n)=\frac{\sin(3\pi n/4)}{\pi n}-\frac{\sin(\pi n/4)}{\pi n}$$

方法三:将 $X(e^{j\omega})$ 表示为如下形式:

$$X(e^{j\omega})=X_2(e^{j(\omega+\frac{\pi}{2})})+X_2(e^{j(\omega-\frac{\pi}{2})})$$

根据 DTFT 变换的性质,得到

$$x(n)=2x_2(n)\cos(n\pi/2)$$

又因为

$$x_2(n)=\frac{\sin(n\pi/4)}{n\pi}$$

故有

$$x(n)=2\frac{\sin(n\pi/4)\cos(n\pi/2)}{n\pi}$$

例 2-15　某线性移不变系统对应的常系数差分方程为 $y(n)=0.5y(n-1)+bx(n)$,已知当 $\omega=0$ 时,$|H(e^{j\omega})|=1$,试计算系数 b 的值。

解:对差分方程两边作 DTFT 变换,整理后得到

$$H(e^{j\omega})=\frac{b}{1-0.5e^{-j\omega}}$$

利用等式 $|H(e^{j\omega})|^2 = H(e^{j\omega})H^*(e^{j\omega})$，可得

$$|H(e^{j\omega})|^2 = \frac{b^2}{(1-0.5e^{-j\omega})(1-0.5e^{j\omega})} = \frac{b^2}{1.25-\cos\omega}$$

根据题意，即当 $\omega=0$ 时，$|H(e^{j\omega})|=1$，故有

$$\frac{b^2}{1.25-1}=1$$

因此得到，$b=\pm 0.5$。

例 2-16　某复合系统结构图如图 2-9 所示。

(1) 若已知各子系统的频率响应 $H_1(e^{j\omega})$、$H_2(e^{j\omega})$、$H_3(e^{j\omega})$ 以及 $H_4(e^{j\omega})$，求此复合系统的频率响应；

(2) 若已知 $h_1(n)=\delta(n)+2\delta(n-2)+\delta(n-4)$，$h_2(n)=h_3(n)=(0.2)^n u(n)$，$h_4(n)=\delta(n-2)$，计算此时复合系统的频率响应。

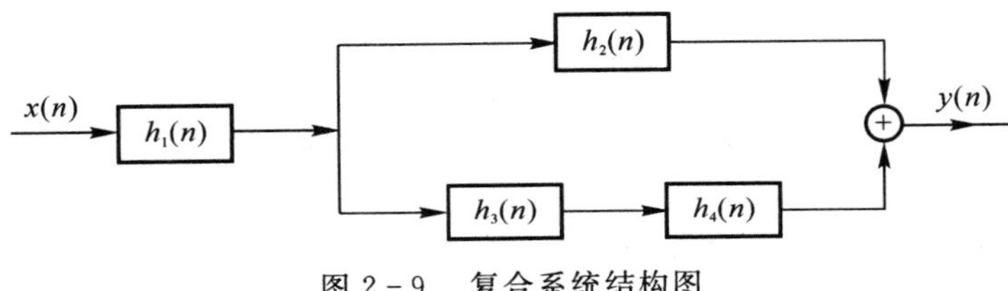

图 2-9　复合系统结构图

解：(1) 根据此复合系统中的并联、级联关系可得

$$H(e^{j\omega}) = H_1(e^{j\omega})[H_2(e^{j\omega}) + H_3(e^{j\omega})H_4(e^{j\omega})]$$

(2) 根据题目已知条件，有

$$H_1(e^{j\omega}) = 1+2e^{-j2\omega}+e^{-j4\omega} = (1+e^{-j2\omega})^2$$

$$H_2(e^{j\omega}) = H_3(e^{j\omega}) = \frac{1}{1-0.2e^{-j\omega}}$$

$$H_4(e^{j\omega}) = e^{-2j\omega}$$

最后利用(1) 问的结果，可得

$$H(e^{j\omega}) = H_1(e^{j\omega})[H_2(e^{j\omega})+H_3(e^{j\omega})H_4(e^{j\omega})] = H_1(e^{j\omega})H_2(e^{j\omega})[1+H_4(e^{j\omega})] = \frac{(1+e^{-j2\omega})^3}{1-0.2e^{-j\omega}}$$

例 2-17　已知某序列 $x(n)$ 的 z 变换为 $X(z)=\dfrac{z+2z^{-2}+z^{-3}}{1-3z^{-4}+z^{-5}}$，若 $X(z)$ 的收敛域包含单位圆，计算序列 $x(n)$ 的 DTFT 变换在 $\omega=\pi$ 处的值。

解：由于 $X(z)$ 的收敛域包含单位圆，故有

$$X(e^{j\omega}) = X(z)|_{z=e^{j\omega}}$$

为了计算序列 $x(n)$ 的 DTFT 变换在 $\omega=\pi$ 处的值，令

$$X(e^{j\omega})|_{\omega=\pi} = X(z)|_{z=e^{j\pi}} = X(z)|_{z=-1}$$

因此

$$X(e^{j\omega})|_{\omega=\pi} = \frac{z+2z^{-2}+z^{-3}}{1-3z^{-4}+z^{-5}}\bigg|_{z=-1} = \frac{-1+2-1}{1-3-1} = 0$$

例 2-18　已知序列 $x(n)$ 为因果序列，且序列 $x(n)$ 的 z 变换为 $X(z)=\dfrac{2+6z^{-1}}{4-2z^{-2}+13z^{-3}}$，

试计算 $x(1)$ 的大小。

解:因为序列 $x(n)$ 为因果序列,故有

$$X(z)=x(0)+x(1)z^{-1}+x(2)z^{-2}+\cdots$$

两边同时减去 $x(0)$ 后得到

$$X(z)-x(0)=x(1)z^{-1}+x(2)z^{-2}+\cdots$$

两边再同时乘以 z 得到

$$z[X(z)-x(0)]=x(1)+x(2)z^{-1}+\cdots$$

令 $z\to\infty$ 得到

$$x(1)=\lim_{z\to\infty}\{z[X(z)-x(0)]\}$$

由于 $x(0)=\lim\limits_{z\to\infty}X(z)=1/2$,故上式为

$$x(1)=\lim_{z\to\infty}\left\{z\,\frac{6z^{-1}+z^{-2}-\dfrac{13}{2}z^{-3}}{4-2z^{-2}+13z^{-3}}\right\}=\frac{3}{2}$$

2.3 习题解答

1. 求以下序列的 z 变换,并确定零、极点和收敛域。

(1) $x(n)=(1/3)^{|n|}$;

(2) $x(n)=\left(\dfrac{1}{2}\right)^n u(n)$;

(3) $x(n)=-\left(\dfrac{1}{5}\right)^n u(-n-2)$;

(4) $x(n)=3^n[u(n-1)-u(n-6)]$。

解:(1) 根据序列 z 变换的定义得

$$X(z)=\sum_{n=-\infty}^{\infty}x(n)z^{-n}$$

将序列 $x(n)=(1/3)^{|n|}$ 代入得

$$X(z)=\sum_{n=-\infty}^{\infty}(1/3)^{|n|}z^{-n}=\sum_{n=-\infty}^{-1}(1/3)^{-n}z^{-n}+\sum_{n=0}^{\infty}(1/3)^{n}z^{-n}=$$

$$\sum_{n=1}^{\infty}3^{-n}z^{n}+\sum_{n=0}^{\infty}3^{-n}z^{-n}=\frac{z/3}{1-z/3}+\frac{1}{1-\dfrac{1}{3z}}$$

化简得

$$X(z)=-\frac{8z}{3(z-1/3)(z-3)}$$

因为收敛域必须同时满足条件 $|z/3|<1$,且 $|1/3z|<1$,则 $1/3<|z|<3$。

由 $x(z)$ 的表达式易得零点为 $z=0,z\to\infty$;极点为 $z=1/3,z=3$。

(2) 根据 z 变换的定义可得

$$X(z)=\sum_{n=-\infty}^{\infty}x(n)z^{-n}=\sum_{n=-\infty}^{\infty}2^{-n}u(n)z^{-n}=\sum_{n=0}^{\infty}2^{-n}z^{-n}=\frac{1}{1-\dfrac{1}{2z}}=\frac{z}{z-1/2}$$

显然,收敛域应满足 $\left|\frac{1}{2}z^{-1}\right|<1$,即 $|z|>\frac{1}{2}$。由 $X(z)$ 的表达式易得零点为 $z=0$,极点为 $z=1/2$。

(3) 根据序列 z 变换的定义得

$$X(z)=\sum_{n=-\infty}^{\infty}x(n)z^{-n}=\sum_{n=-\infty}^{\infty}-5^{-n}u(-n-2)z^{-n}=$$

$$\sum_{n=-\infty}^{-2}-5^{-n}z^{-n}=\sum_{n=2}^{\infty}-5^{n}z^{n}=-\frac{(5z)^2}{1-5z}=\frac{5z^2}{z-1/5}$$

显然,收敛域应满足 $|5z|<1$,即 $|z|<1/5$。此外,由 $X(z)$ 的表达式易得零点为 $z=0$,为二阶零点;极点为 $z=1/5$。

(4) 将序列 $x(n)=3^n[u(n-1)-u(n-6)]$ 代入 z 变换定义式得

$$X(z)=\sum_{n=-\infty}^{\infty}x(n)z^{-n}=\sum_{n=1}^{5}3^nz^{-n}=\frac{3z^{-1}-(3z^{-1})^6}{1-3z^{-1}}=3z^{-1}+9z^{-2}+27z^{-3}+81z^{-4}+243z^{-5}$$

由于上式为有限项等比序列求和,故 $x(n)$ 的 z 变换的收敛域为 $z\neq 0$。

下面求零、极点,由于

$$X(z)=\frac{3z^{-1}-(3z^{-1})^6}{1-3z^{-1}}=\frac{3(z^5-3^5)}{z^5(z-3)}=$$

$$\frac{3(z-3)(z-3\mathrm{e}^{\mathrm{j}2\pi/5})(z-3\mathrm{e}^{\mathrm{j}4\pi/5})(z-3\mathrm{e}^{\mathrm{j}6\pi/5})(z-3\mathrm{e}^{\mathrm{j}8\pi/5})}{z^5(z-3)}=$$

$$\frac{3(z-3\mathrm{e}^{\mathrm{j}2\pi/5})(z-3\mathrm{e}^{\mathrm{j}4\pi/5})(z-3\mathrm{e}^{\mathrm{j}6\pi/5})(z-3\mathrm{e}^{\mathrm{j}8\pi/5})}{z^5}$$

由上式得 $z=3$,零、极点对消,故零点为 $z=3\mathrm{e}^{\mathrm{j}2\pi/5}$,$z=3\mathrm{e}^{\mathrm{j}4\pi/5}$,$z=3\mathrm{e}^{\mathrm{j}6\pi/5}$,$z=3\mathrm{e}^{\mathrm{j}8\pi/5}$;极点 $z=0$,为五阶级点。

2. 利用部分分式法求以下 $X(z)$ 的逆 z 变换。

(1) $X(z)=\dfrac{1-\frac{1}{2}z^{-1}}{1-\frac{1}{9}z^{-2}}$,$|z|>\dfrac{1}{3}$;

(2) $X(z)=\dfrac{1-2z^{-1}}{1-\frac{1}{5}z^{-1}}$,$|z|<\dfrac{1}{5}$;

(3) $X(z)=\dfrac{z^{-1}-a}{1-az^{-1}}$,$|z|<a$;

(4) $X(z)=\dfrac{1-\frac{1}{4}z^{-1}}{1-\frac{8}{15}z^{-1}+\frac{1}{15}z^{-2}}$,$|z|>\dfrac{1}{3}$。

解:(1) 将 $X(z)$ 化简得

$$X(z)=\frac{1-\frac{1}{2}z^{-1}}{1-\frac{1}{9}z^{-2}}=\frac{z\left(z-\frac{1}{2}\right)}{z^2-\frac{1}{9}}$$

再将 $X(z)$ 除以 z 得到下式

$$\frac{X(z)}{z}=\frac{z-\frac{1}{2}}{\left(z-\frac{1}{3}\right)\left(z+\frac{1}{3}\right)}=\frac{A}{z-\frac{1}{3}}+\frac{B}{z+\frac{1}{3}}$$

其中,系数 A、B 可由下式求得

$$A=\frac{X(z)}{z}\left(z-\frac{1}{3}\right)\bigg|_{z=\frac{1}{3}}=\frac{z-\frac{1}{2}}{z+\frac{1}{3}}\bigg|_{z=\frac{1}{3}}=-\frac{1}{4}$$

$$B=\frac{X(z)}{z}\left(z+\frac{1}{3}\right)\bigg|_{z=-\frac{1}{3}}=\frac{z-\frac{1}{2}}{z-\frac{1}{3}}\bigg|_{z=-\frac{1}{3}}=\frac{5}{4}$$

于是用部分分式法展开可得

$$\frac{X(z)}{z}=\frac{-1/4}{z-\frac{1}{3}}+\frac{5/4}{z+\frac{1}{3}}$$

则

$$X(z)=\frac{-z/4}{z-\frac{1}{3}}+\frac{5z/4}{z+\frac{1}{3}}$$

已知收敛域是 $|z|>1/3$，即 $x(n)$ 为右边序列，所以 $X(z)$ 的逆 z 变换为

$$x(n)=\left[-\frac{1}{4}\cdot(1/3)^n+\frac{5}{4}\cdot(-1/3)^n\right]u(n)$$

(2) 将 $X(z)$ 化简得

$$X(z)=\frac{1-2z^{-1}}{1-\frac{1}{5}z^{-1}}=\frac{z-2}{z-\frac{1}{5}}$$

再将 $X(z)$ 除以 z 得到下式

$$\frac{X(z)}{z}=\frac{z-2}{z\left(z-\frac{1}{5}\right)}=\frac{A}{z}+\frac{B}{z-\frac{1}{5}}$$

其中，系数 A、B 可由下式求得

$$A=\frac{X(z)}{z}z\bigg|_{z=0}=\frac{z-2}{z-\frac{1}{5}}\bigg|_{z=0}=10,\quad B=\frac{X(z)}{z}\left(z-\frac{1}{5}\right)\bigg|_{z=\frac{1}{5}}=\frac{z-2}{z}\bigg|_{z=\frac{1}{5}}=-9$$

于是用部分分式法展开可得

$$X(z)=10-\frac{9z}{z-1/5}$$

由于收敛域是 $|z|<1/5$，即 $x(n)$ 为左边序列，所以 $X(z)$ 的逆 z 变换为

$$x(n)=10\delta(n)+9\,(1/5)^n u(-n-1)$$

(3) 将 $X(z)$ 化简得

$$X(z)=\frac{z^{-1}-a}{1-az^{-1}}=\frac{1-az}{z-a}$$

再将 $X(z)$ 除以 z 得到下式

$$\frac{X(z)}{z}=\frac{1-az}{z(z-a)}=\frac{A}{z}+\frac{B}{z-a}$$

其中，系数 A、B 可由下式求得

$$A=\frac{X(z)}{z}z\bigg|_{z=0}=\frac{1-az}{z-a}\bigg|_{z=0}=-\frac{1}{a},\quad B=\frac{X(z)}{z}(z-a)\bigg|_{z=a}=\frac{1-az}{z}\bigg|_{z=a}=\frac{1-a^2}{a}$$

于是用部分分式法展开可得

$$X(z)=-\frac{1}{a}+\frac{1-a^2}{a}\frac{z}{z-a}$$

由于收敛域是 $|z|<a$，即 $x(n)$ 为左边序列，所以 $X(z)$ 的逆 z 变换为

$$x(n)=-\frac{1}{a}\delta(n)-\frac{1-a^2}{a}a^n u(-n-1)$$

(4) 对 $X(z)$ 的表达式化简得

$$X(z)=\frac{1-\frac{1}{4}z^{-1}}{1-\frac{8}{15}z^{-1}+\frac{1}{15}z^{-2}}=\frac{z^2-\frac{1}{4}z}{z^2-\frac{8}{15}z+\frac{1}{15}}=\frac{z\left(z-\frac{1}{4}\right)}{\left(z-\frac{1}{3}\right)\left(z-\frac{1}{5}\right)}$$

再将 $X(z)$ 除以 z 得到下式

$$\frac{X(z)}{z}=\frac{z-\frac{1}{4}}{\left(z-\frac{1}{3}\right)\left(z-\frac{1}{5}\right)}=\frac{A}{z-\frac{1}{3}}+\frac{B}{z-\frac{1}{5}}$$

其中，系数 A、B 可由下式求得

$$A=\frac{X(z)}{z}\left(z-\frac{1}{3}\right)\bigg|_{z=\frac{1}{3}}=\frac{z-\frac{1}{4}}{z-\frac{1}{5}}\bigg|_{z=\frac{1}{3}}=\frac{5}{8},\quad B=\frac{X(z)}{z}\left(z-\frac{1}{5}\right)\bigg|_{z=\frac{1}{5}}=\frac{z-\frac{1}{4}}{z-\frac{1}{3}}\bigg|_{z=\frac{1}{5}}=\frac{3}{8}$$

于是用部分分式法展开可得

$$X(z)=\frac{5}{8}\frac{z}{z-\frac{1}{3}}+\frac{3}{8}\frac{z}{z-\frac{1}{5}}$$

由于收敛域是 $|z|>1/3$，即 $x(n)$ 为右边序列，所以 $X(z)$ 的逆 z 变换为

$$x(n)=\left[\frac{5}{8}(1/3)^n+\frac{3}{8}(1/5)^n\right]u(n)$$

3. 已知 $x(n)$ 的 z 变换为 $X(z)=\frac{z(z-0.3)}{(z-3)(z-6)}$，试分析 $X(z)$ 所有可能的收敛域区间，并求各收敛域中的序列 $x(n)$。

解：由 $X(z)$ 的表达式可知，收敛域分成以下三种情况：$|z|<3$，$3<|z|<6$ 及 $|z|>6$。

用部分分式法对 $X(z)$ 进行分解可得

$$\frac{X(z)}{z}=\frac{z-0.3}{(z-3)(z-6)}=\frac{-0.9}{z-3}+\frac{1.9}{z-6}$$

所以

$$X(z)=\frac{-0.9z}{z-3}+\frac{1.9z}{z-6}$$

当收敛域是 $|z|<3$ 时

$$x(n)=[0.9(3)^n-1.9(6)^n]u(-n-1)$$

当收敛域是 $3<|z|<6$ 时

$$x(n)=-0.9\cdot(3)^n u(n)-1.9\cdot(6)^n u(-n-1)$$

当收敛域是 $|z|>6$ 时

$$x(n)=-0.9\cdot(3)^n u(n)+1.9\cdot(6)^n u(n)$$

4. 利用 z 变换的性质求以下序列的 z 变换，并确定零、极点和收敛域。

(1) $x(n)=n\cos(\omega_0 n)u(n)$；

(2) $x(n)=(n^3+2n+1)u(n)$；

(3) $x(n)=r^{n-1}\sin(\omega_0 n)u(n), 0<r<1$。

解：(1) 设 $x_1(n)=\cos(\omega_0 n)u(n)$，查常用 z 变换对表可知它的 z 变换为

$$X_1(z)=\sum_{n=-\infty}^{\infty}x_1(n)z^{-n}=\frac{z(z-\cos\omega_0)}{z^2-2z\cos\omega_0+1},\quad |z|>1$$

由于 $x(n)=n\cos(\omega_0 n)u(n)=nx_1(n)$，根据 z 变换的 z 域微分特性可知

$$X(z)=-z\frac{\mathrm{d}}{\mathrm{d}z}X_1(z)=\frac{z(z^2\cos\omega_0-2z+\cos\omega_0)}{(z^2-2z\cos\omega_0+1)^2},\quad |z|>1$$

由上式可得，极点应满足方程 $z^2-2z\cos\omega_0+1=0$，求出极点 $z=\mathrm{e}^{\mathrm{j}\omega_0}$ 和 $z=\mathrm{e}^{-\mathrm{j}\omega_0}$ 都是二阶极点；零点应满足的条件为 $z=0$ 及方程 $z^2\cos\omega_0-2z+\cos\omega_0=0$，求出零点为 $z=0$ 和 $z=\dfrac{2\pm\sqrt{4-\cos^2\omega_0}}{2\cos\omega_0}$。

(2) 设 $y(n)=u(n)$，则它的 z 变换为

$$Y(z)=\sum_{n=-\infty}^{\infty}u(n)z^{-n}=\sum_{n=0}^{\infty}z^{-n}=\frac{1}{1-z^{-1}},\ |z|>1$$

而 $x(n)=(n^2+2n+1)u(n)=n^2y(n)+2ny(n)+y(n)$，根据 z 变换的 z 域微分特性可知

$$Z[ny(n)]=-z\frac{\mathrm{d}}{\mathrm{d}z}Y(z),\quad Z[n^2y(n)]=\left[-z\frac{\mathrm{d}}{\mathrm{d}z}\right]^2Y(z)$$

将 $Y(z)$ 的表达式代入可得 $Z[ny(n)]=\dfrac{z}{(z-1)^2}$，$Z[n^2y(n)]=\dfrac{z(z+1)}{(z-1)^3}$，则

$$X(z)=\frac{z(z+1)}{(z-1)^3}+2\frac{z}{(z-1)^2}+\frac{z}{z-1}=\frac{z^3+z^2}{(z-1)^3}$$

显然收敛域也为 $|z|>1$。

由上式可得极点 $z=1$ 是三阶极点；零点是方程 $z^3+z^2=0$ 的根，求出零点为 $z=0$ 为二阶零点，以及零点 $z=-1$。

(3) 设 $x_1(n)=r^n\sin(\omega n)u(n)$，查常用 z 变换对表可知它的 z 变换为

$$X_1(z)=\sum_{n=-\infty}^{\infty}x_1(n)z^{-n}=\frac{rz\sin\omega}{z^2-2rz\cos\omega+r^2},\quad |z|>1$$

由于 $x(n)=r^{n-1}\sin(\omega_0 n)u(n)=r^{-1}x_1(n)$，根据 z 变换的线性性质可知

$$X(z)=r^{-1}X_1(z)=\frac{z\sin\omega}{z^2-2rz\cos\omega+r^2}=\frac{z\sin\omega}{(z-r\cos\omega)^2+r^2\sin^2\omega},\quad |z|>1$$

由上式可得零点为 $z=0$；极点满足方程 $(z-r\cos\omega)^2+r^2\sin^2\omega=0$，即 $z=r\mathrm{e}^{\pm\mathrm{j}\omega}$。

5. 已知因果序列 $x(n)$ 的 z 变换 $X(z)$ 如下所示，求序列 $x(n)$ 的初值 $x(0)$ 及终值 $x(\infty)$。

(1) $X(z)=\dfrac{1-2z^{-1}-z^{-2}}{(1-0.5z^{-1})(1-0.2z^{-1})}$；

(2) $X(z)=\dfrac{2z^{-1}}{1-5z^{-1}+6z^{-2}}$。

解：(1) 由初值定理可得

$$x(0)=\lim_{z\to\infty}X(z)=\lim_{z\to\infty}\frac{1-2z^{-1}-z^{-2}}{(1-0.5z^{-1})(1-0.2z^{-1})}=1$$

终值定理的使用条件是：序列 $x(n)$ 为因果序列，且其 z 变换的极点，除可以有一个一阶极点在 $z=1$ 上，其他极点均在单位圆之内。显然该题中的极点为 $z=0.5$ 和 $z=0.2$ 均在单位圆内，满足终值定理的使用条件。

根据终值定理可知

$$x(\infty)=\lim_{z\to 1}(z-1)X(z)=\lim_{z\to 1}(z-1)\frac{1-2z^{-1}-z^{-2}}{(1-0.5z^{-1})(1-0.2z^{-1})}=0$$

(2) 根据初值定理可得

$$x(0)=\lim_{z\to\infty}X(z)=\lim_{z\to\infty}\frac{2z^{-1}}{1-5z^{-1}+6z^{-2}}=0$$

由于极点为 $z=2, z=3$，显然极点均位于单位圆外，不满足终值定理的使用条件。此时采用部分分式法求出序列 $x(n)$，将 $X(z)$ 除以 z，即

$$\frac{X(z)}{z}=\frac{2}{(z-2)(z-3)}=\frac{-2}{z-2}+\frac{2}{z-3}$$

于是

$$X(z)=\frac{-2z}{z-2}+\frac{2z}{z-3}$$

已知序列 $x(n)$ 为因果序列，则

$$x(n)=2[3^n-2^n]u(n)$$

所以

$$x(\infty)=\infty$$

6. 有一序列 $y(n)$，它与另外两个序列 $x_1(n)$ 和 $x_2(n)$ 的关系是 $y(n)=x_1(-n+2)*x_2(n-3)$。其中 $x_1(n)=\left(\frac{1}{2}\right)^n u(n)$，$x_2(n)=\left(\frac{1}{3}\right)^n u(n)$，利用 z 变换的性质求序列 $y(n)$ 的 z 变换。

解：根据 z 变换的时域卷积定理可知

$$Y(z)=Z[x_1(-n+2)]\cdot Z[x_2(n-3)]$$

接下来分别求出序列 $x_1(-n+2)$ 和 $x_2(n-3)$ 的 z 变换，由于 $x_1(n)=(1/2)^n u(n)$，$x_2(n)=(1/3)^n u(n)$，则序列 $x_1(n)$ 和 $x_2(n)$ 的 z 变换分别为

$$X_1(z)=\frac{z}{z-1/2}, X_2(z)=\frac{z}{z-1/3}$$

由 z 变换的序列翻转性质可知

$$Z[x_1(-n)]=X_1(z^{-1})=\frac{z^{-1}}{z^{-1}-1/2}=\frac{1}{1-z/2}$$

再由 z 变换的移位性质可知

$$Z[x_1(-n+2)]=\frac{1}{1-z/2}\cdot z^{-2}, Z[x_2(n-3)]=X_2(z)\cdot z^{-3}=\frac{z}{z-1/3}\cdot z^{-3}=\frac{z^{-2}}{z-1/3}$$

所以

$$Y(z)=\frac{1}{1-z/2}\cdot z^{-2}\cdot\frac{z^{-2}}{z-1/3}=\frac{z^{-4}}{(z-1/3)(1-z/2)}$$

7. 求以下序列 $x(n)$ 的频谱 $X(e^{j\omega})$。

(1) $x(n)=\delta(n+1)$；

(2) $x(n)=(0.2)^n R_6(n)$；

(3) $x(n)=e^{-(3+j\pi/3)n}u(n-1)$；

(4) $x(n)=e^{-5n}u(n-2)\sin(\omega_0 n)$。

解：(1) 由 DTFT 的时域移位特性可知

$$X(e^{j\omega})=\text{DTFT}[\delta(n+1)]=\text{DTFT}[\delta(n)]\cdot e^{j\omega}$$

由于 $\delta(n)$ 的频谱为 1，代入上式得

$$X(e^{j\omega})=e^{j\omega}$$

(2) 根据 DTFT 的定义可知序列 $x(n)$ 的频谱为

$$X(e^{j\omega})=\text{DTFT}[x(n)]=\sum_{n=-\infty}^{\infty}(0.2)^n R_6(n)e^{-j\omega n}=\sum_{n=0}^{5}0.2^n e^{-j\omega n}=$$

$$\sum_{n=0}^{5}(0.2e^{-j\omega})^n=\frac{1-(0.2e^{-j\omega})^6}{1-0.2e^{-j\omega}}$$

(3) 根据 DTFT 的定义可知序列 $x(n)$ 的频谱为

$$X(e^{j\omega})=\text{DTFT}[x(n)]=\sum_{n=-\infty}^{\infty}e^{-(3+j\pi/3)n}u(n-1)e^{-j\omega n}=\sum_{n=1}^{\infty}e^{-(3+j\pi/3)n}e^{-j\omega n}=$$

$$\sum_{n=1}^{\infty}e^{-[3+j(\pi/3+\omega)]n}=\frac{e^{-[3+j(\pi/3+\omega)]}}{1-e^{-[3+j(\pi/3+\omega)]}}$$

(4) 根据 DTFT 的定义可知序列 $X(n)$ 的频谱为

$$X(e^{j\omega})=\text{DTFT}[x(n)]=\sum_{n=-\infty}^{\infty}e^{-5n}u(n-2)\sin(\omega_0 n)e^{-j\omega n}=\sum_{n=2}^{\infty}e^{-5n}\sin(\omega_0 n)e^{-j\omega n}=$$

$$\sum_{n=2}^{\infty}e^{-5n}\frac{e^{j\omega_0 n}-e^{-j\omega_0 n}}{2j}e^{-j\omega n}=\frac{1}{2j}\left[\sum_{n=2}^{\infty}e^{-(5-j\omega_0+j\omega)n}-\sum_{n=2}^{\infty}e^{-(5+j\omega_0+j\omega)n}\right]=$$

$$\frac{1}{2j}\left[\sum_{n=2}^{\infty}e^{-(5-j\omega_0+j\omega)n}-\sum_{n=2}^{\infty}e^{-(5+j\omega_0+j\omega)n}\right]=\frac{1}{2j}\left[\frac{e^{-(10-j2\omega_0+j2\omega)}}{1-e^{-(5-j\omega_0+j\omega)}}-\frac{e^{-(10+j2\omega_0+j2\omega)}}{1-e^{-(5+j\omega_0+j\omega)}}\right]$$

8. 设 $X(e^{j\omega})$ 是 $x(n)$ 的 DTFT 变换，用 $X(e^{j\omega})$ 表示下列信号的 DTFT 变换结果。

(1) $x_1(n)=x(1-n)+x(-1-n)$；

(2) $x_2(n)=(n^3+2n^2+3n+1)x(n)$；

(3) $x_3(n)=2x^2(n)+x(n)$；

(4) $x_4(n)=\cos(\omega_0 n)x(n)$。

解：(1) 已知 $X(e^{j\omega})=\text{DTFT}[x(n)]$，由 z 变换序列的翻转特性得

$$\text{DTFT}[x(-n)]=X(e^{-j\omega})$$

再由 DTFT 的移位特性可知

$$\text{DTFT}[x_1(n)]=X(e^{-j\omega})e^{-j\omega}+X(e^{-j\omega})e^{j\omega}=2\dot{X}(e^{-j\omega})\cos\omega$$

(2) 因为 $\text{DTFT}[x(n)]=X(e^{j\omega})=\sum_{n=-\infty}^{\infty}x(n)e^{-j\omega n}$，两边对 ω 求导可得

$$\frac{dX(e^{j\omega})}{d\omega}=\frac{d\sum_{n=-\infty}^{\infty}x(n)e^{-j\omega n}}{d\omega}=\sum_{n=-\infty}^{\infty}(-jn)x(n)e^{-j\omega n}$$

整理得

$$\text{DTFT}[nx(n)]=\text{j}\,\frac{\text{d}X(\text{e}^{\text{j}\omega})}{\text{d}\omega}$$

同理可得下列结论

$$\text{DTFT}[n^2x(n)]=-\frac{\text{d}^2X(\text{e}^{\text{j}\omega})}{\text{d}\omega^2},\text{DTFT}[n^3x(n)]=-\text{j}\,\frac{\text{d}^3X(\text{e}^{\text{j}\omega})}{\text{d}\omega^3}$$

再由 DTFT 的线性性质可得

$$\text{DTFT}[x_2(n)]=\text{DTFT}[(n^3+2n^2+3n+1)x(n)]=$$
$$\text{DTFT}[n^3x(n)]+2\text{DTFT}[n^2x(n)]+3\text{DTFT}[nx(n)]+\text{DTFT}[x(n)]$$

将前面求出的结果代入得

$$\text{DTFT}[x_2(n)]=-\text{j}\,\frac{\text{d}^3X(\text{e}^{\text{j}\omega})}{\text{d}\omega^3}-2\,\frac{\text{d}^2X(\text{e}^{\text{j}\omega})}{\text{d}\omega^2}+3\text{j}\,\frac{\text{d}X(\text{e}^{\text{j}\omega})}{\text{d}\omega}+X(\text{e}^{\text{j}\omega})$$

(3) 根据 DTFT 的频域卷积定理可得

$$\text{DTFT}[x^2(n)]=\frac{1}{2\pi}X(\text{e}^{\text{j}\omega})*X(\text{e}^{\text{j}\omega})=\frac{1}{2\pi}\int_{-\pi}^{\pi}X(\text{e}^{\text{j}\theta})X(\text{e}^{\text{j}(\omega-\theta)})\,\text{d}\theta$$

然后由 DTFT 的线性性质可求出

$$\text{DTFT}[x_3(n)]=\text{DTFT}[2x^2(n)+x(n)]=\frac{1}{\pi}\int_{-\pi}^{\pi}X(\text{e}^{\text{j}\theta})X(\text{e}^{\text{j}(\omega-\theta)})\,\text{d}\theta+X(\text{e}^{\text{j}\omega})$$

(4) 已知 $x_4(n)=\cos(\omega_0 n)x(n)=\frac{1}{2}[\text{e}^{\text{j}\omega_0 n}+\text{e}^{-\text{j}\omega_0 n}]x(n)$，利用 DTFT 的频移特性求出序列 $x_4(n)$ 的频谱为

$$\text{DTFT}[x_4(n)]=\frac{1}{2}\text{DTFT}[\text{e}^{\text{j}\omega_0 n}x(n)+\text{e}^{-\text{j}\omega_0 n}x(n)]=\frac{1}{2}[X(\text{e}^{\text{j}(\omega-\omega_0)})+X(\text{e}^{\text{j}(\omega+\omega_0)})]$$

9. 有一因果的线性移不变系统，其系统函数在 z 平面有一对共轭极点 $z_1=\frac{1}{3}\text{e}^{\text{j}\pi/3}$，$z_2=\frac{1}{3}\text{e}^{-\text{j}\pi/3}$，在 $z=0$ 处有一个一阶零点，且有 $H(z)\,|_{z=1}=2$。

(1) 求 $H(z)$ 及 $h(n)$；

(2) 求系统的单位阶跃响应，即输入为 $u(n)$ 时的响应 $y(n)$；

解：(1) 根据该系统零、极点的分布情况可知系统函数为

$$H(z)=k\,\frac{z}{\left(z-\frac{1}{3}\text{e}^{\text{j}\pi/3}\right)\left(z-\frac{1}{3}\text{e}^{-\text{j}\pi/3}\right)}$$

其中，常数 k 可由 $H(z)\,|_{z=1}=2$ 的值求出，即

$$k\,\frac{1}{\left(1-\frac{1}{3}\text{e}^{\text{j}\pi/3}\right)\left(1-\frac{1}{3}\text{e}^{-\text{j}\pi/3}\right)}=2$$

得到 $k=14/9$，于是系统函数为

$$H(z)=\frac{14}{9}\,\frac{z}{\left(z-\frac{1}{3}\text{e}^{\text{j}\pi/3}\right)\left(z-\frac{1}{3}\text{e}^{-\text{j}\pi/3}\right)}$$

下面用部分分式法求单位脉冲响应 $h(n)$，先用 $H(z)$ 除以 z 得

$$\frac{H(z)}{z}=\frac{14}{9}\frac{1}{\left(z-\frac{1}{3}e^{j\pi/3}\right)\left(z-\frac{1}{3}e^{-j\pi/3}\right)}=\frac{A}{z-\frac{1}{3}e^{j\pi/3}}+\frac{B}{z-\frac{1}{3}e^{-j\pi/3}}=$$

$$\frac{-\frac{14\sqrt{3}}{9}j}{z-\frac{1}{3}e^{j\pi/3}}+\frac{\frac{14\sqrt{3}}{9}j}{z-\frac{1}{3}e^{-j\pi/3}}$$

所以该系统的系统函数 $H(z)=\frac{-\frac{14\sqrt{3}}{9}j}{z-\frac{1}{3}e^{j\pi/3}}z+\frac{\frac{14\sqrt{3}}{9}j}{z-\frac{1}{3}e^{-j\pi/3}}z$,由于该系统是因果线性移不变系统,于是系统的单位脉冲响应 $h(n)$ 为

$$h(n)=\left[-\frac{14\sqrt{3}}{9}j\cdot\left(\frac{1}{3}e^{j\pi/3}\right)^n+\frac{14\sqrt{3}}{9}j\cdot\left(\frac{1}{3}e^{-j\pi/3}\right)^n\right]u(n)=$$

$$\left[\frac{14\sqrt{3}}{9}e^{-j\pi/2}\left(\frac{1}{3}e^{j\pi/3}\right)^n+\frac{14\sqrt{3}}{9}e^{j\pi/2}\left(\frac{1}{3}e^{-j\pi/3}\right)^n\right]u(n)=$$

$$\frac{14\sqrt{3}}{9}\left(\frac{1}{3}\right)^n\left[e^{j\left(\frac{\pi}{3}n-\frac{\pi}{2}\right)}+e^{-j\left(\frac{\pi}{3}n-\frac{\pi}{2}\right)}\right]u(n)=$$

$$\frac{28\sqrt{3}}{9}\left(\frac{1}{3}\right)^n\cos\left(\frac{\pi}{3}n-\frac{\pi}{2}\right)u(n)=\frac{28\sqrt{3}}{9}\left(\frac{1}{3}\right)^n\sin\left(\frac{\pi}{3}n\right)u(n)$$

(2) 根据系统输出序列的 z 变换与输入序列的 z 变换之间的关系可知

$$Y(z)=X(z)\cdot H(z)$$

已知输入序列为 $u(n)$,则 $X(z)=\frac{z}{z-1}$,代入上式得

$$Y(z)=\frac{z}{z-1}\cdot\frac{14}{9}\frac{z}{\left(z-\frac{1}{3}e^{j\pi/3}\right)\left(z-\frac{1}{3}e^{-j\pi/3}\right)}=\frac{14}{9}\frac{z^2}{\left(z-\frac{1}{3}e^{j\pi/3}\right)\left(z-\frac{1}{3}e^{-j\pi/3}\right)(z-1)}$$

将 $Y(z)$ 除以 z 可得

$$\frac{Y(z)}{z}=\frac{14}{9}\frac{z}{\left(z-\frac{1}{3}e^{j\pi/3}\right)\left(z-\frac{1}{3}e^{-j\pi/3}\right)(z-1)}=\frac{-1+j\sqrt{3}/9}{z-\frac{1}{3}e^{j\pi/3}}+\frac{-1-j\sqrt{3}/9}{z-\frac{1}{3}e^{-j\pi/3}}+\frac{2}{z-1}$$

于是系统函数为

$$Y(z)=\frac{-1+j\sqrt{3}/9}{z-\frac{1}{3}e^{j\pi/3}}z+\frac{-1-j\sqrt{3}/9}{z-\frac{1}{3}e^{-j\pi/3}}z+\frac{2}{z-1}z$$

对 $Y(z)$ 求逆 z 变换可得

$$y(n)=(-1+j\sqrt{3}/9)\left(\frac{1}{3}e^{j\pi/3}\right)^n u(n)+(-1-j\sqrt{3}/9)\left(\frac{1}{3}e^{-j\pi/3}\right)^n u(n)+2u(n)$$

10. 一个时域离散线性移不变系统,输入为 $x(n)$,输出为 $y(n)$,系统满足以下差分方程:

$$y(n+1)-\frac{5}{2}y(n)+y(n-1)=x(n)$$

且已知系统是稳定的,试求单位脉冲响应。

解:对上述差分方程两边求 z 变换得

$$Y(z)z-\frac{5}{2}Y(z)+Y(z)z^{-1}=X(z)$$

根据系统函数等于输出序列的 z 变换除以输入序列的 z 变换，即

$$H(z)=\frac{Y(z)}{X(z)}=\frac{1}{z-\frac{5}{2}+z^{-1}}=\frac{z^{-1}}{1-\frac{5}{2}z^{-1}+z^{-2}}$$

用部分分式法对 $H(z)$ 求逆 z 变换可得

$$\frac{H(z)}{z}=\frac{z^{-2}}{1-\frac{5}{2}z^{-1}+z^{-2}}=\frac{1}{z^2-\frac{5}{2}z+1}=\frac{1}{(z-1/2)(z-2)}=\frac{A}{z-\frac{1}{2}}+\frac{B}{z-2}$$

A 和 B 分别可由下式求得

$$A=\left.\frac{z-\frac{1}{2}}{(z-1/2)(z-2)}\right|_{z=\frac{1}{2}}=-\frac{2}{3},B=\left.\frac{z-2}{(z-1/2)(z-2)}\right|_{z=2}=\frac{2}{3}$$

则

$$H(z)=\frac{-2/3}{z-\frac{1}{2}}z+\frac{2/3}{z-2}z$$

易得极点 $z=1/2,z=2$，且由于系统是稳定系统，则收敛域必定包含单位圆，故取 $1/2<|z|<2$。于是，该系统的单位脉冲响应 $h(n)$ 为

$$h(n)=-\frac{2}{3}[(1/2)^n u(n)+2^n u(-n-1)]$$

11. 理想低通、高通、带通和带阻滤波器的频率响应分别为

$$H_{\mathrm{LP}}(\mathrm{e}^{\mathrm{j}\omega})=\begin{cases}1, & 0\leqslant|\omega|\leqslant\omega_c\\0, & \omega_c<|\omega|\leqslant\pi\end{cases},\quad H_{\mathrm{HP}}(\mathrm{e}^{\mathrm{j}\omega})=\begin{cases}0, & 0\leqslant|\omega|\leqslant\omega_c\\1, & \omega_c<|\omega|\leqslant\pi\end{cases}$$

$$H_{\mathrm{BP}}(\mathrm{e}^{\mathrm{j}\omega})=\begin{cases}1, & \omega_1\leqslant|\omega|\leqslant\omega_2\\0, & \text{其他 }\omega\text{，且 }|\omega|\leqslant\pi\end{cases},\quad H_{\mathrm{BR}}(\mathrm{e}^{\mathrm{j}\omega})=\begin{cases}1, & |\omega|\leqslant\omega_1,\omega_2\leqslant|\omega|\leqslant\pi(\omega_2>\omega_1)\\0, & \text{其他 }\omega\end{cases}$$

试求它们所分别对应的单位脉冲响应。

解：(1) 理想低通滤波器的单位脉冲响应为

$$h_{\mathrm{LP}}(n)=\frac{1}{2\pi}\int_{-\pi}^{\pi}H_{\mathrm{LP}}(\mathrm{e}^{\mathrm{j}\omega})\mathrm{e}^{\mathrm{j}\omega n}\mathrm{d}\omega=\frac{1}{2\pi}\int_{-\omega_c}^{\omega_c}\mathrm{e}^{\mathrm{j}\omega n}\mathrm{d}\omega=\frac{1}{2\pi}\frac{\mathrm{e}^{\mathrm{j}\omega_c n}-\mathrm{e}^{-\mathrm{j}\omega_c n}}{\mathrm{j}n}=\begin{cases}\frac{\sin(\omega_c n)}{n\pi}, & n\neq 0\\\frac{\omega_c}{\pi}, & n=0\end{cases}$$

(2) 理想高通滤波器的单位脉冲响应为

$$h_{\mathrm{HP}}(n)=\frac{1}{2\pi}\int_{-\pi}^{\pi}H_{\mathrm{HP}}(\mathrm{e}^{\mathrm{j}\omega})\mathrm{e}^{\mathrm{j}\omega n}\mathrm{d}\omega=\frac{1}{2\pi}\left[\int_{-\pi}^{-\omega_c}\mathrm{e}^{\mathrm{j}\omega n}\mathrm{d}\omega+\int_{\omega_c}^{\pi}\mathrm{e}^{\mathrm{j}\omega n}\mathrm{d}\omega\right]=$$

$$\frac{1}{2\pi}\frac{(\mathrm{e}^{-\mathrm{j}\omega_c n}-\mathrm{e}^{-\mathrm{j}\pi n})+(\mathrm{e}^{\mathrm{j}\pi n}-\mathrm{e}^{\mathrm{j}\omega_c n})}{\mathrm{j}n}=\frac{\sin(n\pi)-\sin(\omega_c n)}{n\pi}=$$

$$\begin{cases}-\frac{\sin(\omega_c n)}{n\pi}, & n\neq 0\\1-\frac{\omega_c}{\pi}, & n=0\end{cases}$$

(3) 理想带通滤波器的单位脉冲响应为

$$h_{BP}(n)=\frac{1}{2\pi}\int_{-\pi}^{\pi}H_{BP}(e^{j\omega})e^{j\omega n}d\omega=\frac{1}{2\pi}\left[\int_{-\omega_2}^{-\omega_1}e^{j\omega n}d\omega+\int_{\omega_1}^{\omega_2}e^{j\omega n}d\omega\right]=$$

$$\frac{1}{2\pi}\ \frac{(e^{-j\omega_1 n}-e^{-j\omega_2 n})+(e^{j\omega_2 n}-e^{j\omega_1 n})}{jn}=\frac{\sin(\omega_2 n)-\sin(\omega_1 n)}{n\pi}=$$

$$\begin{cases}\dfrac{\sin(\omega_2 n)-\sin(\omega_1 n)}{n\pi}, & n\neq 0\\[2ex] \dfrac{\omega_2-\omega_1}{\pi}, & n=0\end{cases}$$

(4) 理想带阻滤波器的单位脉冲响应为

$$h_{BR}(n)=\frac{1}{2\pi}\int_{-\pi}^{\pi}H_{BR}(e^{j\omega})e^{j\omega n}d\omega=\frac{1}{2\pi}\left[\int_{-\omega_1}^{\omega_1}e^{j\omega n}d\omega+\int_{-\pi}^{-\omega_2}e^{j\omega n}d\omega+\int_{\omega_2}^{\pi}e^{j\omega n}d\omega\right]$$

同理,化简上述积分变换可得

$$h_{BR}(n)=\frac{\sin(\omega_1 n)-\sin(\omega_2 n)+\sin(n\pi)}{n\pi}=\begin{cases}\dfrac{\sin(\omega_1 n)-\sin(\omega_2 n)}{n\pi}, & n\neq 0\\[2ex] 1-\dfrac{\omega_2-\omega_1}{\pi}, & n=0\end{cases}$$

12. 一个因果稳定系统的结构如图2-10所示,试写出该系统差分方程,并求其系统函数。当 $b_0=0.5$, $b_1=1$, $a_1=0.5$ 时,求该系统的单位脉冲响应,并画出该系统的零极点图和频率响应曲线。

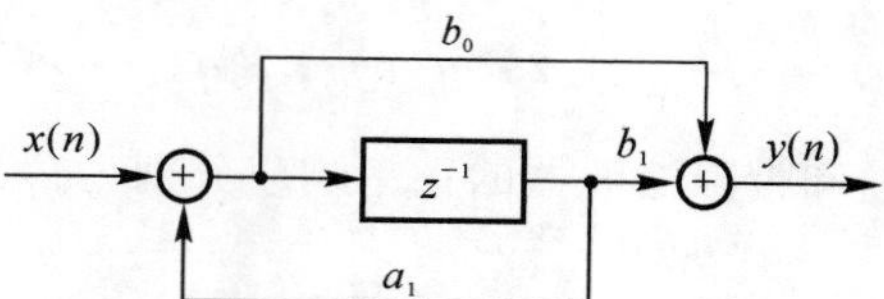

图 2-10 某因果稳定系统结构图

解:将左边加法器的输出记为 $x_1(n)$,然后分别根据左、右两个加法器可以得到差分方程组为

$$\begin{cases}x_1(n)=a_1x_1(n-1)+x(n)\\ b_1x_1(n-1)+b_0x_1(n)=y(n)\end{cases}$$

对上述差分方程组两边求 z 变换可得

$$\begin{cases}(1-a_1z^{-1})X_1(z)=X(z)\\ (b_0+b_1z^{-1})X_1(z)=Y(z)\end{cases}$$

消去 $X_1(z)$ 得到系统函数为

$$H(z)=\frac{Y(z)}{X(z)}=\frac{b_0+b_1z^{-1}}{1-a_1z^{-1}}$$

将 $b_0=0.5$, $b_1=1$, $a_1=0.5$ 代入上式,即

$$H(z)=\frac{0.5+z^{-1}}{1-0.5z^{-1}}=\frac{0.5z+1}{z-0.5}$$

可知系统的零点为 $z=-2$,极点为 $z=0.5$。用部分分式法将系统函数 $H(z)$ 展开如下:

$$\frac{H(z)}{z}=\frac{0.5z+1}{z(z-0.5)}=\frac{-2}{z}+\frac{5/2}{z-0.5}$$

即 $H(z)=-2+\frac{5/2}{z-0.5}z$。因为系统为因果稳定系统，则系统的单位脉冲响应 $h(n)$ 应为

$$h(n)=-2\delta(n)+\frac{5}{2}(0.5)^n u(n)$$

再由系统的频率响应函数与系统函数之间的关系可得

$$H(e^{j\omega})=H(z)\big|_{z=e^{j\omega}}=\frac{0.5(z+2)}{z-0.5}\bigg|_{z=e^{j\omega}}=\frac{0.5(e^{j\omega}+2)}{e^{j\omega}-0.5}$$

用几何法易得系统的零、极图及频率响应曲线如图 2-11 所示。

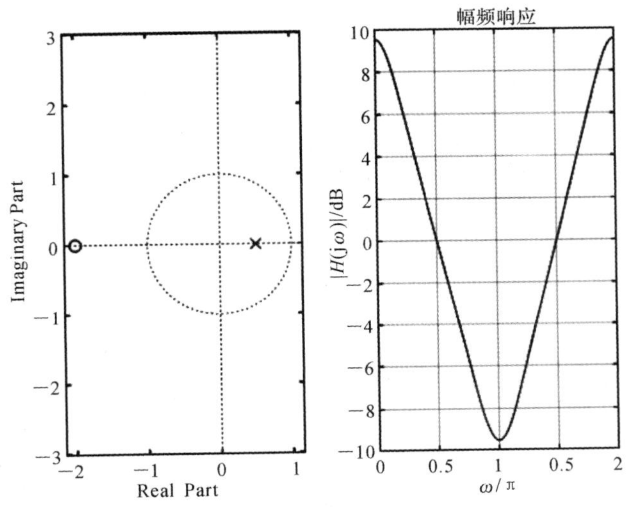

图 2-11　系统零、极点及频率响应曲线

13. 设 $x(n)$ 是一离散时间信号，其 z 变换为 $X(z)$，对下列信号利用 $X(z)$ 求它们的 z 变换。

(1) $x_1(n)=\nabla x(n)$，这里 ∇ 表示一次后向差分算子，定义为 $\nabla x(n)=x(n)-x(n-1)$；

(2) $x_2(n)=\begin{cases}x(n/2), & n\text{ 为偶数}\\ 0, & n\text{ 为奇数}\end{cases}$；

(3) $x_3(n)=x(2n)$。

解：(1) 对后向差分算子求 z 变换得

$$Z[\nabla x(n)]=Z[x(n)-x(n-1)]=X(z)(1-z^{-1})$$

(2) $Z[x_2(n)]=\sum\limits_{n=2m}x(n/2)z^{-n}$，令 $m=n/2$ 代入得

$$Z[x_2(n)]=\sum_{m=-\infty}^{\infty}x(m)z^{-2m}=X(z^2)$$

(3) $Z[x_3(n)]=\sum\limits_{n=-\infty}^{\infty}x(2n)z^{-n}$，令 $m=2n$ 代入得

$$Z[x_3(n)]=\sum_{m\text{为偶数}}x(m)z^{-\frac{m}{2}}=\sum_{m=-\infty}^{\infty}\frac{1}{2}[1+(-1)^m]x(m)z^{-\frac{m}{2}}=$$

$$\frac{1}{2}\sum_{m=-\infty}^{\infty}x(m)z^{-\frac{m}{2}}+\frac{1}{2}\sum_{m=-\infty}^{\infty}x(m)(-z^{1/2})^{-m}=\frac{1}{2}[X(z^{\frac{1}{2}})+X(-z^{\frac{1}{2}})]$$

2.4 典型MATLAB实验

2.4.1 z 变换及逆 z 变换仿真

信号与系统的分析方法中除了时域分析法，还有非常重要的变换域分析法。在连续系统中，可以用拉普拉斯变换法对系统进行分析；而对离散系统，主要采用 z 变换作为分析信号与系统的一种重要工具。MATLAB的符号运算中提供了 z 变换的函数 ztrans 以及求解逆 z 变换的函数是 iztrans，它们的调用格式如下：

```
X=ztrans(x)
x=iztrans(X)
```

上述命令中 x 是原时域序列；X 是 z 变换之后的结果。

例 2-19 求指数序列 $x(n)=(-a)^n u(n)$ 的 z 变换。

运行程序如下：

```
syms a n                    %a,n是符号变量
x=(-a)^n;                   %x(n)为指数序列
X=ztrans(x)                 %求序列 x(n)的 z 变换
```

运行结果如下：

```
X =
    z/(a + z)
```

例 2-20 求正弦序列 $\sin\left(\frac{1}{3}\pi n\right)$ 的 z 变换。

运行程序如下：

```
x=sin(pi*n/3);              %x(n)为正弦序列
X=ztrans(x)                 %求该正弦序列的 z 变换
```

运行结果如下：

```
X =
    (3^(1/2)*z)/(2*(z^2 - z + 1))
```

例 2-21 已知序列 $x(n)$ 的 z 变换表达式是 $X(z)=\frac{z}{z+0.6}$，对 $X(z)$ 求逆 z 变换。

运行程序如下：

```
syms z;                     %声明符号变量 z
X=z/(z+0.6);                %给出 X(z)的表达式
x=iztrans(X)                %求出逆 z 变换
```

运行结果如下：

```
x =
  (-3/5)^n
```

例 2-22 已知序列 $x(n)$ 的 z 变换表达式是 $X(z)=\frac{z}{(z-2)^2}$，对 $X(z)$ 求逆 z 变换。

运行程序如下：

```
syms z;                     %声明符号变量 z
```

```
X=z/[(z-2).^2];                给出 X(z)的表达式
x=iztrans(X)                   %求出逆 z 变换
```

运行结果如下：

```
x =
  2^n/2 +25^n*(n-1))/2
```

2.4.2 离散时间傅里叶变换仿真

离散时间傅里叶变换的定义式如下：

$$X(e^{j\omega}) = \sum_{n=-\infty}^{\infty} x(n)e^{-j\omega n}$$

下面通过 MATLAB 来实现序列的傅里叶变换计算。

例 2-23　已知序列 $x(n)=2-(1/2)^n$，其中$|n|\leqslant 3$，计算它的 DTFT，并画出幅频和相频曲线。

运行程序如下：

```
clear all;clc;
w=-2*pi:0.01:2*pi;                              %频率的取值区间
n=-3:3; x=2-(1/2).^n;                           %产生序列 x(n)
X=x*exp(-j*n'*w);                               %计算序列的傅里叶变换
subplot(3,1,1);stem(n,x,'fill');grid on;
xlabel('n');ylabel('x(n)');title('序列 x(n)');
subplot(3,1,2);plot(w/pi,abs(X));grid on;       %画 DTFT 的幅频特性曲线
xlabel('\omega/\pi');ylabel('|X(e^{j\omega})|');
title('DTFT 幅频特性曲线');
subplot(3,1,3);plot(w/pi,angle(X));grid on;     %画 DTFT 的相频特性曲线
xlabel('\omega/\pi');ylabel('arg[X(e^{j\omega})]');
title('DTFT 相频特性曲线');
```

运行结果如图 2-12 所示，由图可知，序列的傅里叶变换是频率 ω 的周期函数，周期为 2π，故对此序列的 DTFT 分析只需要在区间$[-\pi,\pi]$或者$[0,2\pi]$上进行就可以了。

2.4.3 离散傅里叶级数仿真

周期序列的傅里叶级数(DFS)及逆变换展开如下：

$$\widetilde{X}(k)=\text{DFS}[\widetilde{x}(n)]=\sum_{n=0}^{N-1}\widetilde{x}(n)e^{-j\frac{2\pi}{N}kn},\quad \widetilde{x}(n)=\text{IDFS}[\widetilde{X}(k)]=\frac{1}{N}\sum_{k=0}^{N-1}\widetilde{X}(k)e^{j\frac{2\pi}{N}kn}$$

下面通过 MATLAB 来实现周期序列的 DFS 计算。

例 2-24　已知某序列 $x(n)=R_5(n)$，对该序列以 $N=8$ 进行周期性延拓，用 MATLAB 画出其 DFS 关系曲线图。

运行程序如下：

```
clear all;clc;
n=0:4;x=ones(1,length(n));                      %构造时域序列
x1=[x,zeros(1,8-length(n))];
k=-8:15;
```

```
X=x*exp(-j*n'*k*pi/4);                          %计算周期序列的 DFS
subplot(2,1,1);stem([-8:15],[x1 x1 x1],'fill');  %绘制周期序列
xlabel('n');title('周期序列 x(n)');
subplot(2,1,2);stem(k,abs(X),'fill');
xlabel('k');title('周期序列 x(n)的 DFS');
```

运行结果如图 2-13 所示，从图中可以看出，$R_5(n)$以 8 为周期进行周期性延拓，它的 DFS 仅含有 8 种独立的频率成分，即周期序列可以分解成 N 次谐波之和。

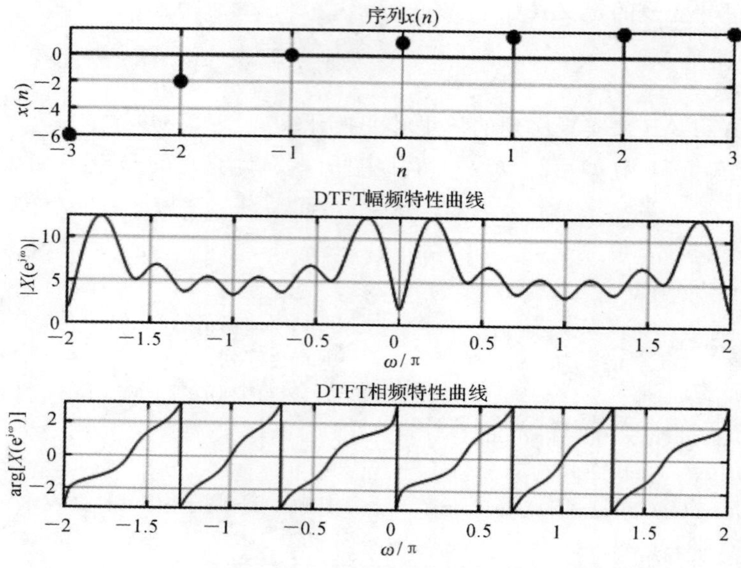

图 2-12　序列的傅里叶变换

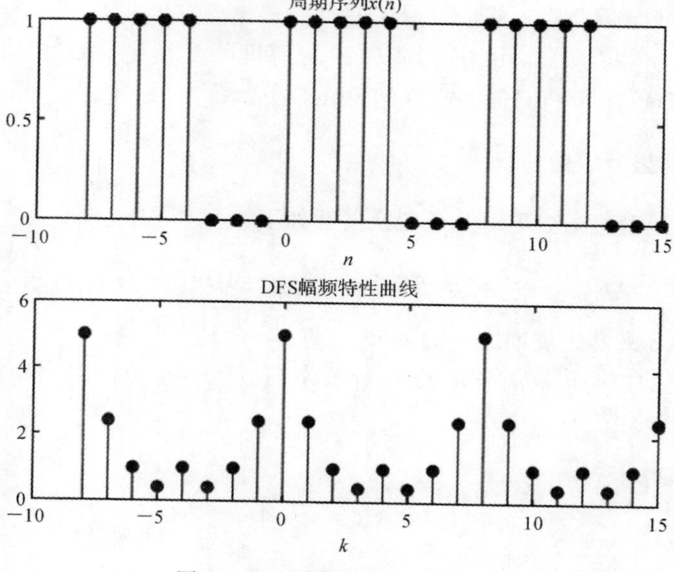

图 2-13　周期序列及其 DFS

2.4.4　离散系统的频域分析仿真

由 DTFT 与 z 变换之间的关系可知，系统的频率响应函数 $H(e^{j\omega})$ 与系统函数 $H(z)$ 的关系是

$$H(e^{j\omega})=H(z)\big|_{z=e^{j\omega}}$$

此外，频率响应函数 $H(e^{j\omega})$ 还可以写为以下形式：

$$H(e^{j\omega})=|H(e^{j\omega})|e^{j\varphi(\omega)}$$

下面将介绍利用 MATLAB 计算离散系统的频率响应函数的典型实验，一般来说，可以通过直接法或调用 MATLAB 的库函数两种方式来实现。

例 2-25　已知某离散系统的系统函数 $H(z)=\dfrac{z^{-1}+z^{-2}}{1-0.5z^{-1}}$，用 MATLAB 画出该系统的幅频响应函数和相频响应曲线。

运行程序如下：

```
w=pi/512:pi/512:pi;                                  %频率取值范围
H=(exp(-j*w)+exp(-j*2*w))./(1-0.5*exp(-j*w));
subplot(2,1,1);plot(w/pi,abs(H));                    %绘制幅频响应曲线
xlabel('\omega/\pi');ylabel('|H(j\omega)|');
title('幅频响应');grid on;
subplot(2,1,2);plot(w/pi,angle(H)*180/pi);           %绘制相频响应曲线
xlabel('\omega/\pi');ylabel('相位/\circ');
title('相频响应');grid on;
```

运行结果如图 2-14 所示，从图中的幅频特性曲线可以看出该系统是一个低通滤波器，这与用几何法计算出来的结果是一致的。

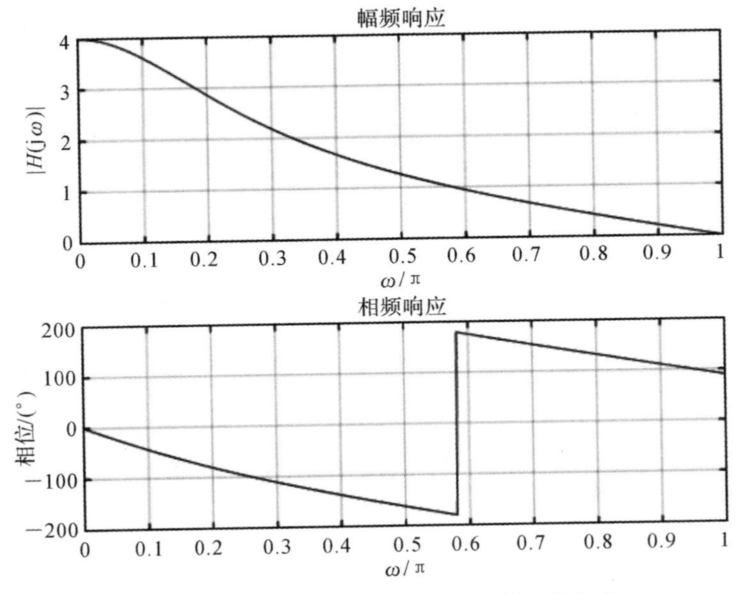

图 2-14　系统的幅频响应和相频响应曲线

除了直接通过编程计算离散系统的频率响应函数，还可调用函数 freqz 来计算离散系统

的频率响应，这种方式显然更加简便，其格式如下：

```
[h,w] = freqz(b,a,n)
[h,w] = freqz(b,a,n, 'whole')
```

其中，b 与 a 分别表示系统函数 $H(z)$ 的分子多项式与分母多项式的系数；n 为正整数，输出值 ω 表示对 $[0,\pi]$ 做 n 点等间隔采样得到的频率向量；输出值 h 则是这 n 个频率点对应的频率响应值；添加字段 whole 是为了求出 $[0,2\pi]$ 整个区间的频率响应函数。

例 2-26 已知某离散系统的系统函数 $H(z)=\dfrac{z^{-1}-z^{-2}}{1+0.5z^{-1}}$，用 MATLAB 画出该系统的幅频响应函数和相频响应函数。

运行程序如下：

```
clear all;
b=[1 -1];                                %H(z)分子多项式系数
a=[1 0.5];                               % H(z)分母多项式系数
[h,w]=freqz(b,a,512);                    %求离散系统的频率响应
subplot(2,1,1);
plot(w/pi,abs(h));                       %绘制幅频响应函数
xlabel('\omega/\pi');
ylabel('|H(j\omega)|');
title('幅频响应');grid on;
subplot(2,1,2);
plot(w/pi,angle(h)*180/pi);              %绘制相频响应函数
xlabel('\omega/\pi');
ylabel('相位/\circ');
title('相频响应');grid on;
```

运行结果如图 2-15 所示，从结果图中的幅频响应曲线可知该系统是一个高通滤波器，这与理论上通过几何法计算出来的结果是一致的。

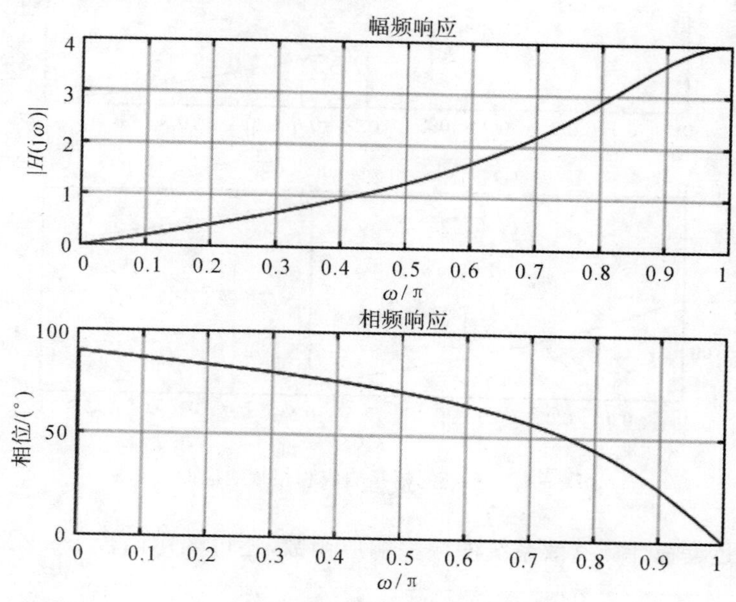

图 2-15 系统的幅频响应和相频响应曲线

2.4.5　离散系统的零、极点与幅频响应分析仿真

在 MATLAB 中，可以采用函数 zplane 来绘制系统的零、极点分布图，其调用方式主要有以下两种方式：

zplane(z,p)

zplane(b,a)

其中，z 和 p 表示系统的零点和极点；b 和 a 分别代表系统函数分子和分母多项式的系数。

需要注意的是，如果采用第一种调用方式，当包含多个零极点时，需要将零极点写成列向量的形式。

例 2-27　已知某系统函数 $H(z)=\frac{1}{1-0.2z^{-1}}$，用 MATLAB 画出该系统的零、极点分布图及幅频特性曲线图。

运行程序如下：

```
b=[1];%H(z)分子多项式系数
a=[1 -0.2];%H(z)分母多项式系数
[h,w]=freqz(b,a,512,'whole');                 %求离散系统的频率响应
subplot(1,2,1);
zplane(b,a);                                   %画出系统的零、极点图
subplot(1,2,2);
plot(w/pi,20*log10(abs(h)));                   %画出系统的幅频特性曲线
xlabel('\omega/\pi');ylabel('|H(j\omega)|/dB'); %幅频响应单位为 dB
title('幅频响应');grid on;
```

运行结果如图 2-16 所示，从图 2-16 左图可以看出，系统的零点在原点，极点在 0.2 处。从右图可知系统的幅频响应在频率 $\omega=0$ 时为极大值，在 $\omega=\pi$ 时幅频响应为极小值。实际仿真出来的结果与理论计算出来的结果一致。

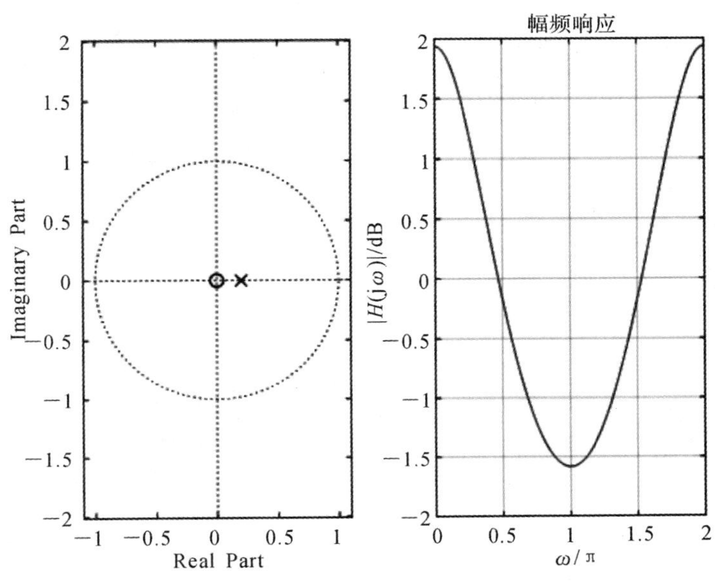

图 2-16　系统的零极点分布图和幅频响应曲线

例 2－28 已知某系统函数 $H(z)=1-z^{-4}=(z^4-1)/z^4$，用 MATLAB 画出该系统的零、极点分布图和幅频特性曲线图。

首先求出该系统的零点，零点是 $z^4-1=0$ 的根。由 $z^4=1$ 得，零点显然是将单位圆进行了四等分。该系统的极点是系统函数分母表达式为零的根，即 $z=0$，为四阶极点。

运行程序如下：

```
b=[1 0 0 0 -1];                          %系统函数分子和分母多项式的系数
a=[1];
[h,w]=freqz(b,a,512,'whole');            %调用 freqz 函数求系统的频率响应函数
subplot(1,2,1);
zplane(b,a);                             %调用 zplane 函数求系统的零、极点
subplot(1,2,2);
plot(w/pi,abs(h));                       %画幅频响应曲线
xlabel('\omega/\pi');ylabel('|H(j\omega)|');
title('幅频响应');grid on;
```

运行结果如图 2－17 所示，从图 2－17 左图可知，该系统的极点在原点处，且是 4 阶极点。另外，该系统在单位圆上有 4 个零点，它们将单位圆进行了 4 等分。因此，每当 ω 运动至零点处（即 $\omega=0,\pi/2,\pi,3\pi/2$ 时），系统的幅频响应将出现波谷值等于零；而当 ω 运动至两个零点的正中间时（$\omega=\pi/4,3\pi/4,5\pi/4,7\pi/4$ 时），系统的幅频响应将出现峰值，如图 2－17 右图所示。一般幅频响应具有这种特性的滤波器称为梳状滤波器。

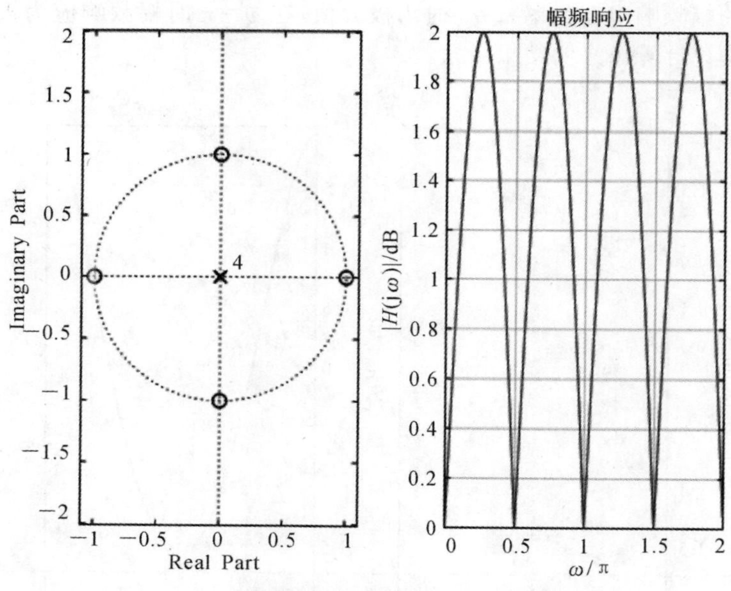

图 2－17　系统的零极点分布图和幅频响应曲线图

2.5　上机题解答

1. 用 MATLAB 对下列各序列求 z 变换。

(1) $x(n)=\cos(an)u(n)$；

(2) $x(n)=4^n u(n)$；

(3) $x(n)=\left(\frac{1}{2}\right)^n u(n)$；

(4) $x(n)=\left(-\frac{1}{5}\right)^n u(n)$。

解：调用 MATLAB 函数 ztrans 来求解各序列的 z 变换。

(1)求解程序如下：

```
syms a n                          %a,n 是符号变量
x=cos(a*n);                       %x(n)为余弦序列
X=ztrans(x)                       %求序列 x(n)的 z 变换
```

运行结果如下：

```
X =
  (z*(z - cos(a)))/(z^2 - 2*cos(a)*z + 1)
```

(2)求解程序如下：

```
x=4^n;                            %x(n)为指数增长序列
X=ztrans(x)                       %求序列 x(n)的 z 变换
```

运行结果如下：

```
X =
  z/(z - 4)
```

(3)求解程序如下：

```
x=(1/2)^n;                        %x(n)为指数衰减序列
X=ztrans(x)                       %求序列 x(n)的 z 变换
```

运行结果如下：

```
X =
  z/(z - 1/2)
```

(4)求解程序如下：

```
x=(-1/5)^n;                       %x(n)为指数衰减序列
X=ztrans(x)                       %求序列 x(n)的 z 变换
```

运行结果如下：

```
X =
  z/(z + 1/5)
```

2. 用 MATLAB 对 $X(z)=\frac{z}{z-5}$ 求逆 z 变换。

解：调用 MATLAB 函数 iztrans 求逆 z 变换，求解程序如下：

```
syms z;                           %声明符号变量 z
X=z/(z-5);                        %给出 z 变换表达式
```

```
x=iztrans(X)                          %求逆 z 变换
```

运行结果如下：

```
x =
   5^n
```

3. 已知某离散系统的系统函数 $H(z)=\dfrac{1+2z^{-1}+5z^{-2}}{1-3z^{-1}+2z^{-2}}$，用 MATLAB 绘制出系统的幅频响应曲线和相频响应曲线。

解：根据系统的频率响应与系统函数之间的关系可知

$$H(e^{j\omega})=H(z)\big|_{z=e^{j\omega}}$$

调用 MATLAB 函数 freqz 可直接求出系统的频率响应函数，再调用函数 abs 和 angle 就能分别求出系统的幅频响应函数和相频响应函数，求解程序如下：

```
clear all;
b=[1 2 5];                                  %H(z)分子多项式系数
a=[1 -3 2];                                 % H(z)分母多项式系数
[h,w]=freqz(b,a,512);                       %用函数 freqz 求离散系统的频率响应
subplot(2,1,1);
plot(w/pi,20*log10(abs(h)));                %画幅频响应曲线
xlabel('\omega/\pi');ylabel('|H(j\omega)|/dB');
title('幅频响应');grid on;
subplot(2,1,2);plot(w/pi,angle(h)*180/pi);  %画相频响应曲线
xlabel('\omega/\pi');ylabel('相位/\circ');
title('相频响应');grid on;
```

运行结果如图 2-18 所示，由图可知该系统是一个低通滤波器。

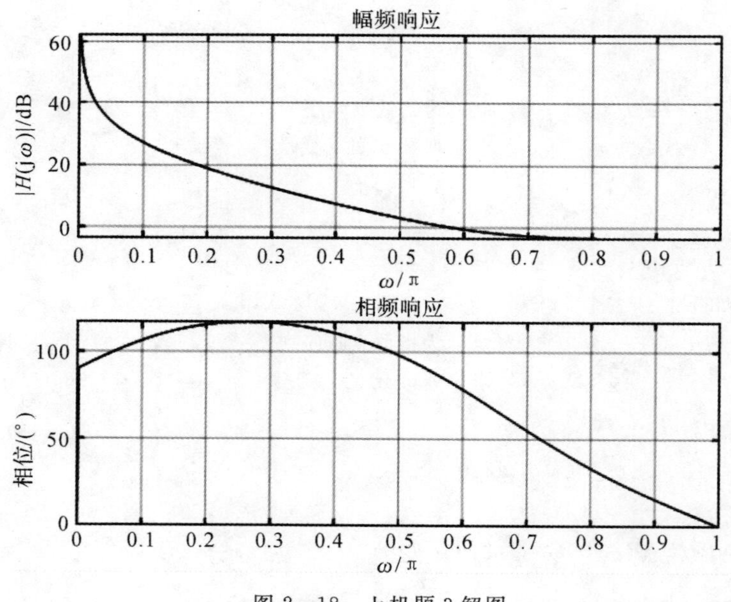

图 2-18　上机题 3 解图

4. 已知某系统函数 $H(z)=\frac{1}{1-3z^{-1}}$，用 MATLAB 绘制系统的零、极点分布图及幅频曲线图。

解：根据系统函数分子分母多项项式的系数，在 MATLAB 中调用函数 zplane 求出系统的零点和极点，再调用函数 freqz 求系统的频率响应函数，求解程序如下：

```
b=[1];                                                  %H(z)分子多项式系数
a=[1 -3];                                               %H(z)分母多项式系数
[h,w]=freqz(b,a,512, 'whole');                          %求离散系统的频率响应
subplot(1,2,1);zplane(b,a);                             %画出系统的零、极点图
subplot(1,2,2);plot(w/pi,20 * log10(abs(h)));           %画出系统的幅频特性曲线
xlabel('\omega/\pi');ylabel('|H(j\omega)|/dB');         %幅频响应用分贝的形式表示
title('幅频响应');grid on;
```

运行结果如图 2-19 所示，由左图可知，系统的零点在原点，极点在 $z=3$ 处。从右图可知系统的幅频响应在频率 $\omega=0$ 时为极大值，在 $\omega=\pi$ 时幅频响应为极小值。实际仿真出来的结果与理论分析出来的结果一致，即 ω 越靠近极点，系统的幅频响应越大，ω 越远离极点，系统的幅频响应越小。并且，位于原点处的零点不影响系统的幅频响应函数。

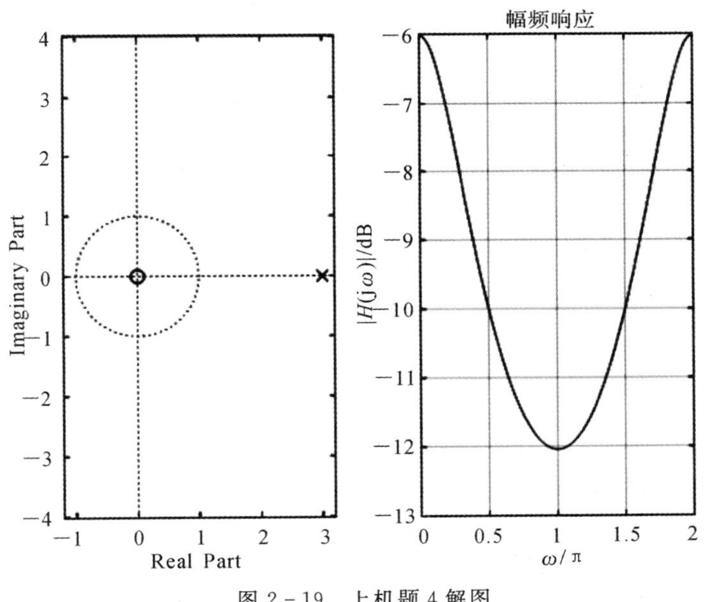

图 2-19　上机题 4 解图

5. 已知系统函数 $H(z)=1-z^{-5}$，用 MATLAB 绘制系统的零极、点分布图和幅频特性曲线。

解：将系统函数化简可得

$$H(z)=1-z^{-5}=(z^{5}-1)/z^{5}$$

于是，易求得系统的极点为 $z=0$ 为五阶极点，同时系统的 5 个零点均匀分布在单位圆上，把单位圆进行了 5 等分，求解程序如下：

```
b=[1 0 0 0 0 -1]; a=[1];                  %系统函数分子和分母多项式的系数
[h,w]=freqz(b,a,512,'whole');             %调用 freqz 函数求系统的频率响应函数
```

```
subplot(1,2,1);zplane(b,a);                %画出系统的零、极点图
subplot(1,2,2);plot(w/pi,abs(h));          %画出幅频响应曲线
xlabel('\omega/\pi');
ylabel('|H(j\omega)|');
title('幅频响应');grid on;
```

运行结果如图 2-20 所示，由左图可知，该系统的极点在 $z=0$ 处，且是五阶极点。另外，该系统在单位圆上有 5 个零点，它们将单位圆进行了五等分。由右图可知，每当 ω 运动至零点处（即 $\omega=0,2\pi/5,4\pi/5,6\pi/5,8\pi/5$ 时），系统的幅频响应将出现波谷值等于零；而当 ω 运动至两个零点的正中间时（$\omega=\pi/5,3\pi/5,\pi,7\pi/5,9\pi/5$ 时），系统的幅频响应将出现峰值，该系统具备梳状滤波器特性。

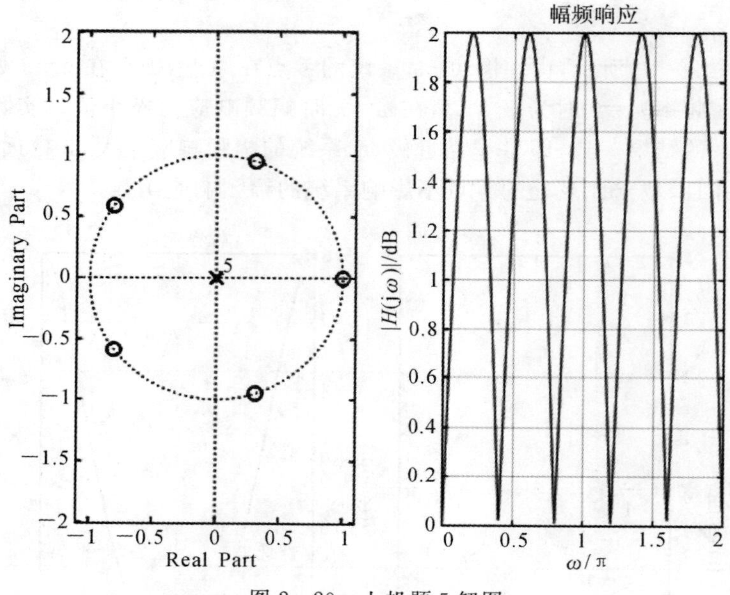

图 2-20　上机题 5 解图

6. 已知序列 $x(n)=R_6(n)$，计算它的傅里叶变换，并绘制其幅频和相频曲线。

解：序列 $x(n)$ 的 DTFT 计算公式如下：

$$X(\mathrm{e}^{\mathrm{j}\omega})=\sum_{n=-\infty}^{\infty}x(n)\ \mathrm{e}^{-\mathrm{j}\omega n}$$

对频率 ω 从 $[-2\pi,2\pi]$ 进行赋值，代入上述公式即可求得序列 $x(n)$ 的 DTFT，求解程序如下：

```
w=-2*pi:0.01:2*pi;                         %对频率进行赋值
n=0:5;                                     %矩形序列 R6(n)自变量的取值范围
x=ones(1,length(n));                       %矩形序列
X=x*exp(-j*n'*w);                          %计算 DTFT
subplot(3,1,1);stem(n,x,'fill');
xlabel('n');ylabel('x(n)');title('序列 x(n)');
subplot(3,1,2);plot(w/pi,abs(X));          %画幅频响应曲线
xlabel('\omega/\pi');
```

```
ylabel('|X(e^{j\omega})|');
title('X(e^{j\omega})的幅频响应曲线');
subplot(3,1,3);plot(w/pi,angle(X));            %画相频响应曲线
xlabel('\omega/\pi');
ylabel('arg[X(e^{j\omega})]');
title('X(e^{j\omega})的相频响应曲线');
```

运行结果如图 2-21 所示，从图中可以看出，有限长序列的 DTFT 频谱图为连续的，其具有周期性，周期为 2π，显然仿真与理论分析的结果是一致的。

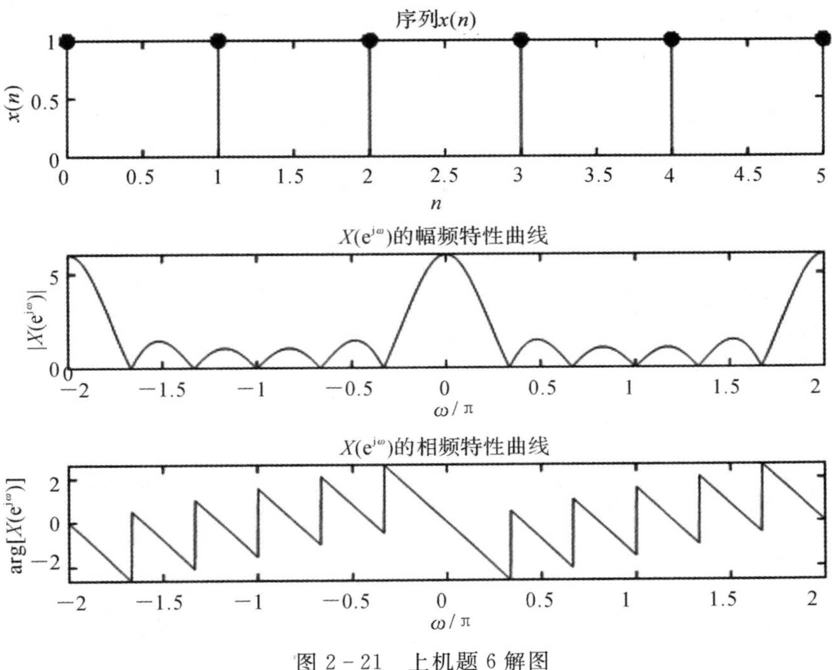

图 2-21　上机题 6 解图

7. 已知某序列 $x(n)=2^n[u(n)-u(n-8)]$，计算它的傅里叶变换，并绘制幅频和相频曲线。

解：将序列 $x(n)$ 代入 DTFT 的计算公式可得

$$X(e^{j\omega})=\sum_{n=-\infty}^{\infty}2^n[u(n)-u(n-8)]e^{-j\omega n}=\sum_{n=0}^{8}2^n e^{-j\omega n}$$

对频率 ω 从 $[0,2\pi]$ 进行赋值，代入上述公式即可求得序列 $x(n)$ 的 DTFT，相应的 MATLAB 求解程序如下：

```
w=0:0.01:2*pi;                          %对频率进行赋值，给出一个周期
n=0:8;                                  %指数序列自变量的取值范围
x=2.^n;                                 %给出指数序列
X=x*exp(-j*n'*w);                       %计算 DTFT
subplot(3,1,1);stem(n,x,'fill');
xlabel('n');ylabel('x(n)');title('指数序列 x(n)=2^n');
subplot(3,1,2);plot(w/pi,20*log(abs(X)));    %画幅频响应曲线
```

```
xlabel('\omega/\pi');
ylabel('|X(e^{j\omega})|/dB');
title('X(e^{j\omega})的幅频响应曲线');
subplot(3,1,3);plot(w/pi,angle(X));                %画相频响应曲线
xlabel('\omega/\pi');
ylabel('arg[X(e^{j\omega})]');
title('X(e^{j\omega})的相频响应曲线');
```

运行结果如图 2-22 所示，从图中可以看出，这里仅画出了指数序列的频谱图在一个完整的周期[0,2π]上的取值情况，当然也可以只画出[-π,π]这个周期上的取值情况。

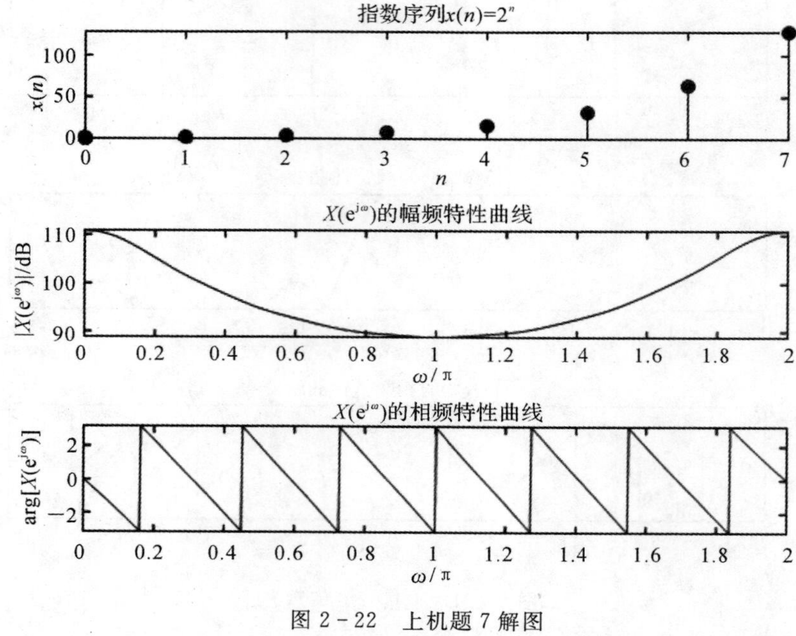

图 2-22　上机题 7 解图

8. 已知某序列 $x(n)=R_5(n)$，对该序列以 $N=6$ 进行周期性延拓，用 MATLAB 绘制该周期序列及其 DFS 关系曲线图。

解：序列 $x(n)$ 的 DFS 计算公式如下：

$$\widetilde{X}(k)=\mathrm{DFS}[\widetilde{x}(n)]=\sum_{n=0}^{N-1}\widetilde{x}(n)\mathrm{e}^{-\mathrm{j}\frac{2\pi}{N}kn}$$

将序列 $x(n)=R_5(n)$ 和周期 $N=6$ 代入上式得

$$\widetilde{X}(k)=\mathrm{DFS}[\widetilde{x}(n)]=\sum_{n=0}^{4}\mathrm{e}^{-\mathrm{j}\frac{2\pi}{6}kn}=\sum_{n=0}^{4}\mathrm{e}^{-\mathrm{j}\frac{\pi}{3}kn}$$

对 k 从 $-6\sim11$ 进行赋值，相应的 MATLAB 求解程序如下：

```
n=0:4;
x=ones(1,length(n));                 %构造矩形序列
x1=[x 0];                            %长度为 5 的矩形序列以 6 为周期进行延拓需补零
k=-6:11;                             %周期序列自变量的取值范围
X=x*exp(-j*n'*k*pi/3);               %计算 DFS
```

```
subplot(2,1,1);
stem([-6:11],[x1 x1 x1],'fill');              %画周期序列
xlabel('n');title('周期序列 x(n)');
subplot(2,1,2);stem(k,abs(X),'fill');         %画周期序列 DFS 的幅频响应
xlabel('k');
title('周期序列 x(n)的 DFS');
```

运行结果如图 2-23 所示，从图中可以看出，这里画出该周期序列在时域和频域三个完整的周期。显然，周期序列的 DFS 其频域也是周期序列，周期为 $N=6$。

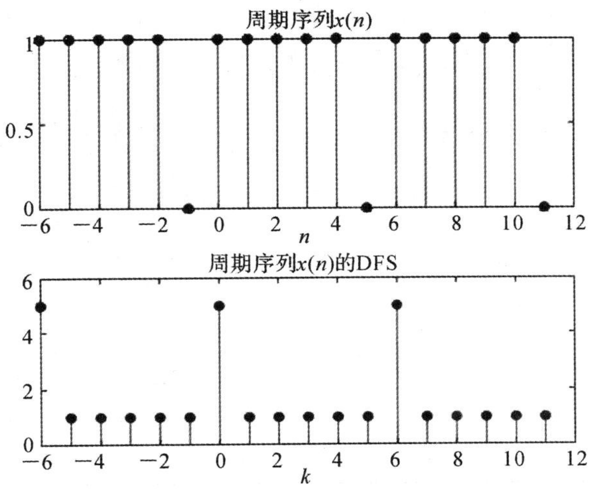

图 2-23　上机题 8 解图

9. 已知序列 $x(n)=\left(\frac{1}{2}\right)^n[u(n)-u(n-6)]$，对该序列以 $N=8$ 进行周期性延拓，用 MATLAB 绘制该周期序列及其 DFS 关系曲线图。

解：对 k 从 $-8\sim15$ 进行赋值，相应的 MATLAB 求解程序如下：

```
n=0:5;
x=(1/2).^n;                                   %构造指数衰减序列
x1=[x 0 0];                                   %长度为 6 的指数序列以 8 为周期进行延拓需补 2 个零
k=-8:15;                                      %周期序列自变量的取值范围
X=x*exp(-j*n'*k*pi/4);                        %计算 DFS
subplot(2,1,1);stem([-8:15],[x1 x1 x1],'fill');        %画周期序列
xlabel('n');title('周期序列 x(n)');
subplot(2,1,2);stem(k,abs(X),'fill');         %画周期序列 DFS 的幅频响应
xlabel('k');title('周期序列 x(n)的 DFS');
```

运行结果如图 2-24 所示，从图中可以看出，这里也画出了该周期序列在时域和频域三个完整的周期。显然其 DFS 也是周期序列，周期为 $N=8$。

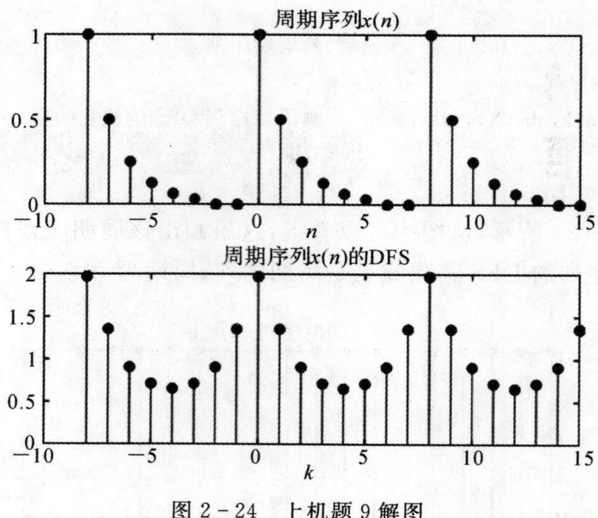

图 2-24 上机题 9 解图

第 3 章　离散傅里叶变换

3.1　学习要点

3.1.1　DFT 变换及其性质

设 $x(n)$ 是一个长度为 N 的有限长序列，定义 $x(n)$ 的离散傅里叶变换为

$$X(k)=\mathrm{DFT}[x(n)]=\sum_{n=0}^{N-1}x(n)W_N^{kn},\quad k=0,1,\cdots,N-1$$

离散傅里叶变换可简称为 DFT 变换。$X(k)$ 的离散傅里叶逆变换 IDFT 定义为

$$x(n)=\mathrm{IDFT}[X(k)]=\frac{1}{N}\sum_{n=0}^{N-1}X(k)W_N^{-kn},\quad n=0,1,\cdots,N-1$$

式中，$W_N=\mathrm{e}^{-\mathrm{j}2\pi/N}$，$N$ 为 DFT 变换的区间长度。由于序列 $x(n)$ 的 z 变换为

$$X(z)=\mathrm{ZT}[x(n)]=\sum_{n=0}^{M-1}x(n)z^{-n}$$

同时，序列 $x(n)$ 的 DTFT 变换为

$$X(\mathrm{e}^{\mathrm{j}\omega})=\sum_{n=0}^{M-1}x(n)\mathrm{e}^{-\mathrm{j}\omega n}$$

因此，序列 $x(n)$ 的 N 点 DFT 是 $x(n)$ 的 z 变换在单位圆上的 N 点等间隔采样，同时也是 $x(n)$ 的 DTFT 变换在区间[0，2π]上的 N 点等间隔采样，如图 3-1 所示。

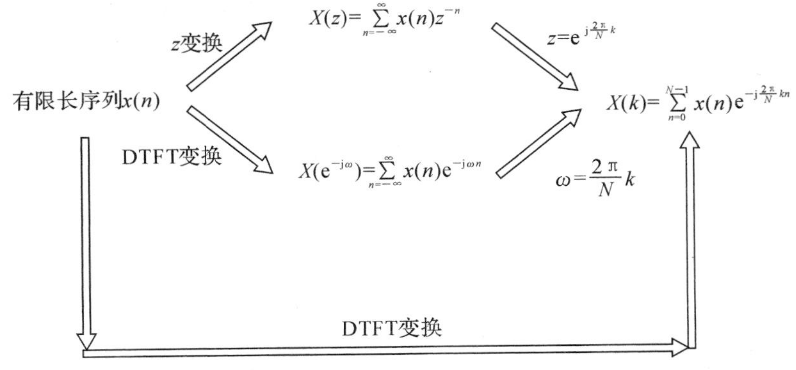

图 3-1　DFT 变换、DTFT 变换以及 z 变换的关系

长度为 N 的有限长序列 $x(n)$ 可看作周期为 N 的周期序列 $\tilde{x}(n)$ 的一个周期，即

$$\tilde{x}(n)=\sum_{r=-\infty}^{\infty}x(n+rN)$$

同时可以证明：有限长序列 $x(n)$ 的DFT变换 $X(k)$ 正是周期序列 $\tilde{x}(n)$ 的DFS变换 $\tilde{X}(k)$ 的主值序列，即

$$X(k)=\tilde{X}(k)R_N(k)$$

有限长序列 $x(n)$ 的 DFT 变换与周期序列 $\tilde{x}(n)$ 的 DFS 变换的关系如图 3－2 所示。

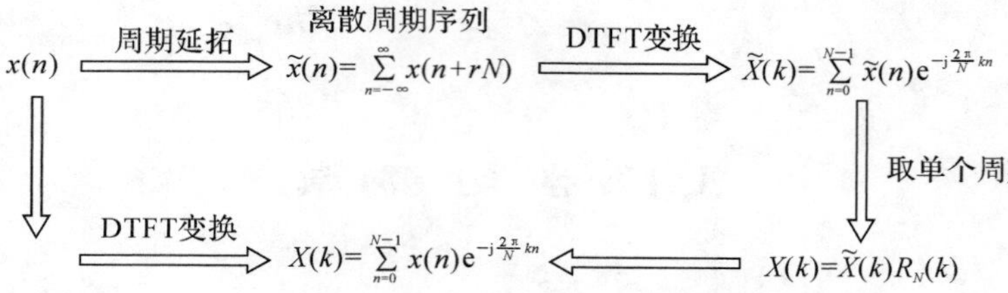

图 3－2　DFT 变换与 DFS 变换的关系

最后，联系连续时间傅里叶变换 FT、连续周期信号傅里叶级数 FS、离散时间信号傅里叶变换 DTFT 以及离散周期信号傅里叶级数 DFS，可以发现时域与频域之间存在一定对应关系，如表 3－1 所示。与 DTFT 变换类似，DFT 变换也具有很多有用的性质，其总结如表 3－2 所示。

表 3－1　四种傅里叶变换的时域与频域特征总结

傅里叶变换类型	时域特征	频域特征
FT	连续非周期	连续非周期
FS	连续周期	离散非周期
DTFT	离散非周期	连续周期
DFS	离散周期	离散周期

表 3－2　DFT 变换的性质

名称	时域 $x(n)\leftrightarrow$ 频域 $X(k)$	
线性性质	$ax_1(n)+bx_2(n)$	$aX_1(k)+bX_2(k)$
循环移位性质	$x((n+m))_NR_N(n)$	$W_N^{-km}X(k)$
时域循环卷积定理	$\sum_{m=0}^{N-1}x_1(m)x_2((n-m))_NR_N(n)$	$X_1(k)\cdot X_2(k)$
频域循环卷积定理	$x_1(n)x_2(n)$	$\frac{1}{N}\sum_{l=0}^{N-1}X_1(l)X_2((k-l))_NR_N(k)$
复共轭性质	$x^*(n)$	$X^*(N-k)$

续 表

共轭对称性质	$\mathrm{Re}[x(n)]$	$\frac{1}{2}[X((k))_N + X^*((N-k))_N] = X_{ep}(k)$
	$\mathrm{jIm}[x(n)]$	$\frac{1}{2}[X((k))_N - X^*((N-k))_N] = X_{op}(k)$
	$x_{ep}(n) = \frac{1}{2}[x((n))_N + x^*((N-n))_N]$	$\mathrm{Re}[X(k)]$
	$x_{op}(n) = \frac{1}{2}[x((n))_N - x^*((N-n))_N]$	$\mathrm{jIm}[X(k)]$
帕塞瓦尔定理	$\sum_{n=0}^{N-1} \mid x(n) \mid^2 = \frac{1}{N}\sum_{k=0}^{N-1} \mid X(k) \mid^2$	

3.1.2　循环卷积

有限长序列 $x_1(n)$ 与 $x_2(n)$ 的 N 点循环卷积的计算方法总结如下。

1. 按定义式求解

有限长序列 $x_1(n)$ 与 $x_2(n)$ 的 N 点循环卷积 $x(n)$ 定义为

$$x(n) = \sum_{m=0}^{N-1} x_1(m)x_2((n-m))_N R_N(n)$$

或者等价为

$$x(n) = \sum_{m=0}^{N-1} x_2(m)x_1((n-m))_N R_N(n)$$

2. 按矩阵式求解

有限长序列 $x_1(n)$ 与 $x_2(n)$ 的 N 点循环卷积 $x(n)$ 也可按以下矩阵式求解：

$$\begin{bmatrix} x(0) \\ x(1) \\ x(2) \\ \vdots \\ x(N-1) \end{bmatrix} = \begin{bmatrix} x_1(0) & x_1(N-1) & x_1(N-2) & \cdots & x_1(1) \\ x_1(1) & x_1(0) & x_1(N-1) & \cdots & x_1(2) \\ x_1(2) & x_1(1) & x_1(0) & \cdots & x_1(3) \\ \vdots & \vdots & \vdots & & \vdots \\ x_1(N-1) & x_1(N-2) & x_1(N-3) & \cdots & x_1(0) \end{bmatrix} \begin{bmatrix} x_2(0) \\ x_2(1) \\ x_2(2) \\ \vdots \\ x_2(N-1) \end{bmatrix}$$

3. 利用线性卷积求解

有限长序列 $x_1(n)$ 和 $x_2(n)$ 的 L 点循环卷积等于 $x_1(n)$ 和 $x_2(n)$ 的线性卷积的 L 点周期延拓后的主值序列，因此利用线性卷积求解循环卷积的步骤如下（假设 $x_1(n)$ 的长度为 N，$x_2(n)$ 的长度为 M）。

第一步：计算线性卷积，即

$$y_1(n) = x_1(n) * x_2(n) = \sum_{m=0}^{N-1} x_1(m)x_2(n-m)$$

第二步：计算周期延拓，即

$$\tilde{y}(n) = \sum_{i=-\infty}^{\infty} y_1(n+iL)$$

第三步：计算主值序列，最终得到循环卷积结果，即

$$y_c(n)=\sum_{i=-\infty}^{\infty}y_1(n+iL)R_L(n)$$

3.1.3 信号谱分析

有限长序列 $x(n)$ 的 DFT 变换 $X(k)$ 没有反映连续 $x_a(t)$ 的傅里叶变换 $X_a(j\Omega)$ 的全部信息，仅给出了 N 个离散采样点的谱线，这种现象称为 DFT 频谱分析的栅栏效应，如图 3－3 所示。在图 3－3 中，对模拟信号频谱的采样间隔称为频率分辨率，记为 F。它与信号持续时间 T_p，采样周期 T，有限长序列点数 N，以及采样频率 F_s 之间的关系为

$$F=\frac{1}{T_p}=\frac{1}{NT}=\frac{F_s}{N}$$

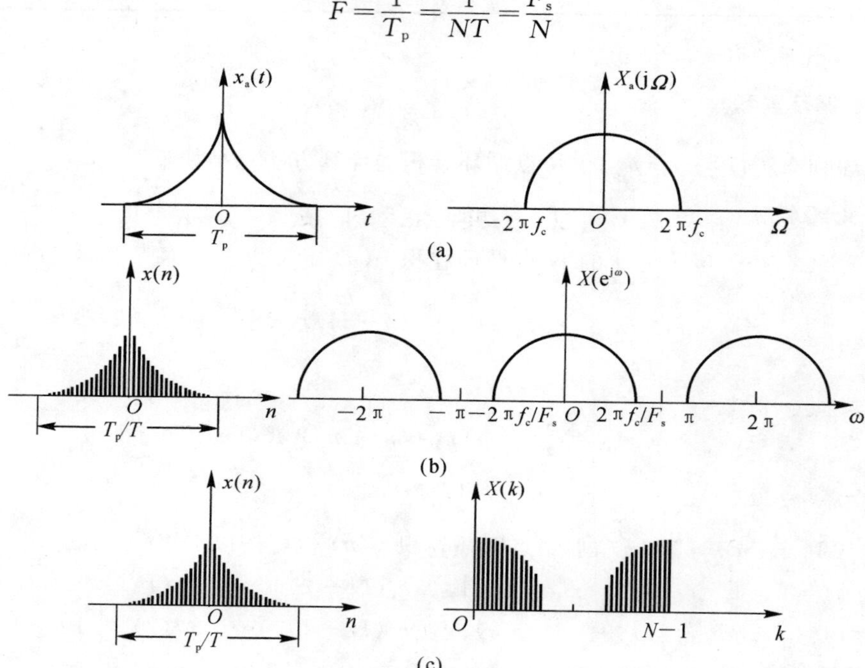

图 3－3 DFT 频谱分析的栅栏效应

3.1.4 FFT 变换及其实现

对于长度为 N 的有限长序列，直接计算其 DFT 变换需要 N^2 次复数乘法及 $N(N-1)$ 次复数加法。当 N 很大时，计算量必然非常大，不利于 DFT 变换的实时处理，而采用 FFT 算法时，所需的复数乘法次数仅为

$$C_M=\mathrm{lb}N\times\frac{N}{2}$$

同时，FFT 算法所需的复数加法次数仅为

$$C_A=\mathrm{lb}N\times N$$

以 8 点 FFT 运算为例，其计算流程图如图 3－4 所示。

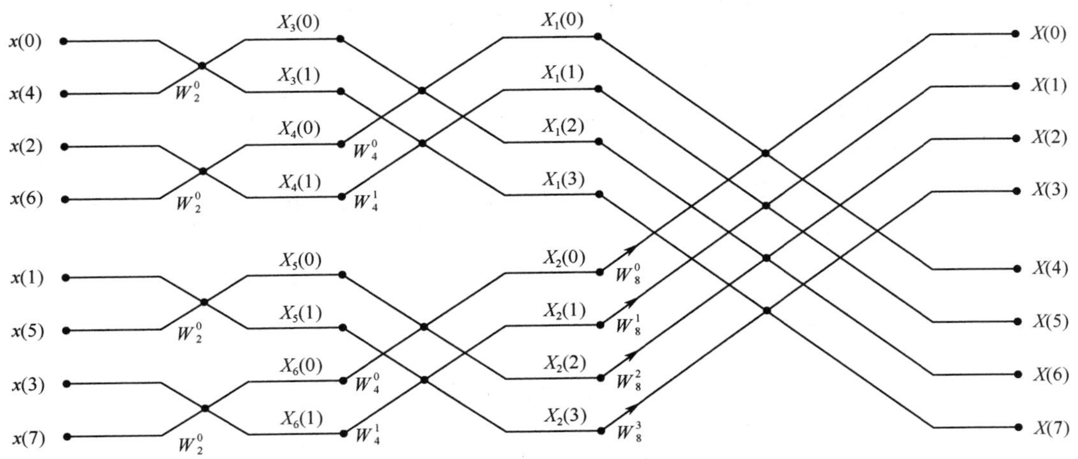

图 3－4　8 点 FFT 的计算流程图

3.2　典型例题

例 3－1　已知序列 $x(n)=\{5,4,3,2,1\}$，即 $x(0)=5$，$x(1)=4$，$x(2)=3$，$x(3)=2$，$x(4)=1$，当 n 取其他值时，$x(n)$ 等于零。

(1) 计算序列 $x(n)$ 的 DTFT 以及序列 $x(n)$ 的 DFT；

(2) 在序列 $x(n)$ 的尾部补零，得到 $x_0(n)=\{5,4,3,2,1,0\}$，计算序列 $x_0(n)$ 的 DTFT 以及序列 $x_0(n)$ 的 DFT。

解：(1) 对于序列 $x(n)$，根据序列的 DTFT 公式

$$X(e^{j\omega})=\sum_{n=-\infty}^{\infty}x(n)e^{-j\omega n}=\sum_{n=0}^{4}x(n)e^{-j\omega n}=5+4e^{-j\omega}+3e^{-j2\omega}+2e^{-j3\omega}+e^{-j4\omega}$$

另外，根据 DFT 的公式，把 $N=5$ 代入公式得

$$X(k)=\sum_{n=0}^{N-1}x(n)e^{-j2\pi kn/N}=\sum_{n=0}^{4}x(n)e^{-j2\pi kn/5}=5+4e^{-j2\pi k/5}+3e^{-j4\pi k/5}+2e^{-j6\pi k/5}+e^{-j8\pi k/5}$$

(2) 对于序列 $x_0(n)$，根据序列的 DTFT 公式

$$X_0(e^{j\omega})=\sum_{n=-\infty}^{\infty}x_0(n)e^{-j\omega n}=\sum_{n=0}^{4}x_0(n)e^{-j\omega n}=5+4e^{-j\omega}+3e^{-j2\omega}+2e^{-j3\omega}+e^{-j4\omega}$$

另外，根据 DFT 的公式，并注意到此时 $N=6$，可得

$$X_0(k)=\sum_{n=0}^{N-1}x_0(n)e^{-j2\pi kn/N}=\sum_{n=0}^{5}x_0(n)e^{-j2\pi kn/6}=5+4e^{-j\pi k/3}+3e^{-j2\pi k/3}+2e^{-j\pi k}+e^{-j4\pi k/3}$$

对比(1)(2) 结果可发现，序列被补零后，DTFT 结果不变，即 $X_0(e^{j\omega})=X(e^{j\omega})$。而对于 DFT 变换，序列被补零后改变了 DFT 的点数，从而改变了频率采样的位置，因此补零后序列的 DFT 与原序列的 DFT 不同。

例 3－2　设有限长序列 $x(n)$，$0\leqslant n\leqslant N-1$，序列 $x(n)$ 的 N 点 DFT 为 $X(k)$，即 $X(k)=\mathrm{DFT}[x(n)]$。若序列 $y(n)$ 为

$$y(n)=\begin{cases}x(n), & 0\leqslant n\leqslant N-1\\ 0, & N\leqslant n\leqslant 3N-1\end{cases}$$

序列 $y(n)$ 的 $3N$ 点 DFT 记为 $Y(k)$，即 $Y(k)=\mathrm{DFT}[y(n)]$。试用 $X(k)$ 表示 $Y(k)$。

解：根据 DFT 的定义知道

$$X(k)=\mathrm{DFT}[x(n)]=\sum_{n=0}^{N-1}x(n)\mathrm{e}^{-\mathrm{j}2\pi kn/N},\quad 0\leqslant k\leqslant N-1$$

而

$$Y(k)=\mathrm{DFT}[y(n)]=\sum_{n=0}^{3N-1}y(n)\mathrm{e}^{-\mathrm{j}2\pi kn/3N}=\sum_{n=0}^{N-1}x(n)\mathrm{e}^{-\mathrm{j}2\pi kn/3N}=\sum_{n=0}^{N-1}x(n)\mathrm{e}^{-\mathrm{j}2\pi(k/3)n/N}$$

当 $k/3$ 等于整数时，即当 $k=3l,l=0,1,\cdots,N-1$ 时，$Y(k)=X(k/3)$；

当 $k/3$ 不等于整数时，

$$\begin{aligned}Y(k)=&\sum_{n=0}^{N-1}x(n)\mathrm{e}^{-\mathrm{j}2\pi kn/3N}=\sum_{n=0}^{N-1}\frac{1}{N}\sum_{k'=0}^{N-1}X(k')\mathrm{e}^{\mathrm{j}2\pi k'n/N}\mathrm{e}^{-\mathrm{j}2\pi kn/3N}=\\&\frac{1}{N}\sum_{k'=0}^{N-1}X(k')\sum_{n=0}^{N-1}\mathrm{e}^{\mathrm{j}2\pi k'n/N}\mathrm{e}^{-\mathrm{j}2\pi kn/3N}=\frac{1}{N}\sum_{k'=0}^{N-1}X(k')\sum_{n=0}^{N-1}(\mathrm{e}^{\mathrm{j}2\pi(k'-k/3)/N})^n=\\&\frac{1}{N}\sum_{k'=0}^{N-1}X(k')\frac{1-\mathrm{e}^{\mathrm{j}2\pi(k'-k/3)}}{1-\mathrm{e}^{\mathrm{j}2\pi(k'-k/3)/N}}\end{aligned}$$

例 3-3　已知序列 $x(n)$ 等于 $x(n)=\cos(n\omega_0)$，$0\leqslant n\leqslant N-1$，计算序列 $x(n)$ 的 N 点 DFT。比较当 $\omega_0=2\pi k_0/N$ 和 $\omega_0\neq 2\pi k_0/N$ 时 DFT 系数 $X(k)$ 的差别。

解：为了方便计算序列 $x(n)$ 的 DFT，首先将其转化为复指数序列相加的形式，即

$$x(n)=\frac{1}{2}\mathrm{e}^{\mathrm{j}n\omega_0}+\frac{1}{2}\mathrm{e}^{-\mathrm{j}n\omega_0}$$

对上式的每一项分别计算 DFT，得到

$$X(k)=\sum_{n=0}^{N-1}x(n)\mathrm{e}^{-\mathrm{j}\frac{2\pi}{N}nk}=\frac{1}{2}\sum_{n=0}^{N-1}\mathrm{e}^{-\mathrm{j}n\left(\frac{2\pi}{N}k-\omega_0\right)}+\frac{1}{2}\sum_{n=0}^{N-1}\mathrm{e}^{-\mathrm{j}n\left(\frac{2\pi}{N}k+\omega_0\right)}$$

当 $\omega_0=2\pi k_0/N$ 时，上式可简化为

$$X(k)=\frac{1}{2}\sum_{n=0}^{N-1}\mathrm{e}^{-\mathrm{j}n\frac{2\pi}{N}(k-k_0)}+\frac{1}{2}\sum_{n=0}^{N-1}\mathrm{e}^{-\mathrm{j}n\frac{2\pi}{N}(k+k_0)}$$

在上式中，第一项是复指数序列之和，且复指数序列的频率 $\omega=2\pi(k-k_0)/N$，因此可知仅当 $k=k_0$ 时，该求和的值等于 N，否则求和值等于零；同样地，第二项仅当 $k=N-k_0$ 时，该求和的值等于 N，否则求和值等于零。因此，当 $\omega_0=2\pi k_0/N$ 时，DFT 系数 $X(k)$ 等于，

$$X(k)=\begin{cases}N/2, & k=k_0\text{ 或 }k=N-k_0\\0, & \text{其他}\end{cases}$$

对于一般情况，即 $\omega_0\neq 2\pi k_0/N$ 时，利用等比序列求和公式，可得

$$X(k)=\frac{1}{2}\sum_{n=0}^{N-1}\mathrm{e}^{-\mathrm{j}n\left(\frac{2\pi}{N}k-\omega_0\right)}+\frac{1}{2}\sum_{n=0}^{N-1}\mathrm{e}^{-\mathrm{j}n\left(\frac{2\pi}{N}k+\omega_0\right)}=\frac{1}{2}\frac{1-\mathrm{e}^{-\mathrm{j}N\left(\frac{2\pi}{N}k-\omega_0\right)}}{1-\mathrm{e}^{-\mathrm{j}\left(\frac{2\pi}{N}k-\omega_0\right)}}+\frac{1}{2}\frac{1-\mathrm{e}^{-\mathrm{j}N\left(\frac{2\pi}{N}k+\omega_0\right)}}{1-\mathrm{e}^{-\mathrm{j}\left(\frac{2\pi}{N}k+\omega_0\right)}}$$

进一步化简并整理后得到

$$X(k)=\frac{1}{2}\mathrm{e}^{-\mathrm{j}\left(\frac{N-1}{2}\right)\left(\frac{2\pi}{N}k-\omega_0\right)}\frac{\sin\left(\pi k-\frac{N\omega_0}{2}\right)}{\sin\left(\frac{\pi k}{N}-\frac{\omega_0}{2}\right)}+\frac{1}{2}\mathrm{e}^{-\mathrm{j}\left(\frac{N-1}{2}\right)\left(\frac{2\pi}{N}k+\omega_0\right)}\frac{\sin\left(\pi k+\frac{N\omega_0}{2}\right)}{\sin\left(\frac{\pi k}{N}+\frac{\omega_0}{2}\right)}$$

从上式可以看出，除非 ω_0 是 $2\pi/N$ 的整数倍，否则在一般情况下 $X(k)$ 对所有的 k 一般取

非零值。为了说明和解释上述两种情况下 $X(k)$ 的差异，下面计算序列 $x(n)$ 的DTFT变换，即

$$X(e^{j\omega})=\sum_{n=0}^{N-1}\cos(n\omega_0)e^{-jn\omega}=$$

$$\frac{1}{2}e^{-j\left(\frac{N-1}{2}\right)(\omega-\omega_0)}\frac{\sin N(\omega-\omega_0)/2}{\sin(\omega-\omega_0)/2}+\frac{1}{2}e^{-j\left(\frac{N-1}{2}\right)(\omega+\omega_0)}\frac{\sin N(\omega+\omega_0)/2}{\sin(\omega+\omega_0)/2}$$

需要注意的是，DFT 变换结果 $X(k)$ 实际上是对 $X(e^{j\omega})$ 在频率区间 $[0,2\pi]$ 上的 N 点等间隔采样，在一般情况下，采样值将等于非零值，而当 $\omega_0=2\pi k_0/N$ 时，采样值仅在 $k=k_0$ 和 $k=N-k_0$ 处取非零值，其他采样值均为零。

例 3-4　已知序列 $x(n)$ 为 $x(n)=4+\cos^2\left(\frac{2\pi n}{N}\right)$，$n=0,1,\cdots,N-1$，试计算序列 $x(n)$ 的 N 点 DFT。

解：将序列 $x(n)$ 展开为复指数序列之和，即

$$x(n)=4+\frac{1}{4}\left[e^{j2\pi n/N}+e^{-j2\pi n/N}\right]^2=4+\frac{1}{2}+\frac{1}{4}e^{j4\pi n/N}+\frac{1}{4}e^{-j4\pi n/N}$$

利用复指数序列的周期性，得到

$$x(n)=\frac{9}{2}+\frac{1}{4}e^{j\frac{2\pi}{N}(2n)}+\frac{1}{4}e^{j\frac{2\pi}{N}(N-2)n}$$

由 IDFT 变换可知

$$x(n)=\mathrm{IDFT}[X(k)]=\frac{1}{N}\sum_{n=0}^{N-1}X(k)W_N^{-kn}$$

因此，可直接写出 DFT 变换结果为

$$X(k)=\begin{cases}\frac{9}{2}N, & k=0\\ \frac{1}{4}N, & k=2,k=N-2\\ 0, & \text{其他}\end{cases}$$

例 3-5　已知序列 $x(n)$ 为 $N=6$ 点的实数有限长序列 $x(n)=\{-2,1,3,0,3,5\}$，试确定以下表达式的值。

(1) $X(0)$；　　(2) $X(3)$；

(3) $\sum_{k=0}^{5}X(k)$；　　(4) $\sum_{k=0}^{5}|X(k)|^2$。

解：(1) 根据 DFT 的定义式可得

$$X(k)=\sum_{n=0}^{N-1}x(n)e^{-j2\pi kn/N},\quad k=0,1,\cdots,N-1$$

因此将 $k=0$ 代入上式得

$$X(0)=\sum_{n=0}^{N-1}x(n)=\sum_{n=0}^{5}x(n)=-2+1+3+0+3+5=10$$

(2) 由题意将 $k=3$ 代入 DFT 的定义式可得

$$X(3)=\sum_{n=0}^{N-1}x(n)e^{-j\pi n}=\sum_{n=0}^{N-1}x(n)(-1)^n=-2-1+3-0+3-5=-2$$

(3) 根据 IDFT 的定义式可得

$$x(n)=\frac{1}{N}\sum_{k=0}^{N-1}X(k)W_N^{-kn}$$

将 $n=0$ 和 $N=6$ 代入上式可得

$$\sum_{k=0}^{5}X(k)=Nx(0)=6\cdot(-2)=-12$$

(4) 根据 DFT 变换的帕塞瓦尔定理可得

$$\sum_{n=0}^{N-1}|x(n)|^2=\frac{1}{N}\sum_{k=0}^{N-1}|X(k)|^2$$

将 $N=6$ 代入上式，即

$$\sum_{k=0}^{5}|X(k)|^2=6\sum_{n=0}^{5}|x(n)|^2=288$$

例 3-6 已知一个实序列的 10 点 DFT 中的前 6 点 $X(0)\sim X(5)$ 为

$$\{1,2+\mathrm{j},0,4-3\mathrm{j},-5,-\mathrm{j}\}$$

(1) 求该 DFT 其余时刻的取值 $X(6)\sim X(9)$；

(2) $x_1(n)=\sum_{m=-\infty}^{\infty}x(n+3+10m)R_{10}(n)$，求 $X_1(k)=\mathrm{DFT}[x_1(n)]$；

(3) $x_2(n)=x(n)\mathrm{e}^{\mathrm{j}2\pi n/5}$，求 $X_2(k)=\mathrm{DFT}[x_2(n)]$。

解：(1) 由于该序列是实序列，故由 DFT 的共轭对称性可知

$$X(k)=X^*(N-k)$$

所以该 DFT 其余时刻的取值如下：

$$X(6)=X^*(4)=-5,\quad X(7)=X^*(3)=4+3\mathrm{j}$$
$$X(8)=X^*(2)=0,\quad X(9)=X^*(1)=2-\mathrm{j}$$

(2) 由 DFT 的时域循环移位性质可知

$$X_1(k)=\mathrm{DFT}[x_1(n)]=\mathrm{DFT}\Big[\sum_{m=-\infty}^{\infty}x(n+3+10m)R_{10}(n)\Big]=W_{10}^{-3k}X(k)$$

(3) 将序列 $x_2(n)$ 变形得

$$x_2(n)=x(n)\mathrm{e}^{\mathrm{j}2\pi n/5}=x(n)W_{10}^{-2n}$$

再由 DFT 的频域循环移位性质可知

$$X_2(k)=\mathrm{DFT}[x_2(n)]=\mathrm{DFT}[x(n)\mathrm{e}^{\mathrm{j}2\pi n/5}]=X((k-2))_{10}R_{10}(k)$$

例 3-7 设序列 $x(n)$ 的长度为 N，并且具有以下特性，其中，N 为偶数。

$$x(n)=-x\left(n+\frac{N}{2}\right),\quad n=0,1,\cdots,\frac{N}{2}-1$$

(1) 证明：序列 $x(n)$ 的 N 点 DFT 变换仅包含奇数次谐波，即

$$X(k)=0,\quad k\text{ 为偶数}$$

(2) 对序列 $x(n)$ 进行适当修改，使用 $N/2$ 点 DFT 实现对原序列 $x(n)$ 的 N 点 DFT 变换。

解：(1) 序列 $x(n)$ 的 N 点 DFT 变换为

$$X(k)=\sum_{n=0}^{N-1}x(n)W_N^{nk}=\sum_{n=0}^{\frac{N}{2}-1}x(n)W_N^{nk}+\sum_{n=N/2}^{N-1}x(n)W_N^{nk}=$$
$$\sum_{n=0}^{\frac{N}{2}-1}x(n)W_N^{nk}+\sum_{n=0}^{\frac{N}{2}-1}x\left(n+\frac{N}{2}\right)W_N^{(n+N/2)k}=\sum_{n=0}^{\frac{N}{2}-1}\left[x(n)+(-1)^kx\left(n+\frac{N}{2}\right)\right]W_N^{nk}$$

根据已知条件，即

$$x(n)=-x\left(n+\frac{N}{2}\right),\quad n=0,1,\cdots,\frac{N}{2}-1$$

因此，当 k 为偶数时，序列 $x(n)$ 的 N 点 DFT 变换 $X(k)$ 可进一步写为

$$X(k)=\sum_{n=0}^{\frac{N}{2}-1}\left[x(n)+x\left(n+\frac{N}{2}\right)\right]W_N^{nk}=0,\quad k=\text{偶数}$$

(2) 根据(1) 小题中的结论，由于序列 $x(n)$ 的 N 点 DFT 变换仅包含奇数次谐波，因此，当 $k=2d+1,d=0,1,2,\cdots,N/2-1$ 时，计算 DFT 变换的具体值为

$$X(2d+1)=\sum_{n=0}^{\frac{N}{2}-1}W_N^n\left[x(n)-x\left(n+\frac{N}{2}\right)\right]W_{N/2}^{nd},\quad d=0,1,2,\cdots,N/2-1$$

又根据条件

$$x(n)=-x\left(n+\frac{N}{2}\right),\quad n=0,1,\cdots,\frac{N}{2}-1$$

于是得到

$$X(2d+1)=\sum_{n=0}^{\frac{N}{2}-1}[2W_N^n x(n)]W_{N/2}^{nd},\quad d=0,1,2,\cdots,N/2-1$$

上式可看作是序列 $y(n)=2W_N^n x(n)$ 的 $N/2$ 点 DFT 变换。因此，为了使用 $N/2$ 点 DFT 实现对原序列 $x(n)$ 的 N 点 DFT 变换，可按以下步骤进行计算：

① 计算序列 $y(n)=2W_N^n x(n),n=0,1,\cdots,\dfrac{N}{2}-1$；

② 计算序列 $y(n)$ 的 $N/2$ 点 DFT 变换 $Y(k),k=0,1,\cdots,\dfrac{N}{2}-1$；

③ 根据 $Y(k)$ 计算原序列 $x(n)$ 的 N 点 DFT 变换，即

$$X(2k+1)=Y(k),\quad k=0,1,\cdots,\frac{N-2}{2}$$

$$X(2k)=0,\quad k=0,1,\cdots,\frac{N-2}{2}$$

例 3－8　已知 DFT 变换 $X(k)$ 等于

$$X(k)=\begin{cases}3, & k=0\\ 1, & 1\leqslant k\leqslant 9\end{cases}$$

试计算 $X(k)$ 的 10 点 IDFT。

解：根据题中给出的 $X(k)$，将其重新表示为

$$X(k)=1+2\delta(k),\quad 0\leqslant k\leqslant 9$$

同时，利用以下的 DFT 变换对，即

$$x_1(n)=\delta(n)\quad\Leftrightarrow\quad X_1(k)=1$$

$$x_2(n)=1\quad\Leftrightarrow\quad X_2(k)=N\delta(k)$$

于是，可以很容易地得到 $X(k)$ 的 10 点 IDFT 为

$$x(n)=\delta(n)+\frac{1}{5}$$

例 3－9　已知有限长序列为

$$x(n)=\delta(n)+2\delta(n-5)$$

(1) 计算序列 $x(n)$ 的 10 点 DFT；

(2) 若序列 $y(n)$ 的 DFT 为 $Y(k)=\mathrm{e}^{\mathrm{j}2k\frac{2\pi}{10}}X(k)$，试计算序列 $y(n)$。

解：(1) 序列 $x(n)=\delta(n)+2\delta(n-5)$ 的 10 点 DFT 为

$$X(k)=1+2W_N^{5k}=1+2\mathrm{e}^{-\mathrm{j}\frac{2\pi}{10}5k}=1+2\,(-1)^k$$

(2) 根据 DFT 变换的循环移位性质可知

$$y(n)=x\,((n+2))_{10}=2\delta(n-3)+\delta(n-8)$$

例 3-10　计算下面给出的两个长度为 4 的序列 $h(n)$ 和 $x(n)$ 的 4 点和 8 点循环卷积。

$$h(n)=\{h(0),h(1),h(2),h(3)\}=\{1,2,3,4\}$$

$$x(n)=\{x(0),x(1),x(2),x(3)\}=\{1,1,1,1\}$$

解：序列 $h(n)$ 和 $x(n)$ 的 4 点循环卷积矩阵形式为

$$\begin{bmatrix}y_c(0)\\y_c(1)\\y_c(2)\\y_c(3)\end{bmatrix}=\begin{bmatrix}1&4&3&2\\2&1&4&3\\3&2&1&4\\4&3&2&1\end{bmatrix}\begin{bmatrix}1\\1\\1\\1\end{bmatrix}=\begin{bmatrix}10\\10\\10\\10\end{bmatrix}$$

序列 $h(n)$ 和 $x(n)$ 的 8 点循环卷积矩阵形式为

$$\begin{bmatrix}y_c(0)\\y_c(1)\\y_c(2)\\y_c(3)\\y_c(4)\\y_c(5)\\y_c(6)\\y_c(7)\end{bmatrix}=\begin{bmatrix}1&0&0&0&0&4&3&2\\2&1&0&0&0&0&4&3\\3&2&1&0&0&0&0&4\\4&3&2&1&0&0&0&0\\0&4&3&2&1&0&0&0\\0&0&4&3&2&1&0&0\\0&0&0&4&3&2&1&0\\0&0&0&0&4&3&2&1\end{bmatrix}\begin{bmatrix}1\\1\\1\\1\\0\\0\\0\\0\end{bmatrix}=\begin{bmatrix}1\\3\\6\\10\\9\\7\\4\\0\end{bmatrix}$$

例 3-11　序列 $x(n)$、$x_1(n)$ 及 $x_2(n)$ 的时域波形图分别如图 3-5 所示，已知序列 $x(n)$ 的 8 点 DFT 记为 $X(k)$，下面分别求序列 $x_1(n)$ 和 $x_2(n)$ 的 8 点 DFT。

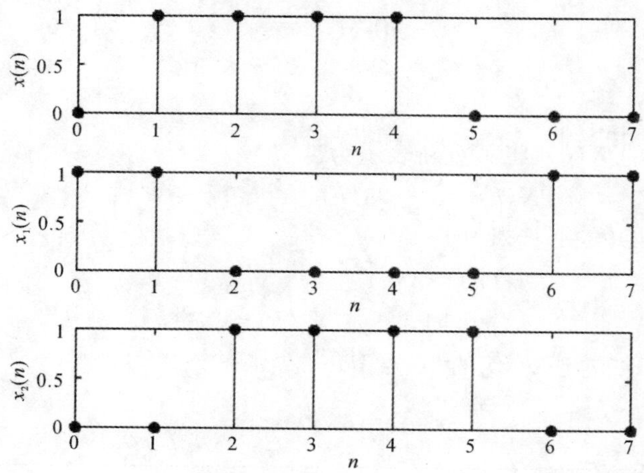

图 3-5　序列 $x(n)$、$x_1(n)$ 和 $x_2(n)$ 的时域波形图

解：根据给出的各序列时域波形图可知，序列 $x_1(n)$ 是将序列 $x(n)$ 循环左移 3 位之后得到，而序列 $x_2(n)$ 是将序列 $x(n)$ 循环右移 1 位之后得到，即

$$x_1(n)=x((n+3))_8R_8(n),\quad x_2(n)=x((n-1))_8R_8(n)$$

则由 DFT 的时域循环移位性质可得

$$X_1(k)=\mathrm{DFT}[x((n+3))_8R_8(n)]=W_8^{-3k}X(k)$$

$$X_2(k)=\mathrm{DFT}[x((n-1))_8R_8(n)]=W_8^{k}X(k)$$

例 3-12　设有一谱分析用的信号处理器，采样点数要求为 2 的整数次幂，其中谱分辨率 $F\leqslant 20$ Hz，信号最高频率为 1 000 Hz，试确定以下各值：

(1) 最小记录时间；

(2) 最大采样间隔；

(3) 在一个记录中的最少点数；

(4) 带宽保持不变，若要频率分辨率提高为原来的 2 倍，求最少采样点数。

解：(1) 最小记录时间 T_{pmin} 和频域分辨率 F 的关系为

$$T_{pmin}=1/F$$

所以，最小记录时间 $T_{pmin}=1/F=1/20=0.05$ s。

(2) 为满足奈奎斯特采样定理，则采样频率 f_s 需满足

$$f_s\geqslant 2f_h=2\ 000\ \mathrm{Hz}$$

根据采样间隔与采样频率的关系可知，最大采样间隔 T_{max} 为

$$T_{max}=\frac{1}{f_s}=\frac{1}{2\ 000}\ \mathrm{s}=0.5\ \mathrm{ms}$$

(3) 根据(1)结果知道，最小记录时间 $T_{pmin}=0.05$ s，又因为采样时间间隔为 0.5 ms，所以一个记录中的最少采样点数为

$$N_{min}=\frac{T_{pmin}}{T_{max}}\frac{0.05}{0.5\times10^{-3}}=100$$

又因为采样点数必须为 2 的整数幂，故可取最少采样点数为 128。

(4) 根据题意要求频率分辨率提高为原来的 2 倍，即

$$F'=10\mathrm{Hz}$$

则最小记录时间为

$$T_{pmin}=1/F'=1/10=0.1\ \mathrm{s}$$

此时最少采样点数应为

$$N'_{min}=\frac{T'_{pmin}}{T_{max}}\frac{0.1}{0.5\times10^{-3}}=200$$

又因为采样点数必须为 2 的整数幂，故此时最少采样点数为 256。

例 3-13　已知实序列 $x(n)$ 和 $y(n)$ 的 DFT 分别是 $X(k)$ 和 $Y(k)$，试给出一种计算一次 IDFT 就可以求出 $x(n)$ 和 $y(n)$ 的计算方法。

解：令一个新序列 $z(n)$ 由 $x(n)$ 和 $y(n)$ 组成

$$z(n)=x(n)+\mathrm{j}y(n)$$

由 DFT 的线性性质可得

$$Z(k)=X(k)+\mathrm{j}Y(k)$$

则由 IDFT 反变换公式可知

$$z(n)=\text{IDFT}[Z(k)]$$

所以可以分别得到 $x(n)$ 和 $y(n)$ 如下：

$$x(n)=\text{Re}[z(n)],\quad y(n)=\text{Im}[z(n)]$$

例 3-14　信号 $x(n)$ 的长度为100，采样频率 $f_s=2\ 000$ Hz，$x(n)$ 的100点DFT为 $X(k)$，$k=0,1,\cdots,99$

(1) 当 $k=20$ 和 $k=60$ 时所对应的信号实际频率为多少？

(2)k 取上述值时所对应的信号频率 ω 是多少？

解：(1) 由题意可得，$k=20$ 时所对应的信号的实际频率为

$$f=\frac{f_s}{N}k=\frac{2\ 000}{100}20=400\ \text{Hz}$$

而当 $k=60$ 时所对应信号的实际频率为

$$f=\frac{f_s}{N}k=\frac{2\ 000}{100}60=1\ 200\ \text{Hz}$$

(2)$k=20$ 时所对应的信号频率 ω 为

$$\omega=\Omega T_s=2\pi f\frac{1}{f_s}=2\pi\ \frac{400}{2\ 000}=0.4\pi$$

而当 $k=60$ 时所对应的信号频率 ω 为

$$\omega=\Omega T_s=2\pi f\frac{1}{f_s}=2\pi\ \frac{1\ 200}{2\ 000}=1.2\pi$$

例 3-15　某一芯片可方便地实现16点FFT的计算，如何利用三片这样的芯片来实现48点的FFT计算？

解：可以将这48点分成3个16点的子序列之和进行，即

$$\begin{aligned}Y(k)=&\sum_{n=0,3,6,\cdots}^{45}y(n)W_N^{kn}+\sum_{n=1,4,7,\cdots}^{46}y(n)W_N^{kn}+\sum_{n=2,5,8,\cdots}^{47}y(n)W_N^{kn}=\\&\sum_{i=0}^{15}y(3i)W_N^{k(3i)}+\sum_{i=0}^{15}y(3i+1)W_N^{k(3i+1)}+\sum_{i=0}^{15}y(3i+2)W_N^{k(3i+2)}=\\&\sum_{i=0}^{15}y(3i)W_{N/3}^{ki}+W_N^k\sum_{i=0}^{15}y(3i+1)W_{N/3}^{ki}+W_N^{2k}\sum_{i=0}^{15}y(3i+2)W_{N/3}^{ki}\end{aligned}$$

化简可得

$$Y(k)=Y_1(k)+W_N^kY_2(k)+W_N^{2k}Y_3(k)$$

其中 $Y_1(k)$、$Y_2(k)$ 和 $Y_3(k)$ 都是16点的DFT，组合起来即可实现48点的FFT。

例 3-16　如果某通用单片机的计算速度为每次复数乘法需要 4 μs，每次复数加法需要 1 μs，现在来计算 $N=1\ 024$ 点的DFT，如果直接计算需要多少时间？若改用FFT计算，需要的时间是多少？

解：由DFT计算的运算量可知，一个 N 点DFT需要的复数乘法为 N^2 次，相应的复数加法需要 $N(N-1)$ 次。于是，将 $N=1\ 024$ 及单次运算时间代入，得到直接用DFT计算所需要的时间为

$$t_1=4\times10^{-6}\times1\ 024^2+10^{-6}\times1\ 024\times(1\ 024-1)=5.24\ \text{s}$$

若改用FFT计算，则一个 N 点的FFT，其蝶形运算流图的级数为 lb$N$，每级共有 $N/2$ 个蝶

形运算单元，其中每个蝶形运算单元需要一次复数乘法及两次复数加法。所以用 FFT 计算所需要的运算时间为

$$t_2 = 4\times10^{-6}\times\frac{N}{2}\times \mathrm{lb}N + 10^{-6}\times 2\times\frac{N}{2}\times \mathrm{lb}N =$$

$$4\times10^{-6}\times\frac{1\ 024}{2}\times 10 + 10^{-6}\times 2\times\frac{1\ 024}{2}\times 10 = 30.72\ \mathrm{ms}$$

3.3 习题解答

1. 求以下有限长序列的 N 点 DFT。

(1) $x(n)=\delta(2n+2)$；

(2) $x(n)=0.5^{n-1}R_9(n)$；

(3) $x(n)=\sin(\omega_0 n+\pi/3)R_9(n)$；

(4) $x(n)=(n-2)R_N(n)$。

解：根据 DFT 的定义式可以求出以上各种序列的 N 点 DFT 值。

$$(1)\ X(k)=\sum_{n=0}^{N-1}x(n)W_N^{kn}=\sum_{n=0}^{N-1}\delta(2n+2)W_N^{kn}=W_N^{-k},\quad k=0,1,\cdots,N-1$$

$$(2)\ X(k)=\sum_{n=0}^{N-1}x(n)W_N^{kn}=\sum_{n=0}^{N-1}0.5^{n-1}R_9(n)W_N^{kn}=\sum_{n=0}^{8}0.5^{n-1}W_N^{kn}=2\sum_{n=0}^{8}0.5^{n}W_N^{kn}=$$

$$2\sum_{n=0}^{8}0.5^{n}\mathrm{e}^{-\mathrm{j}\frac{2\pi}{N}kn}=2\,\frac{1-(0.5\mathrm{e}^{-\mathrm{j}\frac{2\pi}{N}k})^9}{1-0.5\mathrm{e}^{-\mathrm{j}\frac{2\pi}{N}k}},\quad k=0,1,\cdots,N-1$$

$$(3)\ X(k)=\sum_{n=0}^{N-1}x(n)W_N^{kn}=\sum_{n=0}^{N-1}\sin(\omega_0 n+\pi/3)R_9(n)W_N^{kn}=\sum_{n=0}^{8}\sin(\omega_0 n+\pi/3)W_N^{kn}=$$

$$\sum_{n=0}^{8}\frac{\mathrm{e}^{\mathrm{j}(\omega_0 n+\pi/3)}-\mathrm{e}^{-\mathrm{j}(\omega_0 n+\pi/3)}}{2\mathrm{j}}\mathrm{e}^{-\mathrm{j}\frac{2\pi}{N}kn}=\frac{1}{2\mathrm{j}}\left[\mathrm{e}^{\mathrm{j}\frac{\pi}{3}}\sum_{n=0}^{8}\mathrm{e}^{\mathrm{j}(\omega_0-\frac{2\pi}{N}k)n}-\mathrm{e}^{-\mathrm{j}\frac{\pi}{3}}\sum_{n=0}^{8}\mathrm{e}^{-\mathrm{j}(\omega_0+\frac{2\pi}{N}k)n}\right]=$$

$$\frac{1}{2\mathrm{j}}\left[\mathrm{e}^{\mathrm{j}\frac{\pi}{3}}\frac{1-\mathrm{e}^{\mathrm{j}(\omega_0-\frac{2\pi}{N}k)\cdot 9}}{1-\mathrm{e}^{\mathrm{j}(\omega_0-\frac{2\pi}{N}k)}}-\mathrm{e}^{-\mathrm{j}\frac{\pi}{3}}\frac{1-\mathrm{e}^{-\mathrm{j}(\omega_0+\frac{2\pi}{N}k)\cdot 9}}{1-\mathrm{e}^{-\mathrm{j}(\omega_0+\frac{2\pi}{N}k)}}\right],\quad k=0,1,\cdots,N-1$$

(4) 将原序列分成两部分即 $x(n)=(n-2)R_N(n)=nR_N(n)-2R_N(n)$，然后求 $nR_N(n)$ 和 $2R_N(n)$ 的 DFT。

① 先求 $nR_N(n)$ 的 DFT，由 DFT 的定义式可知

$$X(k)=\sum_{n=0}^{N-1}nR_N(n)W_N^{kn}=\sum_{n=0}^{N-1}nW_N^{kn}$$

用 W_N^k 左乘上式得 $W_N^kX(k)=\sum_{n=0}^{N-1}nW_N^{k(n+1)}$，则

$$X(k)(1-W_N^k)=\sum_{n=0}^{N-1}nW_N^{kn}-\sum_{n=0}^{N-1}nW_N^{k(n+1)}=$$

$$W_N^k+2W_N^{2k}+3W_N^{3k}+\cdots+(N-1)W_N^{(N-1)k}-W_N^{2k}-2W_N^{3k}-\cdots-$$

$$(N-2)W_N^{(N-1)k}-(N-1)W_N^{Nk}=$$

$$W_N^k+W_N^{2k}+W_N^{3k}+\cdots+W_N^{(N-1)k}-(N-1)W_N^{Nk}=$$

$$\frac{W_N^k-W_N^{Nk}}{1-W_N^k}-(N-1)W_N^{Nk}=\frac{W_N^k-1}{1-W_N^k}-(N-1)=-N,$$

$$k=1,2,\cdots,N-1$$

即

$$X(k)=\frac{-N}{1-W_N^k},k=1,2,\cdots,N-1$$

而当 $k=0$ 时，$X(0)=\sum_{n=0}^{N-1}nR_N(n)W_N^{kn}=\sum_{n=0}^{N-1}n=N(N-1)/2$，所以 $nR_N(n)$ 的 DFT 为

$$X(k)=\begin{cases}N(N-1)/2, & k=0\\ \dfrac{-N}{1-W_N^k}, & k=1,2,\cdots,N-1\end{cases}$$

② 求序列 $2R_N(n)$ 的 DFT，由 DFT 的定义式可得

$$\text{DFT}[2R_N(n)]=\sum_{n=0}^{N-1}2R_N(n)W_N^{kn}=2\sum_{n=0}^{N-1}W_N^{kn}=2\,\frac{1-W_N^{kN}}{1-W_N^k}=\begin{cases}2N, & k=0\\ 0, & k=1,2,\cdots,N-1\end{cases}$$

于是，由 DFT 的线性性质可知

$$\text{DFT}[x(n)]=\text{DFT}[(n-2)R_N(n)]=\text{DFT}[nR_N(n)]-\text{DFT}[2R_N(n)]=$$

$$\begin{cases}\dfrac{N^2}{2}-\dfrac{5}{2}N, & k=0\\ \dfrac{-N}{1-W_N^k}, & k=1,2,\cdots,N-1\end{cases}$$

2. 已知某序列 $x(n)$ 是 N 点的有限长序列，$X(k)=\text{DFT}[x(n)]$，现在将序列中每点之后插入 1 个零，得到一个长度为 $2N$ 点的有限长序列 $x_1(n)$，即

$$x_1(n)=\begin{cases}x(n/2), & n=2i, \quad i=0,1,\cdots,N-1\\ 0, & \text{其他}\end{cases}$$

此外，直接在序列 $x(n)$ 之后补 N 个零得到序列 $x_2(n)$，即

$$x_2(n)=\begin{cases}x(n), & n=0,1,\cdots,N-1\\ 0, & n=N,N+1,\cdots,2N-1\end{cases}$$

试求序列 $x_1(n)$、$x_2(n)$ 的 $2N$ 点 DFT。

解：先求序列 $x_1(n)$ 的 $2N$ 点 DFT，可得

$$X_1(k)=\sum_{n=0}^{2N-1}x_1(n)W_{2N}^{kn}=\sum_{n=\text{偶数}}^{2N-1}x(n/2)W_{2N}^{kn}=\sum_{l=0}^{N-1}x(l)W_{2N}^{k(2l)}=$$

$$\sum_{l=0}^{N-1}x(l)W^{kl}=X(k)=X((k))_NR_{2N}(k), \quad k=0,1,\cdots,2N-1$$

其中，$X((k))_N$ 表示 $X(k)$ 以 N 为周期做周期性延拓。

② 再求序列 $x_2(n)$ 的 $2N$ 点 DFT，由 DFT 的定义式可得

$$X_2(k)=\sum_{n=0}^{2N-1}x_2(n)W_{2N}^{kn}=\sum_{n=0}^{N-1}x(n)W_{2N}^{kn}=\sum_{n=0}^{N-1}x(n)W_N^{kn/2}=X(k/2)$$

3. 已知某序列 $x(n)=2\delta(n)+\delta(n-1)+3\delta(n-2)$，其 16 点 DFT 为 $X(k)$。

(1) 若序列 $y(n)$ 的长度为 16，其 DFT 为 $Y(k)=W_{16}^{5k}X(k)$，$0\leqslant k\leqslant 15$，求 $y(n)$；

(2) 若序列 $w(n)$ 的长度为 16，其 DFT 为 $W(k)=\text{Im}[X(k)]$，$0\leqslant k\leqslant 15$，求 $w(n)$；

(3) 若序列 $q(n)$ 的长度为 4，其 DFT 为 $Q(k)=X(4k)$，$0\leqslant k\leqslant 3$，求 $q(n)$。

解：(1) 根据题意可得

$$X(k)=\sum_{n=0}^{N-1}x(n)W_N^{kn}=\sum_{n=0}^{15}[2\delta(n)+\delta(n-1)+3\delta(n-2)]W_{16}^{kn}=2W_{16}^{0}+W_{16}^{k}+3W_{16}^{2k}$$

所以

$$Y(k)=W_{16}^{5k}X(k)=W_{16}^{5k}[2W_{16}^{0}+W_{16}^{k}+3W_{16}^{2k}]=2W_{16}^{5k}+W_{16}^{6k}+3W_{16}^{7k}=\sum_{n=0}^{15}y(n)W_{16}^{kn}$$

于是 $y(n)=2\delta(n-5)+\delta(n-6)+3\delta(n-7)$ 为原序列 $x(n)$ 循环右移 5 位后取主值的结果，即

$$y(n)=\{\underline{0},0,0,0,0,2,1,3,0,0,0,0,0,0,0,0\}$$

(2) 由 $W(k)=\mathrm{Im}[X(k)]$ 可知

$$W(k)=\mathrm{Im}[2W_{16}^{0}+W_{16}^{k}+3W_{16}^{2k}]=-\sin\left(\frac{1}{8}k\pi\right)-3\sin\left(\frac{1}{4}k\pi\right)=$$

$$-\frac{\mathrm{e}^{\mathrm{j}\frac{1}{8}k\pi}-\mathrm{e}^{-\mathrm{j}\frac{1}{8}k\pi}}{2\mathrm{j}}-3\,\frac{\mathrm{e}^{\mathrm{j}\frac{1}{4}k\pi}-\mathrm{e}^{-\mathrm{j}\frac{1}{4}k\pi}}{2\mathrm{j}}=\frac{W_{16}^{k}-W_{16}^{-k}+3W_{16}^{2k}-3W_{16}^{-2k}}{2\mathrm{j}}=$$

$$\frac{W_{16}^{k}-W_{16}^{15k}+3W_{16}^{2k}-3W_{16}^{14k}}{2\mathrm{j}}=\sum_{n=0}^{15}w(n)W_{16}^{kn}$$

所以序列 $w(n)$ 为

$$w(n)=\frac{1}{2\mathrm{j}}[\delta(n-1)+3\delta(n-3)-3\delta(n-14)-\delta(n-15)]$$

(3) $$Q(k)=X(4k)=\sum_{n=0}^{15}[2\delta(n)+\delta(n-1)+3\delta(n-2)]W_{16}^{4kn}=2+W_{16}^{4k}+3W_{16}^{8k}=$$

$$2W_4^{0}+W_4^{k}+3W_4^{2k}$$

所以，序列 $q(n)=2\delta(n)+\delta(n-1)+3\delta(n-2)$，即 $q(n)=\{\underline{2},1,3,0\}$。

4. 已知某序列 $x(n)$ 的长度为 9，其 9 点 DFT 变换为 $X(k)=\begin{cases}1, & k=0\\ 2, & 1\leqslant k\leqslant 5\\ 1, & 6\leqslant k\leqslant 8\end{cases}$，求序列 $x(n)$。

解：由 IDFT 定义式可知

$$x(n)=\frac{1}{N}\sum_{k=0}^{N-1}X(k)W_N^{-kn}=\frac{1}{9}\sum_{k=0}^{8}X(k)W_9^{-kn}$$

所以可分别得到序列 $x(n)$ 各点的取值如下：

$$x(0)=\frac{1}{9}\sum_{k=0}^{8}X(k)W_9^{0}=\frac{1}{9}\sum_{k=0}^{8}X(k)=\frac{1}{9}(1+2\cdot5+1\cdot3)=\frac{14}{9}$$

$$x(1)=\frac{1}{9}\sum_{k=0}^{8}X(k)W_9^{-k}=\frac{1}{9}(W_9^{0}+2W_9^{-1}+2W_9^{-2}+2W_9^{-3}+2W_9^{-4}+2W_9^{-5}+W_9^{-6}+$$
$$W_9^{-7}+W_9^{-8})$$

$$x(2)=\frac{1}{9}\sum_{k=0}^{8}X(k)W_9^{-2k}=\frac{1}{9}(W_9^{0}+2W_9^{-2}+2W_9^{-4}+2W_9^{-6}+2W_9^{-8}+2W_9^{-10}+W_9^{-12}+$$
$$W_9^{-14}+W_9^{-16})$$

$$x(3)=\frac{1}{9}\sum_{k=0}^{8}X(k)W_9^{-3k}=\frac{1}{9}(W_9^{0}+2W_9^{-3}+2W_9^{-6}+2W_9^{-9}+2W_9^{-12}+2W_9^{-15}+W_9^{-18}+$$
$$W_9^{-21}+W_9^{-24})$$

其他值的求解方法与上述方法类似。

5. 已知某序列 $x(n)$ 为 $N=8$ 点的实数有限长序列 $x(n)=\{\underline{1},3,6,2,1,0,8,9\}$，试确定以下表达式的值。

(1) $X(0)$；　　(2) $X(4)$；

(3) $\sum_{k=0}^{7} X(k)$；　　(4) $\sum_{k=0}^{7} |X(k)|^2$。

解：(1) 由题意可得

$$X(0)=\sum_{n=0}^{N-1} x(n)W_N^0 = 1+3+6+2+1+0+8+9=30$$

(2) $X(4)=\sum_{n=0}^{7} x(n)W_8^{4n} = W_8^0+3W_8^4+6W_8^8+2W_8^{12}+W_8^{16}+8W_8^{24}+9W_8^{28}$

(3) 根据 IDFT 的定义式可知

$$x(n)=\frac{1}{N}\sum_{k=0}^{N-1} X(k)W_N^{-kn}=\frac{1}{8}\sum_{k=0}^{7} X(k)W_8^{-kn}$$

将 $n=0$ 代入上式得

$$x(0)=\frac{1}{8}\sum_{k=0}^{7} X(k)$$

即

$$\sum_{k=0}^{7} X(k)=8x(0)=8$$

(4) 由帕塞瓦尔定理可得

$$\sum_{k=0}^{7} |X(k)|^2 = 8\sum_{k=0}^{7} |x(n)|^2 = 8(1+9+36+4+1+64+81)=1\,568$$

6. 已知一实数序列 $x(n)$ 的长度 $N=9$，其 DFT 的部分结果如下：

$X(0)=1$，　$X(1)=2.6+\mathrm{j}6$，　$X(2)=1.9+\mathrm{j}5$，　$X(3)=3.2+\mathrm{j}8.2$，　$X(4)=5$

求 $X(5)$、$X(6)$、$X(7)$、$X(8)$ 的值。

解：由实序列 DFT 的共轭对称性 $X(k)=X^*(N-k)$ 可知

$$X(5)=X^*(4)=5,\quad X(6)=X^*(3)=3.2-\mathrm{j}8.2$$

$$X(7)=X^*(2)=1.9-\mathrm{j}5,\quad X(8)=X^*(1)=2.6-\mathrm{j}6$$

7. 计算下面给出的两个长度为 6 的序列 $h(n)$ 和 $x(n)$ 的 6 点和 9 点循环卷积。

$$h(n)=\{h(0),h(1),h(2),h(3),h(4),h(5)\}=\{1,2,3,4,5,6\}$$

$$x(n)=\{x(0),x(1),x(2),x(3),x(4),x(5)\}=\{1,2,1,1,2,1\}$$

解：将序列 $h(n)$ 和 $x(n)$ 的循环卷积记为 $y(n)$，于是 $h(n)$ 和 $x(n)$ 的 6 点循环卷积如下：

$$\begin{bmatrix} y(0)\\ y(1)\\ y(2)\\ y(3)\\ y(4)\\ y(5) \end{bmatrix} = \begin{bmatrix} 1 & 6 & 5 & 4 & 3 & 2\\ 2 & 1 & 6 & 5 & 4 & 3\\ 3 & 2 & 1 & 6 & 5 & 4\\ 4 & 3 & 2 & 1 & 6 & 5\\ 5 & 4 & 3 & 2 & 1 & 6\\ 6 & 5 & 4 & 3 & 2 & 1 \end{bmatrix} = \begin{bmatrix} 1\\ 2\\ 1\\ 1\\ 2\\ 1 \end{bmatrix} \begin{bmatrix} 30\\ 26\\ 28\\ 30\\ 26\\ 28 \end{bmatrix}$$

另外，序列 $h(n)$ 和 $x(n)$ 的 9 点循环卷积如下：

$$\begin{bmatrix} y(0) \\ y(1) \\ y(2) \\ y(3) \\ y(4) \\ y(5) \\ y(6) \\ y(7) \\ y(8) \end{bmatrix} = \begin{bmatrix} 1 & 0 & 0 & 0 & 6 & 5 & 4 & 3 & 2 \\ 2 & 1 & 0 & 0 & 0 & 6 & 5 & 4 & 3 \\ 3 & 2 & 1 & 0 & 0 & 0 & 6 & 5 & 4 \\ 4 & 3 & 2 & 1 & 0 & 0 & 0 & 6 & 5 \\ 5 & 4 & 3 & 2 & 1 & 0 & 0 & 0 & 6 \\ 6 & 5 & 4 & 3 & 2 & 1 & 0 & 0 & 0 \\ 0 & 6 & 5 & 4 & 3 & 2 & 1 & 0 & 0 \\ 0 & 0 & 6 & 5 & 4 & 3 & 2 & 1 & 0 \\ 0 & 0 & 0 & 6 & 5 & 4 & 3 & 2 & 1 \end{bmatrix} \begin{bmatrix} 1 \\ 2 \\ 1 \\ 1 \\ 2 \\ 1 \\ 0 \\ 0 \\ 0 \end{bmatrix} = \begin{bmatrix} 18 \\ 10 \\ 8 \\ 13 \\ 20 \\ 28 \\ 29 \\ 22 \\ 20 \end{bmatrix}$$

8. 已知一个 5 点序列 $x(n)=\{x(0),x(1),x(2),x(3),x(4)\}=\{1,2,3,1,2\}$，试计算并画出下列线性卷积、5 点循环卷积以及 10 点循环卷积的结果。

(1) 线性卷积 $x(n)*x(n)$；

(2) 5 点循环卷积 $x(n)⑤x(n)$；

(3) 10 点循环卷积 $x(n)⑩x(n)$。

解：(1) 根据序列线性卷积的计算公式可知

$$y_1(n)=x(n)*x(n)=\sum_{m=-\infty}^{\infty}x(m)x(n-m)$$

由图解法易得 $y_1(n)=\{\underline{1},4,10,14,17,14,13,4,4\}$，线性卷积的结果长度为 9，如图 3-6(a) 所示。

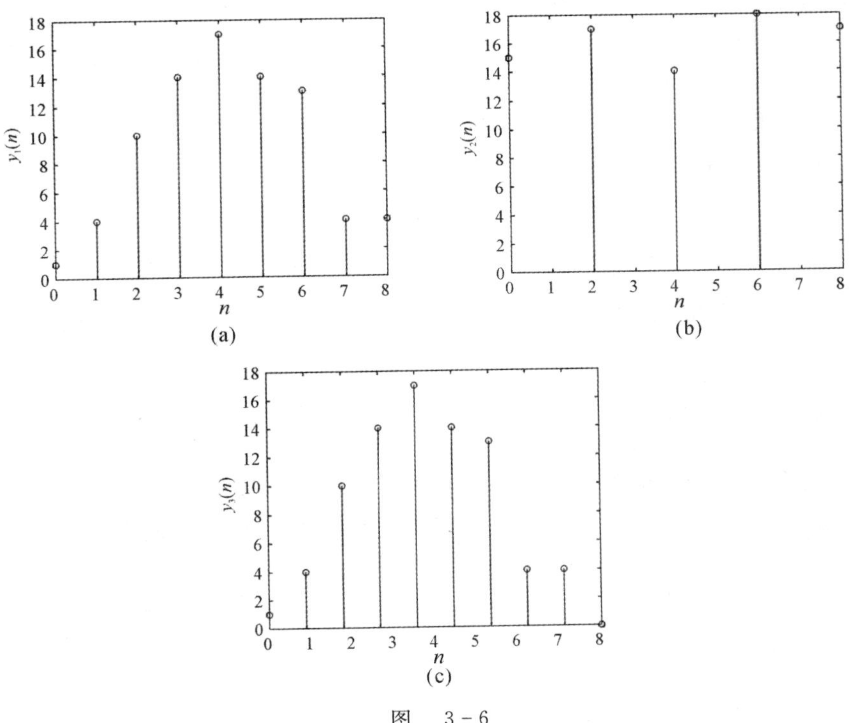

图　3-6

(a) 题 8 解图(一)；　(b) 题 8 解图(二)；　(c) 题 8 解图(三)

(2) $y_2(n)=x(n)⑤x(n)=\begin{bmatrix}1 & 2 & 1 & 3 & 2\\2 & 1 & 2 & 1 & 3\\3 & 2 & 1 & 2 & 1\\1 & 3 & 2 & 1 & 2\\2 & 1 & 3 & 2 & 1\end{bmatrix}\begin{bmatrix}1\\2\\3\\1\\2\end{bmatrix}=\begin{bmatrix}15\\17\\14\\18\\17\end{bmatrix}$，如图 3-6(b) 所示。

(3) $y_3(n)=x(n)⑩x(n)=\begin{bmatrix}1&0&0&0&0&0&2&2&1&0\\2&1&0&0&0&0&0&3&2&1\\3&2&1&0&0&0&0&1&3&2\\1&3&2&1&0&0&0&2&1&3\\2&1&3&2&1&0&0&0&2&1\\0&2&1&3&2&1&0&0&0&2\\0&0&2&1&3&2&1&0&0&0\\0&0&0&2&1&3&2&0&0&0\\0&0&0&0&2&1&3&0&0&0\\0&0&0&0&0&2&1&1&0&0\end{bmatrix}\begin{bmatrix}1\\2\\3\\1\\2\\0\\0\\0\\0\\0\end{bmatrix}=\begin{bmatrix}1\\4\\10\\14\\17\\14\\13\\4\\4\\0\end{bmatrix}$，如图 3-6(c) 所示。

从上面的计算关系可以看出，当循环卷积的点数大于等于线性卷积的长度时，循环卷积的结果与线性卷积的结果一致。

9. 设 $x_1(n)=R_6(n)$，求：

(1) $X_1(e^{j\omega})=\text{DTFT}[x_1(n)]$，并画出它的幅频特性和相频特性；

(2) $X_1(k)=\text{DFT}[x_1(n)]$，并画出它的幅频特性；

(3) $X_2(k)=\text{DFT}[x_1((n))_{12}R_{12}(n)]$，并画出它的幅频特性；

(4) $X_3(k)=\text{DFT}[(-1)^n x_1((n))_{12}R_{12}(n)]$，并画出它的幅频特性；

解：(1) 由 DTFT 的定义式可知

$$X_1(e^{j\omega})=\text{DTFT}[x_1(n)]=\sum_{n=-\infty}^{\infty}R_6(n)e^{-j\omega n}=\sum_{n=0}^{5}e^{-j\omega n}=\frac{1-e^{-j6\omega}}{1-e^{-j\omega}}=e^{-j\frac{5}{2}\omega}\ \frac{\sin 3\omega}{\sin\left(\frac{1}{2}\omega\right)}$$

其幅频特性曲线及相频特性曲线如图 3-7(a) 所示。

(2) 根据题意求得序列 $x_1(n)$ 的 DFT 为

$$X_1(k)=\text{DFT}[x_1(n)]=\sum_{n=0}^{N-1}R_6(n)W_N^{kn}=\sum_{n=0}^{5}W_6^{kn}=\begin{cases}6, & k=0\\0, & k=1,2,3,4,5\end{cases}$$

其幅频特性图如图 3-7(b) 所示。

(3) 序列 $x_1((n))_{12}R_{12}(n)$ 为序列 $x_1(n)$ 以 12 为周期做周期性延拓再取主值序列，也即在序列 $x_1(n)$ 之后补了 6 个 0，此时该序列的 DFT 为

$$X_2(k)=\text{DFT}[x_1((n))_{12}R_{12}(n)]=\sum_{n=0}^{5}W_{12}^{kn}=\begin{cases}6, & k=0\\ \dfrac{1-e^{-j\frac{2\pi}{12}k\cdot 6}}{1-e^{-j\frac{2\pi}{12}k}}, & k=1,2,\cdots,11\end{cases}$$

其幅频特性图如图 3-7(c) 所示。

(4) 先求序列 $(-1)^n x_1((n))_{12}R_{12}(n)$ 的频谱，则

$$X_3(e^{j\omega})=\text{DTFT}[(-1)^n x_1((n))_{12}R_{12}(n)]=\sum_{n=0}^{5}(-1)^n e^{-j\omega n}=$$

$$\sum_{n=0}^{5}(-e^{-j\omega})^n=\frac{1-e^{-j6\omega}}{1+e^{-j\omega}}=\frac{e^{-j3\omega}(e^{j3\omega}-e^{-j3\omega})}{e^{-j\frac{1}{2}\omega}(e^{j\frac{1}{2}\omega}+e^{-j\frac{1}{2}\omega})}=e^{-j\frac{5}{2}\omega}\frac{j\sin(3\omega)}{\cos\left(\frac{1}{2}\omega\right)}$$

于是由 DFT 与 DTFT 的关系可知

$$X_3(k)=X_3(e^{j\omega})\big|_{\omega=\frac{2\pi}{N}k=\frac{2\pi}{12}k}=e^{-j\frac{5}{12}\pi k}\frac{j\sin\left(\frac{1}{2}\pi k\right)}{\cos\left(\frac{1}{12}\pi k\right)}$$

其幅频特性图如图 3-7(d) 所示。

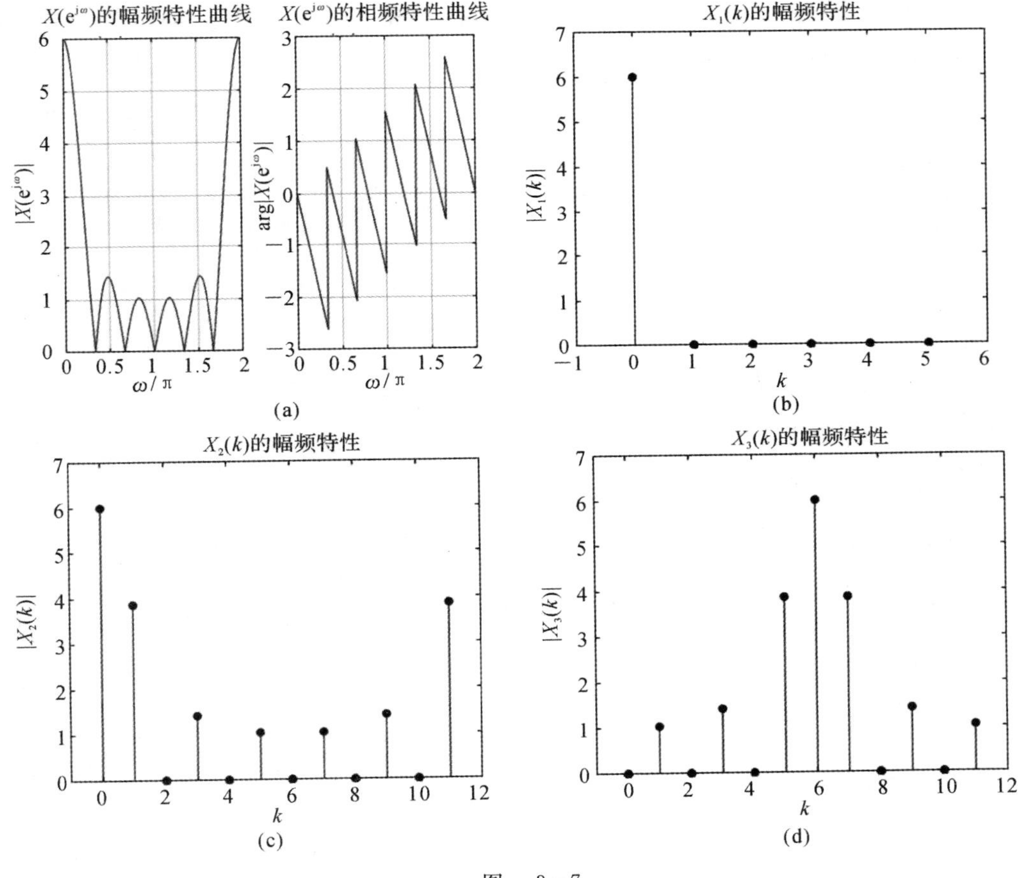

图　3-7

(a) 题 9 解图(一)；　(b) 题 9 解图(二)；　(c) 题 9 解图(三)；　(d) 题 9 解图(四)

10. 已知某 N 点有限长序列 $x(n)$，$0\leqslant n\leqslant N-1$，$N$ 为偶数，令 $X(z)$ 表示 $x(n)$ 的 z 变换，试用 $X(z)$ 在单位圆上的不同抽样方式来表示以下各序列的 DFT，注意变换长度必须大于或等于各序列的长度：

(1) $f_1(n)=\begin{cases}x(n), & 0\leqslant n\leqslant N-1\\ 0, & N\leqslant n\leqslant 2N-1\end{cases}$

(2) $f_2(n)=\begin{cases}x(n), & 0\leqslant n\leqslant N-1\\ x(n-N), & N\leqslant n\leqslant 2N-1\end{cases}$

(3) $f_3(n)=\begin{cases}x(n/2) & n\text{为偶数},\\ 0, & n\text{为奇数},\end{cases}\quad 0\leqslant n\leqslant 2N-1$

(4) $f_4(n)=x(N-1-n),0\leqslant n\leqslant N-1$

(5) $f_5(n)=(-1)^n x(n),0\leqslant n\leqslant N-1$

解:(1) 已知序列 $f_1(n)$

$$f_1(n)=\begin{cases}x(n), & 0\leqslant n\leqslant N-1\\ 0, & N\leqslant n\leqslant 2N-1\end{cases}$$

对序列 $f_1(n)$ 作 $2N$ 点 DFT,得到

$$F_1(k)=\sum_{n=0}^{2N-1}f_1(n)\mathrm{e}^{-\mathrm{j}\frac{2\pi}{2N}kn},\quad k=0,1,\cdots,2N-1$$

化简后得到

$$F_1(k)=\sum_{n=0}^{N-1}x(n)\mathrm{e}^{-\mathrm{j}\frac{\pi}{N}kn},\quad k=0,1,\cdots,2N-1$$

因此,当在单位圆上采用以下抽样方式时,可从序列 $x(n)$ 的 z 变换 $X(z)$ 得到序列 $f_1(n)$ 的 DFT 变换,即

$$F_1(k)=X(z)\mid z=\mathrm{e}^{\mathrm{j}\frac{\pi}{N}k},\quad k=0,1,\cdots,2N-1$$

(2) 已知序列 $f_2(n)$

$$f_2(n)=\begin{cases}x(n), & 0\leqslant n\leqslant N-1\\ x(n-N), & N\leqslant n\leqslant 2N-1\end{cases}$$

对序列 $f_2(n)$ 作 $2N$ 点 DFT,得到

$$F_2(k)=\sum_{n=0}^{2N-1}f_2(n)\mathrm{e}^{-\mathrm{j}\frac{2\pi}{2N}kn},\quad k=0,1,\cdots,2N-1$$

对上式适当变形后得到

$$F_2(k)=\sum_{n=0}^{N-1}x(n)\mathrm{e}^{-\mathrm{j}\frac{2\pi}{2N}kn}+\sum_{n=N}^{2N-1}x(n-N)\mathrm{e}^{-\mathrm{j}\frac{2\pi}{2N}kn},\quad k=0,1,\cdots,2N-1$$

令 $n'=n-N$,得到

$$F_2(k)=\sum_{n=0}^{N-1}x(n)\mathrm{e}^{-\mathrm{j}\frac{2\pi}{2N}kn}+\sum_{n'=0}^{N-1}x(n')\mathrm{e}^{-\mathrm{j}\frac{2\pi}{2N}k(n'+N)},\quad k=0,1,\cdots,2N-1$$

等价地

$$F_2(k)=[1+(-1)^k]\times\sum_{n=0}^{N-1}x(n)\mathrm{e}^{-\mathrm{j}\frac{\pi}{N}kn},\quad k=0,1,\cdots,2N-1$$

当 k 为奇数时,即 $k=2m+1,m=0,1,2,\cdots,N-1$,有

$$F_2(2m+1)=0,\quad m=0,1,2,\cdots,N-1$$

当 k 为偶数时,即 $k=2m,m=0,1,2,\cdots,N-1$,有

$$F_2(2m)=2\sum_{n=0}^{N-1}x(n)\mathrm{e}^{-\mathrm{j}\frac{2\pi}{N}mn},\quad m=0,1,2,\cdots,N-1$$

此时,相当于在单位圆上对 $X(z)$ 进行如下的抽样:

$$F_2(2m)=2X(z)\mid z=\mathrm{e}^{\mathrm{j}\frac{2\pi}{N}m},\quad m=0,1,2,\cdots,N-1$$

(3) 已知序列 $f_3(n)$

$$f_3(n)=\begin{cases}x(n/2), & n\text{ 为偶数},\\0, & n\text{ 为奇数},\end{cases}\quad 0\leqslant n\leqslant 2N-1$$

对序列 $f_3(n)$ 作 $2N$ 点 DFT,得到

$$F_3(k)=\sum_{n=0}^{2N-1}f_3(n)\mathrm{e}^{-\mathrm{j}\frac{2\pi}{2N}kn},\quad k=0,1,\cdots,2N-1$$

适当变形后得到

$$F_3(k)=\sum_{m=0}^{N-1}f_3(2m)\mathrm{e}^{-\mathrm{j}\frac{2\pi}{2N}k\cdot 2m}=\sum_{m=0}^{N-1}x(m)\mathrm{e}^{-\mathrm{j}\frac{2\pi}{N}km},\quad k=0,1,\cdots,2N-1$$

此时,相当于在单位圆上对 $X(z)$ 进行如下的抽样:

$$F_3(k)=X(z)\mid z=\mathrm{e}^{\mathrm{j}\frac{2\pi}{N}k},\quad k=0,1,\cdots,2N-1$$

(4) 已知序列 $f_4(n)$

$$f_4(n)=x(N-1-n),\quad 0\leqslant n\leqslant N-1$$

对序列 $f_4(n)$ 作 N 点 DFT,得到

$$F_4(k)=\sum_{n=0}^{N-1}x(N-1-n)\mathrm{e}^{-\mathrm{j}\frac{2\pi}{N}kn},\quad k=0,1,\cdots,N-1$$

令 $n'=N-1-n$,得到

$$F_4(k)=\sum_{n'=0}^{N-1}x(n')\mathrm{e}^{-\mathrm{j}\frac{2\pi}{N}k(N-1-n')},\quad k=0,1,\cdots,N-1$$

化简后得到

$$F_4(k)=\mathrm{e}^{\mathrm{j}\frac{2\pi}{N}k}\sum_{n=0}^{N-1}x(n)\mathrm{e}^{\mathrm{j}\frac{2\pi}{N}kn},\quad k=0,1,\cdots,N-1$$

因此,为得到 DFT 变换 $F_4(k)$,可在单位圆上对 $X(z)$ 按如下方式抽样:

$$F_4(k)=\mathrm{e}^{\mathrm{j}\frac{2\pi}{N}k}\sum_{n=0}^{N-1}x(n)\mathrm{e}^{\mathrm{j}\frac{2\pi}{N}kn}=\mathrm{e}^{\mathrm{j}\frac{2\pi}{N}k}\cdot[X(z)\mid z=\mathrm{e}^{-\mathrm{j}\frac{2\pi}{N}k}],\quad k=0,1,\cdots,N-1$$

(5) 已知序列 $f_5(n)$

$$f_5(n)=(-1)^n x(n),\quad 0\leqslant n\leqslant N-1$$

对序列 $f_5(n)$ 作 N 点 DFT,得到

$$F_5(k)=\sum_{n=0}^{N-1}(-1)^n x(n)\mathrm{e}^{-\mathrm{j}\frac{2\pi}{N}kn}=\sum_{n=0}^{N-1}W_N^{nN/2}x(n)\mathrm{e}^{-\mathrm{j}\frac{2\pi}{N}kn},\quad k=0,1,\cdots,N-1$$

根据 DFT 变换的性质得到

$$F_5(k)=X((k+N/2))_N R_N(n),\quad k=0,1,\cdots,N-1$$

其中,$X(k)$ 为序列 $x(n)$ 的 N 点 DFT 变换。于是有

$$F_5(0)=X((N/2))_N R_N(n)=X(N/2)=X(z)\mid z=\mathrm{e}^{\mathrm{j}\frac{2\pi}{N}(\frac{N}{2})}$$

$$F_5(1)=X((N/2+1))_N R_N(n)=X(N/2+1)=X(z)\mid z=\mathrm{e}^{\mathrm{j}\frac{2\pi}{N}(\frac{N}{2}+1)}$$

……

$$F_5(N/2-1)=X((N-1))_N R_N(n)=X(N-1)=X(z)\mid z=\mathrm{e}^{\mathrm{j}\frac{2\pi}{N}(N-1)}$$

$$F_5(N/2)=X((N))_N R_N(n)=X(0)=X(z)\mid z=\mathrm{e}^{\mathrm{j}\frac{2\pi}{N}(0)}$$

……

$$F_5(N-1)=X\left((3N/2-1)\right)_N R_N(n)=X(N/2-1)=X(z)\mid z=\mathrm{e}^{\mathrm{j}\frac{2\pi}{N}(N/2-1)}$$

……

11. 两个有限长序列 $x(n)$ 和 $y(n)$ 的零值区间为 $x(n)=0, n<0, n\geqslant 8$；$y(n)=0, n<0, n\geqslant 20$。对每个序列作20点DFT，即 $X(k)=\mathrm{DFT}[x(n)], k=0,1,\cdots,19$；$Y(k)=\mathrm{DFT}[y(n)], k=0,1,\cdots,19$。如果 $F(k)=X(k)\cdot Y(k), k=0,1,\cdots,19$；$f(n)=\mathrm{IDFT}[F(k)], k=0,1,\cdots,19$。试问在哪些点上 $f(n)$ 与 $x(n)*y(n)$ 的值相等，并说明原因。

解：根据循环卷积定理可知，$f(n)$ 等于有限长序列 $x(n)$ 和 $y(n)$ 的 20 点循环卷积，即

$$f(n)=x(n)\quad y(n)$$

又根据循环卷积与线性卷积的关系可知：有限长序列 $x(n)$ 和 $y(n)$ 的 20 点循环卷积等于 $x(n)$ 和 $y(n)$ 的线性卷积的 20 点周期延拓后的主值序列。

根据题意，有限长序列 $x(n)$ 的长度为 8，在 $n=0,1,2,\cdots,7$ 上取值，而有限长序列 $y(n)$ 的长度为 20，在 $n=0,1,2,\cdots,19$ 上取值。因此，线性卷积 $y_l(n)=x(n)*y(n)$ 的长度为 $8+20-1=27$，即在 $n=0,1,2,\cdots,26$ 上取值。对线性卷积 $y_l(n)$ 作20点周期延拓的示意图如图3-8所示，从图中可以看到，线性卷积 $y_l(n)$ 在周期延拓后发生了混叠，仅在 $n=7,8,\cdots,19$ 范围上循环卷积 $y_c(n)$ 与线性卷积 $y_l(n)$ 相同。

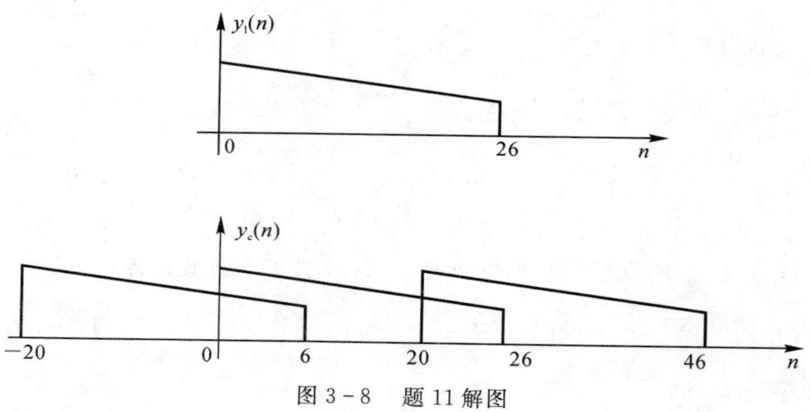

图 3-8　题 11 解图

12. 用微处理机对实数序列作谱分析，要求谱分辨率 $F\leqslant 20\ \mathrm{Hz}$，信号最高频率为 3 kHz，试确定以下参数：

(1) 最小记录时间；

(2) 最大采样间隔；

(3) 最少采样点数。

解：因为频率分辨率 F 与信号记录时间 T_p，采样周期 T，有限长序列点数 N，以及采样频率 F_s 之间存在以下关系：

$$F=\frac{1}{T_p}=\frac{1}{NT}=\frac{F_s}{N}$$

因此，最小记录时间为

$$T_p=\frac{1}{F}=1/20\ \mathrm{s}$$

另外，根据信号采样定理可知，信号采样频率至少是信号最高频率的两倍，本题中给定信

号最高频率为 3 kHz，故采样频率 F_s 至少为

$$F_s = 2 \times f_h = 6\ 000\ \text{Hz}$$

即最大采样间隔等于

$$T_s = 1/F_s = 1/6\ 000\ \text{s}$$

于是，最少采样点数等于

$$N = T_p/T_s = 6\ 000/20 = 300$$

13. 如果某通用单片计算机的速度为平均每次复数乘需要 4 μs，每次复数加需要 1 μs，用来计算 $N=1\ 024$ 点 DFT，问直接计算需要多少时间，而用 *FFT* 计算又需要多少时间？

解：已知长度为 N 的有限长序列，直接计算其 *DFT* 变换需要 N^2 次复数乘法及 $N(N-1)$ 次复数加法。在本题中，$N=1\ 024$，复数乘需要 4 μs，复数加需要 1 μs，因此直接计算所需时间为

$$1\ 024^2 \times 4 + 1\ 024 \times 1\ 023 \times 1 \approx 5.241\ 9\ \text{s}$$

另外，对于长度为 N 的有限长序列，采用 FFT 算法所需的复数乘法次数为

$$C_M = \text{lb}N \times \frac{N}{2}$$

所需复数加法次数为

$$C_A = \text{lb}N \times N$$

因此，用 FFT 计算所需时间为

$$\text{lb}\ 1\ 024 \times \frac{1\ 024}{2} \times 4 + \text{lb}\ 1\ 024 \times 1\ 024 \times 1 \approx 0.03\ \text{s}$$

14. 设 $x(n)$ 是长度为 $2N$ 的有限长实数序列，$X(k)$ 为 $x(n)$ 的 $2N$ 点 DFT。

(1) 试设计用一次 N 点 FFT 完成计算 $X(k)$ 的高效算法；

(2) 若已知 $X(k)$，试设计用一次 N 点 IFFT 实现求 $X(k)$ 的 $2N$ 点 IDFT 运算。

解：(1) 在时域分别抽取偶数和奇数点，得到两个 N 点实序列 $x_1(n)$ 和 $x_2(n)$：

$$x_1(n) = x(2n),\quad x_2(n) = x(2n+1),\quad n = 0,1,\cdots,N-1$$

因为 $x_1(n)$ 和 $x_2(n)$ 均为实数序列，构造如下新的 N 点复数序列：

$$y(n) = x_1(n) + \text{j}x_2(n),\quad n = 0,1,\cdots,N-1$$

然后，对 N 点复数序列 $y(n)$ 作一次 N 点 FFT 计算，得到

$$Y(k) = \text{DFT}[y(n)],\quad n = 0,1,\cdots,N-1$$

根据 DFT 变换的共轭对称性，可得

$$X_1(k) = \text{DFT}[x_1(n)] = Y_{\text{ep}}(k) = \frac{1}{2}[Y(k) + Y^*(N-k)]$$

$$\text{j}X_2(k) = \text{DFT}[\text{j}x_2(n)] = Y_{\text{op}}(k) = \frac{1}{2}[Y(k) - Y^*(N-k)]$$

最后将上式代入如下的 FFT 奇偶抽取运算关系，即可得到 $x(n)$ 的 $2N$ 点 DFT$X(k)$

$$X(k) = X_1(k) + W_{2N}^k X_2(k),\ X(k+N) = X_1(k) - W_{2N}^k X_2(k),\quad k = 0,1,\cdots,N-1$$

(2) 将上面的 FFT 奇偶抽取运算关系进行变形得到

$$X_1(k) = \frac{1}{2}[X(k) + X(k+N)],\quad k = 0,1,\cdots,N-1$$

$$X_2(k) = \frac{1}{2}[X(k) - X(k+N)]W_{2N}^{-k},\quad k = 0,1,\cdots,N-1$$

由小题(1)可知

$$X_1(k)=\mathrm{DFT}[x_1(n)]=Y_{\mathrm{ep}}(k)=\frac{1}{2}[Y(k)+Y^*(N-k)]$$

$$\mathrm{j}X_2(k)=\mathrm{DFT}[\mathrm{j}x_2(n)]=Y_{\mathrm{op}}(k)=\frac{1}{2}[Y(k)-Y^*(N-k)]$$

因此,构造新的 N 点序列 $Y(k)$,即

$$Y(k)=X_1(k)+\mathrm{j}X_2(k),\quad k=0,1,\cdots,N-1$$

并对 N 点序列 $Y(k)$ 作一次 N 点 IFFT 计算,得到

$$y(n)=\mathrm{IDFT}[Y(k)]=x_1(n)+\mathrm{j}x_2(n),\quad n=0,1,\cdots,N-1$$

因为 $x_1(n)$ 和 $x_2(n)$ 均为实数序列,易得

$$x_1(n)=\mathrm{Re}[y(n)],x_2(n)=\mathrm{Im}[y(n)],\quad n=0,1,\cdots,N-1$$

因此,最终得到

$$x(n)=\begin{cases}x_1(n/2), & n=0,2,4,\cdots,2N-2\\ x_2\left(\dfrac{n-1}{2}\right), & n=1,3,4,\cdots,2N-1\end{cases}$$

3.4 典型MATLAB实验

3.4.1 离散傅里叶变换仿真

傅里叶变换是数字信号处理中一种非常常用的数学变换。对一个有限长序列来说,还有一种更加重要的数学变换,即离散傅里叶变换(DFT)。由于其频域的离散性,使得DFT在数字信号处理中的应用非常广泛。在MATLAB中,函数dftmtx可以生成用于计算一个序列的N点DFT的复数矩阵**A**,其调用形式如下:

A=dftmtx(N)

例3-17 序列 $x(n)=\{\underline{1},-2,3,0,4,5\}$,用MATLAB分别绘制 $x(n)$ 的6点和12点DFT的模值 $|X(k)|$。

运行程序如下:

```
x1=[1 -2 3 0 4 5];n1=0:length(x1)-1;                  %给出序列各个时刻的取值
W1=dftmtx(6);X1=x1*W1;                                 %求序列的6点DFT
x2=zeros(1,12);n2=0:length(x2)-1;                      %序列初始化长度为12
x2(1:6)=x1;W2=dftmtx(12);X2=x2*W2;                     %求序列的12点DFT
subplot(3,1,1);stem(n1,x1,'fill');                     %画出原时域序列
xlabel('n');ylabel('x(n)');title('x(n)');
subplot(3,1,2);stem(n1,abs(X1),'fill');                %画序列6点DFT的模值
xlabel('k');ylabel('|X_1(k)|');title('x(n)的6点DFT');
subplot(3,1,3);stem(n2,abs(X2),'fill');                %画序列12点DFT的模值
xlabel('k');ylabel('|X_2(k)|');title('x(n)的12点DFT');
```

运行结果如图3-9所示,此程序也适用于计算任意有限长序列的各个时刻的DFT取值。显然,用MATLAB计算比通过公式法计算要方便的多。

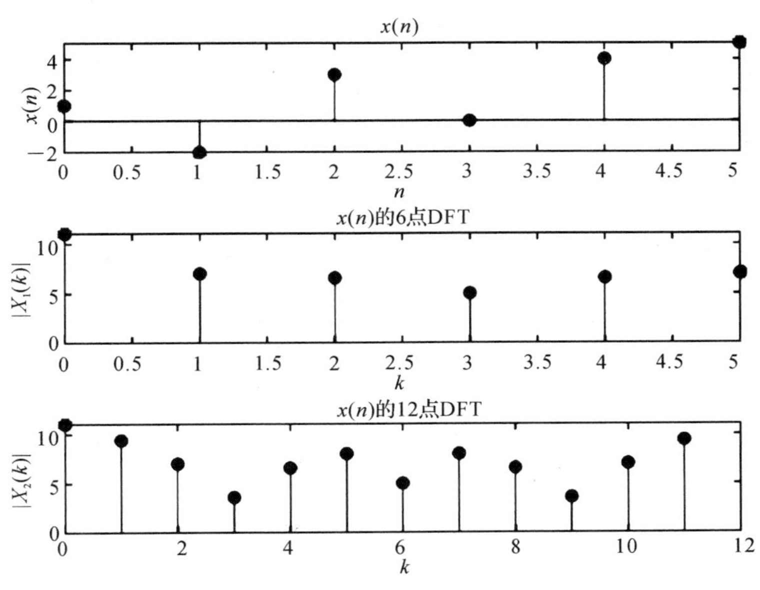

图 3-9　序列 $x(n)$ 的 6 点 DFT 和 12 点 DFT

例 3-18　已知序列 $x(n)=\cos\left(\frac{1}{4}\pi n\right)R_8(n)$，用 MATLAB 分别计算它的 8 点和 16 点 DFT，并绘制出幅频特性曲线。

运行程序如下：

```
n1=0:7;n2=0:15;                                  %DFT 点数分别为 8 和 16
W1=dftmtx(8);W2=dftmtx(16);                      %产生用于计算 DFT 的复数矩阵
x1=cos(pi*n1/4);
x2=[x1,zeros(1,length(n2)-length(n1))];          %计算 16 点的 DFT，需要补零
X1=x1*W1;                                        %序列 x(n)的 8 点 DFT
X2=x2*W2;                                        %序列 x(n)的 16 点 DFT
subplot(2,2,1);stem(n1,x1,'fill');               %画出原始余弦序列，长度为 8
xlabel('n');ylabel('x(n)');title('原时域序列');
subplot(2,2,2);stem(n1,abs(X1),'fill');          %画出 8 点 DFT 的幅频特性
xlabel('k');ylabel('|X_1(k)|');title('x(n)的 8 点 DFT');
subplot(2,2,3);stem(n2,x2,'fill');               %画补零之后的序列
xlabel('n');ylabel('x(n)');
title('补零之后的时域序列');
subplot(2,2,4);stem(n2,abs(X2),'fill');          %画出 16 点 DFT 的幅频特性
xlabel('k');ylabel('|X_2(k)|');
title('x(n)的 16 点 DFT');
```

运行结果如图 3-10 所示，由于 DFT 是复数运算，所以通常是利用 MATLAB 的 abs 函数来绘制 DFT 的幅频特性曲线。

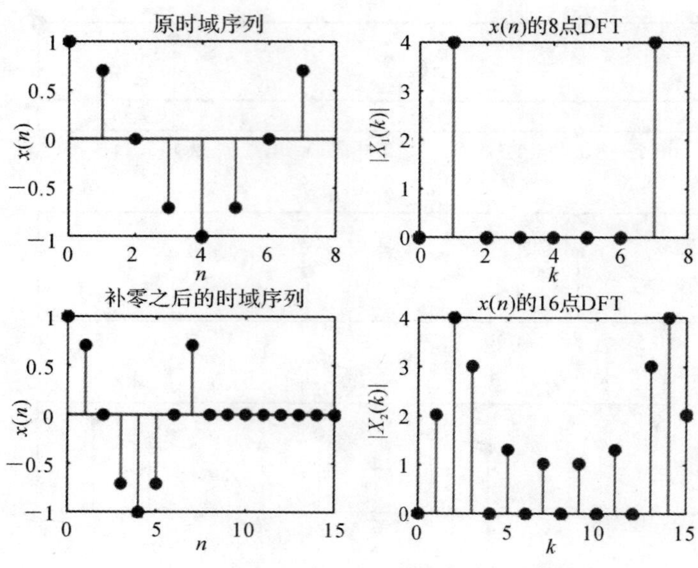

图 3-10 $x(n)$的 8 点 DFT 和 16 点 DFT

通过上面两个实验，可以发现 DFT 的点数不同，得到的 DFT 的运算结果是不一样的。由理论部分可知，序列 $x(n)$的 n 点 DFT 是序列 $x(n)$的 DTFT 在区间$[0,2\pi]$上的 N 点等间隔采样

$$X(k)=X(e^{j\omega})\mid \omega=\frac{2\pi}{N}k,\quad k=0,1,\cdots,N-1$$

下面再通过一个实验进一步分析序列的 DFT 与序列的傅里叶变换的关系。

例 3-19 已知序列 $x(n)=0.8^nR_{16}(n)$，用 MATLAB 分别计算它的 16 点和 32 点 DFT 以及其 DTFT，并绘制相应的幅频特性$|X_{16}(k)|$、$|X_{32}(k)|$和$|X(e^{j\omega})|$。

运行程序如下：

```
w=0:2*pi/512:2*pi-2*pi/512;                %给出 DTFT 的频率变化范围
n1=0:15;n2=0:31;x1=0.8.^n1;                %产生指数衰减序列
x2=[x1,zeros(1,length(n2)-length(n1))];    %将指数序列补零到长度为 32
X=x1*exp(-j*n1'*w);                        %求指数序列的 DTFT
W1=dftmtx(16);W2=dftmtx(32);               %分别计算序列的 16 点和 32 点 DFT
X1=x1*W1;X2=x2*W2;
subplot(2,2,1);stem(n1,x1,'fill');         %画出原始长度为 16 的指数序列
xlabel('n');ylabel('x(n)');title('序列 x(n)');
subplot(2,2,2);plot(w/pi,abs(X));          %画出 DTFT 的幅频特性曲线
xlabel('\omega/\pi');ylabel('|X(e^{j\omega})|');
title('X(e^{j\omega})的幅频特性曲线');
subplot(2,2,3);stem(n1,abs(X1),'fill');    %画出该序列的 16 点 DFT 的幅频特性
xlabel('k');ylabel('|X_1(k)|');
title('x(n)的 16 点 DFT');
```

```
subplot(2,2,4);stem(n2,abs(X2),'fill');          %画出该序列的 32 点 DFT 的幅频特性
xlabel('k');ylabel('|X_2(k)|');
title('x(n)的 32 点 DFT');
```

运行结果如图 3-11 所示，从图中可以知道，序列 $x(n)$ 的 16 点 DFT 相当于对其 DTFT 的结果 $X(e^{j\omega})$ 在区间$[0,2\pi]$上进行 16 点的等间隔采样，而序列 $x(n)$ 的 32 点 DFT 相当于对 $X(e^{j\omega})$ 在区间$[0,2\pi]$上进行 32 点的等间隔采样，从而验证了公式 $X(k)=X(e^{j\omega})|\omega=\frac{2\pi}{N}k$，$k=0,1,\cdots,N-1$的正确性。

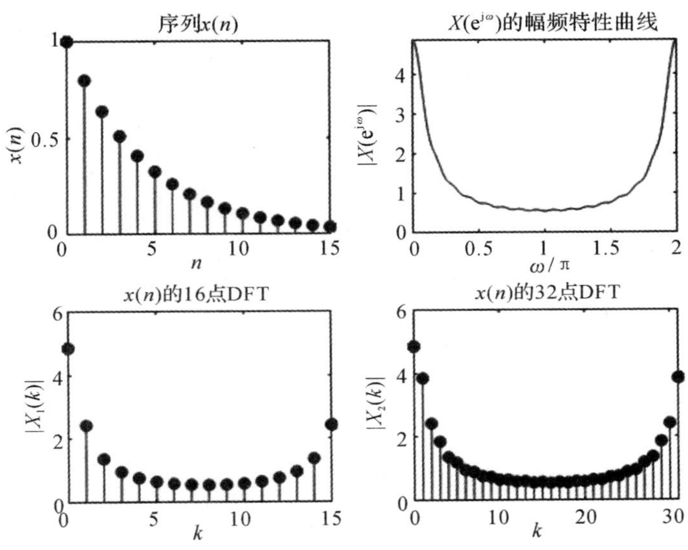

图 3-11　序列 $x(n)$ 的 16 点 DFT 和 32 点 DFT

3.4.2　基于 DFT 变换的信号谱分析仿真

DFT 的时域和频域均为有限长序列，因而用计算机分析信号与系统变得非常高效。所谓信号的谱分析，实际上就是对信号求傅里叶变换，将信号从时域变换到频域来进行分析。下面通过几个实验来说明如何用 DFT 实现对信号的谱分析。

例 3-20　已知信号 $x(t)=3\cos(2\pi f_1 t)+2\sin(2\pi f_2 t)$，其中 $f_1=0.25$ Hz，$f_2=0.3$ Hz，采样频率为 1 Hz，用 MATLAB 绘制原始信号 $x(t)$ 及其傅里叶变换的幅频特性曲线。

运行程序如下：

```
clear all;
n=0:99;ts=1;                                     %采样间隔为 1 s
fs=1/ts;                                         %采样频率为 1 Hz
N=length(n);                                     %序列长度为 100
x=3*cos(2*pi*0.25*n*ts)+2*sin(2*pi*0.3*n*ts);
                                                 %产生正弦及余弦的组合序列
W=dftmtx(N);X=x*W;                               %求序列的 DFT
```

```
subplot(2,1,1);plot(n,x);                          %绘制序列的时域图
xlabel('时间/s');title('信号 x(t)');
subplot(2,1,2);stem(n/(ts * N),(ts * abs(X)),'.');   %绘制序列的频谱图
xlabel('频率/Hz');ylabel('振幅');
title('用 DFT 估计信号的频谱');
```

运行结果如图 3-12 所示，从信号的频谱图中可以看出，信号当中包含有两种频率成分的信号，分别是 $f_1=0.25$ Hz 和 $f_2=0.3$ Hz。而谱分析的性能取决于频率分辨率 F，频率分辨率决定了频谱中能将两个靠得很近的谱峰保持分开的能力。显然，F 越小，频率分辨率越高。由前面理论可知 $F=1/T_p=f_s/N$，其中 T_p 是信号的最小记录时间，f_s 为信号的采样频率，N 为总的采样点数。下面将通过具体的实验来说明 DFT 的数据长度对频率分辨率的影响。

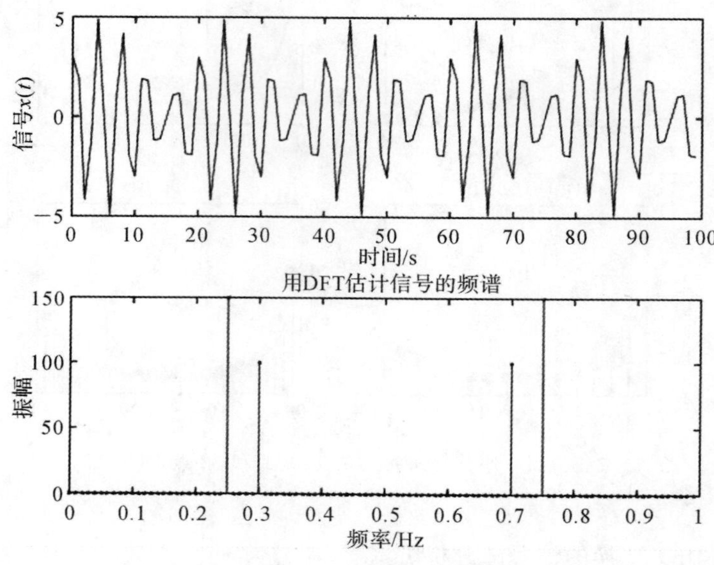

图 3-12　用 DFT 对信号进行谱分析

例 3-21　已知信号 $x(t)=3\cos(2\pi f_1 t)+2\sin(2\pi f_2 t)$，其中 $f_1=0.25$ Hz，$f_2=0.3$ Hz，采样频率为 1 Hz，用 MATLAB 绘制原信号分别补 25 个零、50 个零和 100 个零时的信号频谱的幅频特性曲线。

运行程序如下：

```
n=0:99;ts=1;fs=1/ts;                              %数据初始化，采样频率为 1Hz
x=3 * cos(2 * pi * 0.25 * n * ts)+2 * sin(2 * pi * 0.3 * n * ts);   %产生正弦及余弦的组合序列
x1=[x,zeros(1,25)];x2=[x,zeros(1,50)];x3=[x,zeros(1,100)];      %数据尾部补零
N1=length(x1);N2=length(x2);N3=length(x3);
W1=dftmtx(N1);W2=dftmtx(N2);W3=dftmtx(N3);      %对补零之后的数据进行 DFT 运算
X1=x1 * W1;X2=x2 * W2;X3=x3 * W3;
subplot(3,1,1);plot(0:fs/N1:fs-fs/N1,(ts * abs(X1)));       %画出补 25 个零时的信号频谱
xlabel('频率/Hz');ylabel('振幅');
title('补 25 个零时的信号的幅频曲线');
```

```
subplot(3,1,2);plot(0:fs/N2:fs-fs/N2,(ts * abs(X2)));      %画出补 50 个零时的信号频谱
xlabel('频率/Hz');ylabel('振幅');title('补 50 个零时的信号的幅频曲线');
subplot(3,1,3);plot(0:fs/N3:fs-fs/N3,(ts * abs(X3)));      %画出补 100 个零时的信号频谱
xlabel('频率/Hz');ylabel('振幅');title('补 100 个零时的信号的幅频曲线');
```

运行结果如图 3-13 所示，由图可知在原数据尾部进行补零，依次添 25 个零、50 个零和 100 个零时，从它们的频谱图中均可分辨出两个明显的主峰，频率在 0.25 Hz 和 0.3 Hz 附近。这是因为补零并没有增加有效信息，所以实际上补零并不能提高频率分辨率。但是随着补零个数的增加，能够看出主峰边信号的旁瓣变得越来越密，说明补零对栅栏效应是有所改善的。通过补零，使得很多原来没有被检测出来的频率分量被显示出来了。

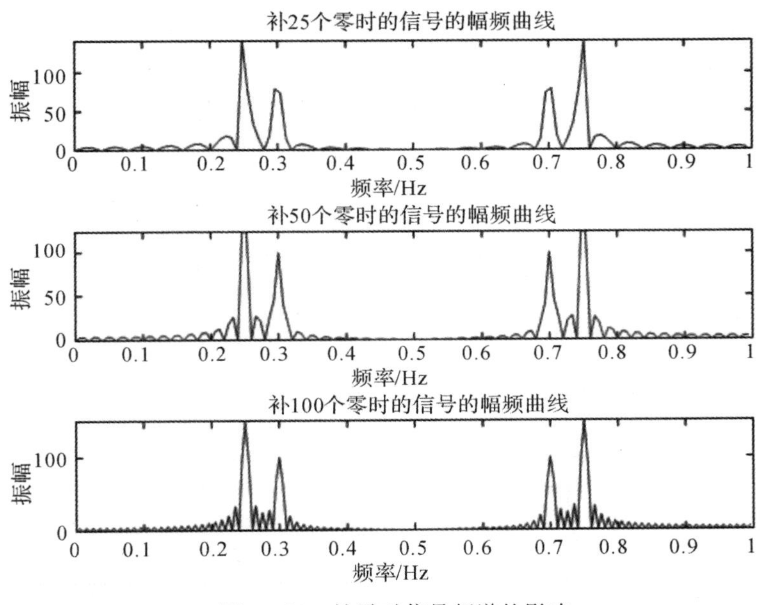

图 3-13　补零对信号频谱的影响

例 3-22　已知信号 $x(t)=\cos(2\pi f_1 t)+\sin(2\pi f_2 t)$，其中 $f_1=2$ Hz，$f_2=2.1$ Hz，采样频率为 10 Hz，采样点数分别为 100 和 200 时，用 MATLAB 绘制信号频谱的幅频特性曲线。

运行程序如下：

```
n1=0:99;n2=0:199;ts=0.1;fs=1/ts;                       %数据初始化，采样频率为 10 Hz
N1=length(n1);N2=length(n2);                           %数据有效长度分别为 100 和 200
x1=cos(2 * pi * 2 * n1 * ts)+sin(2 * pi * 2.1 * n1 * ts);  %产生数据长度为 100 的信号
x2=cos(2 * pi * 2 * n2 * ts)+sin(2 * pi * 2.1 * n2 * ts);  %产生数据长度为 200 的信号
W1=dftmtx(N1);W2=dftmtx(N2);                           %100 点 DFT 和 200 点 DFT 的复数矩阵
X1=x1 * W1;X2=x2 * W2;                                 %对数据求 DFT
subplot(4,1,1);plot(n1,x1);                            %画出数据长度为 100 的时域信号
xlabel('时间/s');title('原始信号(N=100)');
subplot(4,1,2);plot(n1/(ts * N1),(ts * abs(X1)));      %画出数据长度为 100 的信号的频谱
xlabel('频率/Hz');ylabel('振幅');
title('信号的频谱(N=100)');
```

```
subplot(4,1,3);plot(n2,x2);                        %画出数据长度为 200 的时域信号
xlabel('时间/s');title('原始信号(N=200)');
subplot(4,1,4);plot(n2/(ts*N2),(ts*abs(X2)));     %画出数据长度为 100 的信号的频谱
xlabel('频率/Hz');ylabel('振幅');
title('信号的频谱(N=200)');
```

运行结果如图 3-14 所示。由频率分辨率 $F=f_s/N$ 可知，当 $f_s=10\text{Hz}$，$N=100$ 时，$F=10/100=0.1$ Hz，即能够分辨出来的两个信号频率之间的差值应该要大于 0.1 Hz。显然 $f_2-f_1=0.1$ Hz，不满足要求，所以图 3-14(b)不能分辨出两个主峰。当 $f_s=10$ Hz，$N=200$ 时，此时频率分辨率 $F=10/200=0.05$ Hz，$f_2-f_1=0.1>0.05$，所以图 3-14(d)有两个明显主峰。

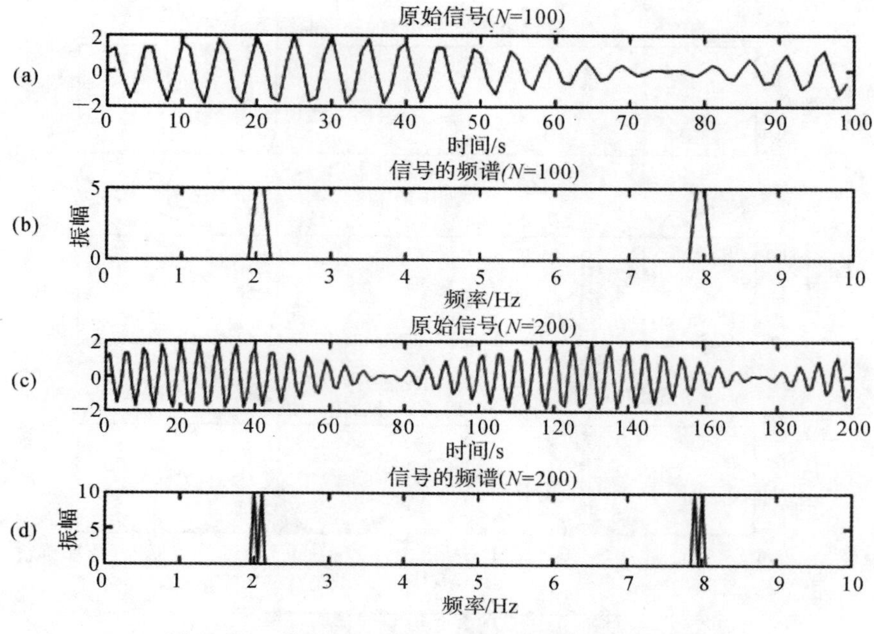

图 3-14　信号的有效时间长度对频率分辨率的影响

3.4.3　基于 FFT 变换的信号谱分析仿真

直接计算 DFT 的运算量与 DFT 的点数 N 的二次方成正比，当 DFT 的变换区间长度 N 很大时，它的运算量会变得非常大，这显然不满足很多要求实时运算的场景。因此，在 1965 年，首先由 Cooley 和 Tuky 在《计算数学》杂志上提出了一种 DFT 的快速算法，后人在此基础上不断改进，便形成了目前快速傅里叶变换(FFT)算法的一套理论。

在 MATLAB 中，函数 fft 便用来实现对信号的 FFT 运算，其常用的调用格式如下所示：

y=fft(x,N)

该命令中的 x 为输入的时域信号，N 为 FFT 的数据长度，此时 x 将以 N 的长度进行补零或者截断操作。其逆变换 IFFT 的调用格式如下：

y=ifft(x,N)

该命令中的 x 为输入的频域信号；N 为 IFFT 的数据长度。

例 3-23　利用 FFT 对指数信号 $x_1(n)=0.9^n$、正弦信号 $x_2(n)=\sin(0.15\pi n)$、余弦信号 $x_3(n)=\sin(0.3\pi n)$和纯虚指数信号 $x_4(n)=e^{j\pi n/4}$进行谱分析。

运行程序如下：

```
N=1024;n=0:N-1;                              %FFT 点数为 1024
x1=0.9.^n;x2=sin(0.15*pi*n);                 %产生指数序列和正弦序列
x3=cos(0.3*pi*n);x4=exp(j*pi*n/4);           %产生余弦序列和纯虚指数序列
y1=fft(x1,N);y2=fft(x2,N);                   %对序列 x1、x2 求 N 点 FFT
y3=fft(x3,N);y4=fft(x4,N);                   %对序列 x3、x4 求 N 点 FFT
subplot(2,2,1);plot(2*n/N,abs(y1));          %画指数序列的幅度谱
xlabel('\omega/\pi');ylabel('振幅');title('0.9^n 的幅度谱');
subplot(2,2,2);plot(2*n/N,abs(y2));          %画正弦序列的幅度谱
xlabel('\omega/\pi');ylabel('振幅');title('sin(0.15\pin)的幅度谱');
subplot(2,2,3);plot(2*n/N,abs(y3));          %画余弦序列的幅度谱
xlabel('\omega/\pi');ylabel('振幅');
title('cos(0.3\pin)的幅度谱');
subplot(2,2,4);plot(2*n/N,abs(y4));          %画纯虚指数序列的幅度谱
xlabel('\omega/\pi');ylabel('振幅');
title('e^j^\pi^n^/^4 的幅度谱');
```

运行结果如图 3-15 所示，从子图二可以看出正弦序列 $\sin(0.15\pi n)$的谱峰在 $\omega=0.15\pi$ 附近，而另一个谱峰在 $\omega=1.85\pi$ 附近，这是因为根据序列 DTFT 具备周期性，周期为 2π，而 $1.85\pi-2\pi=-0.15\pi$，根据欧拉公式可知，正弦信号显然可以分解成一对正负频率的信号。同理，在子图三余弦序列 $\cos(0.3\pi n)$的频谱图中可以看到谱峰在 $\omega=0.3\pi$ 附近，而另一个和它对称的谱峰在 $\omega=1.7\pi$ 附近。子图四纯虚指数信号 $e^{j\pi n/4}$的频谱图中仅能看到一个谱峰在 $\omega=0.25\pi$附近，这是因为纯虚指数信号是一个单频信号的原因。

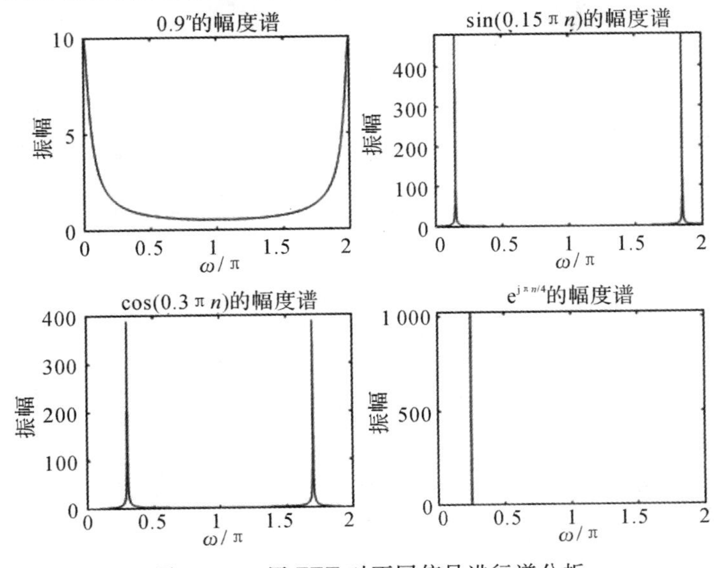

图 3-15　用 FFT 对不同信号进行谱分析

例 3-24　信号 $x(n)$是一个包含了正弦信号、余弦信号以及白噪声形式的组合信号，用 FFT 实现对包含噪声的信号进行谱分析。

运行程序如下：

```
clear all;clc;
N=1024;                                              %FFT 点数为 1024
n=0:N-1;
x=sin(0.15*pi*n)+cos(0.3*pi*n)+randn(1,N);           %产生包含噪声的信号
y1=fft(x,N);                                         %对信号进行 FFT
subplot(2,1,1);
plot(n,x);                                           %画包含噪声的时域信号
xlabel('n');ylabel('x(n)');
title('包含噪声的信号');
subplot(2,1,2);
plot(2*n/N,abs(y1));                                 %画信号的幅度谱
xlabel('\omega/\pi');ylabel('振幅');
title('用 FFT 对含噪信号进行谱分析');
```

运行结果如图 3-16 所示，由图可见，当正弦信号叠加了随机噪声时，从信号的时域图中几乎不能得到任何有用信息，显然时域分析法已不再适用于分析这样的信号，此时就要考虑信号的频域分析方法。通过对信号进行 FFT 变换，将信号从时域转换到频域来进行分析，利用 MATLAB 的 fft 函数很容易实现上述过程。在图 3-16 子图二中能够清楚地显示 2 根谱线，分别表示原信号包含 $\omega=0.15\pi$ 和 $\omega=0.3\pi$ 的信号。因此，用 FFT 对信号进行谱分析能够有效地从包含噪声的信号当中提取真正的有用信号。

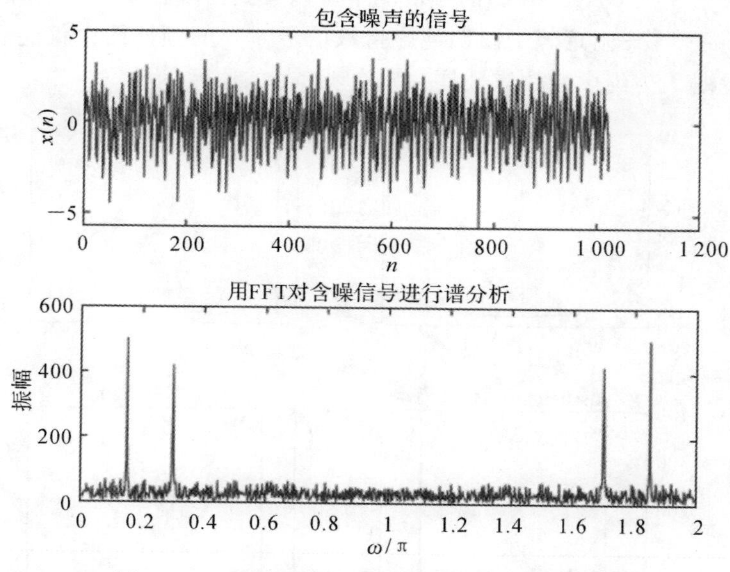

图 3-16　用 FFT 对包含噪声的信号进行谱分析

例 3-25　信号 $x(n)$是一个包含了正弦信号、余弦信号以及白噪声形式的组合信号，用 FFT 实现对包含噪声的信号进行滤波。

运行程序如下：

```
N=1024;                                                    %数据长度 N=1024
fs=150;ts=1/fs;                                            %采样频率为 150Hz
t=(0:N-1)*ts;                                              %时域信号取值范围
f1=20;f2=70;                                               %信号频率为 20Hz,70Hz
x=2*cos(2*pi*f1*t)+sin(2*pi*f2*t)+0.5*randn(1,N);
                                                           %时域信号 x(n)
subplot(2,2,1);plot(t,x);                                  %画信号滤波前的时域图
xlabel('时间/s');title('原始信号');
y=fft(x,N); %对信号做 FFT 运算
subplot(2,2,2);plot(0:fs/N:fs/2-fs/N,abs(y(1:N/2))*2/N);
                                                           %画滤波前的频谱图
xlabel('频率/Hz');ylabel('振幅');title('幅频谱');
y1=zeros(1,N);
for i=0:N-1;
    if ((i*fs/N>=25)&(i*fs/N<=65))|((i*fs/N>=85)&(i*fs/N<=125))
                                                           %对信号进行滤波
        y1(i+1)=0;
    else
        y1(i+1)=y(i+1);
    end
end
x1=ifft(y1,N); %用 IFFT 得到时域信号
subplot(2,2,3);plot(t,real(x1));                           %画滤波之后的时域图
xlabel('时间/s');title('滤波后通过 IFFT 回到时间域');
subplot(2,2,4);plot(0:fs/N:fs/2-fs/N,abs(y1(1:N/2))*2/N);  %画滤波之后的频谱图
xlabel('频率/Hz');ylabel('振幅');title('滤除 25～65Hz 信号');
```

运行结果如图 3-17 所示。由图可见，包含了噪声的信号在时域直接进行滤波是比较困难的。但是，经过 FFT 变换之后，信号在频域很容易实现对噪声的滤除。图 3-17 子图一是包含了噪声的原始信号；子图二是它们的频谱图，从频谱图上可以看出，原时域信号包含了 20 Hz 和 70 Hz 频率成分的信号。子图四是将 25～65 Hz 噪声滤除之后的频谱图；子图三则是滤波后利用 IFFT 反变换将信号从频域变换到时域。

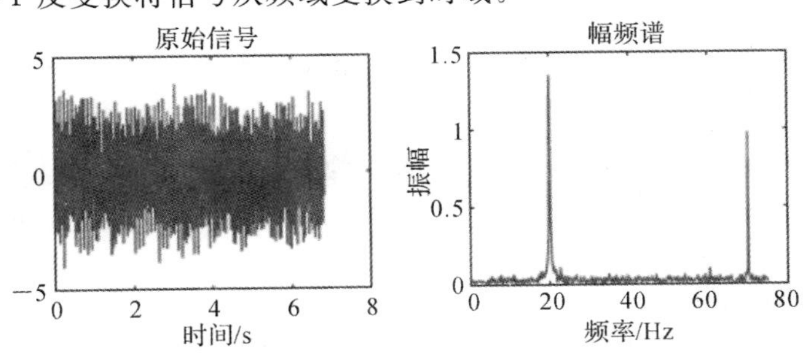

图 3-17　利用 FFT 对信号进行滤波

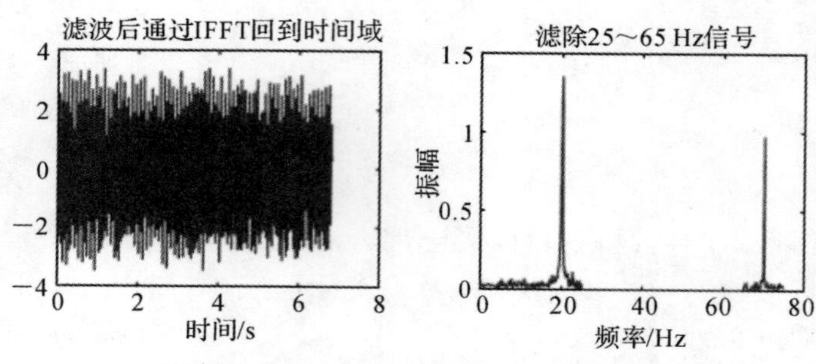

续图 3-17　利用 FFT 对信号进行滤波

3.5　上机题解答

1. 已知序列 $x(n)$为矩形序列 $R_6(n)$，用 MATLAB 分别绘制 $x(n)$的 8 点和 16 点 DFT。

解：可以利用 MATLAB 的函数 dftmtx 产生 DFT 运算的复数矩阵，求解程序如下：

```
clear all;
x1=zeros(1,8);n1=0:length(x1)-1;            %初始化数据，数据长度为 8
x1(1:6)=ones(1,6);
W1=dftmtx(8);X1=x1 * W1;                    %对矩形序列 R6(n)求 8 点 DFT
x2=zeros(1,16);
n2=0:length(x2)-1;                          %初始化数据，数据长度为 16
x2(1:6)=ones(1,6);
W2=dftmtx(16);X2=x2 * W2;                   %对矩形序列 R6(n)求 16 点 DFT
subplot(3,1,1);stem(0:5,ones(1,6),'.');     %绘制矩形序列 R6(n)
xlabel('n');ylabel('x(n)');title('x(n)');
subplot(3,1,2);stem(n1,abs(X1),'.');        %绘制 R6(n)的 8 点 DFT
xlabel('k');ylabel('|X_1(k)|');
title('x(n)的 8 点 DFT');
subplot(3,1,3);
stem(n2,abs(X2),'.');                       %绘制 R6(n)的 16 点 DFT
xlabel('k');ylabel('|X_2(k)|');
title('x(n)的 16 点 DFT');
```

运行结果如图 3-18 所示。

2. 已知序列 $x(n)=2^n[u(n)-u(n-4)]$，用 MATLAB 分别绘制 $x(n)$的 8 点和 16 点 DFT。

解：指数序列 $x(n)=2^n[u(n)-u(n-4)]$长度为 4，用 MATLAB 求其 DFT 的程序如下：

```
x1=zeros(1,8);n1=0:length(x1)-1;            %初始化数据，数据长度为 8
n=0:3;x1(1:4)=2.^n;
W1=dftmtx(8);X1=x1 * W1;                    %对指数序列求 8 点 DFT
x2=zeros(1,16);n2=0:length(x2)-1;           %初始化数据，数据长度为 16
x2(1:4)=2.^n;W2=dftmtx(16);X2=x2 * W2;      %对指数序列求 16 点 DFT
subplot(3,1,1);stem(0:3,2.^n,'.');          %绘制指数序列
```

```
xlabel('n');ylabel('x(n)');
title('x(n)');
subplot(3,1,2);stem(n1,abs(X1),'.');                %绘制 8 点 DFT 的模值
xlabel('k');ylabel('|X_1(k)|');
title('x(n)的 8 点 DFT');
subplot(3,1,3);stem(n2,abs(X2),'.');                %绘制 16 点 DFT 的模值
xlabel('k');ylabel('|X_2(k)|');
title('x(n)的 16 点 DFT');
```

运行结果如图 3－19 所示。

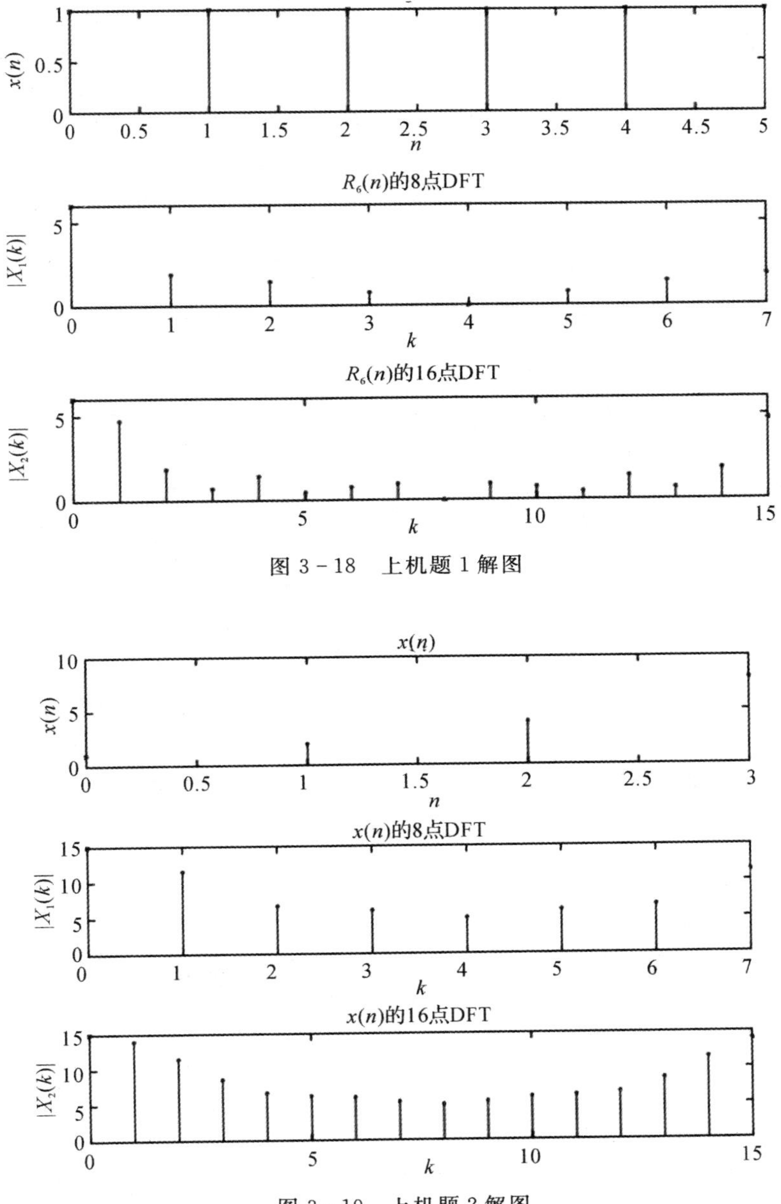

图 3－18　上机题 1 解图

图 3－19　上机题 2 解图

3. 已知序列 $x_1(n)=e^{j\left(\frac{2n\pi}{5}+\frac{\pi}{3}\right)}R_{16}(n)$，$x_2(n)=\cos\left(\frac{2n\pi}{5}+\frac{1}{3}\pi\right)R_{16}(n)$，用 MATLAB 分别计算 $x_1(n)$和 $x_2(n)$的 16 点和 32 点 DFT，并绘制出幅频特性曲线。

解：求解程序如下：

```
n1=0:15;n2=0:31;                                          %DFT 点数分别为 16 和 32
W1=dftmtx(16);W2=dftmtx(32);                              %产生用于计算 DFT 的复数矩阵
x1_16=exp(j*(2*n1*pi/5+pi/3));                            %序列 x1(n)
x1_32=[x1_16,zeros(1,length(n2)-length(n1))];             %计算 32 点的 DFT,需要补零
X1_16=x1_16*W1;                                           %序列 x1(n)的 16 点 DFT
X1_32=x1_32*W2;                                           %序列 x1(n)的 32 点 DFT
x2_16=cos(2*n1*pi/5+pi/3);                                %序列 x2(n)
x2_32=[x2_16,zeros(1,length(n2)-length(n1))];             %计算 32 点的 DFT,需要补零
X2_16=x2_16*W1;                                           %序列 x2(n)的 16 点 DFT
X2_32=x2_32*W2;                                           %序列 x2(n)的 32 点 DFT
subplot(2,2,1);stem(n1,abs(X1_16),'.');
xlabel('k');ylabel('|X_1(k)|');title('x_1(n)的 16 点 DFT');   %画出 x1(n)16 点 DFT 的幅频特性
subplot(2,2,2);stem(n2,abs(X1_32),'fill');
xlabel('k');ylabel('|X_1(k)|');title('x_1(n)的 32 点 DFT');   %画出 x1(n)32 点 DFT 的幅频特性
subplot(2,2,3);stem(n1,abs(X2_16),'.');
xlabel('k');ylabel('|X_2(k)|');title('x_2(n)的 16 点 DFT');   %画出 x2(n)16 点 DFT 的幅频特性
subplot(2,2,4);stem(n2,abs(X2_32),'fill');
xlabel('k');ylabel('|X_2(k)|');title('x_2(n)的 32 点 DFT')    %画出 x2(n)32 点 DFT 的幅频特性
```

运行结果如图 3-20 所示。

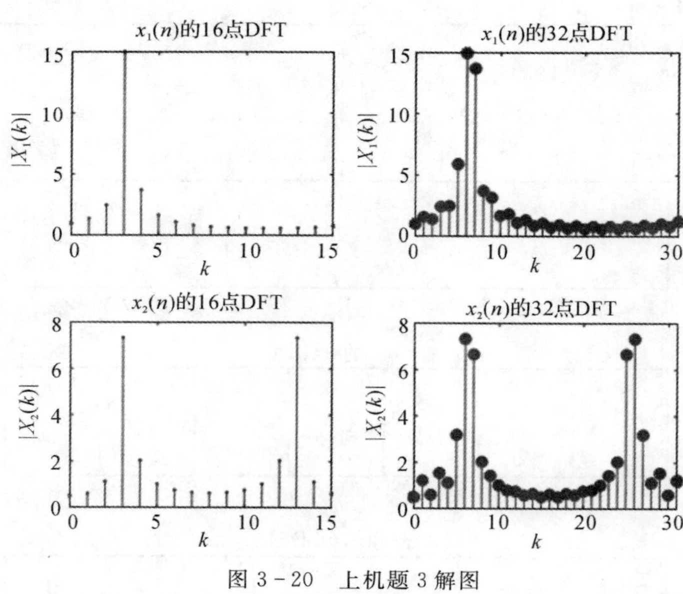

图 3-20　上机题 3 解图

4. 已知某 LTI 离散系统的单位脉冲序列 $h(n)=u(n)-u(n-8)$，输入 $x(n)=\cos\left(\frac{3n\pi}{4}\right)u(n)$，

用重叠相加法计算系统的输出 $y(n)=x(n)*h(n)$，并绘制 $x(n)$、$h(n)$和 $y(n)$。

解：求解程序如下：

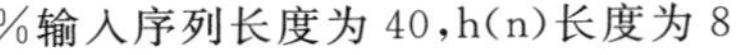

```
L=40;M=8; n=0:L-1;                                      %输入序列长度为 40,h(n)长度为 8
h=ones(1,8);                                            %单位脉冲序列
x=cos(3*pi*n/4);                                        %输入序列为余弦序列
y=fftfilt(h,x,M);                                       %用重叠相加法计算线性卷积
subplot(3,1,1);stem(n,[h,zeros(1,L-length(h))],'fill');  %画单位脉冲序列
xlabel('n');ylabel('h(n)');subplot(3,1,2);stem(n,x,'fill');  %绘制输入序列
xlabel('n');ylabel('x(n)');
subplot(3,1,3);stem(0:length(y)-1,y,'fill');            %绘制系统输出序列
xlabel('n');ylabel('y(n)');title('用重叠相加法计算线性卷积');
```

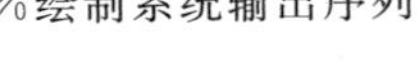

运行结果如图 3-21 所示。

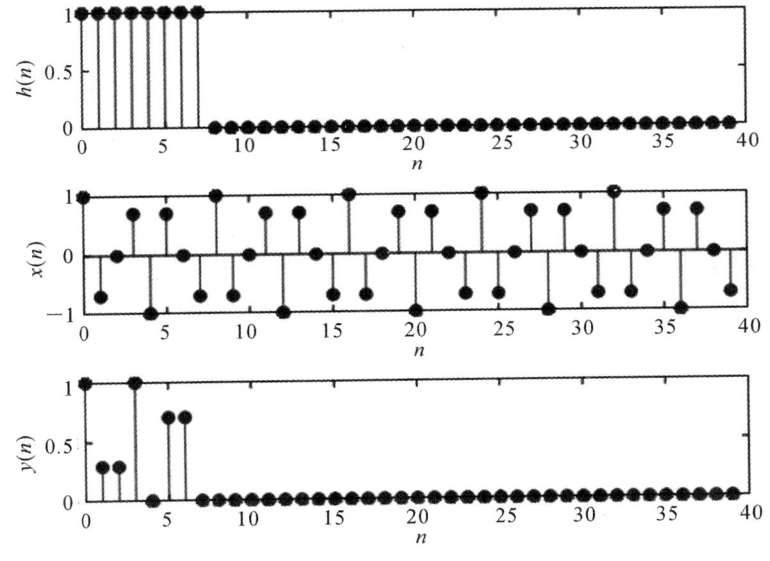

图 3-21　上机题 4 解图

5. 已知信号 $x(t)=\cos(2\pi f_1 t)+\cos(2\pi f_2 t)$，其中 $f_1=0.25$ Hz，$f_2=0.27$ Hz，采样间隔 1 s，用 MATLAB 绘制原始信号 $x(t)$及其傅里叶变换的幅频特性曲线。

解：求解程序如下。

```
n=0:99;ts=1;                                            %采样间隔为 1s
fs=1/ts;                                                %采样频率为 1Hz
N=length(n);                                            %序列长度为 100
x=cos(2*pi*0.25*n*ts)+cos(2*pi*0.27*n*ts);              %产生组合序列
W=dftmtx(N);X=x*W;                                      %求序列的 DFT
subplot(2,1,1);plot(n,x);                               %绘制序列的时域图
xlabel('时间/s');title('信号 x(t)');
subplot(2,1,2);stem(n/(ts*N),(ts*abs(X)),'.');          %绘制序列的频谱图
xlabel('频率/Hz');ylabel('振幅');title('用 DFT 估计信号的频谱');
```

运行结果如图 3-22 所示。

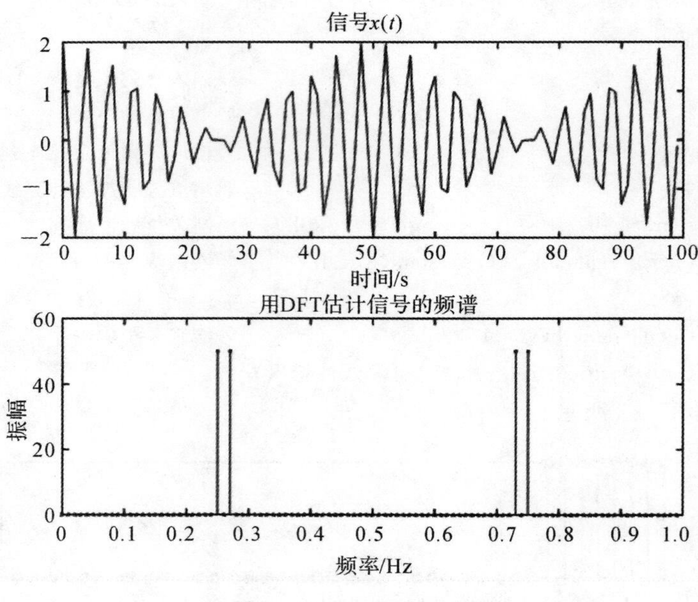

图 3-22 上机题5解图

6. 已知信号 $x(t)=\cos(2\pi f_1 t)+\cos(2\pi f_2 t)$，其中 $f_1=0.25$ Hz，$f_2=0.27$ Hz，采样间隔 1 s，用MATLAB绘制原始信号分别补20个零、60个零和100个零时的信号频谱的幅频特性曲线。

解：求解程序如下：

```
n=0:99;ts=1;fs=1/ts;                                      %数据初始化，采样频率为1Hz
x=cos(2*pi*0.25*n*ts)+cos(2*pi*0.27*n*ts);                %产生正弦及余弦的组合序列
x1=[x,zeros(1,20)];x2=[x,zeros(1,60)];x3=[x,zeros(1,100)];  %数据尾部补零
N1=length(x1);N2=length(x2);N3=length(x3);
W1=dftmtx(N1);W2=dftmtx(N2);W3=dftmtx(N3);                %对补零之后的数据进行DFT运算
X1=x1*W1;X2=x2*W2;X3=x3*W3;
subplot(3,1,1);plot(0:fs/N1:fs-fs/N1,(ts*abs(X1)));       %画出补20个零时的信号频谱
xlabel('频率/Hz');ylabel('振幅');
title('补20个零时的信号的幅频曲线');
subplot(3,1,2);plot(0:fs/N2:fs-fs/N2,(ts*abs(X2)));       %画出补60个零时的信号频谱
xlabel('频率/Hz');ylabel('振幅');
title('补60个零时的信号的幅频曲线');
subplot(3,1,3);plot(0:fs/N3:fs-fs/N3,(ts*abs(X3)));       %画出补100个零时的信号频谱
xlabel('频率/Hz');ylabel('振幅');
title('补100个零时的信号的幅频曲线');
```

运行结果如图3-23所示。

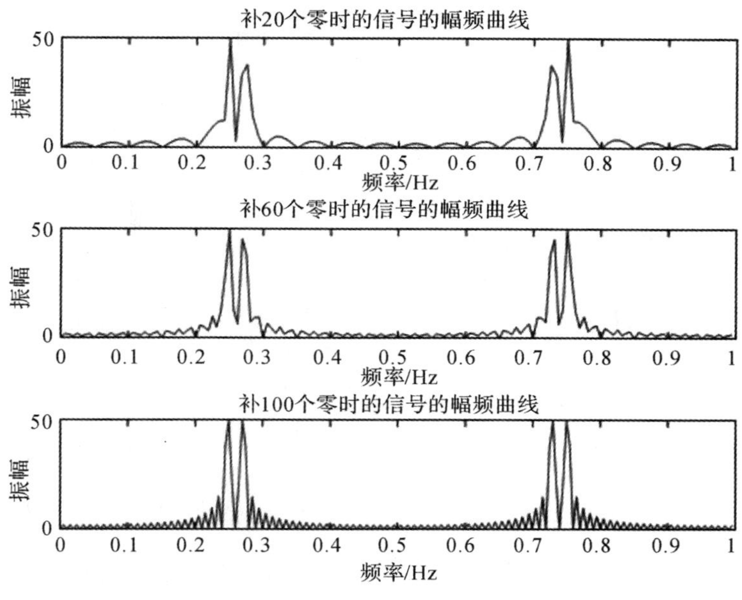

图 3 - 23　上机题 6 解图

7. 已知信号 $x(t)=\cos(2\pi f_1 t)+\cos(2\pi f_2 t)$，其中 $f_1=0.25$ Hz，$f_2=0.26$ Hz，采样间隔 1 s，当采样点数分别为 100 和 200 时，用 MATLAB 绘制信号频谱的幅频特性曲线。

解：求解程序如下：

```
n1=0:99;n2=0:199;ts=1;fs=1/ts;                          %数据初始化，采样频率为 10Hz
N1=length(n1);N2=length(n2);                             %数据有效长度分别为 100 和 200
x1=cos(2*pi*0.25*n1*ts)+sin(2*pi*0.26*n1*ts);            %产生数据长度为 100 的信号
x2=cos(2*pi*0.25*n2*ts)+sin(2*pi*0.26*n2*ts);            %产生数据长度为 200 的信号
W1=dftmtx(N1);W2=dftmtx(N2);                             %100 点 DFT 和 200 点 DFT 的复数矩阵
X1=x1*W1;X2=x2*W2; %对数据求 DFT
subplot(4,1,1);plot(n1,x1);                              %画出数据长度为 100 的时域信号
xlabel('时间/s');title('原始信号(N=100)');
subplot(4,1,2);
plot(n1/(ts*N1),(ts*abs(X1)));                           %画出数据长度为 100 的信号的频谱
xlabel('频率/Hz');ylabel('振幅');
title('信号的频谱(N=100)');
subplot(4,1,3);plot(n2,x2);                              %画出数据长度为 200 的时域信号
xlabel('时间/s');title('原始信号(N=200)');
subplot(4,1,4);
plot(n2/(ts*N2),(ts*abs(X2)));                           %画出数据长度为 100 的信号的频谱
xlabel('频率/Hz');ylabel('振幅');
title('信号的频谱(N=200)');
```

运行结果如图 3 - 24 所示。

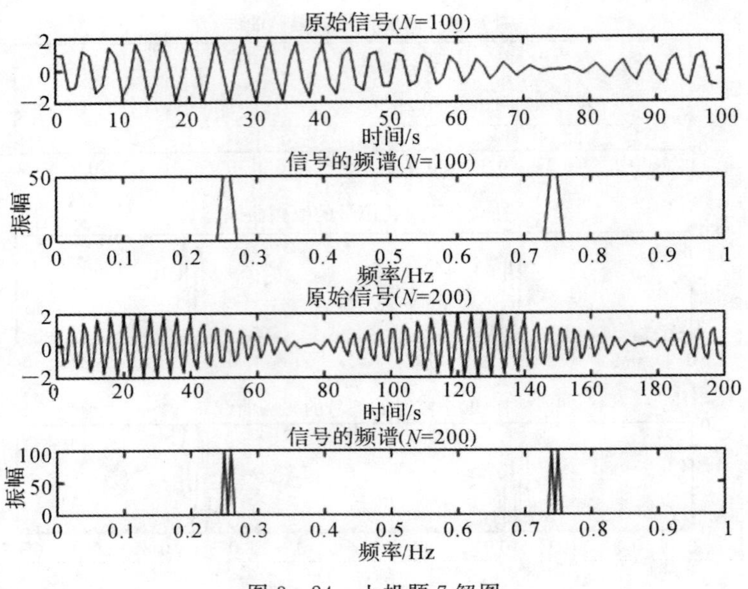

图 3-24　上机题 7 解图

8. 已知信号 $x(t)=3\cos(2\pi f_1 t)+2\cos(2\pi f_2 t)$，其中 $f_1=30$ Hz，$f_2=60$ Hz，采样频率 $f_s=150$ Hz，分别绘制情况 1：当数据长度为 32，FFT 点数为 32 时；情况 2：数据长度为 32，FFT 点数为 128 时；情况 3：当数据长度为 64，FFT 点数为 64 时；情况 4：数据长度为 64，FFT 点数为 128 时，信号经过 FFT 之后的频谱图。

解：求解程序如下。

```
fs=150;                                                    %采样频率为150Hz
ts=1/fs;
n1=0:31;n2=0:63;                                           %数据有效长度
N1=32;N2=128;N3=64;                                        %FFT 点数
x1=3*cos(2*pi*30*n1*ts)+2*cos(2*pi*60*n1*ts);              %产生有效长度为 32 的数据
x2=3*cos(2*pi*30*n2*ts)+2*cos(2*pi*60*n2*ts);              %产生有效长度为 64 的数据
y1=fft(x1,N1);y2=fft(x1,N2);                               %四种情况的 FFT
y3=fft(x2,N3);y4=fft(x2,N2);
subplot(2,2,1);plot(0:fs/N1:fs-fs/N1,abs(y1)/max(abs(y1)));   %绘制情况 1 的 FFT
xlabel('频率/Hz');ylabel('振幅');title('数据长度为 32,FFT 长度为 32');
subplot(2,2,2);plot(0:fs/N2:fs-fs/N2,abs(y2)/max(abs(y2)));   %绘制情况 2 的 FFT
xlabel('频率/Hz');ylabel('振幅');title('数据长度为 32,FFT 长度为 128');
subplot(2,2,3);plot(0:fs/N3:fs-fs/N3,abs(y3)/max(abs(y3)));   %绘制情况 3 的 FFT
xlabel('频率/Hz');ylabel('振幅');title('数据长度为 64,FFT 长度为 64');
subplot(2,2,4);plot(0:fs/N2:fs-fs/N2,abs(y4)/max(abs(y4)));   %绘制情况 4 的 FFT
xlabel('频率/Hz');ylabel('振幅');title('数据长度为 64,FFT 长度为 128');
```

运行结果如图 3-25 所示。

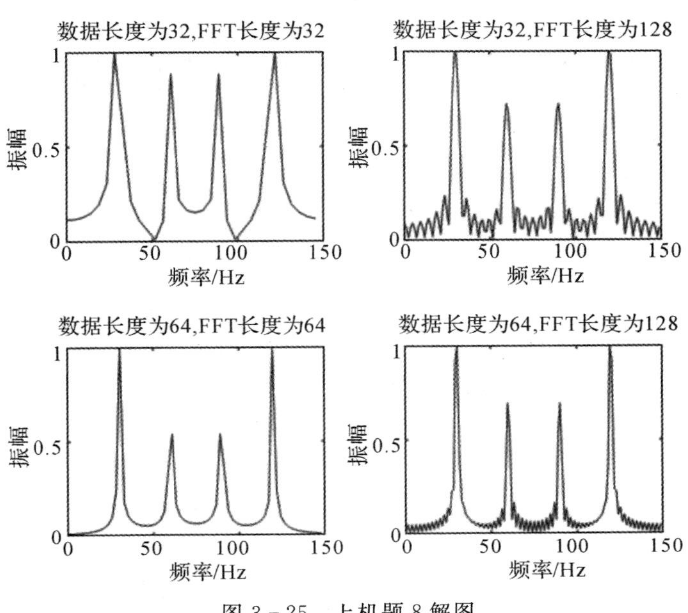

图 3-25　上机题 8 解图

9. 已知信号 $x(n)=2\sin(2\pi f_1 t)+\cos(2\pi f_2 t)+0.5\mathrm{rand}(1,N)$ 是一个包含了正弦信号、余弦信号以及白噪声形式的组合信号，其中 $f_1=5$ Hz，$f_2=50$ Hz，用 MATLAB 实现 FFT 对信号的谱分析。

解：求解程序如下：

```
N=1024;                                                        %FFT 点数为 1024
n=0:N-1;
fs=150;ts=1/fs;                                                %采样频率为 150Hz
x=2*sin(2*pi*5*ts*n)+cos(2*pi*50*ts*n)+randn(1,N);             %产生包含噪声的信号
y1=fft(x,N);                                                   %对信号进行 FFT
subplot(2,1,1);
plot(n*ts,x);                                                  %画包含噪声的时域信号
xlabel('t');
ylabel('x(t)');
title('包含噪声的信号');
subplot(2,1,2);
plot(n*fs/N,abs(y1));                                          %画信号的幅度谱
xlabel('\omega/\pi');
ylabel('振幅');
title('用 FFT 对含噪信号进行谱分析');
```

运行结果如图 3-26 所示。

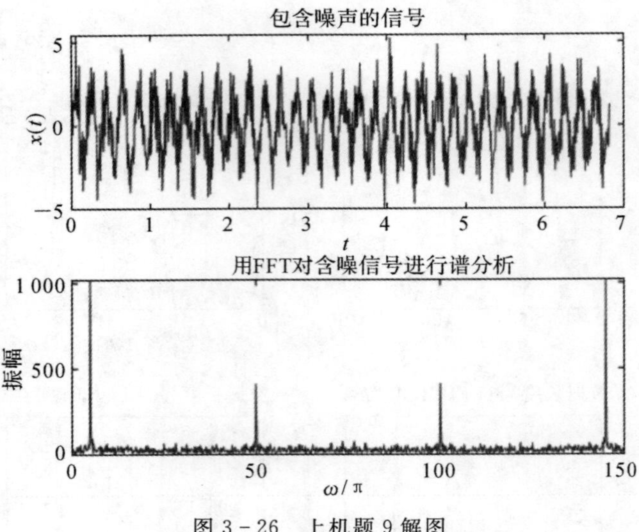

包含噪声的信号
x(t)
5
0
−5
0 1 2 3 4 5 6 7
t
用FFT对含噪信号进行谱分析
1 000
500
0
振幅
0 50 100 150
ω/π

图 3-26　上机题 9 解图

第 4 章　数字滤波器的基本结构

4.1　学习要点

4.1.1　数字滤波器的分类及表示方法

数字滤波器可分为无限长脉冲响应数字滤波器(Infinite Impulse Response,简称 IIR 滤波器)和有限长脉冲响应数字滤波器(Finite Impulse Respone,简称 FIR 滤波器)。两者的特点总结如下：

(1)IIR 滤波器的单位脉冲响应是无限长的,而 FIR 滤波器的单位脉冲响应是有限长的；

(2)IIR 滤波器的系统函数在有限 z 平面($0<|z|<\infty$)上存在极点,而 FIR 滤波器的系统函数在有限 z 平面($0<|z|<\infty$)上只有零点,而全部极点都在 $z=0$ 处。

实现该数字滤波器需要三种基本的运算单元,即单位延迟器、常数乘法器及加法器。这些基本单元有两种表示方法,即方框图法和信号流图法,分别如图 4-1 和图 4-2 所示。

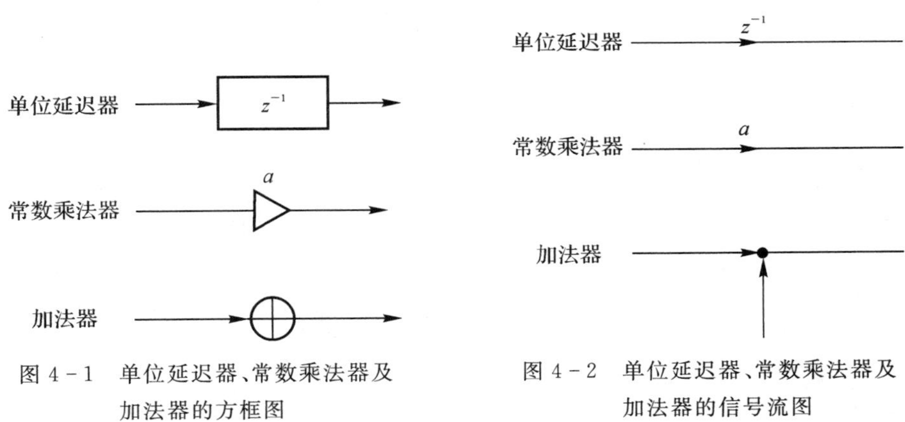

图 4-1　单位延迟器、常数乘法器及加法器的方框图

图 4-2　单位延迟器、常数乘法器及加法器的信号流图

4.1.2　IIR 滤波器的基本结构

1. 直接 I 型结构

假设 IIR 滤波器对应的线性常系数差分方程为 $y(n)=\sum_{k=1}^{N}a_k y(n-k)+\sum_{k=0}^{M}b_k x(n-k)$,则 IIR 滤波器的直接 I 型结构如图 4-3 所示。

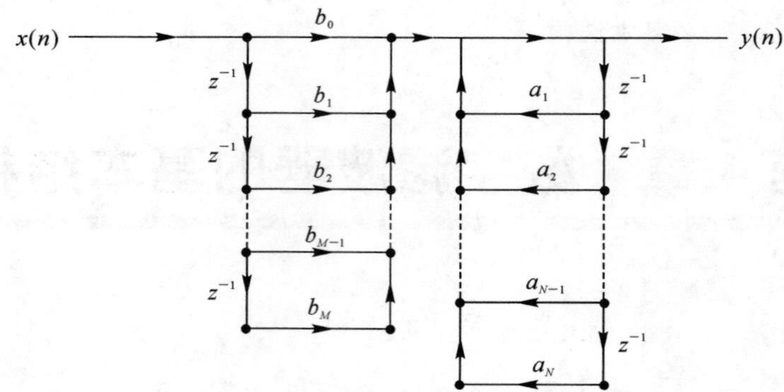

图 4-3 IIR 滤波器的直接 I 型结构

2. 直接Ⅱ型结构

对 IIR 滤波器的直接 I 型结构交换前后两个子系统的顺序，且合并重复的延迟单元后得到 IIR 滤波器的直接 II 型结构，如图 4-4 所示。

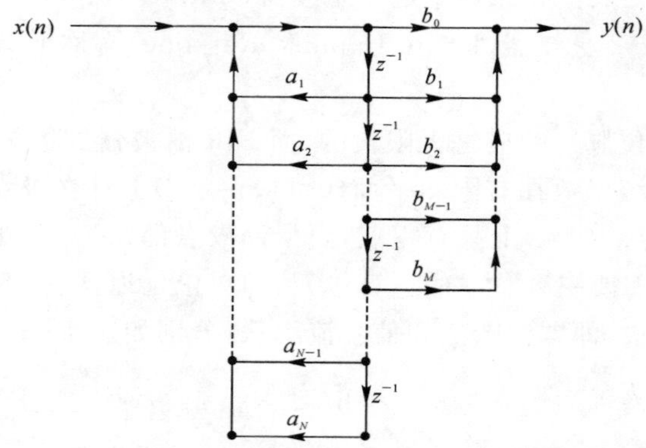

图 4-4 IIR 滤波器的直接 II 型结构

3. 级联型结构和并联型结构

将系统函数的分子和分母分别作因式分解，可将复杂的系统函数看作是若干个一阶子系统和二阶子系统的级联，如图 4-5 所示。另外，若将系统函数进行部分分式分解，可将复杂的系统函数看作是若干个一阶子系统和二阶子系统的并联，如图 4-6 所示。

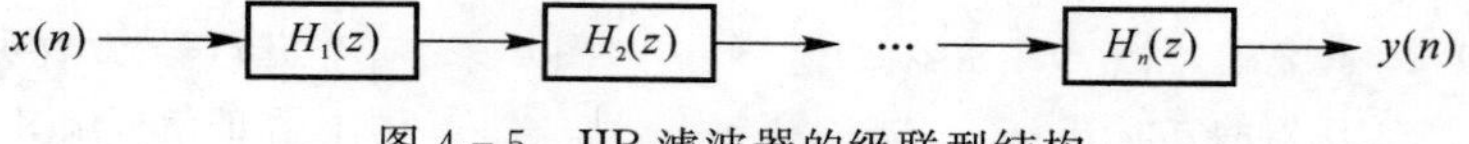

图 4-5 IIR 滤波器的级联型结构

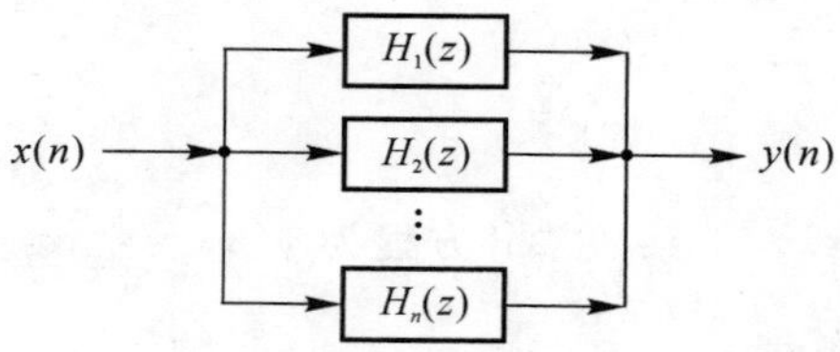

图 4-6 IIR 滤波器的并联型结构

4.1.3　FIR 滤波器的基本结构

1. 直接型结构

FIR 滤波器对应的差分方程为

$$y(n)=\sum_{k=0}^{N-1}h(k)x(n-k)$$

根据上式，可画出 FIR 滤波器的直接型结构如图 4－7 所示，该型结构也称为横截型或卷积型结构。

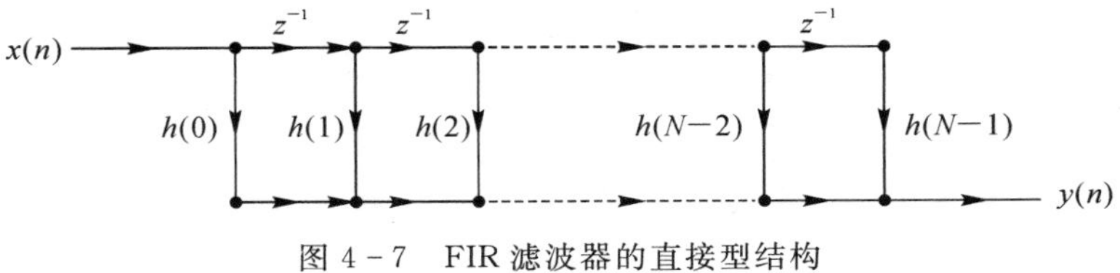

图 4－7　FIR 滤波器的直接型结构

2. 级联型结构

若能够将系统函数分解为若干个一阶子系统和二阶子系统的乘积，则可得到 FIR 滤波器的级联型结构，如图 4－8 所示。

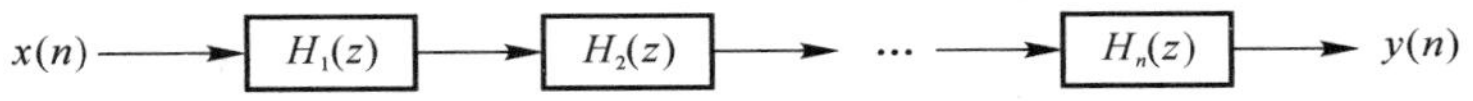

$x(n)\rightarrow H_1(z)\rightarrow H_2(z)\rightarrow\cdots\rightarrow H_n(z)\rightarrow y(n)$

图 4－8　FIR 滤波器的级联型结构

3. 频率采样型结构

通过频域采样点 $H(k)$ 构造系统函数 $H(z)$，可得到 FIR 滤波器的频率采样型结构，其原理过程如图 4－9 所示。FIR 滤波器频率采样型结构的特点是，结构图中的系数直接来源于对频率响应的采样，因此控制滤波器的频率响应很方便。但缺点是其极点均位于单位圆上，当存在系统误差时可能导致滤波器不稳定。针对该缺点，一般使用修正后的频率采样结构表达式。当 $r<1$ 时，可保证所有极点均位于单位圆之内。频率采样型结构如图 4－10 所示。

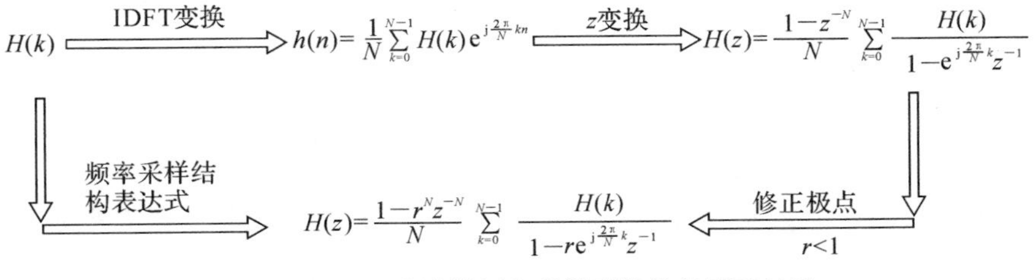

$H(k)$ —IDFT变换→ $h(n)=\frac{1}{N}\sum_{k=0}^{N-1}H(k)e^{j\frac{2\pi}{N}kn}$ —z变换→ $H(z)=\frac{1-z^{-N}}{N}\sum_{k=0}^{N-1}\frac{H(k)}{1-e^{j\frac{2\pi}{N}k}z^{-1}}$

频率采样结构表达式

修正极点 $r<1$

$H(z)=\frac{1-r^Nz^{-N}}{N}\sum_{k=0}^{N-1}\frac{H(k)}{1-re^{j\frac{2\pi}{N}k}z^{-1}}$

图 4－9　FIR 滤波器频率采样型结构的原理过程

4. 线性相位型结构

如果 FIR 滤波器的单位脉冲响应 $h(n)$ 为实数，$0\leqslant n\leqslant N-1$，且满足以下条件：

$$h(n)=\pm h(N-1-n)$$

即单位脉冲响应$h(n)$关于$n=(N-1)/2$处为奇对称或偶对称，则FIR滤波器具有线性相位特性。以$N=9$，$h(n)$关于$n=(N-1)/2$处偶对称为例，FIR滤波器的线性相位型结构如图4-11所示。

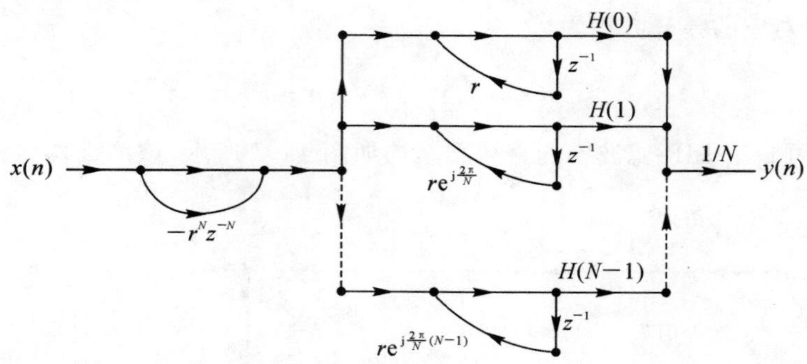

图4-10　FIR滤波器的频率采样型结构

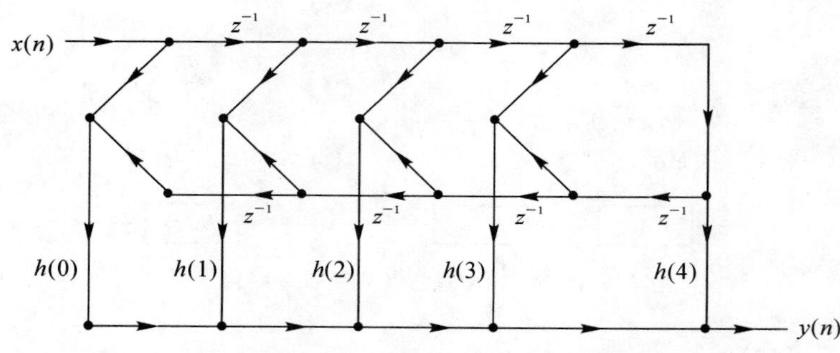

图4-11　FIR滤波器的线性相位型结构

4.2　典型例题

例4-1　已知线性移不变离散时间系统的单位脉冲响应为

$$h(n)=\left[-\frac{13}{3}\cdot 0.8^n-\frac{2}{3}\cdot 0.5^n+6\right]u(n)$$

(1) 求系统函数$H(z)$，画出零、极点图；

(2) 写出该系统的差分方程；

(3) 画出该系统的直接II型实现、并联实现和级联实现的信号流图。

解：(1) 对该线性移不变离散时间系统的单位脉冲响应求z变换得到系统函数$H(z)$为

$$H(z)=-\frac{13}{3}\frac{z}{z-0.8}-\frac{2}{3}\frac{z}{z-0.5}+6\frac{z}{z-1}$$

整理上式可得系统函数为

$$H(z)=\frac{z^3-0.1z^2-0.3z}{z^3-2.3z^2+1.7z-0.4}$$

系统零点为分子表达式$z^3-0.1z^2-0.3z=0$的根，可得到零点为$z=0$，$z=0.6$，$z=-0.5$。同时，系统极点为分母表达式$z^3-2.3z^2+1.7z-0.4z=0$的根，得到极点为$z=0.5$，

$z=0.8, z=1$。于是，系统的零、极点分布图如图 4-12 所示。

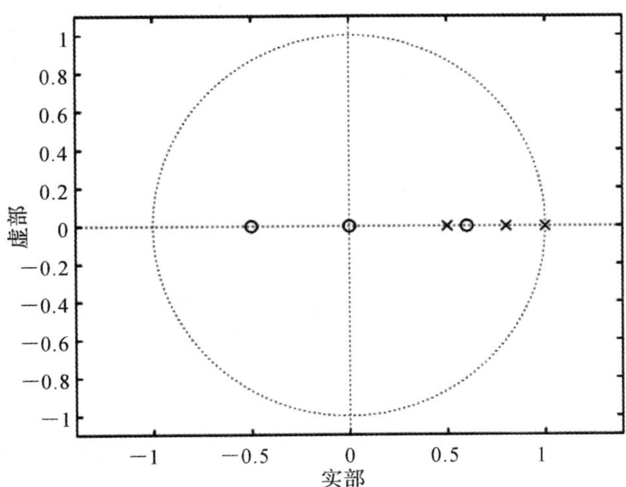

图 4-12　系统的零、极点分布图

(2) 由于 $H(z)=\dfrac{Y(z)}{X(z)}=\dfrac{z^3-0.1z^2-0.3z}{z^3-2.3z^2+1.7z-0.4}$，则可知

$$(z^3-2.3z^2+1.7z-0.4)Y(z)=(z^3-0.1z^2-0.3z)X(z)$$

并可进一步变化为

$$(1-2.3z^{-1}+1.7z^{-2}-0.4z^{-3})Y(z)=(1-0.1z^{-1}-0.3z^{-2})X(z)$$

因此，系统的差分方程为

$$y(n)-2.3y(n-1)+1.7y(n-2)-0.4y(n-3)=x(n)-0.1x(n-1)-0.3x(n-2)$$

(3) 根据系统函数

$$H(z)=\frac{z^3-0.1z^2-0.3z}{z^3-2.3z^2+1.7z-0.4}=\frac{1-0.1z^{-1}-0.3z^{-2}}{1-2.3z^{-1}+1.7z^{-2}-0.4z^{-3}}$$

得系统直接实现的信号流图如图 4-13 所示。

又根据系统函数的部分分式形式

$$H(z)=-\frac{13}{3}\frac{z}{z-0.8}-\frac{2}{3}\frac{z}{z-0.5}+6\frac{z}{z-1}=-\frac{13}{3}\frac{1}{1-0.8z^{-1}}-\frac{2}{3}\frac{1}{1-0.5z^{-1}}+6\frac{1}{1-z^{-1}}$$

得系统并联实现的信号流图如图 4-14 所示。

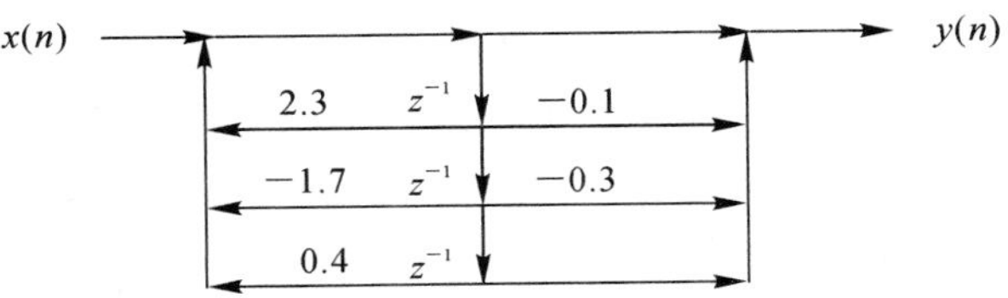

图 4-13　系统直接 II 型实现的信号流图

由于系统的零点为 $z=0, z=0.6, z=-0.5$，同时，极点为 $z=1, z=0.5, z=0.8$，因此可将系统函数因式分解，即

$$H(z)=\frac{z(z+0.5)(z-0.6)}{(z-1)(z-0.5)(z-0.8)}=\frac{z}{z-1}\cdot\frac{z+0.5}{z-0.5}\cdot\frac{z-0.6}{z-0.8}=$$

$$\frac{1}{1-z^{-1}}\cdot\frac{1+0.5z^{-1}}{1-0.5z^{-1}}\cdot\frac{1-0.6z^{-1}}{1-0.8z^{-1}}$$

所以系统级联实现的信号流图如图 4-15 所示。当然这不是唯一的级联方式,也可以选择其他不同的零、极点组合方式。

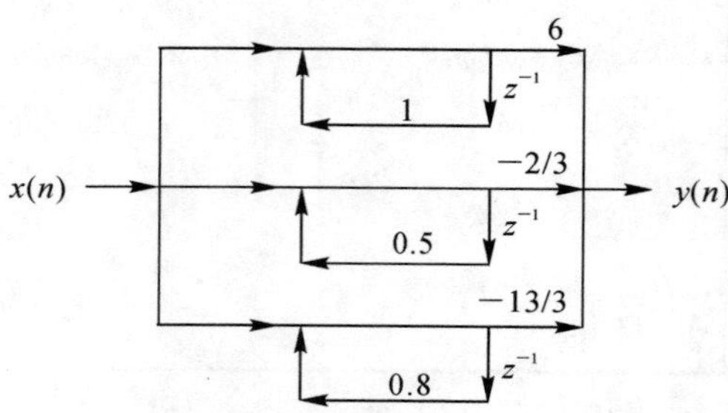

图 4-14　系统并联实现的信号流图

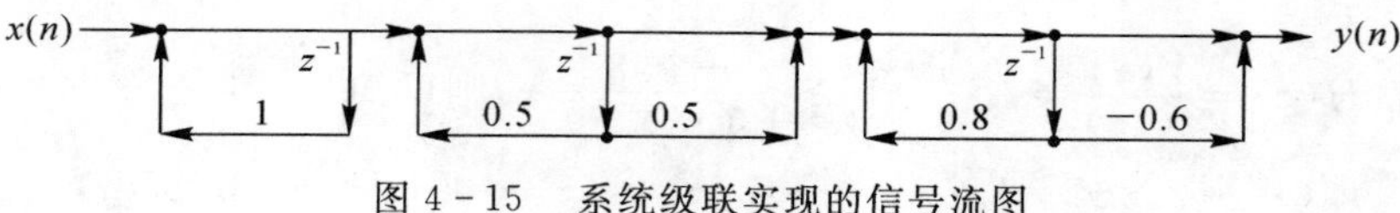

图 4-15　系统级联实现的信号流图

例 4-2　设滤波器差分方程为

$$y(n)-\frac{5}{6}y(n-1)+\frac{1}{6}y(n-2)=x(n)+x(n-1)-\frac{1}{4}x(n-2)$$

(1) 试画出该系统的直接 Ⅰ 型、直接 Ⅱ 型、级联型和并联型结构;

(2) 求系统的频率响应函数。

解:(1) 对差分方程两边求 z 变换可得

$$Y(z)-\frac{5}{6}z^{-1}Y(z)+\frac{1}{6}z^{-2}Y(z)=X(z)+z^{-1}X(z)-\frac{1}{4}z^{-2}X(z)$$

整理上述式子可知系统函数为

$$H(z)=\frac{Y(z)}{X(z)}=\frac{1+z^{-1}-\frac{1}{4}z^{-2}}{1-\frac{5}{6}z^{-1}+\frac{1}{6}z^{-2}}$$

于是系统的直接 Ⅰ 型及直接 Ⅱ 型结构如图 4-16 和图 4-17 所示。

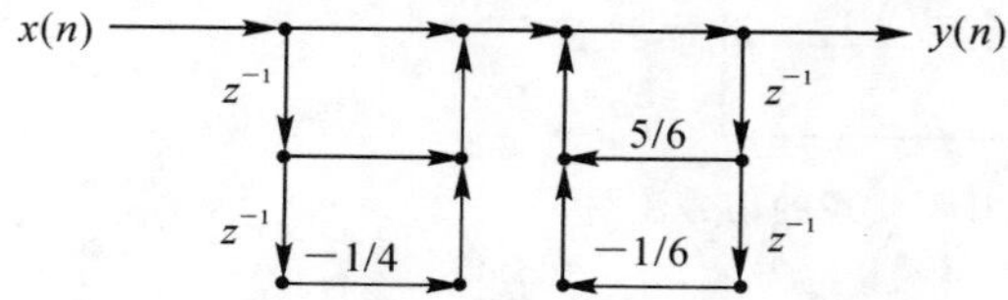

图 4-16　系统的直接 Ⅰ 型结构图

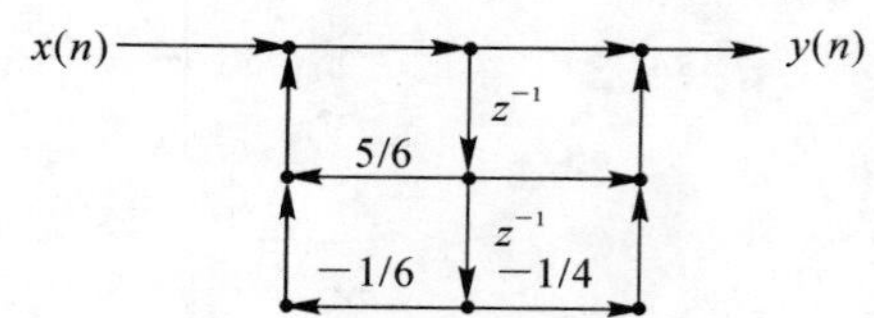

图 4-17　系统的直接 Ⅱ 型结构图

对系统函数可进行因式分解如下:

$$H(z)=\frac{1+z^{-1}-\frac{1}{4}z^{-2}}{1-\frac{5}{6}z^{-1}+\frac{1}{6}z^{-2}}=\frac{1+z^{-1}-\frac{1}{4}z^{-2}}{\left(1-\frac{1}{3}z^{-1}\right)\left(1-\frac{1}{2}z^{-1}\right)}$$

所以系统的级联型结构如图 4－18 所示。

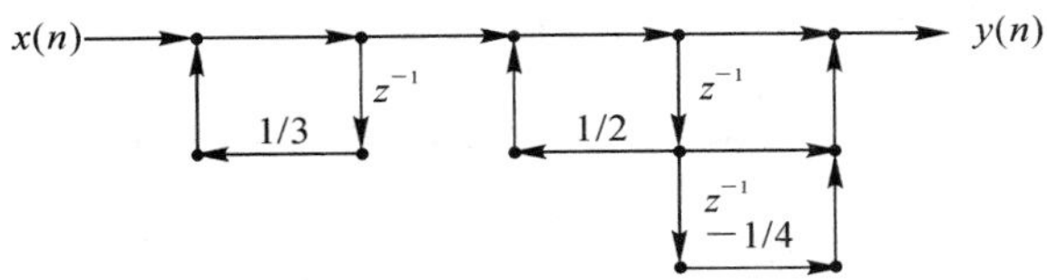

图 4－18　系统的级联型结构图

为得到系统的并联型结构，将系统函数进行部分分式展开可得

$$H(z)=\frac{1+z^{-1}-\frac{1}{4}z^{-2}}{1-\frac{5}{6}z^{-1}+\frac{1}{6}z^{-2}}=\frac{z^2+z-\frac{1}{4}}{\left(z-\frac{1}{3}\right)\left(z-\frac{1}{2}\right)}=$$

$$1+\frac{-\frac{7}{6}}{z-\frac{1}{3}}+\frac{3}{z-\frac{1}{2}}=1+\frac{-\frac{7}{6}z^{-1}}{1-\frac{1}{3}z^{-1}}+\frac{3z^{-1}}{1-\frac{1}{2}z^{-1}}$$

所以系统的并联型结构如图 4－19 所示。

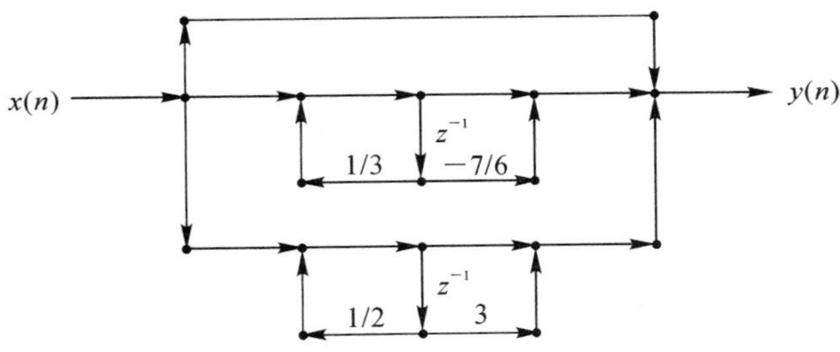

图 4－19　系统的并联型结构图

(2) 由系统频率响应与系统函数的关系可知

$$H(\mathrm{e}^{\mathrm{j}\omega})=H(z)\big|_{z=\mathrm{e}^{\mathrm{j}\omega}}=\frac{1+z^{-1}-\frac{1}{4}z^{-2}}{1-\frac{5}{6}z^{-1}+\frac{1}{6}z^{-2}}\Big|_{z=\mathrm{e}^{\mathrm{j}\omega}}=\frac{1+\mathrm{e}^{-\mathrm{j}\omega}-\frac{1}{4}\mathrm{e}^{-\mathrm{j}2\omega}}{1-\frac{5}{6}\mathrm{e}^{-\mathrm{j}\omega}+\frac{1}{6}\mathrm{e}^{-\mathrm{j}2\omega}}=$$

$$\frac{1+\cos\omega-\frac{1}{4}\cos2\omega+\mathrm{j}\left(\frac{1}{4}\sin2\omega-\sin\omega\right)}{1-\frac{5}{6}\cos\omega+\frac{1}{6}\cos2\omega+\mathrm{j}\left(\frac{5}{6}\sin\omega-\frac{1}{6}\sin2\omega\right)}$$

所以系统的幅频响应函数为

$$|H(\mathrm{e}^{\mathrm{j}\omega})|=\frac{\sqrt{\left(1+\cos\omega-\frac{1}{4}\cos2\omega\right)^2+\left(\frac{1}{4}\sin2\omega-\sin\omega\right)^2}}{\sqrt{\left(1-\frac{5}{6}\cos\omega+\frac{1}{6}\cos2\omega\right)^2+\left(\frac{5}{6}\sin\omega-\frac{1}{6}\sin2\omega\right)^2}}$$

相频响应函数为

$$\arg[H(\mathrm{e}^{\mathrm{j}\omega})]=\arctan\left(\frac{\frac{1}{4}\sin2\omega-\sin\omega}{1+\cos\omega-\frac{1}{4}\cos2\omega}\right)-\arctan\left(\frac{\frac{5}{6}\sin\omega-\frac{1}{6}\sin2\omega}{1-\frac{5}{6}\cos\omega+\frac{1}{6}\cos2\omega}\right)$$

例 4－3　写出如图 4－20 所示结构的系统函数及差分方程。

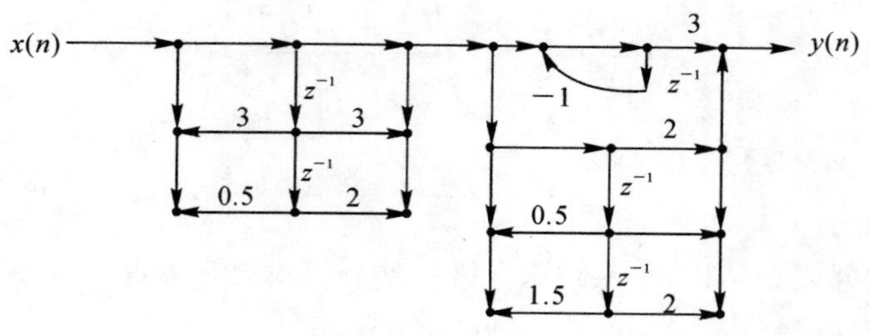

图 4－20　例 4－3 图

解:该结构左边的子系统是一个直接 Ⅱ 型结构,右边子系统是一个并联型结构,此结构是这两个子系统级联形成的。

$$H(z)=\frac{1+3z^{-1}+0.5z^{-2}}{1-3z^{-1}-2z^{-2}}\left(\frac{3}{1+z^{-1}}+\frac{2+z^{-1}+2z^{-2}}{1-0.5z^{-1}-1.5z^{-2}}\right)$$

化简得系统函数为

$$H(z)=\frac{5+16.5z^{-1}+5.5z^{-2}-1.75z^{-3}+5.25z^{-4}+z^{-5}}{1-2.5z^{-1}-5.5z^{-2}+3.5z^{-3}+8.5z^{-4}+3z^{-5}}$$

因为系统函数可写成 $Y(z)$ 与 $X(z)$ 之比,即

$$H(z)=\frac{Y(z)}{X(z)}=\frac{5+16.5z^{-1}+5.5z^{-2}-1.75z^{-3}+5.25z^{-4}+z^{-5}}{1-2.5z^{-1}-5.5z^{-2}+3.5z^{-3}+8.5z^{-4}+3z^{-5}}$$

将上式取 z 反变换可得系统的差分方程为

$$\begin{aligned}y(n)-2.5y(n-1)-5.5y(n-2)+3.5y(n-3)+8.5y(n-4)+3y(n-5)=\\5x(n)+16.5x(n-1)+5.5x(n-2)-1.75x(n-3)+\\5.25x(n-4)+x(n-5)\end{aligned}$$

例 4－4　设某 FIR 数字滤波器的系统函数为 $H(z)=2-z^{-1}+5z^{-2}-z^{-3}+2z^{-4}$,试画出此滤波器的直接型结构和线性相位结构。

解:由于系统函数为

$$H(z)=2-z^{-1}+5z^{-2}-z^{-3}+2z^{-4}$$

因此,系统的单位脉冲响应为

$$h(n)=2\delta(n)-\delta(n-1)+5\delta(n-2)-\delta(n-3)+2\delta(n-4)$$

即

$$h(0)=2,\quad h(1)=-1,\quad h(2)=5,\quad h(3)=-1,\quad h(4)=2$$

由此可见,单位脉冲响应 $h(n)$ 的长度为 $N=5$,且关于 $n=2$ 偶对称,显然该系统具备线性相位特性。因此,可以画出 FIR 系统的直接型结构如图 4－21 所示,FIR 系统的线性相位结构如图 4－22 所示。

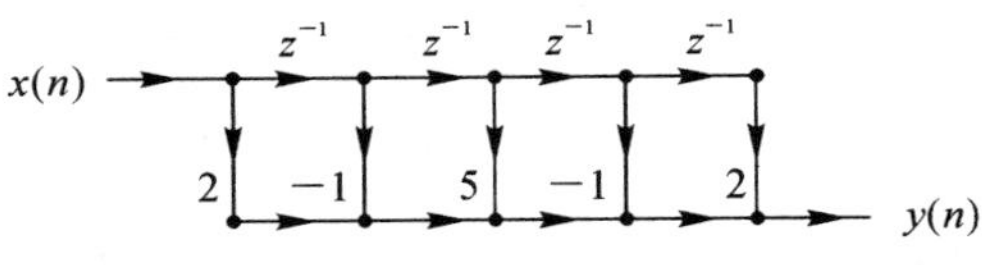

图 4 - 21　FIR 系统的直接型结构

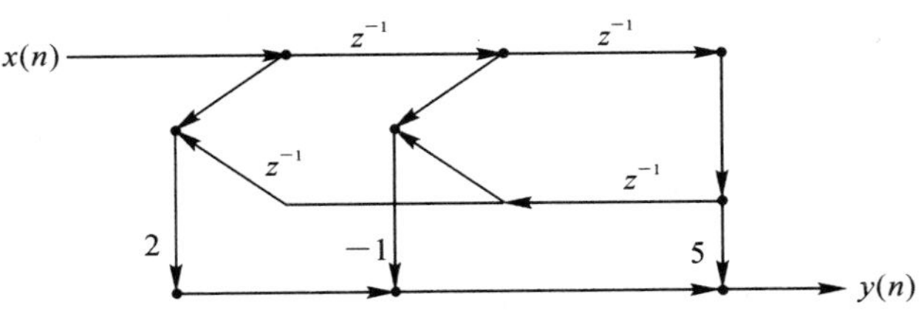

图 4 - 22　FIR 系统的线性相位结构

例 4 - 5　已知某 FIR 系统的单位脉冲响应为

$$h(n)=\delta(n)+0.3\delta(n-1)+0.32\delta(n-2)+0.04\delta(n-3)+0.02\delta(n-4)$$

写出该系统的系统函数 $H(z)$,并画出它的级联型结构。

解:对系统的单位脉冲响应求 z 变换可得

$$H(z)=\sum_{n=-\infty}^{\infty}h(n)z^{-n}=\sum_{n=-\infty}^{\infty}[\delta(n)+0.3\delta(n-1)+0.32\delta(n-2)+$$
$$0.04\delta(n-3)+0.02\delta(n-4)]z^{-n}=$$
$$1+0.3z^{-1}+0.32z^{-2}+0.04z^{-3}+0.02z^{-4}$$

对系统函数 $H(z)$ 因式分解得

$$H(z)=1+0.3z^{-1}+0.32z^{-2}+0.04z^{-3}+0.02z^{-4}=$$
$$(1+0.1z^{-1}+0.1z^{-2})(1+0.2z^{-1}+0.2z^{-2})$$

显然该 FIR 滤波器的级联型结构如图 4 - 23 所示。

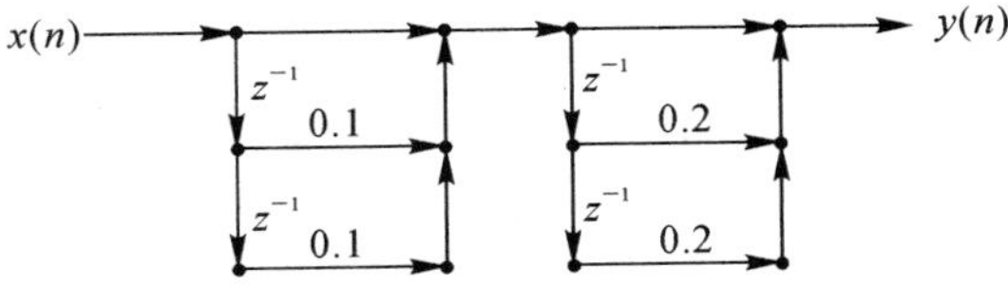

图 4 - 23　FIR 系统的级联型结构

例 4 - 6　某 FIR 滤波器的单位脉冲响应为

$$h(n)=\left(\frac{1}{2}\right)^{n}R_5(n)$$

(1) 求该滤波器的系统函数 $H(z)$,并画出它的卷积型结构图;

(2) 画出该系统的级联型结构图;

(3) 画出该系统的直接 Ⅱ 型结构图。

解:(1) 根据 z 变换的定义式可知

$$H(z)=\sum_{n=-\infty}^{\infty}h(n)z^{-n}=\sum_{n=0}^{4}\left(\frac{1}{2}\right)^{n}z^{-n}=\sum_{n=0}^{4}\left(\frac{1}{2}\right)^{n}z^{-n}=1+\frac{1}{2}z^{-1}+\frac{1}{4}z^{-2}+\frac{1}{8}z^{-3}+\frac{1}{16}z^{-4}$$

于是,可画出该 FIR 滤波器的卷积型结构如图 4-24 所示。

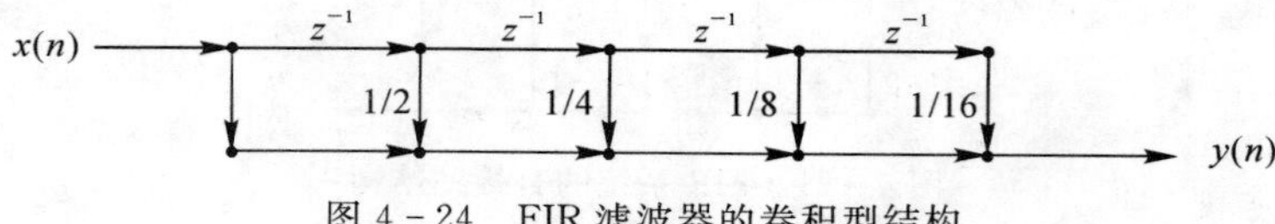

图 4-24 FIR 滤波器的卷积型结构

(2) 由于系统函数为有限项等比序列求和,故整理可得

$$H(z)=\frac{1-\frac{1}{32}z^{-5}}{1-\frac{1}{2}z^{-1}}=\frac{1}{1-\frac{1}{2}z^{-1}}\left(1-\frac{1}{32}z^{-5}\right)$$

所以它的级联型结构如图 4-25 所示。

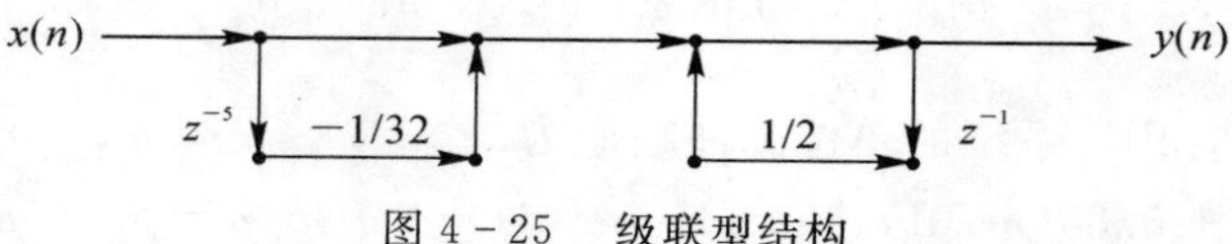

图 4-25 级联型结构

(3) 该系统的直接 II 型结构如图 4-26 所示。

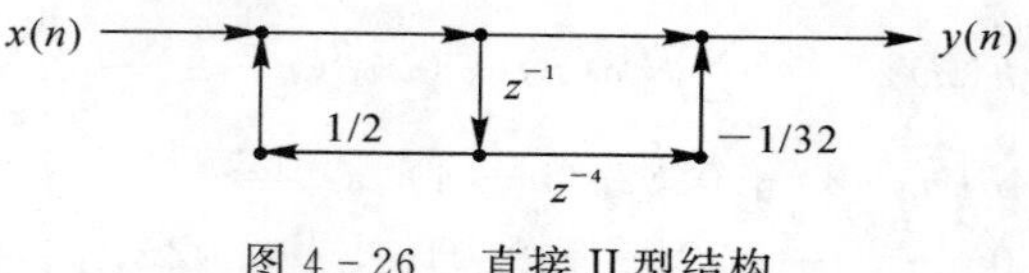

图 4-26 直接 II 型结构

例 4-7 某 FIR 滤波器的单位脉冲响应为实数序列,且长度 $N=8$,且已知其频率响应的部分采样值如下:

$H(0)=19$, $H(1)=1.5+\mathrm{j}(1.5+\sqrt{2})$, $H(2)=0$, $H(3)=1.5+\mathrm{j}(\sqrt{2}-1.5)$, $H(4)=5$

(1) 求当 $k=5,6,7$ 时 $H(k)$ 的值;

(2) 求频率采样结构表达式,并画出频率采样结构流图。

解:(1) 由于实数序列的 DFT 满足共轭对称关系,即

$$H(k)=H^*(N-k)$$

因此得到

$$H(5)=H^*(N-5)=H^*(3)=1.5-\mathrm{j}(\sqrt{2}-1.5)$$

$$H(6)=H^*(N-6)=H^*(2)=0$$

$$H(7)=H^*(N-7)=H^*(1)=1.5-\mathrm{j}(1.5+\sqrt{2})$$

(2) 根据频率采样结构公式,即

$$H(z)=\frac{1-z^{-8}}{8}\sum_{k=0}^{7}\frac{H(k)}{1-W_8^{-k}z^{-1}}$$

得到

$$H(z)=\frac{1-z^{-8}}{8}\left[\frac{19}{1-W_8^0z^{-1}}+\frac{1.5+\mathrm{j}(1.5+\sqrt{2})}{1-W_8^{-1}z^{-1}}+\frac{1.5+\mathrm{j}(\sqrt{2}-1.5)}{1-W_8^{-3}z^{-1}}+\right.$$

$$\left.\frac{5}{1-W_8^{-4}z^{-1}}+\frac{1.5-\mathrm{j}(\sqrt{2}-1.5)}{1-W_8^{-5}z^{-1}}+\frac{1.5-\mathrm{j}(1.5+\sqrt{2})}{1-W_8^{-7}z^{-1}}\right]=$$

$$\frac{1-z^{-8}}{8}\left[\frac{19}{1-z^{-1}}+\frac{5}{1+z^{-1}}+\frac{3-(3\sqrt{2}+2)z^{-1}}{1-\sqrt{2}z^{-1}+z^{-2}}+\frac{3+(3\sqrt{2}-2)z^{-1}}{1+\sqrt{2}z^{-1}+z^{-2}}\right]$$

根据上式画出相应的频率采样结构流图如图 4－27 所示。

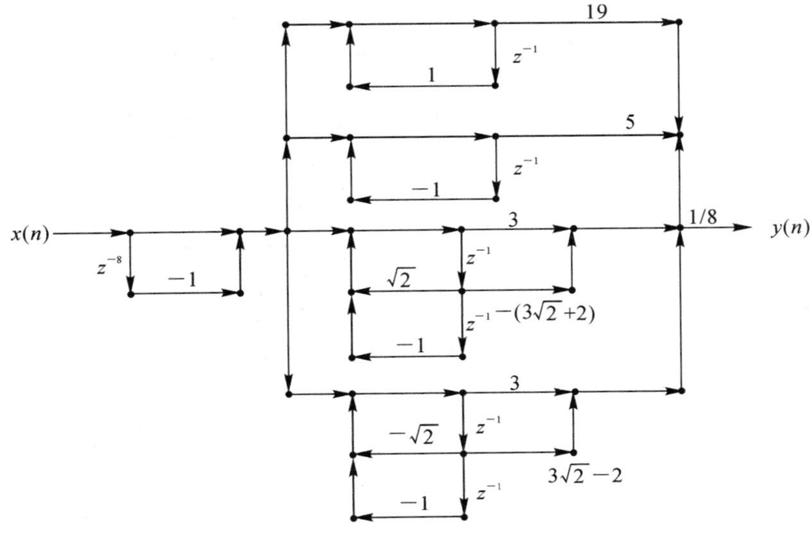

图 4－27　系统的频率采样结构流图

例 4－8　已知某 FIR 滤波器的单位脉冲响应为 $h(n)=\delta(n)+\delta(n-2)-\delta(n-5)$，如果采样点数为 $N=6$，试画出该滤波器的频率采样结构流图。

解：由频率采样结构的公式可知

$$H(z)=(1-z^{-N})\frac{1}{N}\sum_{k=0}^{N-1}\frac{H(k)}{1-W_N^{-k}z^{-1}}$$

其中 $N=6$，且 $H(k)$ 是 $h(n)$ 的 6 点 DFT，则

$$H(k)=\mathrm{DFT}[h(n)]=\sum_{n=0}^{N-1}h(n)W_N^{kn}$$

将 $h(n)$ 代入上式得

$$H(k)=\sum_{n=0}^{5}[\delta(n)+\delta(n-2)-\delta(n-5)]W_6^{kn}=1+W_6^{2k}-W_6^{5k}=$$
$$1+\mathrm{e}^{-\mathrm{j}\frac{2}{3}\pi k}-\mathrm{e}^{-\mathrm{j}\frac{5}{3}\pi k},\quad k=0,1,\cdots 5$$

于是，该 FIR 滤波器的频率采样结构流图如图 4－28 所示。

例 4－9　用 a_1 和 a_2 的值确定 b_1、b_2、c_1 和 c_2 的值，使得图 4－29(a) 和图 4－29(b) 中的两个系统等效。

解：图 4－29(a) 为并联型结构，因此它的系统函数为

$$H(z)=\frac{1}{1-a_1z^{-1}}+\frac{1}{1-a_2z^{-1}}=\frac{2-(a_1+a_2)z^{-1}}{(1-a_1z^{-1})(1-a_2z^{-1})}$$

而图 4－29(b) 为级联型结构，因此它的系统函数为

$$H(z)=\frac{c_1+c_2z^{-1}}{1-b_1z^{-1}}\cdot\frac{1}{1-b_2z^{-1}}$$

由于是等效系统，则比较上述两个系统函数表达式可得

$$c_1=2,\quad c_2=-(a_1+a_2),\quad b_1=a_1,\quad b_2=a_2$$

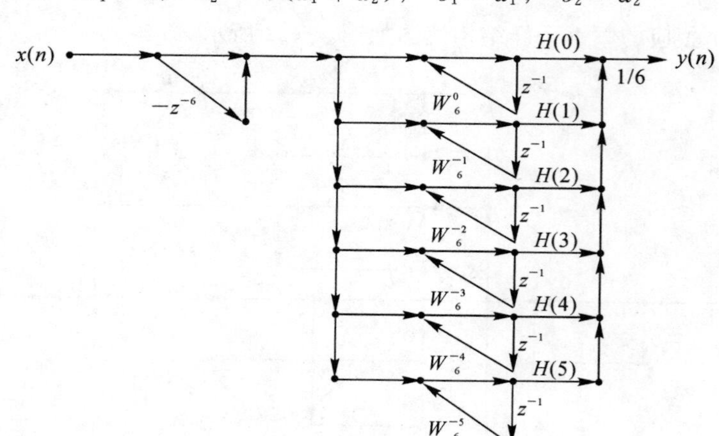

图 4-28　FIR 滤波器的频率采样结构流图

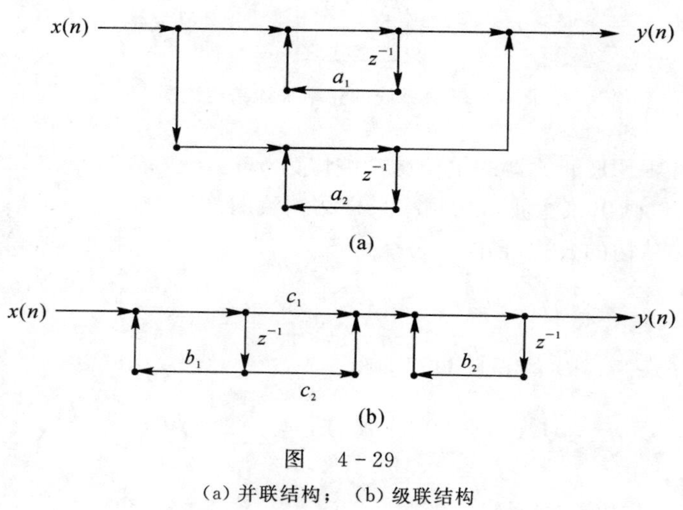

图　4-29

(a) 并联结构；(b) 级联结构

例 4-10　有三个系统，它们的系统函数分别为 $H_1(z)=1-z^{-1}+2z^{-2}-0.5z^{-3}$，$H_2(z)=1+3z^{-1}-0.4z^{-2}+1.8z^{-3}$，$H_3(z)=H_1(z)/H_2(z)$，分别画出它们的直接型结构。

解：$H_1(z)$、$H_2(z)$、$H_3(z)$ 分别对应的直接型结构如图 4-30(a)(b)(c) 所示。

例 4-11　某因果系统的并联型结构如图 4-31 所示，试求该系统的系统函数及单位脉冲响应。

解：根据题意得该系统的系统函数为

$$H(z)=3+\frac{2z^{-1}}{1+5z^{-1}}+\frac{1+4z^{-1}}{1-0.5z^{-1}}$$

由于该系统为因果系统，故对上式求 z 反变换可得

$$h(n)=3\delta(n)+2\cdot(-5)^{n-1}u(n-1)+0.5^n u(n)+4\cdot 0.5^{n-1}u(n-1)$$

整理得该系统的单位脉冲响应为

$$h(n)=4\delta(n)+\left[9\left(\frac{1}{2}\right)^n-\frac{2}{5}(-5)^n\right]u(n-1)$$

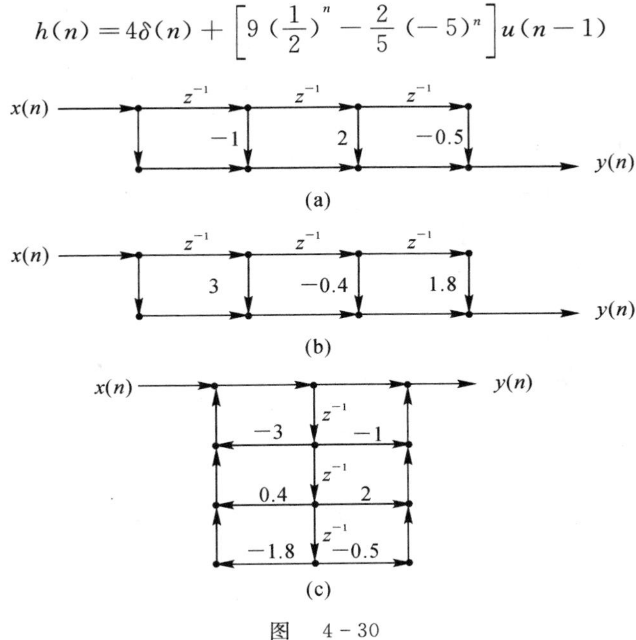

图　4-30

(a) $H_1(z)$ 直接型结构；(b) $H_2(z)$ 直接型结构；(c) $H_3(z)$ 直接型结构

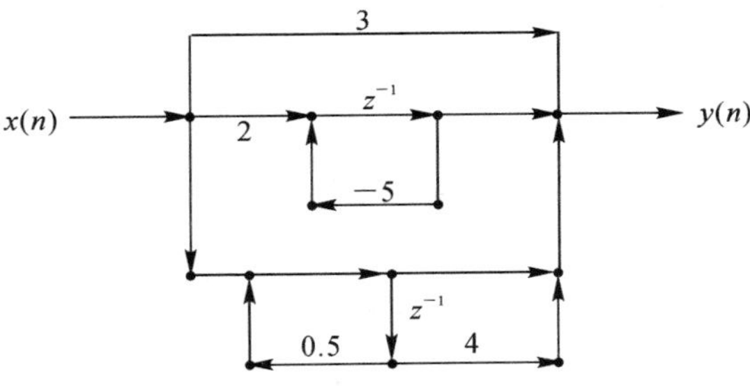

图 4-31　某因果系统的并联型结构图

4.3　习题解答

1. 已知某系统的差分方程为 $y(n)=\frac{2}{3}y(n-1)-\frac{1}{4}y(n-2)+x(n)+\frac{2}{5}x(n-1)$，试分别画出该系统的直接 Ⅰ 型和直接 Ⅱ 型结构。式中 $x(n)$ 和 $y(n)$ 分别表示该系统的输入和输出信号。

解：对差分方程两边进行 z 变换，得到

$$Y(z)=\frac{2}{3}z^{-1}Y(z)-\frac{1}{4}z^{-2}Y(z)+X(z)+\frac{2}{5}z^{-1}X(z)$$

于是，得到系统函数等于

$$H(z)=\frac{Y(z)}{X(z)}=\frac{1+\frac{2}{5}z^{-1}}{1-\frac{2}{3}z^{-1}+\frac{1}{4}z^{-2}}$$

因此,该系统的直接 Ⅰ 型结构如图 4-32(a) 所示。

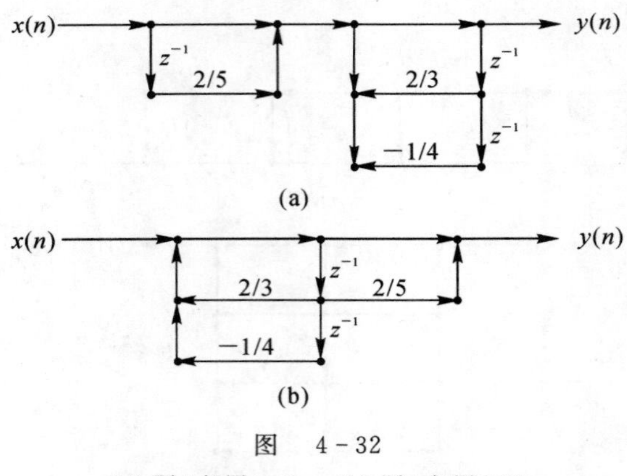

图 4-32

(a) 题 1 解图(一); (b) 题 1 解图(二)

同时,该系统的直接 Ⅱ 型结构如图 4-32(b) 所示。

2. 设某系统的系统函数为 $H(z)=3\frac{(1+2z^{-1})(1-6z^{-1}+z^{-2})}{(1-0.5z^{-1})(1+0.9z^{-1}+0.81z^{-2})}$,试画出各种可能的级联型结构。

解:已知系统函数 $H(z)$ 为

$$H(z)=3\frac{(1+2z^{-1})(1-6z^{-1}+z^{-2})}{(1-0.5z^{-1})(1+0.9z^{-1}+0.81z^{-2})}$$

可将其分解为

$$H(z)=3\cdot\frac{1+2z^{-1}}{1-0.5z^{-1}}\cdot\frac{1-6z^{-1}+z^{-2}}{1+0.9z^{-1}+0.81z^{-2}}$$

此时,对应的系统级联型结构如图 4-33(a) 所示。

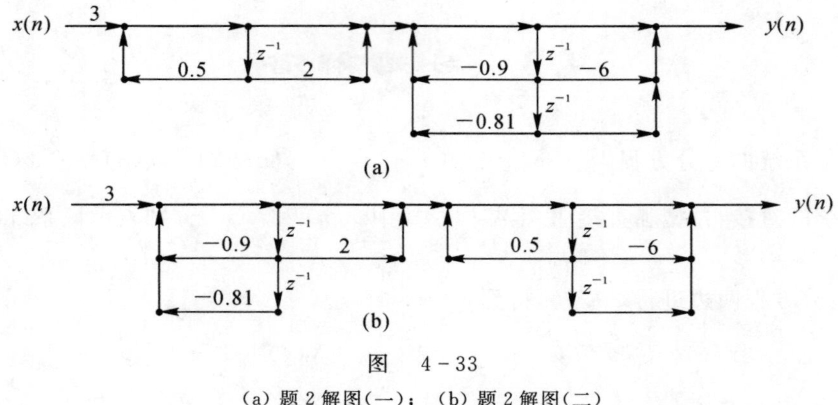

图 4-33

(a) 题 2 解图(一); (b) 题 2 解图(二)

系统函数也可分解为

$$H(z)=3\cdot\frac{1+2z^{-1}}{1+0.9z^{-1}+0.81z^{-2}}\cdot\frac{1-6z^{-1}+z^{-2}}{1-0.5z^{-1}}$$

此时,对应的系统级联型结构如图 4-33(b) 所示。

3. 假设某滤波器的单位脉冲响应为 $h(n)=0.3^n u(n)$,求出此滤波器的系统函数,并画出它的直接型结构。

解:对此滤波器的单位脉冲响应计算 z 变换,得到

$$H(z)=\sum_{n=-\infty}^{\infty}h(n)z^{-n}=\sum_{n=-\infty}^{\infty}0.3^n u(n)z^{-n}=\sum_{n=0}^{\infty}0.3^n z^{-n}=\frac{z}{z-0.3}$$

于是,可画出其直接型结构如图 4-34 所示。

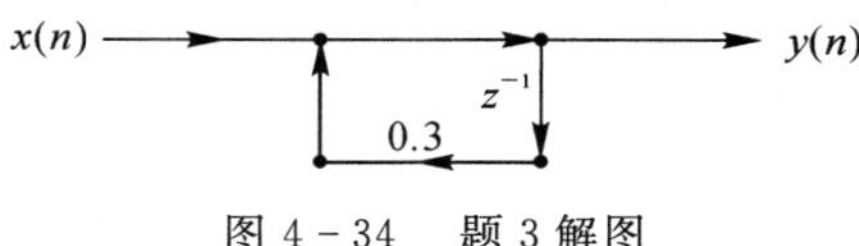

图 4-34　题 3 解图

4. 已知某系统的单位脉冲响应为 $h(n)=2\delta(n)-\delta(n-1)+0.5\delta(n-2)+2.5\delta(n-3)+3.5\delta(n-4)$,试写出该系统的系统函数,并画出它的直接型结构。

解:对此系统的单位脉冲响应求 z 变换,得到系统函数为

$$H(z)=2-z^{-1}+0.5z^{-2}+2.5z^{-3}+3.5z^{-4}$$

因此,该系统的直接型结构如图 4-35 所示。

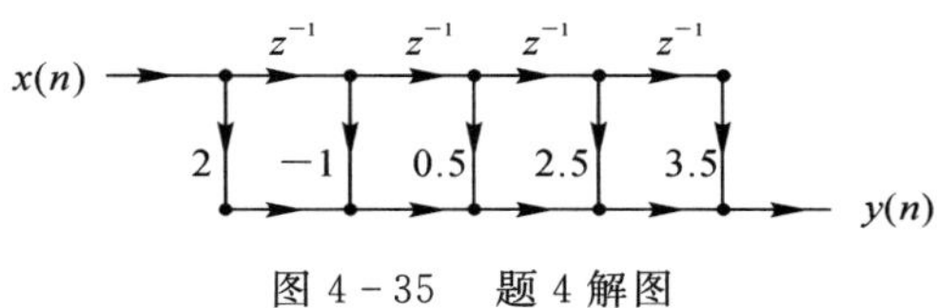

图 4-35　题 4 解图

5. 已知某滤波器的系统函数为 $H(z)=\frac{1}{5}(1+0.8z^{-1}+2.3z^{-2}+0.8z^{-3}+z^{-4})$,试画出该滤波器的直接型结构和线性相位结构。

解:该滤波器的直接型结构如图 4-36(a) 所示。

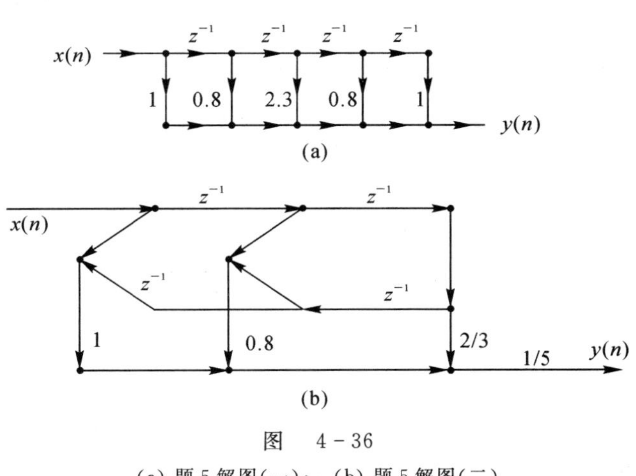

图　4-36

(a) 题 5 解图(一);　(b) 题 5 解图(二)

另外,该滤波器的线性相位结构如图 4 - 36(b) 所示。

6. 已知某 FIR 滤波器的单位脉冲响应为

(1) $N=6,h(0)=h(5)=12,h(1)=h(4)=6,h(2)=h(3)=1$;

(2) $N=7,h(0)=h(6)=7,h(1)=-h(5)=-9,h(2)=-h(4)=3,h(3)=0$。

试画出它们的线性相位结构。

解:(1) 当 $N=6,h(0)=h(5)=12,h(1)=h(4)=6,h(2)=h(3)=1$ 时,此 FIR 滤波器的线性相位结构如图 4 - 37(*a*) 所示。

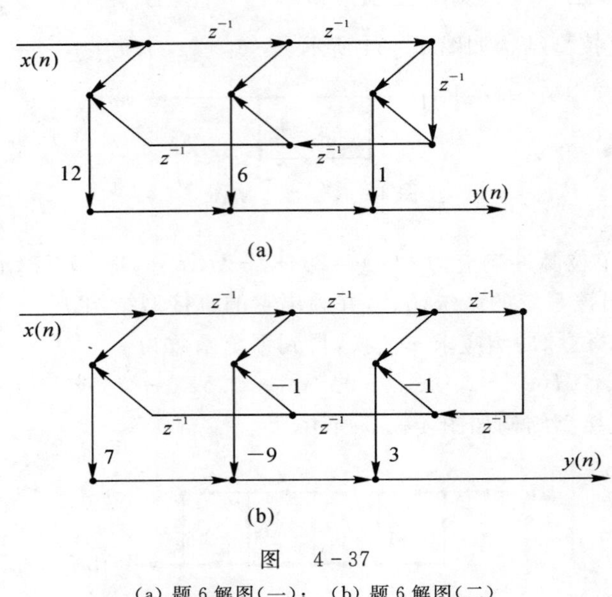

图 4 - 37

(a) 题 6 解图(一); (b) 题 6 解图(二)

(2) 当 $N=7,h(0)=h(6)=7,h(1)=-h(5)=-9,h(2)=-h(4)=3,h(3)=0$ 时,此 FIR 滤波器的线性相位结构如图 4 - 37(b) 所示。

7. 已知某 FIR 滤波器的 16 个频率采样值为 $H(0)=13,H(1)=-2-\mathrm{j}\sqrt{2},H(2)=-1-\mathrm{j},H(3)=H(4)=\cdots=H(13)=0,H(14)=-1+\mathrm{j},H(15)=-2+\mathrm{j}\sqrt{2}$,试画出其频率采样结构,选择 $r=1$。

解:根据频率采样结构公式,即

$$H(z)=\frac{1-z^{-16}}{16}\sum_{k=0}^{15}\frac{H(k)}{1-W_{16}^{-k}z^{-1}}$$

由于

$$H(3)=H(4)=\cdots=H(13)=0$$

得到

$$H(z)=\frac{1-z^{-16}}{16}\left[\frac{H(0)}{1-W_{16}^{0}z^{-1}}+\frac{H(1)}{1-W_{16}^{-1}z^{-1}}+\frac{H(2)}{1-W_{16}^{-2}z^{-1}}+\frac{H(14)}{1-W_{16}^{-14}z^{-1}}+\frac{H(15)}{1-W_{16}^{-15}z^{-1}}\right]$$

即

$$H(z)=\frac{1-z^{-16}}{16}\left[\frac{13}{1-z^{-1}}+\frac{-2-\mathrm{j}\sqrt{2}}{1-W_{16}^{-1}z^{-1}}+\frac{-1-\mathrm{j}}{1-W_{16}^{-2}z^{-1}}+\frac{-1+\mathrm{j}}{1-W_{16}^{-14}z^{-1}}+\frac{-2+\mathrm{j}\sqrt{2}}{1-W_{16}^{-15}z^{-1}}\right]$$

于是,可画出其频率采样结构如图 4 - 38 所示。

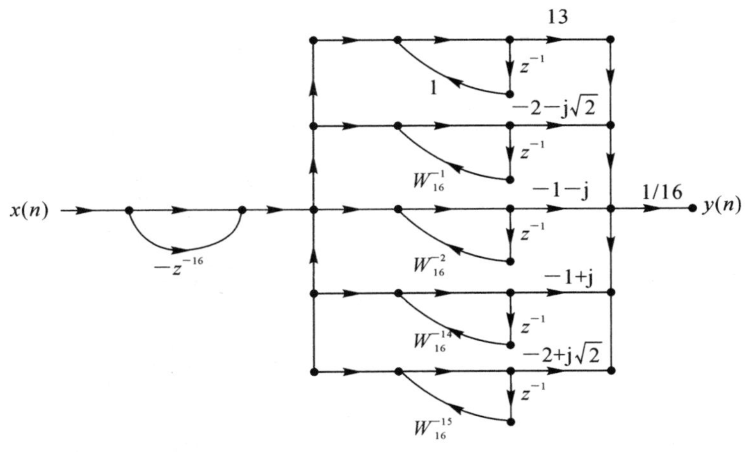

图 4-38　题 7 解图

8. 已知某 FIR 滤波器的单位脉冲响应为 $h(n)=\delta(n)-\delta(n-1)+\delta(n-4)$，试用频率采样结构实现该滤波器。

解：对此 FIR 滤波器的单位脉冲响应 $h(n)$ 作 5 点 DFT 变换，得到

$$H(k)=\sum_{n=0}^{4}h(n)W_N^{kn}=\sum_{n=0}^{4}h(n)e^{-j\frac{2\pi}{5}kn}=\sum_{n=0}^{4}[\delta(n)-\delta(n-1)+\delta(n-4)]e^{-j\frac{2\pi}{5}kn}=$$
$$1-e^{-j\frac{2\pi}{5}k}+e^{-j\frac{8\pi}{5}k}$$

分别令 $k=0,1,2,3,4$，得

$$H(0)=1$$
$$H(1)=1-e^{-j2\pi/5}+e^{-j8\pi/5}=1+j2\sin(2\pi/5)$$
$$H(2)=1-e^{-j4\pi/5}+e^{-j16\pi/5}=1+j2\sin(4\pi/5)$$
$$H(3)=1-e^{-j6\pi/5}+e^{-j24\pi/5}=1+j2\sin(6\pi/5)$$
$$H(4)=1-e^{-j8\pi/5}+e^{-j32\pi/5}=1+j2\sin(8\pi/5)$$

接着，根据频率采样结构公式，有

$$H(z)=\frac{1-z^{-5}}{5}\sum_{k=0}^{4}\frac{H(k)}{1-W_5^{-k}z^{-1}}$$

于是，可画出其频率采样结构如图 4-39 所示。

9. 求如图 4-40 所示系统的系统函数和单位脉冲响应。

解：图 4-40 中的系统结构为 IIR 滤波器的并联型结构，其系统函数等于

$$H(z)=7+\frac{2z^{-1}}{1+\frac{1}{2}z^{-1}}+\frac{1+3z^{-1}}{1-\frac{1}{3}z^{-1}}$$

取收敛域 $|z|>\frac{1}{2}$，对上式进行逆 z 变换，得到

$$h(n)=7\delta(n)+2\left(-\frac{1}{2}\right)^{n-1}u(n-1)+\left(\frac{1}{3}\right)^{n}u(n)+3\left(\frac{1}{3}\right)^{n-1}u(n-1)$$

即系统的单位脉冲响应为

$$h(n)=7\delta(n)+2\left(-\frac{1}{2}\right)^{n-1}u(n-1)+\left(\frac{1}{3}\right)^{n}u(n)+\left(\frac{1}{3}\right)^{n-2}u(n-1)$$

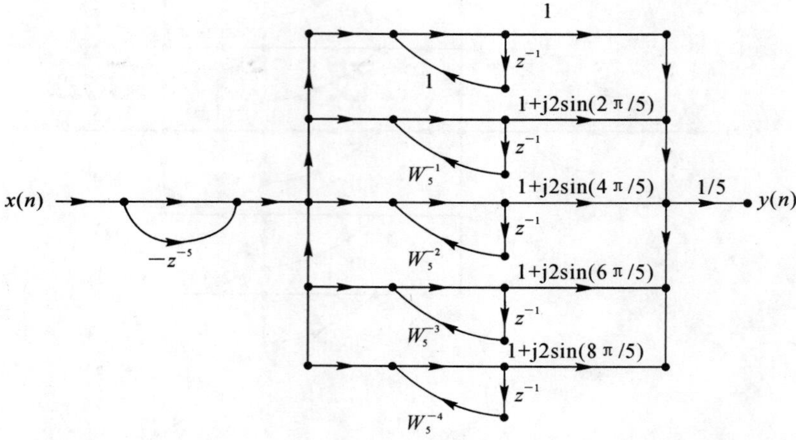

图 4-39　题 8 解图

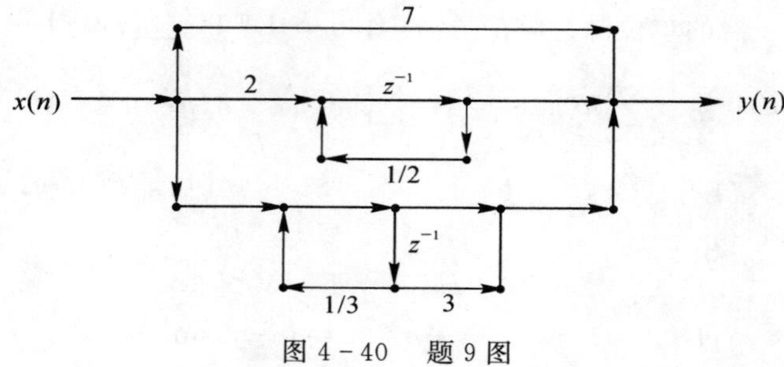

图 4-40　题 9 图

第 5 章　IIR 滤波器设计方法

5.1　学 习 要 点

5.1.1　数字滤波器的指标参数

实际应用中，一个物理可实现的数字低通滤波器的幅频特性曲线一般如图 5－1 所示，其中，ω_p 表示数字低通滤波器的通带截止频率或通带上限频率，ω_s 表示数字低通滤波器的阻带截止频率。δ_1 及 δ_2 分别表示通带、阻带的容限，与其对应的具体技术指标分别为通带允许最大衰减 α_p，阻带允许最小衰减 α_s，它们的定义如下：

$$\alpha_p = 20\lg\frac{|H(e^{j0})|}{|H(e^{j\omega_p})|},\quad \alpha_s = 20\lg\frac{|H(e^{j0})|}{|H(e^{j\omega_s})|}$$

当数字低通滤波器的幅频特性曲线如图 5-1 所示时，通带允许最大衰减 α_p 及阻带允许最小衰减 α_s 的具体大小为

$$\alpha_p = 20\lg\frac{|H(e^{j0})|}{|H(e^{j\omega_p})|} = 20\lg\left(\frac{1}{1-\delta_1}\right),\quad \alpha_s = 20\lg\frac{|H(e^{j0})|}{|H(e^{j\omega_s})|} = 20\lg\left(\frac{1}{\delta_2}\right)$$

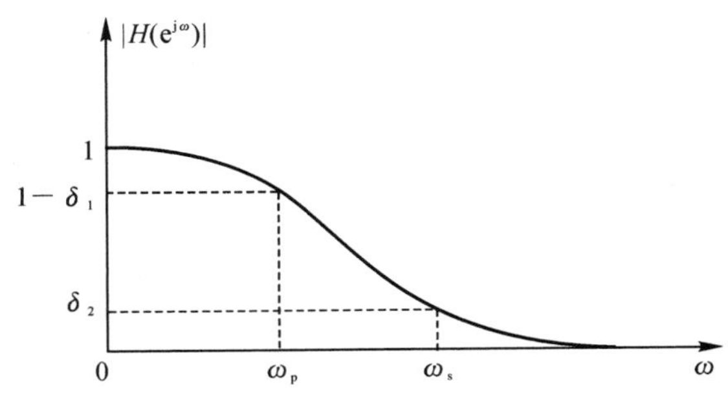

图 5-1　实际低通滤波器的幅频特性曲线

5.1.2　模拟滤波器的系统函数

模拟滤波器的系统函数可由其幅度平方函数求得，但幅度平方函数不包括相位信息。模拟滤波器的系统函数 $H_a(s)$ 一般是实系数有理函数，故其极点（或零点）在 s 平面（$s=\sigma+j\Omega$）是呈共轭对称（对实轴对称）的，可将幅度平方函数 $|H_a(j\Omega)|^2$ 表示为

$$|H_a(j\Omega)|^2 = H_a(j\Omega)H_a^*(j\Omega) = H_a(j\Omega)H_a(-j\Omega) = H_a(s)H_a(-s)|_{s=j\Omega}$$

或写为

$$H_a(s)H_a(-s)=|H_a(\mathrm{j}\Omega)|^2|_{\Omega=s/\mathrm{j}}$$

即模拟滤波器的系统函数 $H_a(s)$ 可以用其幅度平方函数 $|H_a(\mathrm{j}\Omega)|^2$ 来求得。

由于模拟滤波器 $H_a(s)$ 必须是因果稳定的，故 $H_a(s)$ 的全部极点必须在 s 平面的左半平面，但不包括虚轴，而右半平面的全部极点属于 $H_a(-s)$；至于零点，它可以分布在 s 平面任何位置，若零点全部在 s 平面的左半平面，则得到的是最小相位系统。虚轴上的零点是偶数阶次的，其中有一半属于 $H_a(s)$。

5.1.3 巴特沃斯模拟低通滤波器设计

巴特沃斯模拟低通滤波器的幅度平方函数为

$$|H_a(\mathrm{j}\Omega)|^2=\frac{1}{1+\left(\frac{\Omega}{\Omega_c}\right)^{2N}}$$

式中，N 为滤波器的阶数。滤波器的阶数越大，通带越平坦，过渡带越窄，过渡带与阻带幅度下降的速度越快。根据幅度平方函数，巴特沃斯模拟低通滤波器的系统函数满足

$$H_a(s)H_a(-s)=\frac{1}{1+\left(\frac{s}{\mathrm{j}\Omega_c}\right)^{2N}}$$

为形成因果稳定的滤波器，上式中 $2N$ 个极点只取 s 平面左半平面的 N 个极点构成系统函数，即

$$H_a(s)=\frac{\Omega_c^N}{\prod\limits_{k=0}^{N-1}(s-s_k)}$$

其中

$$s_k=\Omega_c\mathrm{e}^{\mathrm{j}\pi\left(\frac{1}{2}+\frac{2k+1}{2N}\right)}$$

由于不同的技术指标对应的边界频率和滤波器幅频特性不同，为使设计公式和图表统一，需将频率归一化。巴特沃斯滤波器对 3 dB 截止频率 Ω_c 归一化，归一化后的系统函数为

$$G_a\left(\frac{s}{\Omega_c}\right)=\frac{1}{\prod\limits_{k=0}^{N-1}\left(\frac{s}{\Omega_c}-\frac{s_k}{\Omega_c}\right)}$$

令 $p=s/\Omega_c$，$p_k=s_k/\Omega_c$，其中 p 称为归一化复变量；p_k 为归一化极点，于是巴特沃斯滤波器归一化低通原型系统函数为

$$G_a(p)=\frac{1}{\prod\limits_{k=0}^{N-1}(p-p_k)}$$

同时，巴特沃斯滤波器归一化低通原型系统函数也可表示为以下的 N 阶多项式形式，即

$$G_a(p)=\frac{1}{p^N+b_{N-1}p^{N-1}+b_{N-2}p^{N-2}+\cdots+b_1p+b_0}$$

归一化低通原型系统函数 $G_a(p)$ 的系数 b_k，$k=0,1,\cdots,N-1$，以及极点 p_k 可由表 5-1 和表 5-2 得到。

表 5-1　巴特沃斯归一化低通滤波器参数

阶数 N	极点位置				
	$P_{0,N-1}$	$P_{1,N-2}$	$P_{2,N-3}$	$P_{3,N-4}$	P_4
1	-1.0000				
2	$-0.7071\pm j0.7071$				
3	$-0.5000\pm j0.8660$	-1.0000			
4	$-0.3827\pm j0.9239$	$-0.9239\pm j0.3827$			
5	$-0.3090\pm j0.9511$	$-0.8090\pm j0.5878$	-1.0000		
6	$-0.2588\pm j0.9659$	$-0.7071\pm j0.7071$	$-0.9659\pm j0.2588$		
7	$-0.2225\pm j0.9749$	$-0.6235\pm j0.7818$	$-0.9091\pm j0.4339$	-1.0000	
8	$-0.1951\pm j0.9808$	$-0.5556\pm j0.8315$	$-0.8315\pm j0.5556$	$-0.9808\pm j0.1951$	
9	$-0.1736\pm j0.9848$	$-0.5000\pm j0.8660$	$-0.7660\pm j0.6428$	$-0.9397\pm j0.3420$	-1.0000

表 5-2　巴特沃斯归一化低通滤波器参数(续)

阶数 N	分母多项式								
	$B(p)=p^N+b_{N-1}p^{N-1}+b_{N-2}p^{N-2}+\cdots+b_1p+b_0$								
	b_0	b_1	b_2	b_3	b_4	b_5	b_6	b_7	b_8
1	1.000 0								
2	1.000 0	1.414 2							
3	1.000 0	2.000 0	2.000 0						
4	1.000 0	2.613 1	3.414 2	2.613					
5	1.000 0	3.236 1	5.236 1	5.236 1	3.236 1				
6	1.000 0	3.863 7	7.464 1	9.141 6	7.464 1	3.863 7			
7	1.000 0	4.494 0	10.097 8	14.591 8	14.591 8	10.097 8	4.494 0		
8	1.000 0	5.125 8	13.137 1	21.846 2	25.688 4	21.846 2	13.137 1	5.125 8	
9	1.000 0	5.758 8	16.581 7	31.163 4	41.986 4	41.986 4	31.163 4	16.581 7	5.758 8

5.1.4　冲激响应不变法

设模拟滤波器 $G(s)$ 的单位冲激响应为 $g(t)$，令所对应的数字系统的单位脉冲响应为

$$h(nT_s)=g(t)\mid_{t=nT_s}=g(t)\sum_{n=0}^{\infty}\delta(t-nT_s)$$

那么 $h(nT_s)$ 所对应的数字系统的系统函数和频率响应分别是

$$H(z)=\sum_{n=0}^{\infty}h(nT_s)z^{-n}$$

$$H(e^{j\omega})=\frac{1}{T_s}\sum_{k=-\infty}^{\infty}G(j\Omega-jk\Omega_s)$$

以一阶系统和二阶系统为例，模拟滤波器系统函数 $G(s)$、单位冲激响应为 $g(t)$、数字滤波器的单位脉冲响应 $h(n)$ 以及数字滤波器的系统函数 $H(z)$ 的对应关系如表 5-3 所示。

表 5-3　一阶及二阶系统使用冲激响应不变法的结果对比

	阶数	
	一阶	二阶
模拟滤波器系统函数	$G(s)=\dfrac{A}{s+\alpha}$	$G(s)=\dfrac{\beta}{(s-\alpha)^2+\beta^2}$
单位冲激响应	$g(t)=Ae^{-\alpha t}u(t)$	$g(t)=e^{\alpha t}\sin(\beta t)u(t)$
单位脉冲响应	$h(nT_s)=Ae^{-\alpha nT_s}u(n)$	$h(nT_s)=e^{\alpha T_s n}\sin(\beta T_s n)u(n)$
数字滤波器的系统函数	$H(z)=\dfrac{A}{1-e^{-\alpha T_s}z^{-1}}$	$H(z)=\dfrac{ze^{\alpha T_s}\sin(\beta T_s)}{z^2-z[2e^{\alpha T_s}\cos(\beta T_s)]+e^{2\alpha T_s}}$

上述表格中由 $G(s)$ 到 $H(z)$ 的转换方法都是令 $h(n)$ 等于 $g(t)$ 的抽样，因此该方法称为“冲激响应不变法”。冲激响应不变法保证了把稳定的 $G(s)$ 转换为稳定的 $H(z)$，用此方法设计数字低通滤波器的具体步骤总结如下：

(1) 利用 $\omega=\Omega T$ 将 ω_p、ω_s 转换为 Ω_p、Ω_s，而 α_p、α_s 保持不变；

(2) 设计低通模拟滤波器 $G(s)$；

(3) 利用冲激响应不变法将 $G(s)$ 转换为 $H(z)$。

冲激响应不变法的缺点是：由于 $H(e^{j\omega})$ 是 $G(j\Omega)$ 按 Ω_s 作周期延拓后的叠加，因此如果 $G(j\Omega)$ 不是带限的，或是抽样频率不够高，则会导致 $H(e^{j\omega})$ 中发生混叠失真。

5.1.5　双线性变换法

不同于冲激响应不变法，双线性变换方法实现了一种从 s 平面到 z 平面的映射关系，这种关系保证以下关系始终成立，即：

(1) s 平面的整个 $j\Omega$ 轴只映射为 z 平面的单位圆一周；

(2) 若 $G(s)$ 是稳定的，由 $G(s)$ 映射得到的 $H(z)$ 也是稳定的；

(3) 映射关系是可逆的，既能由 $G(s)$ 得到 $H(z)$，也能由 $H(z)$ 得到 $G(s)$；

(4) 如果 $G(j0)=1$，那么 $H(e^{j0})$ 也等于 1。

能够实现以上 4 个条件的映射关系称为双线性变换，即

$$s=\frac{2}{T_s}\frac{z-1}{z+1}$$

或等价地

$$z=\frac{1+(T_s/2)s}{1-(T_s/2)s}$$

5.1.6　本章常用 MATLAB 函数总结

在本章中，通过 MATLAB 仿真可实现巴特沃斯模拟低通原型滤波器、巴特沃斯滤波器的

阶数选择、数字(或模拟)巴特沃斯滤波器设计、切比雪夫 I 型模拟低通原型滤波器、切比雪夫 I 型滤波器的阶数选择、数字(或模拟)切比雪夫 I 型滤波器设计、切比雪夫 II 型模拟低通原型滤波器、切比雪夫 II 型滤波器的阶数选择、数字(或模拟)切比雪夫 II 型滤波器设计、冲激响应不变法设计数字滤波器以及双线性变换法设计数字滤波器。相应 MATLAB 函数总结如表 5－4 所示。

表 5－4　本章常用 MATLAB 函数总结

函数名称	函数功能、调用格式及参数说明
buttap	函数功能:实现巴特沃斯模拟低通原型滤波器 调用格式:[Z, P, K]=buttap(N) 参数说明:N 是模拟低通滤波器的阶数;Z、P 及 K 分别表示设计出来的低通滤波器的系统函数的零点、极点及增益因子
buttord	函数功能:选择巴特沃斯滤波器的阶数 调用格式:[N, Wc]=buttord(Wp, Ws, Rp, Rs) [N, Wc]=buttord(Wp, Ws, Rp, Rs, 's') 参数说明:Wp 和 Ws 分别表示巴特沃斯滤波器归一化的通带截止频率和阻带截止频率;Rp 和 Rs 是通带最大衰减和阻带最小衰减;Wp>Ws 时为高通滤波器;当 Wp 和 Ws 为二元向量时,为带通或带阻滤波器;N 是计算出的滤波器的最低阶数; Wc 是 3dB 截止频率。加 s 表示设计的是巴特沃斯模拟滤波器,Wp,Ws,Wc 是模拟角频率,单位是 rad/s
butter	函数功能:设计数字(或模拟)巴特沃斯滤波器 调用格式:[B, A]=butter(N, Wc, 'ftype') [B, A]=butter(N, Wc, 'ftype', 's') 参数说明:N 是滤波器阶数;Wc 是 3dB 截止频率;B 和 A 分别是巴特沃斯滤波器系统函数的分子多项式系数和分母多项式的系数;ftype 表示滤波器的类型,ftype 为 high 表示高通滤波器,缺省时表示低通滤波器,ftype 为 stop 表示带阻滤波器,此时 Wc 为二元向量,缺省为带通滤波器。加 s 表示设计的是巴特沃斯模拟滤波器
cheb1ap	函数功能:实现切比雪夫 I 型模拟低通原型滤波器 调用格式:[Z, P, K] = cheb1ap(N, Rp) 参数说明:N 是模拟低通滤波器的阶数;Rp 是滤波器通带波纹(单位 dB);Z、P 及 K 分别表示低通滤波器系统函数的零点、极点及增益因子
cheb1ord	函数功能:选择切比雪夫 I 型滤波器的阶数 调用格式:[N, Wp] = cheb1ord(Wp, Ws, Rp, Rs) [N, Wp] = cheb1ord(Wp, Ws, Rp, Rs, 's') 参数说明:Wp 和 Ws 分别表示切比雪夫 I 型滤波器归一化通带截止频率和阻带截止频率;Rp 和 Rs 是通带波纹和阻带最小衰减;Wp>Ws 时为高通滤波器;当 Wp 和 Ws 为二元向量时,为带通或带阻滤波器;N 是计算出的滤波器的最低阶数。加 s 表示设计的是切比雪夫 I 型模拟滤波器,Wp,Ws 是模拟角频率,单位是 rad/s

续表

函数名称	函数功能、调用格式及参数说明
cheby1	函数功能：设计数字（或模拟）切比雪夫 I 型滤波器 调用格式：[B, A]=cheby1(N, Rp, Wp,'ftype') [B, A]=cheby1(N, Rp, Wp,'ftype','s') 参数说明：N 是滤波器阶数；Rp 是通带波纹；Wp 是通带截止频率；B 和 A 分别是切比雪夫 I 型滤波器系统函数的分子多项式系数和分母多项式的系数；ftype 表示滤波器的类型，ftype 为 high 表示高通滤波器，缺省时表示低通滤波器，ftype 为 stop 表示带阻滤波器，此时 Wp 为二元向量，缺省为带通滤波器。加 s 表示设计的是切比雪夫 I 型模拟滤波器
cheb2ap	函数功能：实现切比雪夫 II 型模拟低通原型滤波器 调用格式：[Z, P, K] = cheb2ap(N, Rs) 参数说明：N 是模拟低通滤波器的阶数；Rs 是滤波器阻带衰减；Z、P 及 K 分别表示低通滤波器系统函数的零点、极点及增益因子
cheb2ord	函数功能：选择切比雪夫 II 型滤波器的阶数 调用格式：[N, Ws] = cheb2ord(Wp, Ws, Rp, Rs) [N, Ws] = cheb2ord(Wp, Ws, Rp, Rs, 's') 参数说明：Wp 和 Ws 分别表示切比雪夫 II 型滤波器归一化通带截止频率和阻带截止频率；Rp 和 Rs 是通带波纹和阻带最小衰减；Wp＞Ws 时为高通滤波器；当 Wp 和 Ws 为二元向量时，为带通或带阻滤波器；N 是计算出的滤波器的最低阶数。加 s 表示设计的是切比雪夫 II 型模拟滤波器，Wp，Ws 是模拟角频率，单位是 rad/s
cheby2	函数功能：设计数字（或模拟）切比雪夫 II 型滤波器 调用格式：[B, A]=cheby2(N, Rs, Ws,'ftype') [B, A]=cheby2(N, Rs, Ws,'ftype','s') 参数说明：N 是滤波器阶数；Rs 是阻带衰减；Ws 是阻带截止频率；B 和 A 分别是切比雪夫 II 型滤波器系统函数的分子多项式系数和分母多项式的系数；ftype 表示滤波器的类型，ftype 为 high 表示高通滤波器，缺省时表示低通滤波器，ftype 为 stop 表示带阻滤波器，此时 Ws 为二元向量，缺省为带通滤波器。加 s 表示设计的是切比雪夫 II 型模拟滤波器
impinvar	函数功能：用于实现冲激响应不变法设计数字滤波器 调用格式：[BZ, AZ] = impinvar(B, A, Fs) 参数说明：B，A 分别表示模拟滤波器系统函数 H(s)的分子和分母多项式的系数；BZ，AZ 分别为数字滤波器系统函数 H(z)的分子和分母多项式的系数；Fs 为采样频率
bilinear	函数功能：用于实现双线性变换法设计数字滤波器 调用格式：[BZ, AZ] = bilinear (B, A, Fs) 参数说明：B，A 分别表示模拟滤波器系统函数 H(s)的分子和分母多项式的系数；BZ，AZ 分别为数字滤波器系统函数 H(z)的分子和分母多项式的系数；Fs 为采样频率

5.2　典型例题

例 5-1　设计一个模拟巴特沃斯低通滤波器，要求通带截止频率 $f_p=8\ \text{kHz}$，通带最大衰减 $\alpha_p=3\ \text{dB}$，阻带截止频率 $f_s=16\ \text{kHz}$，阻带最小衰减 $\alpha_s=28\ \text{dB}$，求出滤波器归一化系统函数 $H_a(p)$ 以及实际滤波器的系统函数 $H_a(s)$。

解：首先求滤波器的阶数 N，由题意可得

$$N=\frac{\lg k_{sp}}{\lg\lambda_{sp}}$$

其中 k_{sp} 和 λ_{sp} 分别由下式求得：

$$k_{sp}=\sqrt{\frac{10^{0.1\alpha_s}-1}{10^{0.1\alpha_p}-1}}=\sqrt{\frac{10^{2.8}-1}{10^{0.3}-1}}\approx 25.16$$

$$\lambda_{sp}=\frac{\Omega_s}{\Omega_p}=\frac{2\pi f_s}{2\pi f_p}=\frac{16\times 10^3}{8\times 10^3}=2$$

将它们代入计算滤波器阶数 N 的表达式可知

$$N=\frac{\lg 25.16}{\lg 2}\approx 4.65$$

所以取巴特沃斯滤波器的阶数 $N=5$，查表可得归一化的巴特沃斯滤波器系统函数 $H_a(p)$ 为

$$H_a(p)=\frac{1}{p^5+3.236\,1p^4+5.236\,1p^3+5.236\,1p^2+3.236\,1p+1}$$

接下来对系统函数去归一化得

$$H_a(s)=H_a(p)\big|_{p=\frac{s}{\Omega_c}}$$

而 $\Omega_c=\Omega_p=2\pi\cdot 8\,000\text{rad/s}$，将 $p=s/\Omega_c$ 代入 $H_a(p)$ 得实际巴特沃斯低通滤波器的系统函数为

$$H_a(s)=\frac{1}{s^5+3.2361\Omega_c s^4+5.2361\Omega_c^2 s^3+5.2361\Omega_c^3 s^2+3.2361\Omega_c^4 s+\Omega_c^5}$$

例 5-2　设计一个模拟巴特沃斯高通滤波器，要求其通带截止频率 $f_p=40\ \text{kHz}$，阻带截止频率 $f_s=20\ \text{kHz}$，通带最大衰减 $\alpha_p=3\ \text{dB}$，阻带最小衰减 $\alpha_s=18\ \text{dB}$，求出该巴特沃斯高通滤波器的系统函数 $H_a(s)$。

解：已知巴特沃斯高通滤波器的技术指标如下：

$$f_p=40\ \text{kHz},\quad \alpha_p=3\ \text{dB}$$

$$f_s=20\ \text{kHz},\quad \alpha_s=18\ \text{dB}$$

根据高通到低通频率变换公式可知

$$\lambda_p=1,\quad \alpha_p=3\ \text{dB}$$

$$\lambda_s=\frac{\Omega_p}{\Omega_s}=2,\quad \alpha_s=18\ \text{dB}$$

于是可求得 k_{sp} 和 λ_{sp} 分别为

$$k_{sp}=\sqrt{\frac{10^{0.1\alpha_p}-1}{10^{0.1\alpha_s}-1}}=\sqrt{\frac{10^{0.3}-1}{10^{1.8}-1}}\approx 0.126\,6$$

$$\lambda_{sp}=\frac{\lambda_s}{\lambda_p}=2$$

则巴特沃斯高通滤波器的阶数为

$$N=-\frac{\lg k_{sp}}{\lg \lambda_{sp}}=-\frac{\lg 0.1266}{\lg 2}\approx 2.98$$

所以取巴特沃斯高通滤波器的阶数为$N=3$，查表可得归一化的巴特沃斯低通滤波器的系统函数 $H_a(p)$ 为

$$H_a(p)=\frac{1}{p^3+2p^2+2p+1}$$

接下来做频率变换，将 $H_a(p)$ 转换成实际高通滤波器的系统函数 $H_a(s)$，则

$$H_a(s)=H_a(p)\mid_{p=\frac{\Omega_c}{s}}=\frac{s^3}{s^3+2\Omega_c s^2+2\Omega_c^2 s+\Omega_c^3}$$

其中，$\Omega_c=2\pi f_c=2\pi\cdot 40\cdot 10^3=8\pi\times 10^4$ rad/s。

例 5-3 已知模拟滤波器的系统函数 $H_a(s)$ 如下：

(1) $H_a(s)=\dfrac{s-1}{s^2+3s+2}$；

(2) $H_a(s)=\dfrac{3}{s^2-5s+6}$。

试用冲激响应不变法将其转换成数字滤波器的系统函数 $H(z)$。

解：(1) 将系统函数 $H_a(s)$ 部分分式展开可得

$$H_a(s)=\frac{s-1}{s^2+3s+2}=\frac{-2}{s+1}+\frac{3}{s+2}$$

于是极点为 $s_2=-1$，$s_2=-2$，根据冲激响应不变法可知

$$H(z)=\sum_{k=1}^{2}\frac{A_k}{1-e^{s_k T}z^{-1}}$$

其中，s_k 为系统函数 $H_a(s)$ 的极点；A_k 为 $H_a(s)$ 部分分式展开的各项系数。将极点及各系数代入上式求得数字滤波器的系统函数为

$$H(z)=\frac{-2}{1-e^{-T}z^{-1}}+\frac{3}{1-e^{-2T}z^{-1}}$$

(2) 根据冲激响应不变法可知

$$H(z)=\sum_{k=1}^{2}\frac{A_k}{1-e^{s_k T}z^{-1}}$$

其中，s_k 为系统函数 $H_a(s)$ 的极点；A_k 为 $H_a(s)$ 部分分式展开得到的各项系数。再对系统函数 $H_a(s)$ 部分分式展开如下

$$H_a(s)=\frac{3}{s^2-5s+6}=\frac{-3}{s-2}+\frac{3}{s-3}$$

将极点 $s_1=2$，$s_2=3$，系数 $A_1=-3$，$A_2=3$ 代入上述求和表达式可得数字滤波器的系统函数为

$$H(z)=\frac{-3}{1-e^{2T}z^{-1}}+\frac{3}{1-e^{3T}z^{-1}}$$

例 5-4 已知模拟滤波器的系统函数 $H_a(s)$ 如下：

(1) $H_a(s)=\dfrac{1}{s^2+3s+2}$；

(2) $H_a(s)=\dfrac{s+1}{s^2-s+4}$。

试用双线性变换法将其转换成数字滤波器的系统函数 $H(z)$，其中 $T=2$ s。

解：(1) 根据双线性变换法的映射关系可知

$$s=\frac{2}{T}\frac{1-z^{-1}}{1+z^{-1}}$$

由于 $T=2$ s，即上式简化为

$$s=\frac{1-z^{-1}}{1+z^{-1}}$$

将其代入模拟滤波器的系统函数 $H_a(s)$ 得

$$H(z)=H_a(s)\Big|_{s=\frac{1-z^{-1}}{1+z^{-1}}}=\frac{1}{\left(\frac{1-z^{-1}}{1+z^{-1}}\right)^2+3\frac{1-z^{-1}}{1+z^{-1}}+2}$$

将上式整理可得数字滤波器的系统函数为

$$H(z)=\frac{1+2z^{-1}+z^{-2}}{6+2z^{-1}}$$

(2) $T=2$ s，根据题意可得

$$s=\frac{2}{T}\frac{1-z^{-1}}{1+z^{-1}}=\frac{1-z^{-1}}{1+z^{-1}}$$

由双线性变换法 s 域到 z 域的映射关系可知

$$H(z)=H_a(s)\Big|_{s=\frac{1-z^{-1}}{1+z^{-1}}}=\frac{\frac{1-z^{-1}}{1+z^{-1}}+1}{\left(\frac{1-z^{-1}}{1+z^{-1}}\right)^2-\frac{1-z^{-1}}{1+z^{-1}}+4}$$

将上式整理可得数字滤波器的系统函数为

$$H(z)=\frac{1+z^{-1}}{2+3z^{-1}+3z^{-2}}$$

例 5-5　假设某模拟滤波器 $H_a(s)$ 是一个低通滤波器，并且又知数字滤波器的系统函数与模拟滤波器的系统函数之间的关系为 $H(z)=H_a(s)\Big|_{s=\frac{z+1}{z-1}}$，则数字滤波器系统函数 $H(z)$ 的通带中心应为下列哪种情况？

(1) $\omega=0$（低通）；

(2) $\omega=\pi$（高通）；

(3) 除 0 或 π 以外的某一频率（带通）。

解：由题意可知

$$H(z)=H_a(s)\Big|_{s=\frac{z+1}{z-1}}$$

则可得到如下关系：

$$s=\mathrm{j}\Omega=\frac{z+1}{z-1}$$

将 $z=\mathrm{e}^{\mathrm{j}\omega}$ 代入上式可得

$$s=\mathrm{j}\Omega=\frac{z+1}{z-1}=\frac{\mathrm{e}^{\mathrm{j}\omega}+1}{\mathrm{e}^{\mathrm{j}\omega}-1}=\frac{\mathrm{e}^{\mathrm{j}\omega/2}(\mathrm{e}^{\mathrm{j}\omega/2}+\mathrm{e}^{-\mathrm{j}\omega/2})}{\mathrm{e}^{\mathrm{j}\omega/2}(\mathrm{e}^{\mathrm{j}\omega/2}-\mathrm{e}^{-\mathrm{j}\omega/2})}$$

化简之后，即

$$\Omega=-\cot(\omega/2)$$

由于模拟滤波器 $H_a(s)$ 是一个低通滤波器，即以 $\Omega=0$ 为通带中心，根据上式可知，$\Omega=0$ 对应于 $\omega=\pi$，所以数字滤波器系统函数 $H(z)$ 的通带中心应为 $\omega=\pi$(高通)。

例 5-6 设 $h(n)$ 为某低通滤波器的单位脉冲响应，且低通滤波器的截止频率为 ω_c。试回答以下问题：

(1) 若另一滤波器的单位脉冲响应 $g(n)=(-1)^n h(n)$，试判断该滤波器是低通滤波器，还是高通滤波器？

(2) 若单位脉冲响应为 $h(n)$ 的滤波器是由以下差分方程实现：

$$y(n)=\sum_{k=1}^{p}a(k)y(n-k)+\sum_{k=0}^{q}b(k)x(n-k)$$

试确定当单位脉冲响应 $g(n)=(-1)^n h(n)$ 时，此滤波器对应的差分方程。

解：(1) 当给定滤波器的单位脉冲响应 $g(n)=(-1)^n h(n)$ 时，将其频率响应记为 $G(e^{j\omega})$，它与原低通滤波器 $H(e^{j\omega})$ 之间的关系为

$$G(e^{j\omega})=\sum_{n=-\infty}^{\infty}g(n)e^{-j\omega n}=\sum_{n=-\infty}^{\infty}(-1)^n h(n)e^{-j\omega n}=\sum_{n=-\infty}^{\infty}h(n)e^{-j(\omega-\pi)n}=H(e^{j(\omega-\pi)})$$

由此可见，频率响应 $G(e^{j\omega})$ 可看作是 $H(e^{j\omega})$ 在频域右移 π 所得。因此，若低通滤波器的通带位于 $|\omega|\leqslant\omega_c$，则滤波器 $G(e^{j\omega})$ 的通带将位于 $\pi-\omega_c<|\omega|\leqslant\pi$，故此滤波器为高通滤波器。

(2) 由于单位脉冲响应为 $h(n)$ 的滤波器对应的差分方程为

$$y(n)=\sum_{k=1}^{p}a(k)y(n-k)+\sum_{k=0}^{q}b(k)x(n-k)$$

对方程两边同时作 DTFT 变换，经过整理后得到频率响应表达式如下：

$$H(e^{j\omega})=\frac{\sum_{k=0}^{q}b(k)e^{-jk\omega}}{1-\sum_{k=1}^{p}a(k)e^{-jk\omega}}$$

根据(1) 小题的结论，可得

$$G(e^{j\omega})=H(e^{j(\omega-\pi)})=\frac{\sum_{k=0}^{q}b(k)e^{-jk(\omega-\pi)}}{1-\sum_{k=1}^{p}a(k)e^{-jk(\omega-\pi)}}$$

进一步地，利用等式 $e^{jk\pi}=(-1)^k$，得到

$$G(e^{j\omega})=\frac{\sum_{k=0}^{q}(-1)^k b(k)e^{-jk\omega}}{1-\sum_{k=1}^{p}(-1)^k a(k)e^{-jk\omega}}$$

所以当单位脉冲响应 $g(n)=(-1)^n h(n)$ 时，系统对应的差分方程为

$$y(n)=\sum_{k=1}^{p}(-1)^k a(k)y(n-k)+\sum_{k=0}^{q}(-1)^k b(k)x(n-k)$$

例 5-7 已知某模拟滤波器的系统函数为 $H_a(s)=\dfrac{1}{s+1}$，对该模拟滤波器的冲激响应

$h_a(t)$ 进行采样得到数字滤波器的单位脉冲响应 $h(n)$，即 $h(n)=h_a(nT_s)$，试选择合适的 T_s 使得数字滤波器的频率响应满足下式：

$$10\lg\frac{|H(e^{j\pi/2})|^2}{|H(e^{j0})|^2}=-6$$

解：由于 $H_a(s)=\dfrac{1}{s+1}$，可得 $h_a(t)=e^{-t}u(t)$，对冲激响应采样后得到

$$h(n)=h_a(nT_s)=e^{-nT_s}u(n)$$

因此可得频率响应为

$$H(e^{j\omega})=\sum_{n=0}^{\infty}e^{-nT_s}e^{-j\omega n}=\sum_{n=0}^{\infty}e^{-(T_s+j\omega)n}=\frac{1}{1-e^{-T_s}e^{-j\omega}}$$

由此可计算得到

$$|H(e^{j0})|^2=\frac{1}{(1-e^{-T_s})^2}$$

$$|H(e^{j\pi/2})|^2=\frac{1}{1+e^{-2T_s}}$$

将上面结果代入题中条件可得

$$10\lg\frac{|H(e^{j\pi/2})|^2}{|H(e^{j0})|^2}=10\lg\frac{(1-e^{-T_s})^2}{1+e^{-2T_s}}=-6$$

通过计算后得到 $T_s=0.797\ 8$ s。

例 5-8　已知某模拟滤波器的冲激响应为 $h_a(t)$，且系统函数等于

$$H_a(s)=\frac{s+a}{(s+a)^2+b^2}$$

对 $h_a(t)$ 进行采样即得到 $h(n)=h_a(nT_s)$，将其作为数字滤波器的单位脉冲响应。试求数字滤波器的频率响应。

解：对系统函数 $H_a(s)$ 作部分分式分解得到

$$H_a(s)=\frac{A}{s+(a+jb)}+\frac{B}{s+(a-jb)}$$

而各分子上的系数为

$$A=[(s+a+jb)H_a(s)]_{s=-a-jb}=\left.\frac{s+a}{s+(a-jb)}\right|_{s=-a-jb}=\frac{1}{2}$$

$$B=[(s+a-jb)H_a(s)]_{s=-a+jb}=\left.\frac{s+a}{s+(a+jb)}\right|_{s=-a+jb}=\frac{1}{2}$$

于是有

$$H_a(s)=\frac{\frac{1}{2}}{s+(a+jb)}+\frac{\frac{1}{2}}{s+(a-jb)}$$

利用以下的拉普拉斯变换对，即

$$e^{-\alpha t}u(t)\Leftrightarrow\frac{1}{s+\alpha}$$

可得

$$h_a(t)=\frac{1}{2}e^{(-a-jb)t}u(t)+\frac{1}{2}e^{(-a+jb)t}u(t)=e^{-at}\cos(bt)u(t)$$

因此采样后得到

$$h(n)=h_a(nT_s)=e^{-anT_s}\cos(bnT_s)u(n)$$

最终,可计算频率响应函数为

$$H(e^{j\omega})=\sum_{n=-\infty}^{\infty}h(n)e^{-j\omega n}=\sum_{n=0}^{\infty}e^{-anT_s}\cos(bnT_s)e^{-j\omega n}=$$

$$\sum_{n=0}^{\infty}\frac{1}{2}e^{(-a-jb)nT_s}e^{-j\omega n}+\sum_{n=0}^{\infty}\frac{1}{2}e^{(-a+jb)nT_s}e^{-j\omega n}=$$

$$\sum_{n=0}^{\infty}\frac{1}{2}(e^{-aT_s})^n e^{-jn(\omega+bT_s)}+\sum_{n=0}^{\infty}\frac{1}{2}(e^{-aT_s})^n e^{-jn(\omega-bT_s)}$$

对于 $a>0$,可得

$$H(e^{j\omega})=\frac{1/2}{1-e^{(-a-jb)T_s}e^{-j\omega}}+\frac{1/2}{1-e^{(-a+jb)T_s}e^{-j\omega}}$$

整理后得到

$$H(e^{j\omega})=\frac{1-e^{-aT_s}\cos(bT_s)e^{-j\omega}}{1-2e^{-aT_s}\cos(bT_s)e^{-j\omega}+e^{-2aT_s}e^{-j2\omega}}$$

例 5-9 设 $h(n)$ 是截止频率 $\omega_c=\pi/4$ 的理想低通滤波器的单位脉冲响应。试确定单位脉冲响应 $g(n)=h(2n)$ 的滤波器的频率响应。

解:方法一:对于截止频率 $\omega_c=\pi/4$ 的理想低通滤波器,可知其单位脉冲响应为

$$h(n)=\frac{\sin(n\pi/4)}{n\pi}$$

于是有

$$h(2n)=\frac{\sin(2n\pi/4)}{2n\pi}=\frac{1}{2}\frac{\sin(n\pi/2)}{n\pi}$$

可见,$g(n)=h(2n)$ 同样对应一个理想低通滤波器,而且截止频率为 $\pi/2$,且通带幅度为 $1/2$,由此可直接写出此系统的频率响应函数为

$$G(e^{j\omega})=\begin{cases}\frac{1}{2}, & -\frac{\pi}{2}\leqslant\omega\leqslant\frac{\pi}{2}\\ 0, & -\pi\leqslant\omega\leqslant-\frac{\pi}{2},\quad \frac{\pi}{2}<\omega\leqslant\pi\end{cases}$$

方法二:根据 $g(n)=h(2n)$,可写出该滤波器的频率响应计算式为

$$G(e^{j\omega})=\sum_{n=-\infty}^{\infty}h(2n)e^{-j\omega n}$$

利用下面等式

$$1+(-1)^n=\begin{cases}2, & n\text{ 为偶数}\\ 0, & n\text{ 为奇数}\end{cases}$$

可将频率响应重新写为

$$G(e^{j\omega})=\frac{1}{2}\sum_{n=-\infty}^{\infty}[1+(-1)^n]h(n)e^{-jn\omega/2}=\frac{1}{2}\sum_{n=-\infty}^{\infty}h(n)e^{-j\omega n/2}+\frac{1}{2}\sum_{n=-\infty}^{\infty}(-1)^n h(n)e^{-j\omega n/2}$$

利用频率响应 $H(e^{j\omega})$,上式第一项可写为

$$\frac{1}{2}\sum_{n=-\infty}^{\infty}h(n)e^{-j\omega n/2}=\frac{1}{2}H(e^{j\omega/2})$$

而第二项可写为

$$\frac{1}{2}\sum_{n=-\infty}^{\infty}(-1)^n h(n)\mathrm{e}^{-\mathrm{j}\omega n/2}=\frac{1}{2}\sum_{n=-\infty}^{\infty}h(n)\mathrm{e}^{-\mathrm{j}(\omega+2\pi)n/2}=\frac{1}{2}H(\mathrm{e}^{\mathrm{j}(\omega+2\pi)/2})$$

于是，得到

$$G(\mathrm{e}^{\mathrm{j}\omega})=\frac{1}{2}H(\mathrm{e}^{\mathrm{j}\omega/2})+\frac{1}{2}H(\mathrm{e}^{\mathrm{j}(\omega+2\pi)/2})$$

例 5-10　设计一个低通数字滤波器，要求通带截止频率为 $\omega_p=0.3\pi\mathrm{rad}$，通带最大衰减 $\alpha_p=1\ \mathrm{dB}$，阻带截止频率为 $\omega_s=0.45\pi\mathrm{rad}$，阻带最小衰减 $\alpha_s=10\ \mathrm{dB}$。试采用巴特沃斯模拟原型进行设计，用冲激响应不变法进行转换，采样间隔为 $T=1\ \mathrm{ms}$。

解：(1) 确定需要设计的巴特沃斯数字低通滤波器的技术指标如下：

$$\omega_p=0.3\ \pi\mathrm{rad},\quad \alpha_p=1\ \mathrm{dB}$$

$$\omega_s=0.45\ \pi\mathrm{rad},\quad \alpha_s=10\ \mathrm{dB}$$

根据冲激响应不变法的频率映射关系，则巴特沃斯数字低通滤波器的技术指标为

$$\Omega_p=\frac{\omega_p}{T}=\frac{0.3\pi}{1\times10^{-3}}=300\ \pi\mathrm{rad/s},\quad \alpha_p=1\ \mathrm{dB}$$

$$\Omega_s=\frac{\omega_s}{T}=\frac{0.45\pi}{1\times10^{-3}}=450\ \pi\mathrm{rad/s},\alpha_s=10\ \mathrm{dB}$$

(2) 巴特沃斯模拟低通滤波器的阶数 N 由以下公式求得

$$N=\frac{\lg k_{sp}}{\lg\lambda_{sp}}$$

其中，k_{sp} 和 λ_{sp} 分别为

$$k_{sp}=\sqrt{\frac{10^{0.1\alpha_s}-1}{10^{0.1\alpha_p}-1}}=\sqrt{\frac{10^{1}-1}{10^{0.1}-1}}\approx5.895\ 7$$

$$\lambda_{sp}=\frac{\Omega_s}{\Omega_p}=\frac{450\pi}{300\pi}=1.5$$

于是滤波器的阶数为

$$N=\frac{\lg5.895\ 7}{\lg1.5}\approx4.38$$

选取巴特沃斯模拟低通滤波器的阶数为 $N=5$。

(3) 求归一化的系统函数 $H_a(p)$。由于巴特沃斯低通滤波器归一化系统函数的极点表达式为

$$p_k=\mathrm{e}^{\mathrm{j}\pi\left(\frac{1}{2}+\frac{2k+1}{2N}\right)},\quad k=0,1,\cdots,N-1$$

将 $N=5$ 代入，即

$$p_0=-0.309\ 0+\mathrm{j}0.951\ 1,\quad p_1=-0.809\ 0+\mathrm{j}0.587\ 8$$

$$p_2=-1,\quad p_3=-0.809\ 0-\mathrm{j}0.587\ 8,\quad p_4=-0.309\ 0-\mathrm{j}0.951\ 1$$

则归一化的巴特沃斯模拟低通滤波器的系统函数为

$$H_a(p)=\frac{1}{\prod_{k=0}^{4}(p-p_k)}$$

将 $H_a(p)$ 按部分分式展开可得

$$H_a(p)=\sum_{k=0}^{4}\frac{A_k}{p-p_k}$$

其中，展开后各项系数分别为

$$A_0=-0.138\,2+\mathrm{j}0.4253,\quad A_1=-0.809\,1-\mathrm{j}1.113\,5,\quad A_2=1.894\,7$$

$$A_3=-0.809\,1+\mathrm{j}1.1135,\quad A_4=-0.138\,2-\mathrm{j}0.425\,3$$

(4) 去归一化。模拟巴特沃斯低通滤波器的系统函数为

$$H_a(s)=H_a(p)\Big|_{p=\frac{s}{\Omega_c}}=\sum_{k=0}^{4}\frac{A_k\Omega_c}{s-p_k\Omega_c}=\sum_{k=0}^{4}\frac{B_k}{s-s_k}$$

其中 $B_k=A_k\Omega_c$；$s_k=p_k\Omega_c$，Ω_c 由下式求得：

$$\Omega_c=\Omega_s\,(10^{0.1\alpha_s}-1)^{-\frac{1}{2N}}=450\pi\,(10-1)^{-1/10}\approx 1\,135\ \mathrm{rad/s}$$

(5) 用冲激响应不变法求巴特沃斯数字滤波器的系统函数，根据题意可得

$$H(z)=\sum_{k=0}^{4}\frac{B_k}{1-e^{s_kT}z^{-1}}$$

因为 $T=1\mathrm{ms}$，则

$$H(z)=\sum_{k=0}^{4}\frac{B_k}{1-e^{0.001\cdot s_k}z^{-1}}$$

例 5-11 设计一个巴特沃斯数字高通滤波器，要求通带截止频率为 $\omega_p=0.75\ \pi\mathrm{rad}$，通带最大衰减 $\alpha_p=3$ dB，阻带截止频率为 $\omega_s=0.4\ \pi\mathrm{rad}$，阻带最小衰减 $\alpha_s=20$ dB。

解：(1) 确定需要设计的巴特沃斯数字高通滤波器的技术指标如下：

$$\omega_p=0.75\ \pi\mathrm{rad},\quad \alpha_p=3\ \mathrm{dB}$$

$$\omega_s=0.4\ \pi\mathrm{rad},\quad \alpha_s=20\ \mathrm{dB}$$

由于设计的是高通滤波器，因此选择双线性变换法，假设采样间隔 $T=2\mathrm{s}$，则根据双线性变换法的频率映射关系可知

$$\Omega_p=\frac{2}{T}\tan\frac{\omega_p}{2}=\tan\frac{0.75\pi}{2}\approx 2.414\,2\ \mathrm{rad/s},\quad \alpha_p=3\ \mathrm{dB}$$

$$\Omega_s=\frac{2}{T}\tan\frac{\omega_s}{2}=\tan\frac{0.4\pi}{2}\approx 0.726\,5\ \mathrm{rad/s},\quad \alpha_s=20\ \mathrm{dB}$$

(2) 求巴特沃斯模拟低通滤波器的阶数。根据高通到低通频率变换公式可知

$$\lambda_p=1,\quad \alpha_p=3\ \mathrm{dB}$$

$$\lambda_s=\frac{\Omega_p}{\Omega_s}=\frac{2.414\,2}{0.726\,5}\approx 3.323\,1,\quad \alpha_s=20\ \mathrm{dB}$$

于是可求得 k_{sp} 和 λ_{sp} 分别为

$$k_{sp}=\sqrt{\frac{10^{0.1\alpha_s}-1}{10^{0.1\alpha_p}-1}}=\sqrt{\frac{10^2-1}{10^{0.3}-1}}\approx 9.973\,5$$

$$\lambda_{sp}=\frac{\lambda_s}{\lambda_p}=3.323\,1$$

则可求出巴特沃斯高通滤波器的阶数为

$$N=\frac{\lg k_{sp}}{\lg\lambda_{sp}}=\frac{\lg 9.973\,5}{\lg 3.323\,1}\approx 1.915\,2$$

所以取巴特沃斯高通滤波器的阶数为 $N=2$。

(3) 求巴特沃斯模拟高通滤波器的系统函数。通过查表可得归一化的巴特沃斯低通滤波

器的系统函数 $H_a(p)$ 为

$$H_a(p)=\frac{1}{p^2+\sqrt{2}\,p+1}$$

接下来做频率变换，将 $H_a(p)$ 转换成实际高通滤波器的系统函数 $H_a(s)$，则

$$H_a(s)=H_a(p)\Big|_{p=\frac{s}{\Omega_c}}=\frac{s^2}{s^2+\sqrt{2}\,\Omega_c s+\Omega_c^2}$$

其中 $\Omega_c=\Omega_p\approx 2.414\ 2$ rad/s，代入上式得

$$H_a(s)=\frac{s^2}{s^2+3.414\ 2s+5.828\ 4}$$

(4) 用双线性变换法将模拟滤波器的系统函数转换为数字滤波器的系统函数，即

$$H(z)=H_a(s)\Big|_{s=\frac{2}{T}\frac{1-z^{-1}}{1+z^{-1}}}=H_a(s)\Big|_{s=\frac{1-z^{-1}}{1+z^{-1}}}$$

整理上式可得巴特沃斯数字高通滤波器的系统函数为

$$H(z)=\frac{1-2z^{-1}+z^{-2}}{10.242\ 6+9.656\ 8z^{-1}+3.414\ 2z^{-2}}$$

5.3　习题解答

1. 用冲激响应不变法将以下的 $H_a(s)$ 变换为 $H(z)$，采样周期为 T。

(1) $H_a(s)=\dfrac{s+2}{(s+2)^2+1}$；

(2) $H_a(s)=1/(s-s_0)^2$。

解：(1) 对 $H_a(s)$ 作部分分式展开得到

$$H_a(s)=\frac{s+2}{(s+2)^2+1}=\frac{1}{2}\left[\frac{1}{s+2+\mathrm{j}}+\frac{1}{s+2-\mathrm{j}}\right]$$

对上式作拉普拉斯逆变换后有

$$h_a(t)=\frac{1}{2}[\mathrm{e}^{-(2+\mathrm{j})t}+\mathrm{e}^{-(2-\mathrm{j})t}]u(t)$$

由冲激响应不变法可得

$$h(n)=Th_a(nT)=\frac{T}{2}[\mathrm{e}^{-(2+\mathrm{j})nT}+\mathrm{e}^{-(2-\mathrm{j})nT}]u(n)$$

对 $h(n)$ 作 z 变换后得到

$$H(z)=\sum_{n=0}^{\infty}h(n)z^{-n}=\sum_{n=0}^{\infty}\frac{T}{2}[\mathrm{e}^{-(2+\mathrm{j})nT}+\mathrm{e}^{-(2-\mathrm{j})nT}]z^{-n}=$$

$$\frac{T}{2}\left[\frac{1}{1-\mathrm{e}^{-(2+\mathrm{j})T}z^{-1}}+\frac{1}{1-\mathrm{e}^{-(2-\mathrm{j})T}z^{-1}}\right]=T\,\frac{1-\cos(T)\mathrm{e}^{-2T}z^{-1}}{(1-\mathrm{e}^{-(2+\mathrm{j})T}z^{-1})(1-\mathrm{e}^{-(2-\mathrm{j})T}z^{-1})}=$$

$$T\,\frac{1-\cos(T)\mathrm{e}^{-2T}z^{-1}}{1-2\cos(T)\mathrm{e}^{-2T}z^{-1}+\mathrm{e}^{-4T}z^{-2}}$$

(2) 根据拉普拉斯变换的结论，即

$$\mathscr{L}[t^n\mathrm{e}^{s_0t}u(t)]=\frac{n!}{(s-s_0)^{n+1}}$$

可知 $H_a(s)=1/(s-s_0)^2$ 的拉普拉斯逆变换等于

$$h_a(t)=te^{s_0t}u(t)$$

由冲激响应不变法可得

$$h(n)=Th_a(nT)=nT^2e^{s_0Tn}u(n)$$

根据 z 变换的结论和性质知道

$$\mathscr{Z}[a^nu(n)]=\frac{1}{1-az^{-1}}$$

且

$$\mathscr{Z}[nx(n)]=-z\frac{\mathrm{d}X(z)}{\mathrm{d}z}$$

于是，本题中 $h(n)=nT^2e^{s_0Tn}u(n)$ 的 z 变换等于

$$H(z)=\sum_{n=0}^{\infty}h(n)z^{-n}=\sum_{n=0}^{\infty}nT^2e^{s_0Tn}z^{-n}=-T^2z\frac{\mathrm{d}\left[\frac{1}{1-e^{s_0T}z^{-1}}\right]}{\mathrm{d}z}=\frac{T^2e^{s_0T}z^{-1}}{(1-e^{s_0T}z^{-1})^2}$$

2. 设模拟滤波器 $H_a(s)=\dfrac{1}{s^2+s+1}$，采样周期 $T=2\mathrm{s}$，试用双线性变换法将它变换为数字系统函数 $H(z)$。

解：根据双线性变换法，可令

$$s=\frac{2}{T}\frac{1-z^{-1}}{1+z^{-1}}$$

根据题意，已知 $T=2\mathrm{s}$，故有变换关系如下：

$$s=\frac{1-z^{-1}}{1+z^{-1}}$$

将以上变换关系，代入模拟滤波器的系统函数，得到

$$H(z)=H_a(s)\mid_{s=\frac{1-z^{-1}}{1+z^{-1}}}=\frac{1}{\left(\frac{1-z^{-1}}{1+z^{-1}}\right)^2+\left(\frac{1-z^{-1}}{1+z^{-1}}\right)+1}$$

化简后最终得到数字滤波器的系统函数为

$$H(z)=\frac{1+2z^{-1}+z^{-2}}{3+z^{-2}}$$

3. 给定模拟滤波器的幅度平方函数 $|H_a(\mathrm{j}\Omega)|^2=\dfrac{\Omega^2+1/4}{\Omega^4+16\Omega^2+256}$，又有 $H_a(0)=1$。

(1) 试求稳定的模拟滤波器的系统函数 $H_a(s)$；

(2) 用冲激响应不变法，将 $H_a(s)$ 映射成数字滤波器 $H(z)$。

解：对于此模拟滤波器有

$$H_a(s)H_a(-s)=|H_a(\mathrm{j}\Omega)|^2\mid_{\Omega=s/\mathrm{j}}$$

故根据题意有

$$H_a(s)H_a(-s)=\frac{\Omega^2+1/4}{\Omega^4+16\Omega^2+256}\mid_{\Omega=s/\mathrm{j}}=\frac{\frac{1}{4}-s^2}{s^4-16s^2+256}=$$

$$\frac{\left(\frac{1}{2}-s\right)\left(\frac{1}{2}+s\right)}{(s+4e^{\mathrm{j}\frac{\pi}{6}})(s+4e^{-\mathrm{j}\frac{\pi}{6}})(s-4e^{\mathrm{j}\frac{\pi}{6}})(s-4e^{-\mathrm{j}\frac{\pi}{6}})}$$

为了使得此模拟滤波器系统稳定，系统函数 $H_a(s)$ 的零极点应位于 s 平面的左半平面，因此有

$$H_a(s)=\frac{s+\frac{1}{2}}{(s+4e^{j\frac{\pi}{6}})(s+4e^{-j\frac{\pi}{6}})}=\frac{s+\frac{1}{2}}{s^2+4\sqrt{3}s+16}$$

(2) 将上式中系统函数 $H_a(s)$ 作部分分式展开，得到

$$H_a(s)=\frac{s+\frac{1}{2}}{(s+4e^{j\frac{\pi}{6}})(s+4e^{-j\frac{\pi}{6}})}=\frac{\frac{1}{2}-j\left(\frac{\sqrt{3}}{2}-\frac{1}{8}\right)}{s+4e^{j\frac{\pi}{6}}}+\frac{\frac{1}{2}+j\left(\frac{\sqrt{3}}{2}-\frac{1}{8}\right)}{s+4e^{-j\frac{\pi}{6}}}$$

根据冲激响应不变法，得到数字滤波器的系统函数 $H(z)$ 为

$$H(z)=\sum_{k=1}^{N}\frac{A_kT}{1-e^{s_kT}z^{-1}}=\frac{\frac{1}{2}-j\left(\frac{\sqrt{3}}{2}-\frac{1}{8}\right)}{1-e^{-4Te^{j\frac{\pi}{6}}}z^{-1}}T+\frac{\frac{1}{2}+j\left(\frac{\sqrt{3}}{2}-\frac{1}{8}\right)}{1-e^{-4Te^{-j\frac{\pi}{6}}}z^{-1}}T=$$

$$\frac{1-z^{-1}\left[\cos(2T)+(\sqrt{3}-\frac{1}{4})\sin(2T)\right]e^{-2\sqrt{3}T}}{1-2z^{-1}\cos(2T)e^{-2\sqrt{3}T}+z^{-2}e^{-4\sqrt{3}T}}$$

4. 令 $h_a(t)$、$s_a(t)$ 及 $H_a(s)$ 分别表示一个时域连续的线性时不变滤波器的单位冲激响应、单位阶跃响应和系统函数。令 $h(n)$、$s(n)$ 及 $H(z)$ 分别表示离散时间线性移不变数字滤波器的单位脉冲响应、单位阶跃响应和系统函数。

(1) 如果 $h(n)=h_a(nT)$，是否有 $s(n)=\sum_{k=-\infty}^{\infty}h_a(kT)$？

(2) 如果 $s(n)=s_a(nT)$，是否有 $h(n)=h_a(nT)$？

解：(1) 离散时间线性移不变数字滤波器的单位脉冲响应与单位阶跃响应之间有以下关系：

$$s(n)=u(n)*h(n)$$

由于

$$u(n)=\sum_{k=-\infty}^{n}\delta(k)$$

故有

$$s(n)=u(n)*h(n)=\left[\sum_{k=-\infty}^{n}\delta(k)\right]*h(n)=\sum_{k=-\infty}^{n}h(k)$$

根据题意，即

$$h(n)=h_a(nT)$$

因此有

$$s(n)=\sum_{k=-\infty}^{n}h(k)=\sum_{k=-\infty}^{n}h_a(kT)$$

(2) 利用上小题中的结论，即

$$s(n)=u(n)*h(n)=\left[\sum_{k=-\infty}^{n}\delta(k)\right]*h(n)=\sum_{k=-\infty}^{n}h(k)$$

可推出

$$h(n)=s(n)-s(n-1)$$

根据题意

$$s(n)=s_a(nT)$$

于是有

$$h(n)=s(n)-s(n-1)=s_a(nT)-s_a((n-1)T)$$

而

$$s_a(nT)-s_a((n-1)T)=\int_{(n-1)T}^{nT}h_a(t)\mathrm{d}t$$

由以上两式可得

$$h(n)=\int_{(n-1)T}^{nT}h_a(t)\mathrm{d}t\neq h_a(nT)$$

5. 假设 $H_a(s)$ 在 $s=s_0$ 处有一个二阶极点，则 $H_a(s)=\frac{A_1}{s-s_0}+\frac{A_2}{(s-s_0)^2}+G_a(s)$，式中 $G_a(s)$ 只有一阶极点。

(1) 写出由 $H_a(s)$ 计算常数 A_1、A_2 的公式；

(2) 求出用 s_0 及 $g_a(t)$（$G_a(s)$ 的拉普拉斯逆变换）表示的冲激响应 $h_a(t)$ 的表达式；

(3) 假设定义 $h(n)=h_a(nT)$ 为某一数字滤波器的单位冲激响应。试利用(2) 的结果写出系统函数 $H(z)$ 的表达式。

解：(1) 根据题意已知

$$H_a(s)=\frac{A_1}{s-s_0}+\frac{A_2}{(s-s_0)^2}+G_a(s)$$

于是，在上面等式两边均乘以 $(s-s_0)^2$，得到

$$H_a(s)\ (s-s_0)^2=A_1(s-s_0)+A_2+G_a(s)\ (s-s_0)^2$$

令 $s=s_0$，有

$$A_2=H_a(s)\ (s-s_0)^2\ |_{s=s_0}$$

接着，再对等式

$$H_a(s)\ (s-s_0)^2=A_1(s-s_0)+A_2+G_a(s)\ (s-s_0)^2$$

关于 s 求导，得到

$$\frac{\mathrm{d}[H_a(s)\ (s-s_0)^2]}{\mathrm{d}s}=A_1+\frac{\mathrm{d}G_a(s)}{\mathrm{d}s}\ (s-s_0)^2+2G_a(s)(s-s_0)$$

令上式中 $s=s_0$，得到

$$A_1=\frac{\mathrm{d}[H_a(s)\ (s-s_0)^2]}{\mathrm{d}s}\ \Big|_{s=s_0}$$

(2) 对系统函数

$$H_a(s)=\frac{A_1}{s-s_0}+\frac{A_2}{(s-s_0)^2}+G_a(s)$$

求拉普拉斯逆变换得到

$$h_a(t)=[A_1\mathrm{e}^{s_0t}+A_2t\mathrm{e}^{s_0t}+g_a(t)]u(t)$$

接着利用上一小题的结果，得到

$$h_a(t)=\left\{\frac{\mathrm{d}[H_a(s)\ (s-s_0)^2]}{\mathrm{d}s}\Big|_{s=s_0}\mathrm{e}^{s_0t}+H_a(s)\ (s-s_0)^2\ |_{s=s_0}t\mathrm{e}^{s_0t}+g_a(t)\right\}u(t)$$

(3) 由于数字滤波器的单位冲激响应

$$h(n)=h_a(nT)$$

利用(2) 小题中的结果，有

$$h(n)=[A_1\mathrm{e}^{s_0nT}+A_2Tn\mathrm{e}^{s_0nT}+g_a(n)]u(n)$$

于是，数字滤波器的系统函数 $H(z)$ 为

$$H(z)=\sum_{n=0}^{\infty}Th_{a}(nT)z^{-n}=\sum_{n=0}^{\infty}Th(n)z^{-n}=\sum_{n=0}^{\infty}T[A_1 e^{s_0 nT}+A_2 Tn e^{s_0 nT}+g_{a}(n)]z^{-n}=$$

$$\frac{TA_1}{1-e^{s_0 T}z^{-1}}+\frac{T^2 A_2 e^{s_0 T}z^{-1}}{(1-e^{s_0 T}z^{-1})^2}+G_{a}(z)$$

最后，将代入常数 A_1、A_2 的表达式，得到

$$H(z)=\frac{T\left.\dfrac{d[H_a(s)(s-s_0)^2]}{ds}\right|_{s=s_0}}{1-e^{s_0 T}z^{-1}}+\frac{T^2 e^{s_0 T}z^{-1}[H_a(s)(s-s_0)^2|_{s=s_0}]}{(1-e^{s_0 T}z^{-1})^2}+G_{a}(z)$$

6. 图 5 - 2 表示一个数字滤波器的频率响应。

(1) 当采用冲激响应不变法时，试求模拟原型滤波器的频率响应；

(2) 当采用双线性变换法时，试求模拟原型滤波器的频率响应。

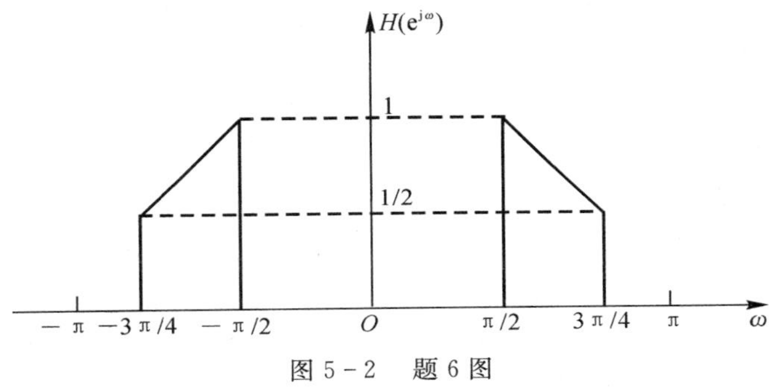

图 5 - 2　题 6 图

解：根据图中频率响应曲线，可得数字滤波器的频率响应函数为

$$H(e^{j\omega})=\begin{cases}\dfrac{2}{\pi}\omega+2, & -\dfrac{3\pi}{4}\leqslant\omega\leqslant-\dfrac{\pi}{2}\\ -\dfrac{2}{\pi}\omega+2, & \dfrac{\pi}{2}\leqslant\omega\leqslant\dfrac{3\pi}{4}\\ 0, & \text{其他}\end{cases}$$

(1) 因数字频率大于 π 时频率响应函数等于 0，故冲激响应不变法不失真，此时有

$$H(e^{j\omega})=H_{a}(j\Omega)$$

同时已知 $\Omega=\omega/T$，故用冲激响应不变法时模拟原型滤波器的频率响应为

$$H_{a}(j\Omega)=H(e^{j\omega})\,|_{\omega=\Omega T}=\begin{cases}\dfrac{2}{\pi}\Omega T+2, & -\dfrac{3\pi}{4T}\leqslant\Omega\leqslant-\dfrac{\pi}{2T}\\ -\dfrac{2}{\pi}\Omega T+2, & \dfrac{\pi}{2T}\leqslant\Omega\leqslant\dfrac{3\pi}{4T}\\ 0, & \text{其他}\end{cases}$$

(2) 根据双线性变换公式，即

$$\Omega=\frac{2}{T}\tan\left(\frac{1}{2}\omega\right)\quad\text{或}\quad\omega=2\arctan(\Omega T/2)$$

故用双线性变换法时模拟原型滤波器的频率响应为

$$H_a(j\Omega)=H(e^{j\omega})\big|_{\omega=2\arctan(\Omega T/2)}=\begin{cases}\dfrac{4}{\pi}\arctan(\Omega T/2)+2, & -\dfrac{2}{T}\tan(\dfrac{3\pi}{8})\leqslant\Omega\leqslant-\dfrac{2}{T}\\ -\dfrac{4}{\pi}\arctan(\Omega T/2)+2, & \dfrac{2}{T}\leqslant\Omega\leqslant\dfrac{2}{T}\tan(\dfrac{3\pi}{8})\\ 0, & \text{其他}\end{cases}$$

7. 设 $h_a(t)$ 表示一模拟滤波器的单位冲激响应,即 $h_a(t)=\begin{cases}e^{-0.9t}, & t\geqslant 0\\ 0, & t<0\end{cases}$,用冲激响应不变法,将此模拟滤波器转换成数字滤波器(用 $h(n)$ 表示单位脉冲响应,即 $h(n)=h_a(nT)$)。确定系统函数 $H(z)$,并把 T 作为参数,证明:无论 T 为何值,数字滤波器都是稳定的,并说明数字滤波器近似为低通滤波器还是高通滤波器。

解:模拟滤波器系统函数为

$$H_a(s)=\int_0^{\infty}e^{-0.9t}e^{-st}\,dt=\frac{1}{s+0.9}$$

系统函数 $H_a(s)$ 的极点为

$$s_1=-0.9$$

故数字滤波器的系统函数应为

$$H(z)=\frac{1}{1-e^{s_1T}z^{-1}}=\frac{1}{1-e^{-0.9T}z^{-1}}$$

因此数字滤波器的系统函数 $H(z)$ 的极点是

$$z_1=e^{-0.9T}$$

所以,当 $T>0$ 时,$|z_1|<1$,即 $H(z)$ 满足因果稳定条件。对 $T=1$ 和 $T=0.5$,画出 $H(e^{j\omega})$ 曲线如图 5-3 所示。由图可见,该数字滤波器近似为低通滤波器,且 T 越小,滤波器频率混叠越小,滤波特性越好。反之,T 越大,极点 $z_1=e^{-0.9T}$ 离单位圆越远,选择性越差,而且频率混叠越严重,$\omega=\pi$ 附近衰减越小,使数字滤波器频率响应特性不能模拟原模拟滤波器的频率响应特性。

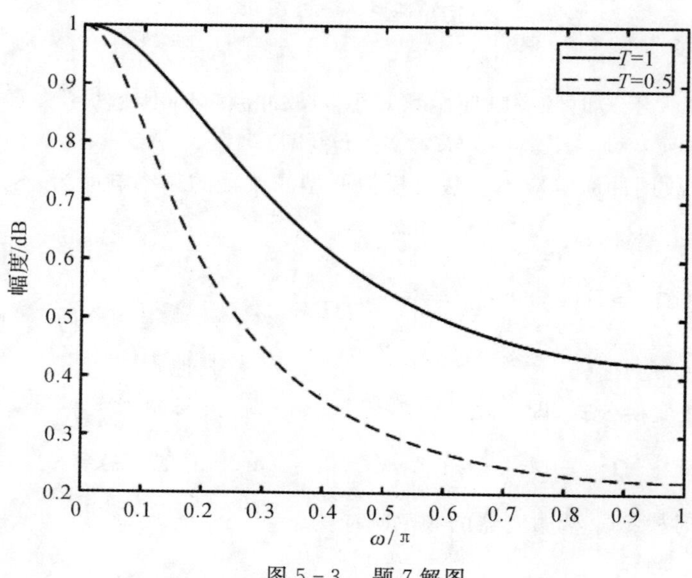

图 5-3 题 7 解图

8. 图 5 - 4 所示是一个由 RC 组成的模拟滤波器，写出其系统函数 $H_a(s)$，并选择一种合适的转换方法，将 $H_a(s)$ 转换成一个数字滤波器 $H(z)$，最后画出此数字滤波器的结构图。

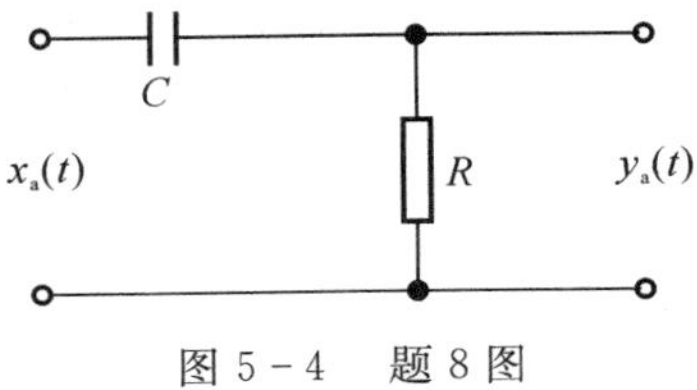

图 5 - 4　题 8 图

解：由图 5 - 8 可知该模拟 RC 滤波器的频率响应函数为

$$H_a(j\Omega)=\frac{R}{R+\frac{1}{j\Omega C}}=\frac{j\Omega}{j\Omega+\frac{1}{RC}}$$

该模拟 RC 滤波器具有高通特性，因此若采用冲激响应不变法将导致严重的频率混叠失真，所以本题将选用双线性变换方法。首先，将 $H_a(j\Omega)$ 中的 $j\Omega$ 用 s 代替，可得到模拟 RC 滤波器的系统函数为

$$H_a(s)=\frac{s}{s+\frac{1}{RC}}$$

利用双线性变换法设计公式，可得

$$H(z)=H_a(s)\Big|_{s=\frac{2}{T}\frac{1-z^{-1}}{1+z^{-1}}}=\frac{\frac{2}{T}\frac{1-z^{-1}}{1+z^{-1}}}{\frac{2}{T}\frac{1-z^{-1}}{1+z^{-1}}+\frac{1}{RC}}=\frac{1-z^{-1}}{1+\frac{T}{2RC}-\left(1-\frac{T}{2RC}\right)z^{-1}}$$

不妨令

$$a=1+\frac{T}{2RC},\quad b=1-\frac{T}{2RC}$$

则数字滤波器的系统函数可重新写为

$$H(z)=\frac{1-z^{-1}}{a-bz^{-1}}=\frac{1}{a}\frac{1-z^{-1}}{1-\frac{b}{a}z^{-1}}$$

因此，该滤波器的直接型结构图如图 5 - 5 所示。

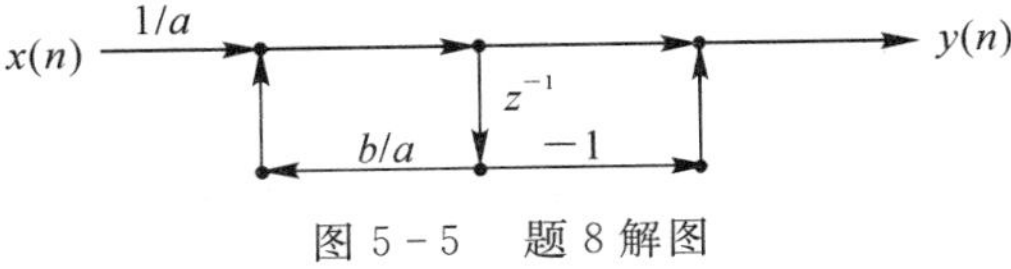

图 5 - 5　题 8 解图

5.4　典型 MATLAB 实验

例 5 - 12　设计以下不同类型的模拟低通滤波器：(1) 设计 5 阶模拟巴特沃斯低通滤波器，截止频率为 1 000 Hz；(2) 设计 5 阶切比雪夫 I 型模拟低通滤波器，通带截止频率为 1 000 Hz，通带波纹为 3 dB；(3) 设计 5 阶切比雪夫 II 型模拟低通滤波器，阻带截止频率为

1 000 Hz,阻带衰减为 30 dB。试分别画出上述滤波器的频率响应图。

解:本题直接使用 butter 函数设计巴特沃斯滤波器,使用 cheby1 函数设计切比雪夫 I 型滤波器,使用 cheby2 函数设计切比雪夫 II 型滤波器,相应的 MATLAB 仿真程序如下:

```
n = 5; f = 1000;                                  %滤波器阶数为 5
[zb,pb,kb] = butter(n,2 * pi * f,'s');            %设计巴特沃斯滤波器
[bb,ab] = zp2tf(zb,pb,kb);                        %转换为系统函数分子分母系数
fk=0:5000/512:5000-5000/512;
hb = freqs(bb,ab,2 * pi * fk);                    %计算巴特沃斯滤波器的频率响应
[z1,p1,k1] = cheby1(n,3,2 * pi * f,'s');          %设计切比雪夫 I 型滤波器
[b1,a1] = zp2tf(z1,p1,k1);
h1 = freqs(b1,a1,2 * pi * fk);                    %计算切比雪夫 I 型滤波器的频率响应
[z2,p2,k2] = cheby2(n,30,2 * pi * f,'s');         %设计切比雪夫 II 型滤波器
[b2,a2] = zp2tf(z2,p2,k2);
h2 = freqs(b2,a2,2 * pi * fk);                    %计算切比雪夫 II 型滤波器的频率响应
plot(fk,20 * log10(abs(hb)),'k-');                %画巴特沃斯滤波器的幅频响应
hold on;plot(fk,20 * log10(abs(h1)),'k-.');       %画切比雪夫 I 型滤波器的幅频响应
plot(fk,20 * log10(abs(h2)),'k--');               %画切比雪夫 II 型滤波器的幅频响应
grid on;xlabel('Frequency (Hz)');ylabel('Attenuation (dB)');
legend('butter','cheby1','cheby2');
```

本题设计了三种类型的模拟滤波器,分别是巴特沃斯滤波器、切比雪夫 I 型滤波器和切比雪夫 II 型滤波器,而且滤波器阶数均为 5 阶,相应的 MATLAB 仿真结果如图 5-6 所示。

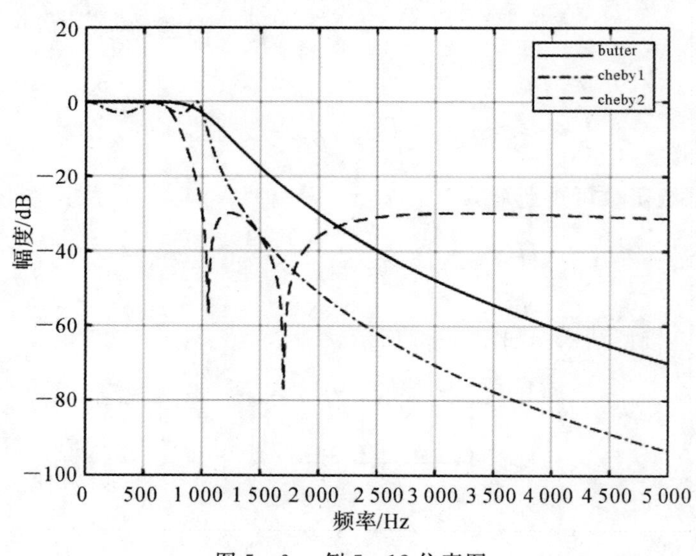

图 5-6 例 5-12 仿真图

例 5-13 对 MATLAB 自带音频信号 handel 分别进行切比雪夫 I 型低通、带通及高通滤波,并将得到的三段音频信号分别进行文件保存和音频播放,其中切比雪夫 I 型低通滤波器的通带截止频率为 600 Hz,阻带截止频率为 700 Hz,通带波纹为 1 dB,阻带衰减为 30 dB;切比雪夫 I 型带通滤波器的通带截止频率为 600 Hz、1 200 Hz,阻带截止频率为 500 Hz、

1 300 Hz,通带波纹为 1dB,阻带衰减为 30 dB;切比雪夫 I 型高通滤波器的通带截止频率为 1 200 Hz,阻带截止频率为 1 100 Hz,通带波纹为 1 dB,阻带衰减为 30 dB。

解:根据题中给出的滤波器性能指标即通带截止频率、阻带截止频率、通带波纹以及阻带衰减等,使用 cheb1ord 函数计算滤波器阶数,然后使用 cheby1 函数分别设计所需的低通、带通及高通滤波器,相应的 MATLAB 仿真程序如下:

```
load handel ;                                          %加载 MATLAB 自带的音频文件
Wp = 600/(Fs/2); Ws = 700/(Fs/2);                      %设置通带阻带截止频率
Rp = 1; Rs = 30;                                       %设置通带阻带衰减
[n,Wp] = cheb1ord(Wp,Ws,Rp,Rs)                         %计算切比雪夫 I 型低通滤波器的阶数
[bw,aw] = cheby1(n,Rp,Wp);                             %设计切比雪夫 I 型低通滤波器
yw = filter(bw,aw,y);                                  %低通滤波处理
fk=(0:511) * pi/512;
hw = freqz(bw,aw,fk);
plot(fk * Fs/2/pi,20 * log10(abs(hw)),'k—');          %画出低通滤波器频响曲线
grid on;axis([0,4096,-200,3]);
xlabel('Frequency (Hz)');ylabel('Attenuation (dB)');
figure;plot((0:length(yw)-1)/Fs, yw);                 %画出低通滤波后信号波形
xlabel('Time (s)');ylabel('Amplitude ');
Wp = [600,1200]/(Fs/2); Ws = [500,1300]/(Fs/2);        %设置通带阻带截止频率
Rp = 1; Rs = 30;                                       %设置通带阻带衰减
[n,Wp] = cheb1ord(Wp,Ws,Rp,Rs)                         %计算切比雪夫 I 型带通滤波器的阶数
[bm,am] = cheby1(n,Rp,Wp);                             %设计切比雪夫 I 型带通滤波器
ym = filter(bm,am,y);                                  %带通滤波处理
hm = freqz(bm,am,fk);
figure;plot(fk * Fs/2/pi,20 * log10(abs(hm)),'k-.');  %画出带通滤波器频响曲线
grid on;axis([0,4096,-200,3]);
xlabel('Frequency (Hz)');ylabel('Attenuation (dB)');
figure;plot((0:length(ym)-1)/Fs, ym);                 %画出带通滤波后信号波形
xlabel('Time (s)');ylabel('Amplitude ');
Wp = 1200/(Fs/2); Ws = 1100/(Fs/2);
Rp = 1; Rs = 30;
[n,Wp] = cheb1ord(Wp,Ws,Rp,Rs)                         %计算切比雪夫 I 型高通滤波器的阶数
[bh,ah] = cheby1(n,Rp,Wp,'high');                      %设计切比雪夫 I 型高通滤波器
yh = filter(bh,ah,y);                                  %高通滤波处理
hh = freqz(bh,ah,fk);
figure;plot(fk * Fs/2/pi,20 * log10(abs(hh)),'k--');  %画出带通滤波器频响曲线
grid on;axis([0,4096,-200,3]);
xlabel('Frequency (Hz)');ylabel('Attenuation (dB)');
figure;plot((0:length(yh)-1)/Fs, yh);                 %画出高通滤波后信号波形
xlabel('Time (s)');ylabel('Amplitude ');
soundsc(y,Fs);pause;                                   %播放原始信号声音
soundsc(yw,Fs);      pause;                            %播放低通滤波后声音
```

```
soundsc(ym,Fs);pause;                          %播放带通滤波后声音
soundsc(yh,Fs);pause;                          %播放高通滤波后声音
fname = 'Hallelujah.wav';
audiowrite(fname,y,Fs);                        %将原始信号保存到文件
fname = 'Hallelujah_Low.wav';
audiowrite(fname,yw,Fs);                       %将低通滤波后信号保存到文件
fname = 'Hallelujah_Mid.wav';
audiowrite(fname,ym,Fs);                       %将带通滤波后信号保存到文件
fname = 'Hallelujah_High.wav';
audiowrite(fname,yh,Fs);                       %将高通滤波后信号保存到文件
```

本题设计了数字低通滤波器、数字带通滤波器以及数字高通滤波器，各滤波器通带范围彼此相接，正好将原始信号在频域上分成了低频输出信号、中频输出信号以及高频输出信号。相应的 MATLAB 仿真结果如图 5-7～图 5-9 所示。此外，通过播放滤波后的音频信号能更加直观的对比滤波效果。

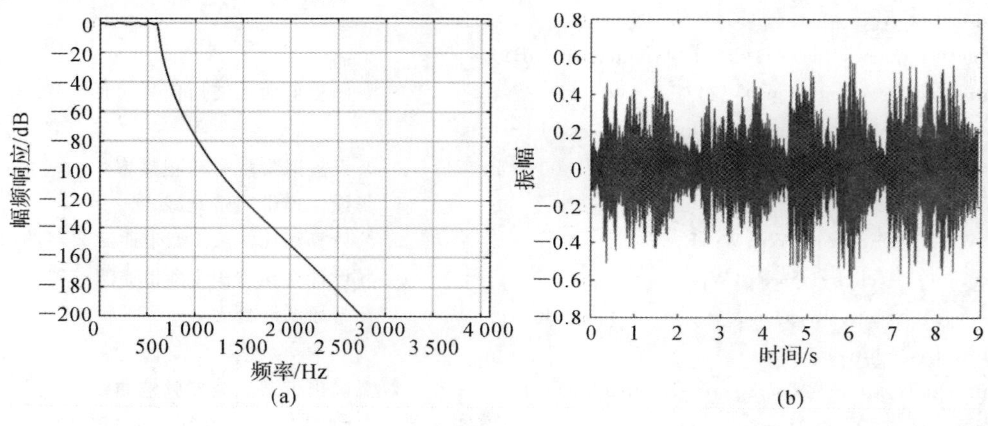

图 5-7

(a) 切比雪夫 I 型低通滤波器的幅频响应；(b) 切比雪夫 I 型低通滤波器输出信号波形

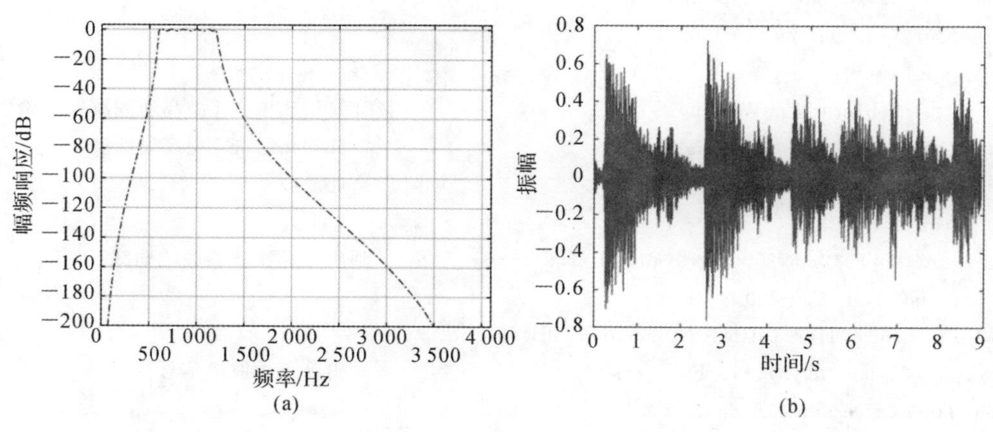

图 5-8

(a) 切比雪夫 I 型带通滤波器的幅频响应；(b) 切比雪夫 I 型带通滤波器输出信号波形

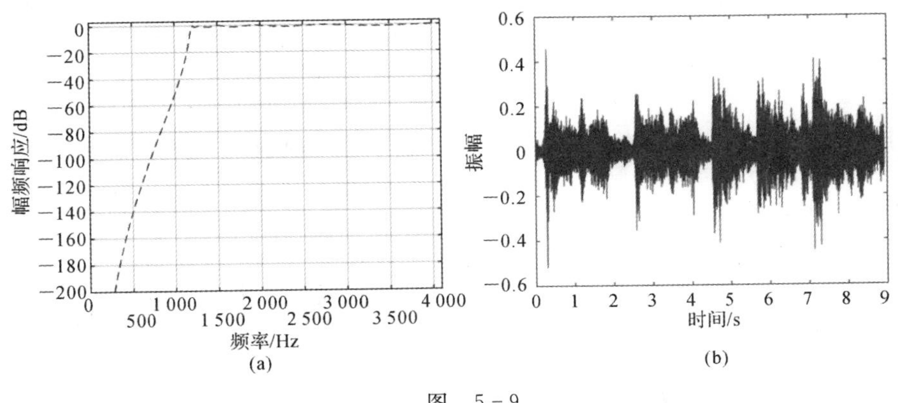

(a)　　　　　　　　　　　　(b)

图　5 - 9

(a) 切比雪夫Ⅰ型高通滤波器的幅频响应；(b) 切比雪夫Ⅰ型高通滤波器输出信号波形

例 5 - 14　设计一个巴特沃斯低通数字滤波器，要求通带截止频率为 600 Hz，阻带截止频率为 800 Hz，通带衰减为 3 dB，阻带衰减为 30 dB。假设采样频率为 8 096 Hz，试画出滤波器的频率响应曲线及零极点分布图。

解：根据题中给出的滤波器性能指标即通带截止频率、阻带截止频率、通带衰减以及阻带衰减等，使用 buttord 函数计算滤波器阶数，然后使用 butter 函数设计所需巴特沃斯低通数字滤波器，相应的 MATLAB 仿真程序如下：

```
Fs = 8096;
Wp = 600/(Fs/2); Ws =800/(Fs/2);                %设置通带阻带截止频率
Rp = 3; Rs = 30;                                %设置通带阻带衰减
[n,Wn] = buttord(Wp,Ws,Rp,Rs)                   %计算低通滤波器的阶数
[bw,aw] = butter(n,Wn);                         %设计巴特沃斯低通滤波器
fk=(0:511) * pi/512;
hw = freqz(bw,aw,fk);                           %计算巴特沃斯数字低通滤波器的频率响应
plot(fk * Fs/2/pi,20 * log10(abs(hw)),'k-');    %画出低通滤波器频响曲线
grid on;axis([0,4096,-200,3]);
xlabel('Frequency (Hz)');ylabel('Attenuation (dB)');
figure;
zplane(bw,aw);                                  %画出零、极点分布图
```

本题中，巴特沃斯低通数字滤波器的频率响应曲线及零极点分布图如图 5 - 10 所示。根据频率响应曲线可验证所设计滤波器达到了题目中的性能指标要求。

例 5 - 15　设计一个巴特沃斯带阻数字滤波器，目的是消除 MATLAB 自带文件 openloop60hertz 中的 60 Hz 干扰。要求通带截止频率为 55 Hz、65 Hz，阻带截止频率为 59 Hz、61 Hz，通带衰减为 1 dB，阻带衰减为 60 dB。试画出原始信号的时域波形、滤波器的频率响应曲线、原始信号及滤波后信号的频谱。

解：与上一题类似，根据题中给出的滤波器性能指标即通带截止频率、阻带截止频率、通带衰减以及阻带衰减等，使用 buttord 函数计算滤波器阶数，然后使用 butter 函数设计所需的巴特沃斯数字滤波器。不同的是，对于带阻数字滤波器，butter 函数的输入参数应包括“stop”，

即 butter(n,Wn,'stop'),完整 MATLAB 仿真程序如下:

```
load openloop60hertz;                          %加载 MATLAB 自带文件
openLoop = openLoopVoltage;
Fs = 1000;                                     %采样频率为 1000Hz
t = (0:length(openLoop)-1)/Fs;                 %时间自变量的取值范围
plot(t,openLoop)
ylabel('幅度')xlabel('时间 (s)')
grid on;
spc = fft(openLoop,2048);                      %对信号进行 fft 变换
fk = 0:Fs/2048:(Fs/2-Fs/2048);
spc =abs(spc(1:1024));
figure;plot(fk,10 * log10(spc));               %画出原始信号频谱
xlabel('频率 (Hz)');ylabel('振幅 (dB)');
Wp = [55,65]/(Fs/2); Ws =[59,61]/(Fs/2);       %设置通带阻带截止频率
Rp = 1; Rs = 60;                               %设置通带阻带衰减
[n,Wn] = buttord(Wp,Ws,Rp,Rs)                  %计算带阻滤波器的阶数
[bs,as] = butter(n,Wn,'stop');                 %设计巴特沃斯带阻滤波器
fk=(0:511) * pi/512;
hs = freqz(bs,as,fk);
figure;
plot(fk * Fs/2/pi,20 * log10(abs(hs)),'k-');   %画出带阻滤波器频响曲线
grid on;axis([0,500,-100,3]);
xlabel('频率 (Hz)');ylabel('幅频响应 (dB)');
filopen= filter(bs,as,openLoop);               %对原始信号进行带阻滤波
fspc = fft(filopen,2048);                      %对滤波之后的信号进行 FFT 运算
fk = 0:Fs/2048:(Fs/2-Fs/2048);
fspc =abs(fspc(1:1024));
figure;plot(fk,10 * log10(fspc));              %画出带阻滤波后的信号频谱
xlabel('频率 (Hz)');ylabel('振幅 (dB)');
```

本题要求设计的巴特沃斯带阻数字滤波器,目的是消除原始信号中的 60 Hz 干扰,因此也可将此滤波器称为陷波器。原始信号的时域波形、滤波器的频率响应曲线、原始信号及滤波后信号的频谱如图 5-11 和图 5-12 所示。对比滤波前后的频谱图可发现,原始信号中的60 Hz 干扰已被极大程度地抑制。

例 5-16 给定一个 6 阶巴特沃斯模拟低通滤波器,截止频率为 200 Hz,试使用冲激响应不变法将其转换为数字滤波器,试画出此巴特沃斯模拟低通滤波器以及数字滤波器的幅频响应曲线,考虑采样频率 $F_s=512$ Hz 及 $F_s=4\ 096$ Hz 两种情况。

解:使用冲激响应不变法将模拟滤波器转换为数字滤波器可使用 impinvar 函数,对该函数输入不同的采样频率,便可得到不同采样频率下数字滤波器系统函数的分子分母系数,进而得到幅频响应结果。注意,为了便于对比模拟滤波器和数字滤波器的幅频响应曲线,应将横轴即频率轴设置为相同频率范围,完整 MATLAB 仿真程序如下:

```
f = 200;
[b,a] = butter(6,2 * pi * f,'s');
```

```
for fs = [512,4096]                                        %采样频率为 512Hz 和 4096Hz 两种情况
    fk=0:(fs/2)/512:(fs/2-fs/2/512);
    hb = freqs(b,a,2 * pi * fk);                           %计算巴特沃斯模拟滤波器的频率响应
    figure;plot(fk,20 * log10(abs(hb)),'k-');              %画巴特沃斯模拟滤波器的幅频响应
    [bz,az] = impinvar(b,a,fs);                            %冲激响应不变法
    fk=(0:511) * pi/512;
    hw = freqz(bz,az,fk);                                  %计算巴特沃斯数字滤波器的幅频响应
    hold on;
    plot(fk * fs/2/pi,20 * log10(abs(hw)),'k--');          %画巴特沃斯数字滤波器幅频响应
    grid on;legend('模拟滤波器','数字滤波器');
    xlabel('频率 (Hz)');ylabel('幅频响应 (dB)');
    hold off;
end
```

MATLAB 仿真结果如图 5－13 所示。从图中可知，冲激响应不变法会使数字滤波器在高频部分的衰减不够，这主要是由于频谱混叠的原因导致的；而且采样频率越低，频谱混叠的现象越严重。

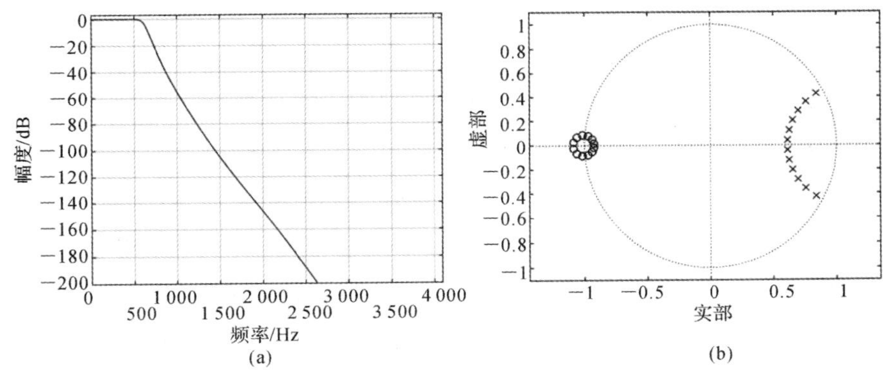

图　5－10

(a) 巴特沃斯低通滤波器的幅频响应；(b) 巴特沃斯低通滤波器零极点分布图

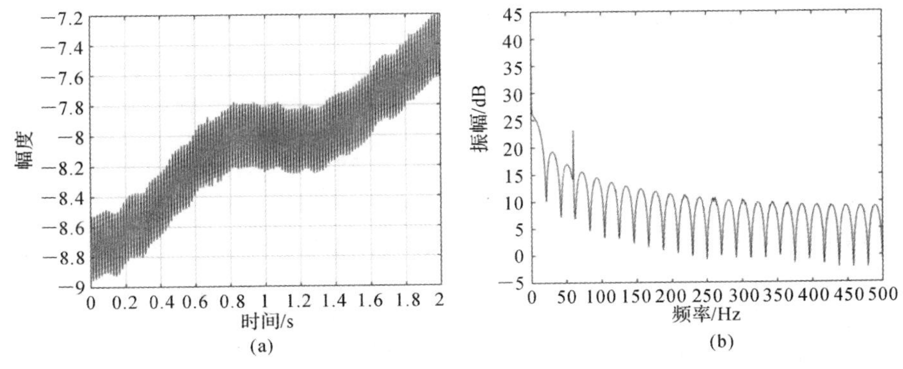

图　5－11

(a) 原始信号的时域波形；(b) 原始信号的频谱

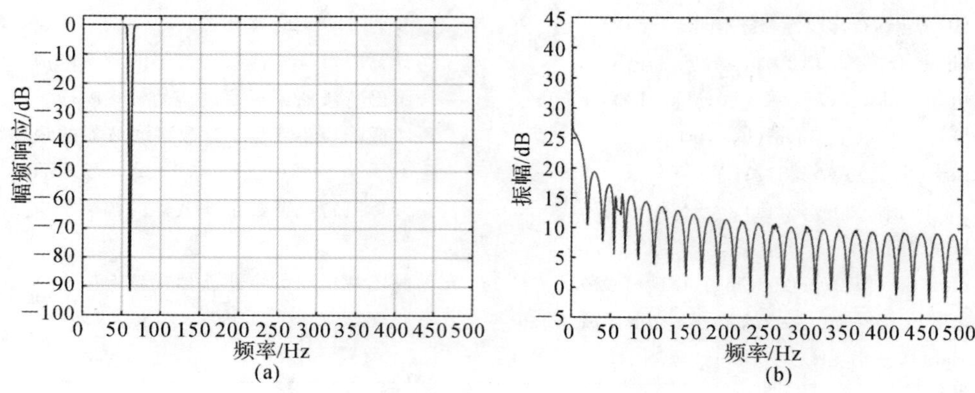

图 5-12

(a) 巴特沃斯带阻滤波器的幅频响应；(b)巴特沃斯带阻滤波器滤波后信号的频谱

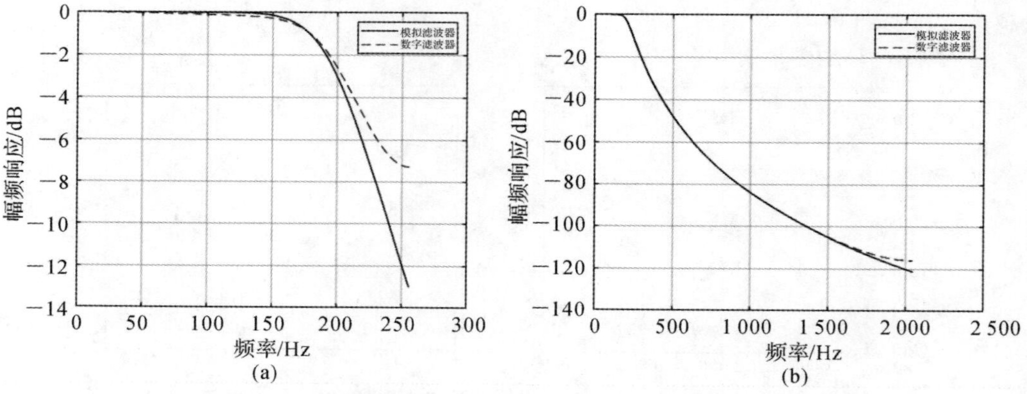

图 5-13 使用冲激响应不变法时模拟及数字滤波器幅频响应曲线

(a)F_s=512 Hz；(b)F_s=4 096 Hz

例 5-17 给定一个6阶巴特沃斯模拟高通滤波器，截止频率为600 Hz，采样频率 F_s= 4 096 Hz。试分别使用冲激响应不变法和双线性变换法将其转换为数字滤波器，并画出模拟滤波器和数字滤波器的幅频响应曲线。

解：MATLAB仿真程序如下所示：

```
f = 600;
fs = 4096;                                        %采样频率为4096Hz
[b,a] = butter(6,2 * pi * f,'high','s');
fk=0:(fs/2)/512:(fs/2-fs/2/512);
hb = freqs(b,a,2 * pi * fk);                      %计算巴特沃斯模拟高通滤波器的频率响应
plot(fk,20 * log10(abs(hb)),'k-');               %画巴特沃斯模拟高通滤波器的幅频响应
[bz,az] = impinvar(b,a,fs);                       %冲激响应不变法
fk1=(0:511) * pi/512;hw = freqz(bz,az,fk1);       %计算冲激响应不变法数字滤波器的频率响应
hold on;
plot(fk1 * fs/2/pi,20 * log10(abs(hw)),'k--');   %画冲激响应不变法时数字滤波器的幅频响应
```

```
grid on;legend('模拟滤波器','数字滤波器');
xlabel('频率 (Hz)');ylabel('幅频响应 (dB)');
figure;plot(fk,20 * log10(abs(hb)),'k—');
[bz,az] = bilinear(b,a,fs);                      %双线性变换法
fk2=(0:511) * pi/512;hw = freqz(bz,az,fk2);      %计算双线性变换法时数字滤波器的频率响应
hold on;
plot(fk2 * fs/2/pi,20 * log10(abs(hw)),'k—.');  %画双线性变换法时数字滤波器幅频响应
grid on;legend('模拟滤波器','数字滤波器');
xlabel('频率 (Hz)');ylabel('幅频响应 (dB)');
```

MATLAB 仿真结果如图 5-14 所示。从图中可知,双线性变换法能够很好地抑制频谱混叠带来的高频衰减不足的缺陷。

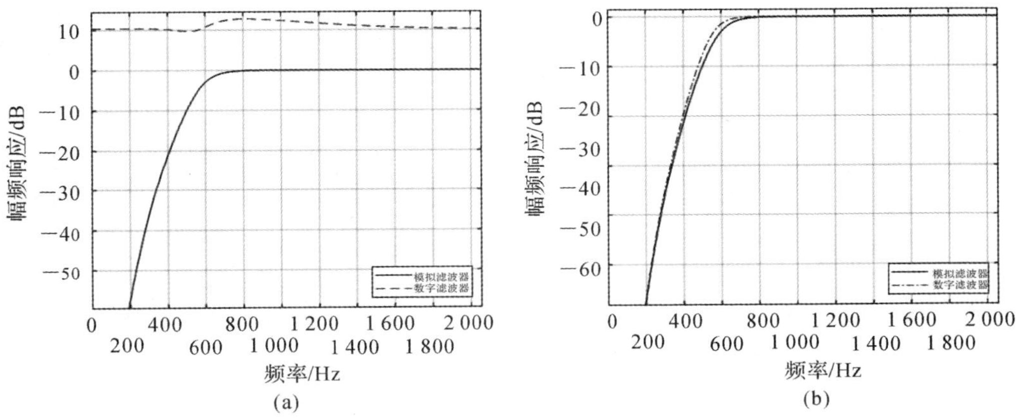

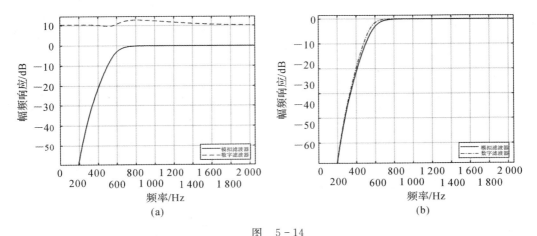

图　5-14

(a) 冲激响应不变法设计的幅频响应;　(b) 双线性变换法设计的幅频响应

5.5　上机题解答

1. 设计满足以下要求的模拟低通滤波器,通带截止频率为 150 Hz,阻带截止频率为 200 Hz,通带最大衰减 $\alpha_p = 2$dB,阻带最小衰减为 $\alpha_s = 30$dB,要求分别用巴特沃斯、切比雪夫 I 型、切比雪夫 II 型、椭圆滤波器的最小阶数来实现。

解:分别利用 MATLAB 的函数 buttord、butter 实现巴特沃斯模拟低通滤波器的设计;利用函数 cheb1ord、cheby1 实现切比雪夫 I 型模拟低通滤波器的设计;利用函数 cheb2ord、cheby2 实现切比雪夫 II 型模拟低通滤波器的设计;利用函数 ellipord、ellip 实现椭圆模拟低通滤波器的设计,再各自利用函数 freqs 计算上述各种滤波器的频率响应函数,求解程序如下:

```
clear all;clc;
wp=2 * pi * 150;ws=2 * pi * 200;Rp=2;Rs=30;     %设置模拟低通滤波器的技术指标
[N1,wc]=buttord(wp,ws,Rp,Rs,'s');              %计算巴特沃斯模拟低通滤波器的阶数
[B1,A1]=butter(N1,wc,'s');                     %计算巴特沃斯模拟低通滤波器的系数
k=0:511;fk=0:500/512:500—500/512;              %设定频率的取值范围
```

```
H1=freqs(B1,A1,2*pi*fk);                       %计算巴特沃斯模拟低通滤波器的频率响应
subplot(2,2,1);plot(fk,20*log10(abs(H1)));    %绘制巴特沃斯模拟低通滤波器的幅频图
xlabel('f/Hz');ylabel('幅频响应/dB');grid on;
title('巴特沃斯模拟低通滤波器');
[N2,wp1]=cheb1ord(wp,ws,Rp,Rs,'s');           %计算切比雪夫I型模拟低通滤波器的阶数
[B2,A2]=cheby1(N2,Rp,wp1,'s');                 %计算切比雪夫I型模拟低通滤波器的系数
H2=freqs(B2,A2,2*pi*fk);                       %计算切比雪夫I型模拟低通滤波器的频率响应
subplot(2,2,2);plot(fk,20*log10(abs(H2)));    %绘制切比雪夫I型模拟低通滤波器的幅频图
xlabel('f/Hz');ylabel('幅频响应/dB');grid on;
title('切比雪夫I型模拟低通滤波器');
[N3,ws1]=cheb2ord(wp,ws,Rp,Rs,'s');           %计算切比雪夫II型模拟低通滤波器的阶数
[B3,A3]=cheby2(N3,Rs,ws1,'s');                 %计算切比雪夫II型模拟低通滤波器的系数
H3=freqs(B3,A3,2*pi*fk);                       %计算切比雪夫II型模拟低通滤波器的频率响应
subplot(2,2,3);plot(fk,20*log10(abs(H3)));    %绘制切比雪夫II型模拟低通滤波器的幅频图
xlabel('f/Hz');ylabel('幅频响应/dB');
grid on;
title('切比雪夫II型模拟低通滤波器');
[N4,wpo]=ellipord(wp,ws,Rp,Rs,'s');           %计算椭圆模拟低通滤波器的阶数
[B4,A4]=ellip(N4,Rp,Rs,wpo,'s');               %计算椭圆模拟低通滤波器的系数
H4=freqs(B4,A4,2*pi*fk);                       %计算椭圆模拟低通滤波器的频率响应
subplot(2,2,4);plot(fk,20*log10(abs(H4)));    %绘制椭圆模拟低通滤波器的幅频图
xlabel('f/Hz');ylabel('幅频响应/dB');
grid on;title('椭圆模拟低通滤波器');
```

运行结果如图5-15所示。从图中可以看出设计出来的各种模拟滤波器均满足技术指标要求，且巴特沃斯滤波器的阶数 $N_1=13$，切比雪夫Ⅰ型滤波器的阶数 $N_2=6$，切比雪夫Ⅱ型滤波器的阶数 $N_3=6$，椭圆滤波器的阶数 $N_4=4$，即相同技术指标的前提下，椭圆滤波器的阶数最低，因此可以说椭圆滤波器的性能是这几种滤波器当中最优的。

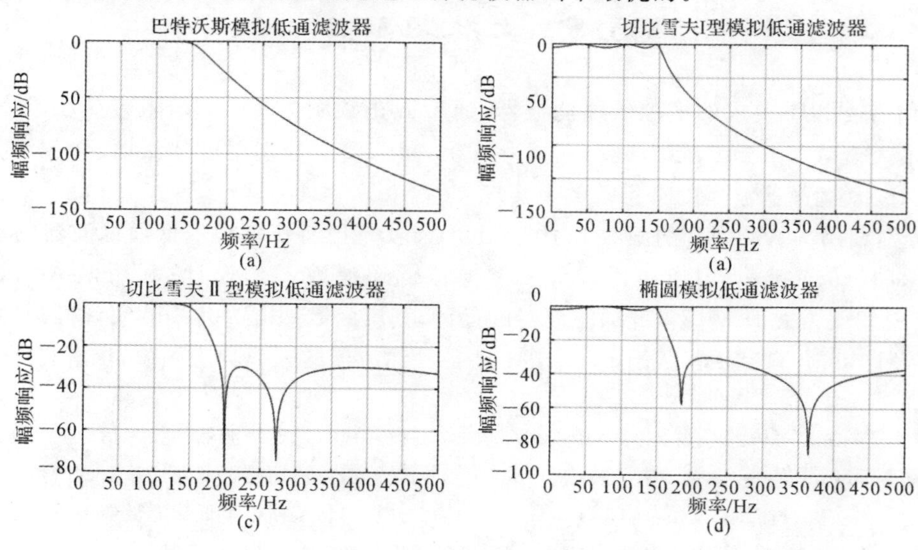

图5-15 上机题1解图

2. 已知某滤波器的通带截止频率 $f_p=6$ kHz，通带最大衰减 $\alpha_p=1$ dB，阻带截止频率 $f_s=15$ kHz，阻带最小衰减为 $\alpha_s=30$ dB，用 MATLAB 设计巴特沃斯模拟低通滤波器。

解：可以利用函数 buttord、butter 实现巴特沃斯模拟低通滤波器的设计，之后用 freqs 函数计算该滤波器的频率响应函数，并画出的它的幅频响应函数曲线，求解程序如下：

```
clear all;clc;
wp=2*pi*6000;ws=2*pi*15000;Rp=1;Rs=30;        %确定巴特沃斯模拟低通滤波器的技术指标
[N,wc]=buttord(wp,ws,Rp,Rs,'s');              %计算巴特沃斯模拟低通滤波器的阶数
[B,A]=butter(N,wc,'s');                       %计算巴特沃斯模拟低通滤波器的系数
k=0:511;f=0:16000/512:16000-16000/512;        %设定频率的取值范围
H=freqs(B,A,2*pi*f);                          %计算巴特沃斯模拟低通滤波器的频率响应
plot(fk/1000,20*log10(abs(H)));               %绘制巴特沃斯模拟低通滤波器的幅频图
xlabel('f/kHz');
ylabel('幅频响应/dB');
grid on;
title('巴特沃斯模拟低通滤波器');
```

运行结果如图 5-16 所示，此时巴特沃斯模拟低通滤波器的阶数为 $N=5$，从结果图可以看出所设计出来的巴特沃斯模拟低通滤波器满足技术指标的要求。

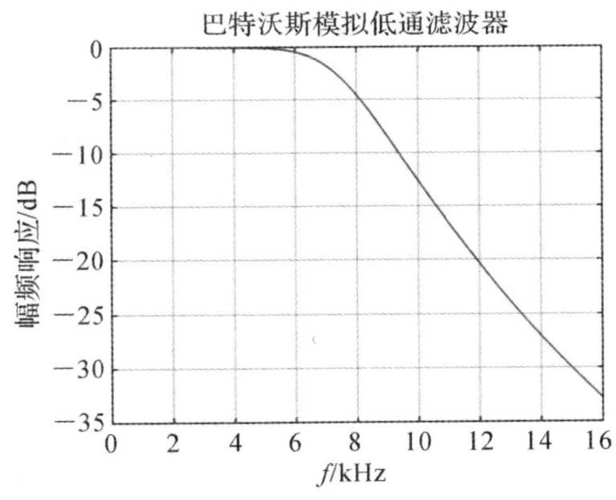

图 5-16　上机题 2 解图

3. 已知某滤波器通带截止频率 $f_p=10$ kHz，通带最大衰减 $\alpha_p=2$ dB，阻带截止频率 $f_s=5$ kHz，阻带最小衰减为 $\alpha_s=20$ dB，用 MATLAB 设计巴特沃斯模拟高通滤波器。

解：利用函数 butter 实现巴特沃斯模拟滤波器的设计时，需要在调用格式当中增加“high”字符串，表示设计的是高通滤波器，其他设计过程与巴特沃斯低通滤波器的设计过程类似，求解程序如下：

```
wp=2*pi*10000;ws=2*pi*5000;Rp=2;Rs=20;        %设置模拟高通滤波器的技术指标
[N,wc]=buttord(wp,ws,Rp,Rs,'s');              %计算巴特沃斯模拟高通滤波器的阶数
[B,A]=butter(N,wc,'high','s');                %计算巴特沃斯模拟高通滤波器的系数
k=0:511;f=0:12000/512:12000-12000/512;        %设置频率变化范围
H=freqs(B,A,2*pi*f);                          %计算巴特沃斯模拟高通滤波器的频率响应
plot(f/1000,20*log10(abs(H)));                %画幅频响应函数曲线
xlabel('频率/kHz');ylabel('幅频响应/dB');
```

```
title('巴特沃斯模拟高通滤波器');grid on;
```

运行结果如图 5-17 所示，此时巴特沃斯模拟高通滤波器的阶数为 $N=4$，从结果图可以看出所设计出来的巴特沃斯模拟高通滤波器满足技术指标的要求。

4. 用 MATLAB 设计一个巴特沃斯模拟带通滤波器，技术指标为通带 $f_p=[1\ 000\ \text{Hz}, 1\ 500\ \text{Hz}]$，阻带 $f_s=[800\ \text{Hz}, 1\ 700\ \text{Hz}]$，通带最大衰减 $\alpha_p=1.5$ dB，阻带最小衰减 $\alpha_s=40$ dB。

解：利用函数 buttord 实现巴特沃斯模拟滤波器的设计时，如果设计的是带通滤波器，则需要将通带截止频率及阻带截止频率写成二元矢量的形式，具体可参考该题的程序，其他设计过程与巴特沃斯低通滤波器的设计过程类似，求解程序如下：

```
wp=2*pi*[1000 1500];ws=2*pi*[800 1700];       %设置模拟带通滤波器的技术指标
Rp=1.5;Rs=40;
[N,wc]=buttord(wp,ws,Rp,Rs,'s');              %计算巴特沃斯模拟带通滤波器的阶数
[B,A]=butter(N,wc,'s');                       %计算巴特沃斯模拟带通滤波器的系数
k=0:511;
f=0:2000/512:2000-2000/512;                   %设定频率的取值范围
H=freqs(B,A,2*pi*f);                          %计算巴特沃斯模拟带通滤波器的频率响应
plot(f,20*log10(abs(H)));                     %画带通滤波器的频率响应曲线
xlabel('频率/Hz');ylabel('幅频响应/dB');
grid on;title('巴特沃斯模拟带通滤波器');
```

运行结果如图 5-18 所示，此时巴特沃斯模拟带通滤波器的阶数为 $N=11$，从结果图可以看出所设计出来的巴特沃斯模拟带通滤波器满足技术指标的要求。

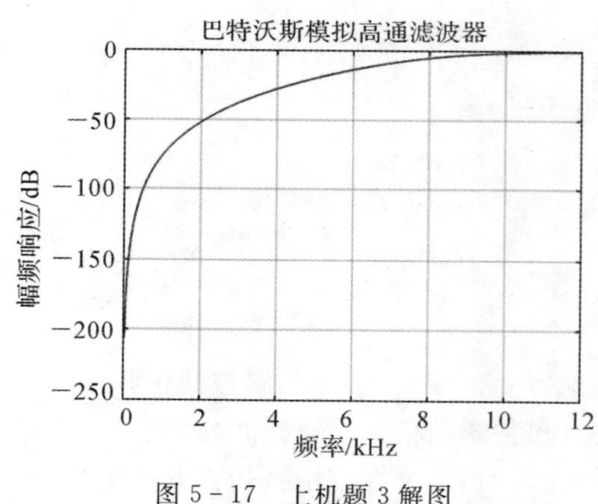

图 5-17　上机题 3 解图

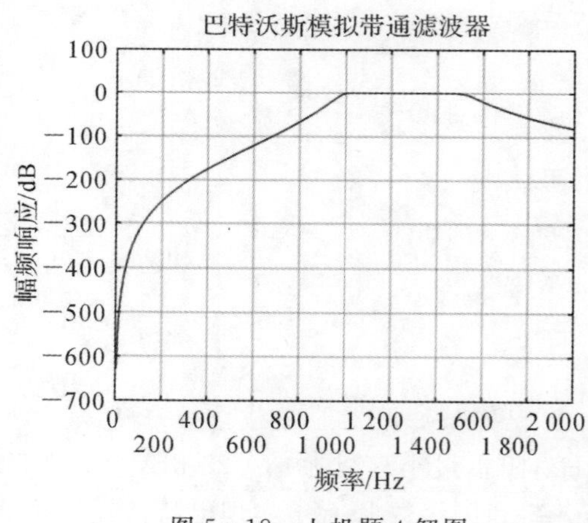

图 5-18　上机题 4 解图

5. 用 MATLAB 设计一个巴特沃斯模拟带阻滤波器，技术指标为通带 $f_p=[1\ 300\ \text{Hz}, 2\ 200\ \text{Hz}]$，阻带 $f_s=[1\ 500\ \text{Hz}, 2\ 000\ \text{Hz}]$，通带最大衰减 $\alpha_p=2$ dB，阻带最小衰减 $\alpha_s=35$ dB。

解：利用函数 butter 实现巴特沃斯模拟滤波器的设计时，需要在调用格式当中增加"stop"字符串，表示设计的是带阻滤波器，其他设计过程与巴特沃斯带通滤波器的设计过程类似，求解程序如下：

```
wp=2*pi*[1300 2200];ws=2*pi*[1500 2000];Rp=2;Rs=35;
```

```
[N,wc]=buttord(wp,ws,Rp,Rs,'s');                %计算巴特沃斯模拟带阻滤波器的阶数
[B,A]=butter(N,wc,'stop','s');                  %计算巴特沃斯模拟带阻滤波器的系数
k=0:1023;f=0:5000/1024:5000-5000/1024;          %设定频率的取值范围
H=freqs(B,A,2*pi*f);                            %计算巴特沃斯模拟带阻滤波器的频率响应
plot(f,20*log10(abs(H)));                       %画带阻滤波器的频率响应曲线
xlabel('频率/Hz');ylabel('振幅/dB');
grid on;title('巴特沃斯模拟带阻滤波器');
```

运行结果如图 5-19 所示，此时巴特沃斯模拟带阻滤波器的阶数为 $N=9$，从结果图可以看出所设计出来的巴特沃斯模拟带阻滤波器满足技术指标的要求。

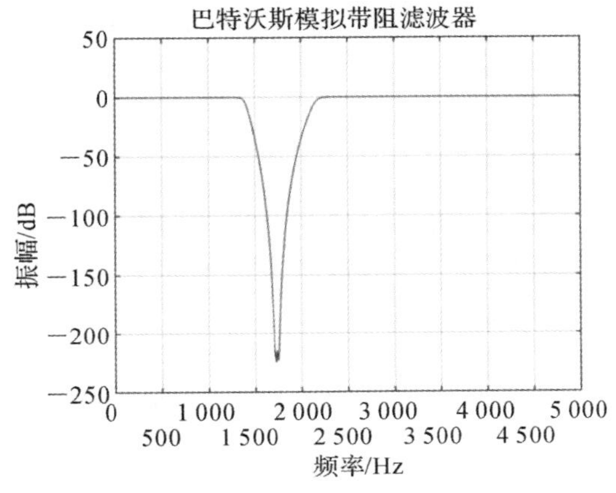

图 5-19　上机题 5 解图

6. 已知某滤波器通带截止频率 $f_p=5$ kHz，$R_p=1$ dB，阻带截止频率 $f_s=10$ kHz，阻带最小衰减为 $\alpha_s=25$ dB，用 MATLAB 设计切比雪夫 I 型模拟低通滤波器。

解：可以利用函数 cheb1ord、cheby1 实现切比雪夫 I 型模拟低通滤波器的设计，之后用 freqs 函数计算该滤波器的频率响应函数，并画出的它的幅频响应函数曲线，求解程序如下：

```
clear all;clc;
wp=2*pi*5000;ws=2*pi*10000;Rp=1;Rs=25;    %设置模拟低通滤波器的技术指标
[N,wp1]=cheb1ord(wp,ws,Rp,Rs,'s');        %计算切比雪夫 I 型模拟低通滤波器的阶数
[B,A]=cheby1(N,Rp,wp1,'s');               %计算切比雪夫 I 型模拟低通滤波器的系数
k=0:1023;
f=0:12000/1024:12000-12000/1024;          %设定频率的取值范围
H=freqs(B,A,2*pi*f);                      %计算切比雪夫 I 型模拟低通滤波器的频率响应
plot(f,20*log10(abs(H)));                 %绘制切比雪夫 I 型模拟低通滤波器的幅频图
xlabel('f/Hz');ylabel('幅频响应/dB');
grid on;
title('切比雪夫 I 型模拟低通滤波器');
```

运行结果如图 5-20 所示，此时切比雪夫 I 型模拟低通滤波器的阶数为 $N=4$，从结果图可以看出所设计出来的切比雪夫 I 型模拟低通滤波器满足技术指标的要求。

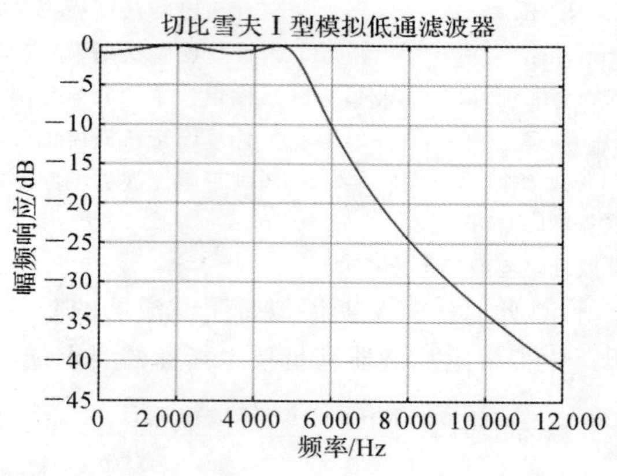

图 5-20 上机题 6 解图

7. 已知某滤波器通带截止频率 $f_p=1\ 500$ Hz，通带 $R_p=0.5$ dB，阻带截止频率 $f_s=500$ Hz，阻带最小衰减为 $\alpha_s=30$ dB，用MATLAB设计切比雪夫Ⅰ型模拟高通滤波器。

解：与切比雪夫Ⅰ型模拟低通滤波器的设计过程不同的地方在于，调用cheby1函数时应该添加字符串“high”表明设计的滤波器类型为高通滤波器，求解程序如下：

```
clear all;
wp=2*pi*1500;ws=2*pi*500;Rp=0.5;Rs=30;     %设置模拟高通滤波器的技术指标
[N,wp1]=cheb1ord(wp,ws,Rp,Rs,'s');          %计算切比雪夫Ⅰ型模拟高通滤波器的阶数
[B,A]=cheby1(N,Rp,wp1,'high','s');          %计算切比雪夫Ⅰ型模拟高通滤波器的系数
k=0:511;f=0:1600/512:1600-1600/512;         %设定频率的取值范围
H=freqs(B,A,2*pi*f);                        %计算切比雪夫Ⅰ型模拟高通滤波器的频率响应
plot(f,20*log10(abs(H)));                   %绘制切比雪夫Ⅰ型模拟高通滤波器的幅频图
xlabel('频率/Hz');ylabel('幅频响应/dB');
grid on;title('切比雪夫Ⅰ型模拟高通滤波器');
```

运行结果如图5-21所示，此时切比雪夫Ⅰ型模拟高通滤波器的阶数为 $N=3$，从结果图可以看出所设计出来的切比雪夫Ⅰ型模拟高通滤波器满足技术指标的要求。

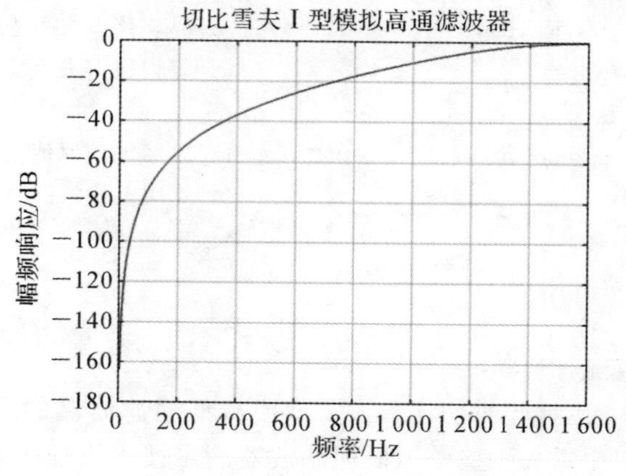

图 5-21 上机题 7 解图

8. 用 MATLAB 设计一个切比雪夫 I 型模拟带通滤波器，技术指标为通带 f_p=[800 Hz，1 700 Hz]，阻带 f_s=[600 Hz，1 900 Hz]，通带 R_p=1 dB，阻带最小衰减 α_s=25 dB。

解：利用函数 cheb1ord 实现切比雪夫 I 型模拟带通滤波器的设计时，需要将通带截止频率及阻带截止频率写成二元矢量的形式，即写成 $\omega_p=[\omega_{pl},\omega_{ph}]$，$\omega_s=[\omega_{sl},\omega_{sh}]$的格式。其中，$\omega_{pl}$和 ω_{ph}分别是通带下截止频率和通带上截止频率；而 ω_{sl}和 ω_{sh}分别是阻带下截止频率和阻带上截止频率。其他设计过程与切比雪夫 I 型低通滤波器的设计过程类似，求解程序如下：

```
wp=2*pi*[800 1700];ws=2*pi*[600 1900];   %设置模拟带通滤波器的技术指标
Rp=1;Rs=25;
[N,wp1]=cheb1ord(wp,ws,Rp,Rs,'s');       %计算切比雪夫 I 型模拟带通滤波器的阶数
[B,A]=cheby1(N,Rp,wp1,'s');              %计算切比雪夫 I 型模拟带通滤波器的系数
k=0:511;f=0:3000/512:3000-3000/512;      %设定频率的取值范围
H=freqs(B,A,2*pi*f);                     %计算切比雪夫 I 型模拟带通滤波器的频率响应
plot(f,20*log10(abs(H)));                %绘制切比雪夫 I 型模拟带通滤波器的幅频图
xlabel('频率/Hz');ylabel('幅频响应/dB');
grid on;title('切比雪夫 I 型模拟带通滤波器');
```

运行结果如图 5-22 所示，此时切比雪夫 I 型带通滤波器的阶数为 $N=6$，从结果图可以看出所设计出来的切比雪夫 I 型模拟带通滤波器满足技术指标的要求。

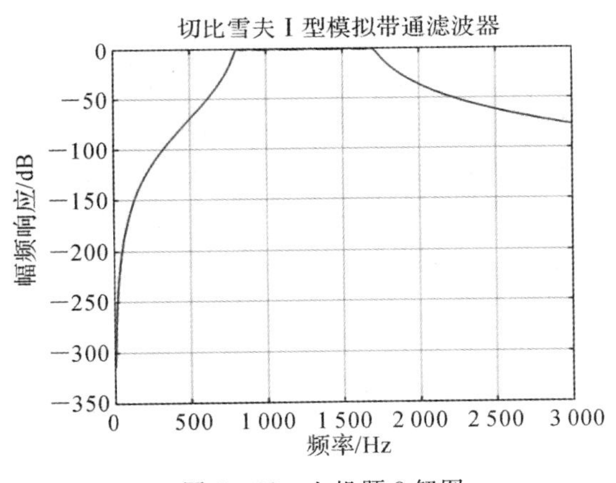

图 5-22　上机题 8 解图

9. 用 MATLAB 设计一个切比雪夫 I 型模拟带阻滤波器，技术指标为通带 f_p=[1 700 Hz，2 800 Hz]，阻带 f_s=[2 000 Hz，2 500 Hz]，通带最大衰减 α_p=2 dB，阻带最小衰减 α_s=40 dB。

解：利用函数 cheby1 实现切比雪夫 I 型模拟滤波器的设计时，如果需要设计带阻滤波器，则需要在调用格式当中增加“stop”字符串。其他设计过程与切比雪夫 I 型带通滤波器的设计过程类似，求解程序如下：

```
wp=2*pi*[1700 2800];ws=2*pi*[2000 2500]; Rp=2;Rs=40;%设置模拟带阻滤波器的技术指标
[N,wp1]=cheb1ord(wp,ws,Rp,Rs,'s');       %计算切比雪夫 I 型模拟带阻滤波器的阶数
[B,A]=cheby1(N,Rp,wp1,'stop','s');       %计算切比雪夫 I 型模拟带阻滤波器的系数
k=0:511;f=0:3000/512:3000-3000/512;      %设定频率的取值范围
```

```
H=freqs(B,A,2*pi*f);                                  %计算切比雪夫Ⅰ型带阻滤波器频率响应
plot(f,20*log10(abs(H)));                             %绘制切比雪夫Ⅰ型模拟带通滤波器幅频图
xlabel('频率/Hz');ylabel('振幅/dB');grid on;title('切比雪夫Ⅰ型模拟带阻滤波器');
```

运行结果如图 5-23 所示，此时切比雪夫Ⅰ型带阻滤波器的阶数为 $N=5$，从结果图可以看出所设计出来的切比雪夫Ⅰ型模拟带阻滤波器满足技术指标的要求。

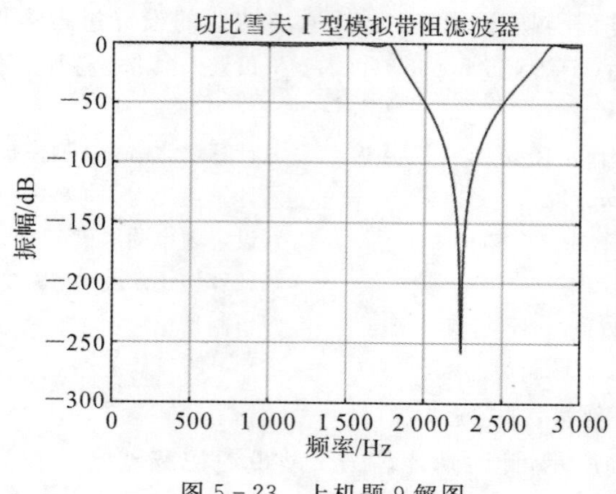

图 5-23　上机题 9 解图

10. 分别设计阶数 $N=1$，$N=3$，$N=5$，$N=7$ 阶的切比雪夫Ⅱ型低通滤波器，并绘制相应的幅频特性曲线。

解：根据阻带衰减技术指标，利用函数 cheb2ap 可以将不同阶数的切比雪夫Ⅱ型滤波器的零点、极点及增益计算出来，再调用 zp2tf 函数可得到切比雪夫Ⅱ型滤波器的系统函数的分子分母多项式的系数，这样就完成了切比雪夫Ⅱ型模拟滤波器的设计，最后通过 freqs 函数计算频率响应函数，求解程序如下：

```
clear all;clc;
n=0:0.01:4;                                           %设定频率变化范围
for i=1:4                                             %滤波器阶数分四种情况
    switch i
        case 1                                        %切比雪夫Ⅱ型低通滤波器阶数为 1
            N=1;
        case 2                                        %切比雪夫Ⅱ型低通滤波器阶数为 3
            N=3;
        case 3                                        %切比雪夫Ⅱ型低通滤波器阶数为 5
            N=5;
        case 4                                        %切比雪夫Ⅱ型低通滤波器阶数为 7
            N=7;
end
    Rs=30;                                            %阻带衰减为 30dB
[Z,P,K]=cheb2ap(N,Rs);                                %返回零点、极点和增益
[B,A]=zp2tf(Z,P,K);                                   %根据零极点求滤波器系数
```

```
[h,w]=freqs(B,A,n);                                  %计算切比雪夫Ⅱ型滤波器的频率响应函数
subplot(2,2,i);
plot(w,20*log10(abs(h)));                             %画切比雪夫Ⅱ型滤波器的幅频响应曲线
xlabel('\omega/\omega_c');ylabel('|H(j\omega)|^2');title(['N=',num2str(N)]);grid on;end
```

运行结果如图 5-24 所示，从结果图可以看出所设计出来的切比雪夫Ⅱ型模拟低通滤波器满足技术指标的要求。此外，从结果图还可知，切比雪夫Ⅱ型滤波器的幅频特性曲线在阻带呈等波纹特性，在通带呈单调下降特性。且随着阶数增大，等波纹的震荡程度变得越来越剧烈，此时幅频特性曲线越来越接近于理想低通滤波器的幅频特性曲线。

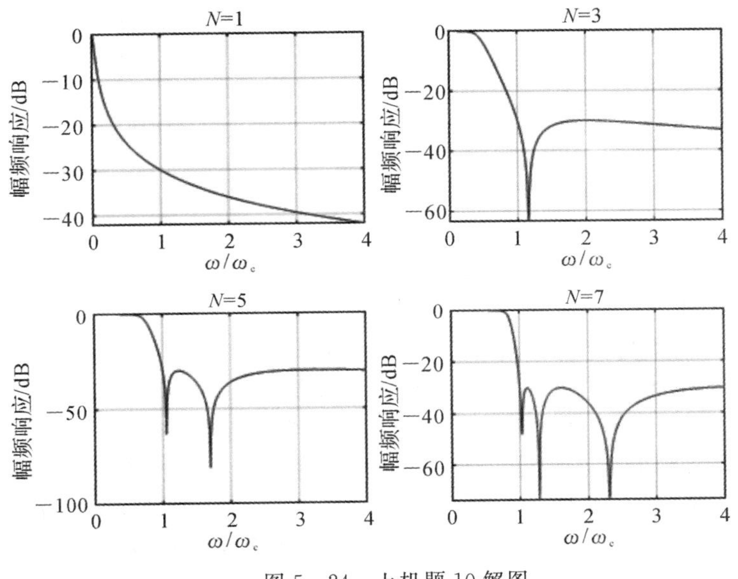

图 5-24　上机题 10 解图

11. 已知某滤波器通带截止频率 $f_p=6$ kHz，通带最大衰减 $\alpha_p=2$ dB，阻带截止频率 $f_s=12$ kHz，阻带最小衰减为 $\alpha_s=80$ dB，用 MATLAB 设计椭圆模拟低通滤波器。

解：根据通带和阻带的衰减技术指标，利用函数 ellipord 可计算出椭圆低通滤波器的阶数，再调用 ellip 函数可得到椭圆滤波器的系统函数的分子分母多项式的系数，最后通过 freqs 函数计算频率响应函数并绘制椭圆低通滤波器的幅频响应函数曲线，求解程序如下：

```
wp=2*pi*6000;ws=2*pi*12000;Rp=2;Rs=80;         %确定椭圆模拟低通滤波器的技术指标
[N,wpo]=ellipord(wp,ws,Rp,Rs,'s');              %计算椭圆模拟低通滤波器的阶数
[B,A]=ellip(N,Rp,Rs,wpo,'s');                   %计算椭圆模拟低通滤波器的系数
k=0:1023;f=0:20000/1024:20000-20000/1024;       %设定频率变化范围
H=freqs(B,A,2*pi*f);                            %计算椭圆模拟低通滤波器的频率响应函数
plot(f/1000,20*log10(abs(H)));                  %画椭圆模拟低通滤波器的幅频响应曲线
xlabel('频率/kHz');ylabel('幅频响应/dB');grid on;title('椭圆模拟低通滤波器');
```

运行结果如图 5-25 所示，此时椭圆低通滤波器的阶数为 $N=6$。从结果图可以看出，所设计出来的椭圆模拟低通滤波器满足技术指标的要求。此外，从仿真图可知，椭圆滤波器的幅频特性曲线在通带和阻带均呈等波纹特性。

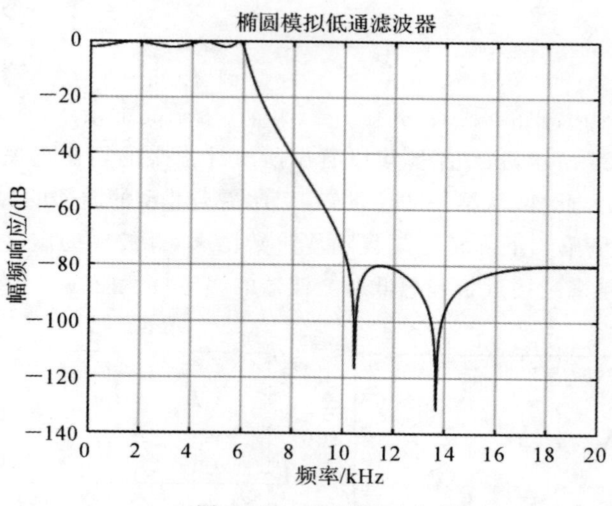

图 5-25 上机题 11 解图

12. 用冲激响应不变法设计两个巴特沃斯数字低通滤波器，$\omega_p=0.3\ \pi\text{rad}$，$R_p=1$ dB，$\omega_s=0.5\ \pi\text{rad}$，$R_s=30$ dB，其中 T 分别为 1 s 和 0.1 s。

解：冲激响应不变法在 MATLAB 中是通过函数 impinvar 来实现。首先，将数字滤波器的技术指标转换为模拟滤波器的技术指标，利用函数 buttord 可计算出巴特沃斯低通滤波器的阶数，再调用 butter 函数可得到巴特沃斯模拟滤波器的系统函数的分子分母多项式的系数，最后通过 impinvar 函数将模拟滤波器的系数转换为数字滤波器的系数，求解程序如下：

```
T1=1;T2=0.1;Fs1=1/T1;Fs2=1/T2;                    %根据采样间隔确定采样频率
Rp=1;Rs=30;wp1=0.3*pi/T1;ws1=0.5*pi/T1;           %根据数字指标确定模拟技术指标
wp2=0.3*pi/T2;ws2=0.5*pi/T2;
[N1,wc1]=buttord(wp1,ws1,Rp,Rs,'s');              %计算巴特沃斯模拟滤波器的阶数(T=1s)
[B1,A1]=butter(N1,wc1,'s');                        %计算巴特沃斯模拟滤波器的系数(T=1s)
[BZ1,AZ1]=impinvar(B1,A1,Fs1);                     %利用冲激响应不变法(T=1s)
w1=0:pi/(T1*512):pi/T1-pi/(T1*512);               %设定模拟角频率变化范围(T=1s)
w2=0:pi/512:pi-pi/512;                             %设定数字频率变化范围
H1=freqs(B1,A1,w1);H2=freqz(BZ1,AZ1,w2)            %计算频率响应函数(T=1s)
figure(1);subplot(2,1,1);
plot(w1/(2*pi),20*log10(abs(H1)));                 %画模拟滤波器的幅频响应曲线(T=1s)
xlabel('f/Hz');ylabel('幅频响应/dB');title('巴特沃斯模拟低通滤波器(T=1s)');grid on;
subplot(2,1,2);plot(w2/pi,20*log10(abs(H2)));      %画数字滤波器的幅频响应曲线(T=1s)
xlabel('\omega/\pi');ylabel('幅频响应/dB');
title('巴特沃斯数字低通滤波器(T=1s)');grid on;
[N2,wc2]=buttord(wp2,ws2,Rp,Rs,'s');              %计算巴特沃斯模拟滤波器的阶数(T=0.1s)
[B2,A2]=butter(N2,wc2,'s');                        %计算巴特沃斯模拟滤波器的系数(T=0.1s)
[BZ2,AZ2]=impinvar(B2,A2,Fs2);                     %利用冲激响应不变法(T=0.1s)
w3=0:pi/(T2*512):pi/T2-pi/(T2*512);               %设定模拟角频率变化范围(T=0.1s)
w4=0:pi/512:pi-pi/512;                             %设定数字频率变化范围
```

```
H3=freqs(B2,A2,w3);H4=freqz(BZ2,AZ2,w4);        %计算频率响应函数(T=0.1s)
figure(2);subplot(2,1,1);
plot(w3/(2*pi),20*log10(abs(H3)));               %画模拟滤波器的幅频响应曲线(T=0.1s)
xlabel('f/Hz');ylabel('幅频响应/dB');title('巴特沃斯模拟低通滤波器(T=0.1s)');grid on;
subplot(2,1,2);plot(w4/pi,20*log10(abs(H4)));    %画数字滤波器的幅频响应曲线(T=0.1s)
xlabel('\omega/\pi');ylabel('幅频响应/dB');title('巴特沃斯数字低通滤波器(T=0.1s)');grid on;
```

运行结果如图 5-26 所示，从结果图可以看出所设计出来的巴特沃斯数字低通滤波器符合技术指标要求。

此外，从图中还可看出，巴特沃斯数字滤波器在 π 附近的衰减要小于巴特沃斯模拟滤波器在 $f_s/2$ 处的衰减，这是由于频谱混叠导致的失真。

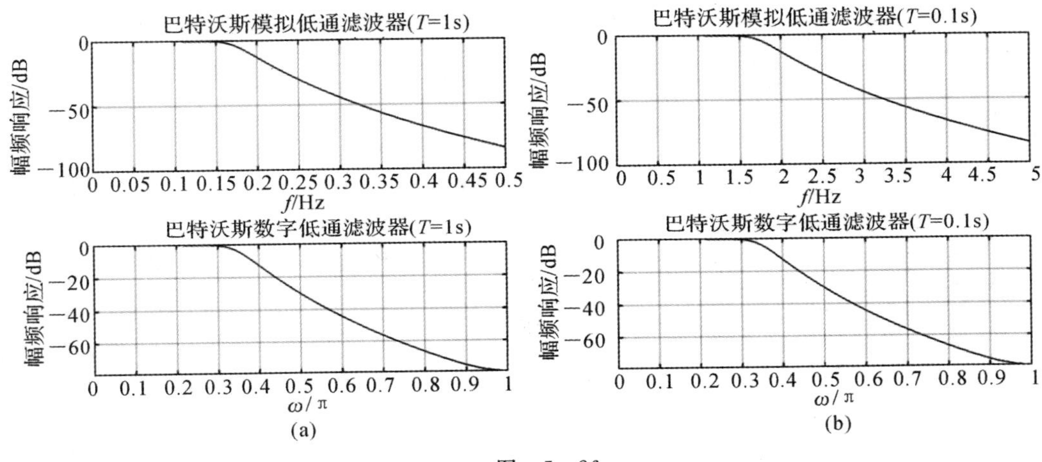

图　5-26

(a) 上机题 12 解图(一)；(b) 上机题 12 解图(二)

13. 用双线性变换法设计一个巴特沃斯数字高通滤波器，$\omega_p=0.7\ \pi\text{rad}$，$R_p=1$ dB，$\omega_s=0.4\ \pi\text{rad}$，$R_s=20$ dB，其中 T 为 1 s。

解：双线性变换法在 MATLAB 中是通过函数 bilinear 来实现的。首先，利用函数 buttord、butter 实现巴特沃斯模拟高通滤波器的设计，再通过 bilinear 函数将模拟滤波器系统函数的系数转换为数字滤波器系统函数的系数，最后通过 freqs 和 freqz 函数分别计算巴特沃斯模拟滤波器和巴特沃斯数字滤波器的频率响应，求解程序如下：

```
clear all;clc;
T=1;Fs=1/T;                                   %由采样间隔得到采样频率
wp=0.7*pi;ws=0.4*pi;Rp=1;Rs=20;               %确定数字滤波器的技术指标
wp=2*tan(wp/2)/T;ws=2*tan(ws/2)/T;            %数字到模拟频率转换
[N,wc]=buttord(wp,ws,Rp,Rs,'s');              %确定巴特沃斯模拟滤波器的阶数
[B,A]=butter(N,wc,'high','s');                %计算巴特沃斯模拟滤波器的系数
[BZ,AZ]=bilinear(B,A,Fs);                     %双线性变换法
w1=0:pi/(T*512):pi/T-pi/(T*512);              %确定模拟滤波器的频率变化范围
w2=0:pi/512:pi-pi/512;                        %确定数字滤波器的频率变化范围
H1=freqs(B,A,w1);                             %计算模拟滤波器的频率响应函数
```

```
H2=freqz(BZ,AZ,w2);                                    %计算数字滤波器的频率响应函数
subplot(2,1,1);plot(w1/(2*pi),20*log10(abs(H1)));      %画模拟滤波器的幅频响应曲线
xlabel('f/Hz');ylabel('幅频响应/dB');
title('巴特沃斯模拟高通滤波器(T=1s)');grid on;
subplot(2,1,2);plot(w2/pi,20*log10(abs(H2)));          %画数字滤波器的幅频响应曲线
xlabel('\omega/\pi');ylabel('幅频响应/dB');
title('巴特沃斯数字高通滤波器(T=1s)');
grid on;
```

运行结果如图 5-27 所示,从结果图可以看出所设计出来的巴特沃斯数字高通滤波器符合技术指标要求。

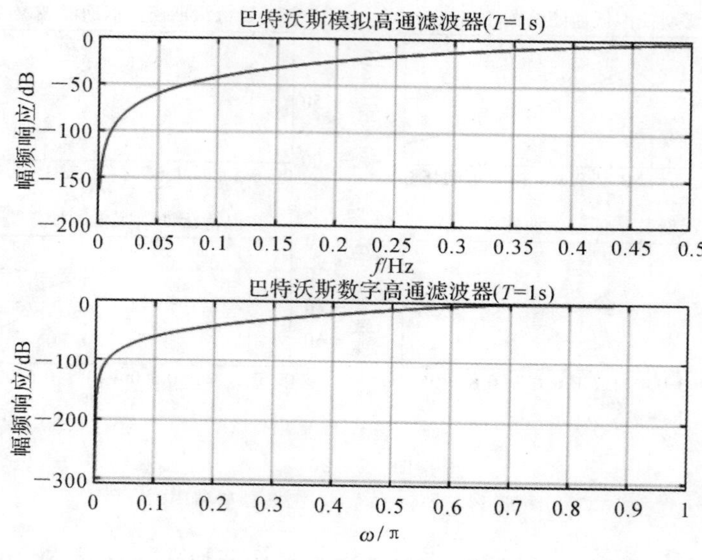

图 5-27　上机题 13 解图

14. 用双线性变换法设计一个切比雪夫Ⅰ型数字高通滤波器,$\omega_p=0.5\ \pi\text{rad}$,$R_p=2$ dB,$\omega_s=0.35\ \pi\text{rad}$,$R_s=20$ dB,其中 T 为 0.001 s。

解:首先,利用函数 cheb1ord、cheby1 实现切比雪夫Ⅰ型模拟高通滤波器的设计,再通过 bilinear 函数将模拟滤波器系统函数的系数转换为数字滤波器系统函数的系数,最后通过 freqs 和 freqz 函数分别计算切比雪夫Ⅰ型模拟滤波器和数字滤波器的频率响应,求解程序如下:

```
clear all;clc;
T=0.001;Fs=1/T;                                 %由采样间隔得到采样频率
wp=0.5*pi;ws=0.35*pi;Rp=2;Rs=20;                %确定数字滤波器的技术指标
wp=2*tan(wp/2)/T;ws=2*tan(ws/2)/T;              %数字到模拟频率转换
[N,wp1]=cheb1ord(wp,ws,Rp,Rs,'s');              %确定切比雪夫Ⅰ型模拟滤波器的阶数
[B,A]=cheby1(N,Rp,wp1,'high','s');              %计算切比雪夫Ⅰ型模拟滤波器的系数
[BZ,AZ]=bilinear(B,A,Fs);                       %双线性变换法
w1=0:pi/(T*512):pi/T-pi/(T*512);                %确定模拟滤波器的频率变化范围
```

```
w2=0:pi/512:pi-pi/512;                          %确定数字滤波器的频率变化范围
H1=freqs(B,A,w1);                               %计算模拟滤波器的频率响应函数
H2=freqz(BZ,AZ,w2);                             %计算数字滤波器的频率响应函数
subplot(2,1,1);plot(w1/(2*pi),20*log10(abs(H1))); %画模拟滤波器的幅频响应曲线
xlabel('f/Hz');ylabel('幅频响应/dB'); grid on;title('切比雪夫I型模拟高通滤波器(T=0.001s)');
subplot(2,1,2);plot(w2/pi,20*log10(abs(H2)));   %画数字滤波器的幅频响应曲线
xlabel('\omega/\pi');ylabel('幅频响应/dB');title('切比雪夫I型数字高通滤波器(T=0.001s)');grid on;
```

运行结果如图 5-28 所示，从结果图可以看出所设计出来的切比雪夫Ⅰ型数字高通滤波器符合技术指标要求。此外从图中还可以看出，通过双线性变换法设计出来的数字滤波器的幅频特性曲线与原模拟滤波器的幅频特性曲线形状差别较大，这是由于双线性变换法的频率压缩关系是正切函数导致的。

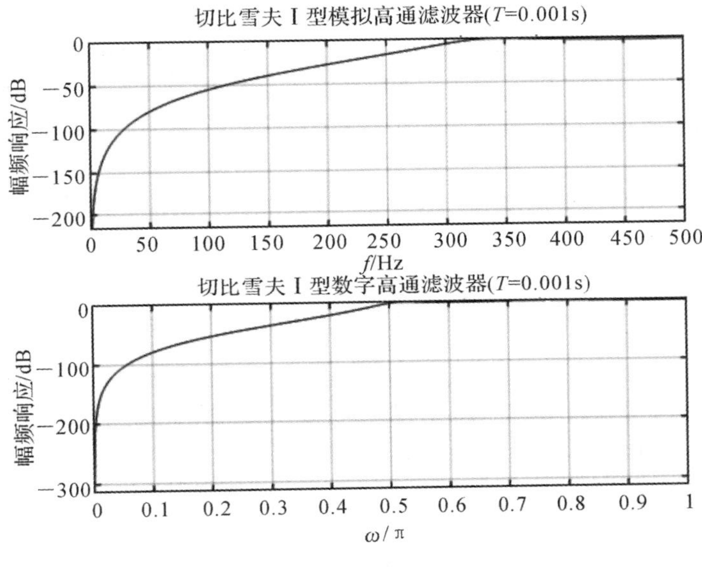

图 5-28　上机题 14 解图

15. 设计一个巴特沃斯数字高通滤波器，通带截止频率为 2.5kHz，阻带截止频率为 1 kHz，通带最大衰减为 1 dB，阻带最小衰减为 30 dB，采样频率为 10 kHz。输入信号为 $x(t)=\sin(2\pi f_1 t)+0.5\cos(2\pi f_2 t)$，其中 $f_1=200$ Hz，$f_2=5$ kHz。绘制该数字滤波器的幅频响应图和相频响应图，并绘制原信号及经过滤波之后的信号时域波形。

解：首先，直接利用函数 buttord、butter 实现巴特沃斯数字滤波器的设计，和前面设计巴特沃斯模拟滤波器的区别在于调用函数 buttord 时不需要加字符串“s”，表示设计的是数字滤波器类型。最后利用 freqz 函数计算该数字滤波器的频率响应函数，并画出的它的幅频响应函数曲线，求解程序如下：

```
Fs=10000;T=1/Fs;                                %采样频率为10kHz
wp=2500/(Fs/2);ws=1000/(Fs/2);Rp=1;Rs=30;       %归一化的频率
[N,wc]=buttord(wp,ws,Rp,Rs);                    %确定巴特沃斯数字高通滤波器的阶数
[B,A]=butter(N,wc,'high');                      %计算巴特沃斯数字高通滤波器的系数
w=0:pi/512:pi-pi/512;                           %设定频率取值范围
```

```
H=freqz(B,A,w);                                        %计算巴特沃斯数字滤波器的频率响应函数
figure(1);
subplot(2,1,1);plot(w/(T*2*pi),20*log10(abs(H)));%画巴特沃斯数字高通滤波器的幅频曲线
grid on; title('巴特沃斯数字高通滤波器的幅频曲线');
xlabel('f/Hz');ylabel('振幅/dB');
subplot(2,1,2);
plot(w/(T*2*pi),180/pi*unwrap(angle(H)));             %画巴特沃斯数字高通滤波器的相频曲线
grid on; title('巴特沃斯数字高通滤波器的相频曲线');
xlabel('f/Hz');ylabel('相位/\circ');
figure(2);
n=0:500;t=n*T;                                         %输入信号时域波形的时间取值范围
x=sin(2*pi*200*t)+0.5*cos(2*pi*5000*t);               %输入组合信号
y=filter(B,A,x);                                       %对输入信号进行滤波
subplot(2,1,1);plot(t,x);title('输入信号');            %画输入信号波形
subplot(2,1,2);plot(t,y);                              %画经过滤波之后的输出信号波形
title('输出信号');
xlabel('时间/s');
```

运行结果如图 5-29 所示。由图 5-29(a)可以看出，所设计出来的巴特沃斯数字高通滤波器符合技术指标要求。由图 5-29(b)可知，原来输入的频率为 200 Hz 和 5 000 Hz 的混合信号，经过通带截止频率为 2.5 kHz 且阻带截止频率为 1 kHz 的高通滤波器滤波之后，仅保留了频率为 5 000 Hz 的高频信号，输入信号当中的 200 Hz 低频信号被滤除掉了。

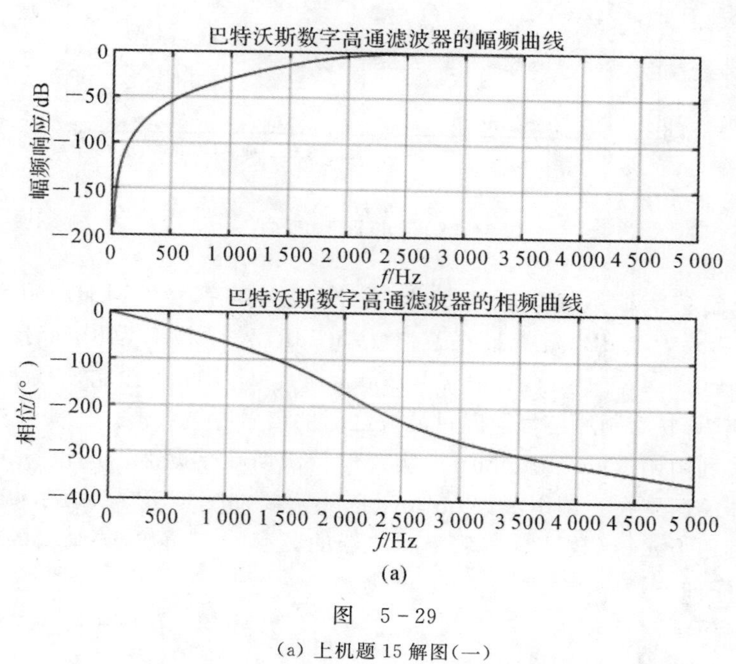

图 5-29

(a) 上机题 15 解图(一)

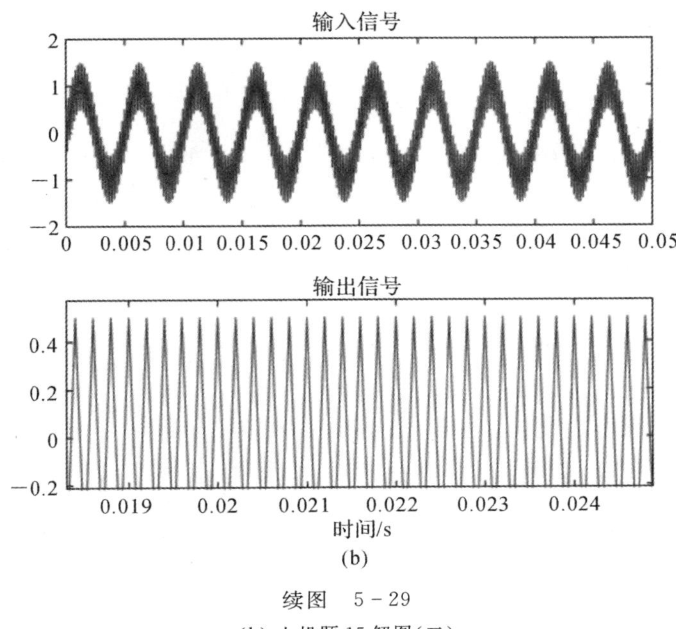

续图　5-29

(b) 上机题 15 解图(二)

16. 设计一个椭圆数字带阻滤波器，阻带频率为 200～320 Hz，通带最大衰减为 1 dB，阻带最小衰减为 40 dB，两边过渡带宽为 30 Hz，采样频率为 1 000 Hz。输入信号为 $x(t)=\sin(2\pi f_1 t)+0.5\cos(2\pi f_2 t)+0.5\sin(2\pi f_3 t)$，其中 $f_1=40$ Hz，$f_2=100$ Hz，$f_3=250$ Hz。绘制该数字滤波器的幅频响应图和相频响应图，并绘制原信号及经过滤波之后的信号时域波形。

解：首先，直接利用函数 ellipord、ellip 实现椭圆数字滤波器的设计，和前面设计椭圆模拟滤波器的区别在于调用函数 ellipord 时不需要加字符串“s”，表示设计的是数字滤波器类型。之后利用 freqz 函数计算该数字滤波器的频率响应函数，求解程序如下：

```
Fs=1000;T=1/Fs;                                              %采样频率为 1kHz
ws=[200 320]/(Fs/2);wp=[170 350]/(Fs/2);Rp=1;Rs=40;  %确定椭圆数字滤波器的技术指标
[N,wn]=ellipord(wp,ws,Rp,Rs);                               %确定椭圆数字带阻滤波器的阶数
[B,A]=ellip(N,Rp,Rs,wn,'stop');                              %计算椭圆数字带阻滤波器的系数
w=0:pi/512:pi-pi/512;                                        %设定频率取值范围
H=freqz(B,A,w);                                        %计算椭圆数字滤波器的频率响应函数
figure(1);subplot(2,1,1);
plot(w/(T*2*pi),20*log10(abs(H)));                     %画椭圆数字带阻滤波器的幅频曲线
grid on;title('椭圆数字带阻滤波器的幅频曲线');
xlabel('f/Hz');ylabel('振幅/dB');
subplot(2,1,2);plot(w/(T*2*pi),180/pi*unwrap(angle(H)));
                %画椭圆数字带阻滤波器的相频曲线 grid on;title('椭圆数字带阻滤波器的相频曲线');
xlabel('f/Hz');ylabel('相位/\circ');figure(2);
n=0:500;t=n*T;                                         %输入信号时域波形的时间取值范围
x=sin(2*pi*40*t)+0.5*cos(2*pi*100*t)+0.5*sin(2*pi*250*t);
                                                       %输入组合信号
```

```
y=filter(B,A,x);                              %对输入信号进行滤波
subplot(2,1,1);plot(t,x);                     %画输入信号波形
title('输入信号');subplot(2,1,2);plot(t,y);   %画经过滤波之后的输出信号波形
title('输出信号');xlabel('时间/s');
```

运行结果如图5-30所示。由图5-30(a)可以看出,所设计出来的椭圆数字带阻滤波器符合技术指标要求。由图5-30(b)可知,原来输入的频率为40 Hz、100 Hz和250 Hz的混合信号,经过该带阻滤波器滤波之后,保留了频率为40 Hz和100 Hz的信号,输入信号当中的250 Hz信号被滤除掉了。

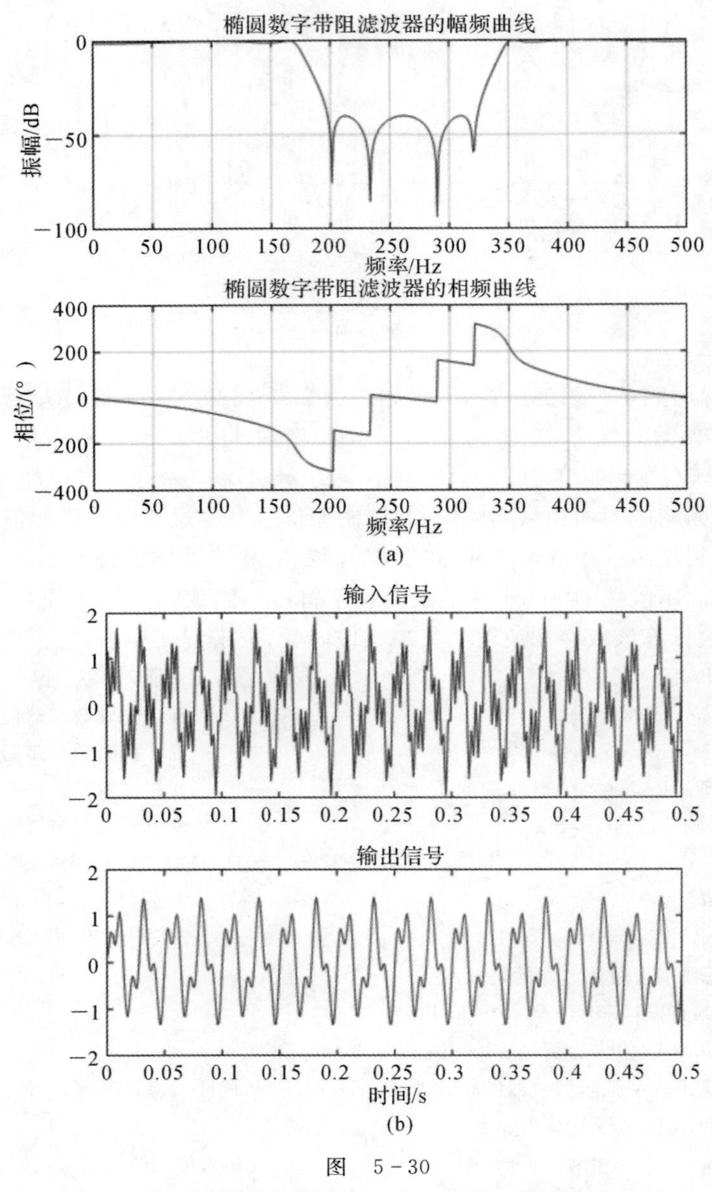

图 5-30

(a) 上机题16解图(一); (b) 上机题16解图(二)

第 6 章　FIR 滤波器设计方法

6.1　学习要点

6.1.1　线性相位

线性相位的定义如下，设 $H(e^{j\omega}) = \mathrm{DTFT}[h(n)]$ 为 FIR 滤波器的频响特性函数，将 $H(e^{j\omega})$ 表示为以下形式

$$H(e^{j\omega}) = H_g(\omega)e^{j\theta(\omega)}$$

$H_g(\omega)$ 称为幅度函数，是一个可取负值的关于 ω 的实函数。注意，幅度函数 $H_g(\omega)$ 与幅频特性函数 $|H(e^{j\omega})|$ 是不同的，幅频特性函数 $|H(e^{j\omega})|$ 始终是 ω 的正实函数。另外，$\theta(\omega)$ 称为相位特性函数，当 $\theta(\omega) = -\omega\tau$ 时，称为第一类（A 类）线性相位特性；当 $\theta(\omega) = \theta_0 - \omega\tau$ 时，称为第二类（B 类）线性相位特性，通常取 $\theta_0 = -\pi/2$。

若 $h(n)$ 长度为 N，则第一类（A 类）线性相位 FIR 滤波器具有如下结果：

$$h(n) = h(N-1-n), \quad \theta(\omega) = -\omega(N-1)/2$$

当 N 为奇数时，幅度函数 $H_g(\omega)$ 关于 $\omega=0$、$\omega=\pi$ 以及 $\omega=2\pi$ 三点满足偶对称，因此可实现所有滤波类型（低通、高通、带通以及带阻等）；当 N 为偶数时，幅度函数 $H_g(\omega)$ 关于 $\omega=\pi$ 满足奇对称，因此不能实现高通、带阻等滤波类型。

另外，若 $h(n)$ 长度为 N，第二类（B 类）线性相位 FIR 滤波器具有如下结果：

$$h(n) = -h(N-1-n), \quad \theta(\omega) = -\pi/2 - \omega(N-1)/2$$

当 N 为奇数时，幅度函数 $H_g(\omega)$ 关于 $\omega=0$、$\omega=\pi$ 以及 $\omega=2\pi$ 三点满足奇对称，因此只能实现带通滤波；当 N 为偶数时，幅度函数 $H_g(\omega)$ 关于 $\omega=0$ 以及 $\omega=2\pi$ 满足奇对称，而关于 $\omega=\pi$ 满足偶对称，因此不能实现低通、带阻等滤波类型。

6.1.2　基于窗函数的 FIR 线性相位滤波器设计方法

窗函数法的设计思想是：首先构造希望逼近的理想频率响应函数，然后计算理想频率响应函数的 DTFT 逆变换得到单位脉冲响应，最后利用窗函数对单位脉冲响应进行加权截断，得到最终的 FIR 线性相位滤波器的有限长单位脉冲响应。下面，分别对低通、高通、带通以及带阻滤波器的主要设计公式进行总结。

(1) 数字低通 FIR 线性相位滤波器的设计。令理想数字低通滤波器的频率响应函数为

$$H_d(e^{j\omega})=\begin{cases}e^{-j\omega(N-1)/2}, & |\omega|\leqslant\omega_c\\ 0, & \text{其他}\end{cases}$$

对频率响应函数作 DTFT 逆变换得到

$$h_d(n)=\frac{1}{2\pi}\int_{-\omega_c}^{\omega_c}e^{j(n-\frac{N-1}{2})\omega}d\omega$$

求解上述积分得到

$$h_d(n)=\frac{\sin\left[\left(n-\frac{N-1}{2}\right)\omega_c\right]}{\pi\left(n-\frac{N-1}{2}\right)}$$

若选择窗函数 $w(n)$，则最终数字低通滤波器的单位脉冲响应为

$$h(n)=h_d(n)w(n)$$

(2) 数字高通 FIR 线性相位滤波器的设计。令理想数字高通滤波器的频率响应函数为

$$H_d(e^{j\omega})=\begin{cases}e^{-j\omega(N-1)/2}, & \omega_c\leqslant|\omega|\leqslant\pi\\ 0, & 0\leqslant|\omega|<\omega_c\end{cases}$$

对频率响应函数作 DTFT 逆变换得到

$$h_d(n)=\frac{1}{2\pi}\int_{-\pi}^{-\omega_c}e^{j\left(n-\frac{N-1}{2}\right)\omega}d\omega+\frac{1}{2\pi}\int_{\omega_c}^{\pi}e^{j\left(n-\frac{N-1}{2}\right)\omega}d\omega$$

求解上述积分得到

$$h_d(n)=\frac{\sin\left[\pi\left(n-\frac{N-1}{2}\right)\right]-\sin\left[\left(n-\frac{N-1}{2}\right)\omega_c\right]}{\pi\left(n-\frac{N-1}{2}\right)}$$

若选择窗函数 $w(n)$，则最终数字高通滤波器的单位脉冲响应为

$$h(n)=h_d(n)w(n)$$

(3) 数字带通 FIR 线性相位滤波器的设计。令理想数字带通滤波器的频率响应函数为

$$H_d(e^{j\omega})=\begin{cases}e^{-j\omega(N-1)/2}, & \omega_l\leqslant|\omega|\leqslant\omega_h\\ 0, & \text{其他}\end{cases}$$

对频率响应函数作 DTFT 逆变换得到

$$h_d(n)=\frac{1}{2\pi}\int_{-\omega_h}^{-\omega_l}e^{j\left(n-\frac{N-1}{2}\right)\omega}d\omega+\frac{1}{2\pi}\int_{\omega_l}^{\omega_h}e^{j\left(n-\frac{N-1}{2}\right)\omega}d\omega$$

求解上述积分得到

$$h_d(n)=\frac{\sin\left[\omega_h\left(n-\frac{N-1}{2}\right)\right]-\sin\left[\omega_l\left(n-\frac{N-1}{2}\right)\right]}{\pi(n-\frac{N-1}{2})}$$

若选择窗函数 $w(n)$，则最终数字带通滤波器的单位脉冲响应为

$$h(n)=h_d(n)w(n)$$

(4) 数字带阻 FIR 线性相位滤波器的设计。令理想数字带阻滤波器的频率响应函数为

$$H_d(e^{j\omega})=\begin{cases}e^{-j\omega(N-1)/2}, & |\omega|\leqslant\omega_l,\ |\omega|\geqslant\omega_h\\ 0, & \text{其他}\end{cases}$$

则对频率响应函数作 DTFT 逆变换得到

$$h_d(n)=\frac{1}{2\pi}\int_{-\pi}^{-\omega_h}e^{j(n-\frac{N-1}{2})\omega}d\omega+\frac{1}{2\pi}\int_{-\omega_l}^{\omega_l}e^{j(n-\frac{N-1}{2})\omega}d\omega+\frac{1}{2\pi}\int_{\omega_h}^{\pi}e^{j(n-\frac{N-1}{2})\omega}d\omega$$

求解上述积分得到

$$h_d(n)=\frac{\sin\left[\omega_l\left(n-\frac{N-1}{2}\right)\right]+\sin\left[\pi\left(n-\frac{N-1}{2}\right)\right]-\sin\left[\omega_h\left(n-\frac{N-1}{2}\right)\right]}{\pi\left(n-\frac{N-1}{2}\right)}$$

若选择窗函数 $w(n)$，则最终数字带阻滤波器的单位脉冲响应为

$$h(n)=h_d(n)w(n)$$

6.1.3 常用窗函数

在基于窗函数的 FIR 线性相位滤波器设计方法中，常用的窗函数包括：矩形窗、三角窗(Bartlett 窗)、汉宁窗、哈明窗、布莱克曼窗以及凯塞一贝塞尔窗等。窗函数的主要技术参数总结如下：

◆旁瓣峰值：窗函数的幅频函数的最大旁瓣的最大值相对于主瓣最大值的衰减值(dB)；

◆过渡带宽度：用窗函数设计的 FIR 滤波器的过渡带宽度；

◆阻带最小衰减：用窗函数设计的 FIR 滤波器的阻带最小衰减。

基于窗函数法的 FIR 滤波器设计性能参数如表 6 - 1 所示。

表 6 - 1　基于窗函数法的 FIR 滤波器设计性能参数

窗函数类型	旁瓣峰值/dB	过渡带宽度		阻带最小衰减/dB
		近似值	精确值	
矩形窗	−13	$4\pi/N$	$1.8\pi/N$	−21
三角窗	−25	$8\pi/N$	$6.1\pi/N$	−25
汉宁窗	−31	$8\pi/N$	$6.2\pi/N$	−44
哈明窗	−41	$8\pi/N$	$6.6\pi/N$	−53
布莱克曼窗	−57	$12\pi/N$	$11\pi/N$	−74

6.1.4 IIR 和 FIR 数字滤波器的比较

首先，由于 IIR 滤波器系统函数的极点可位于单位圆内的任何地方，IIR 滤波器可用较低的阶数获得较高的选择性，所以所用存储单元少，计算量小，但是 IIR 滤波器的高效率是以相位的非线性为代价的。相反，FIR 滤波器可得到严格的线性相位，然而 FIR 滤波器系统函数的极点固定在原点，因而只能用较高的阶数达到较高的选择性。

其次，IIR 滤波器采用递归结构，极点位置必须在单位圆内，否则系统将不稳定。FIR 滤波器主要采用非递归结构，不论在理论上还是在实际的有限精度运算中都不存在稳定性问题，运算误差引起的输出信号噪声功率也较小。

综上所述，IIR 滤波器和 FIR 滤波器各有所长，在实际应用中应全面考虑再加以选择。对相位要求不敏感的场合如语音通信，选用 IIR 滤波器较为合适；而在图像信号处理、数据传输等对线性相位要求高的场合，则选用 FIR 滤波器较为合适。

6.1.5 本章常用 MATLAB 函数总结

在本章，通过 MATLAB 仿真可计算矩形窗序列、汉宁窗序列、哈明窗序列、Bartlett 窗序列、布莱克曼窗序列、三角窗序列、Kaiser 窗序列、Chebyshev 窗序列，还可使用窗函数法设计 FIR 滤波器，相应 MATLAB 函数总结如表 6－2 所示。

表 6－2 本章常用 MATLAB 函数总结

函数名称	函数功能、调用格式及参数说明
boxcar	函数功能：计算矩形窗序列 调用格式：w＝boxcar(N) 参数说明：N 是矩形窗的长度，返回的列向量 w 是矩形窗序列
hanning	函数功能：计算汉宁窗序列 调用格式：w＝hanning(N) 参数说明：N 是汉宁窗的长度，返回的列向量 w 是汉宁窗序列
hamming	函数功能：计算哈明窗序列 调用格式：w＝hamming(N) 参数说明：N 是哈明窗的长度，返回的列向量 w 是哈明窗序列
bartlett	函数功能：计算 Bartlett 窗序列 调用格式：w＝bartlett(N) 参数说明：N 是 bartlett 窗的长度，返回的列向量 w 是 bartlett 窗序列
blackman	函数功能：计算布莱克曼窗序列 调用格式：w＝blackman(N) 参数说明：N 是 blackman 窗的长度，返回的列向量 w 是 blackman 窗序列
triang	函数功能：计算三角窗序列 调用格式：w＝triang(N) 参数说明：N 是 triang 窗的长度，返回的列向量 w 是 triang 窗序列。三角窗与 Bartlett 窗相似，不同的是，三角窗的两边值不为 0，Bartlett 窗为 0
kaiser	函数功能：计算 Kaiser 窗序列 调用格式：w＝kaiser(N,beta) 参数说明：N 是 Kaiser 窗的长度，返回的列向量 w 是 Kaiser 窗序列，beta 是 kaiser 窗的参数，可以调节窗函数的旁瓣幅度。前几种窗函数均是参数固定的，旁瓣幅度不可调节
chebwin	函数功能：计算 Chebyshev 窗序列 调用格式：w＝chebwin(N,r) 参数说明：N 是 Chebyshev 窗的长度，返回的列向量 w 是 Chebyshev 窗序列，r 是窗函数的旁瓣值比主瓣小的分贝数

续表

函数名称	函数功能、调用格式及参数说明
fir1	函数功能：使用窗函数法设计 FIR 滤波器 调用格式：B=fir1(N,wn) B=fir1(N,wn,'ftype') B=fir1(N,wn,window) 参数说明：N 为 FIR 滤波器阶数，wn 为 6 dB 截止频率，B 为滤波器系数，其长度为 N+1。ftype 可指定滤波器类型，为空时默认设计低通滤波器。若 ftype=high，可设计高通滤波器，若 ftype=low，可设计低通滤波器。当 wn 为二维向量，且 ftype=bandpass 时，可设计带通滤波器。当 wn 为二维向量，且 ftype=stop 时，设计带阻滤波器。window 可指定窗函数的类型，为空时默认采用哈明窗

6.2　典型例题

例 6-1　用矩形窗设计一个线性相位低通 FIR 滤波器，要求过渡带宽度不超过 $\pi/9$ rad。希望逼近的理想低通滤波器频率响应函数 $H_d(e^{j\omega})$ 为

$$H_d(e^{j\omega})=\begin{cases}e^{-j\omega\alpha}, & 0\leqslant|\omega|\leqslant\omega_c\\0, & \omega_c<|\omega|\leqslant\pi\end{cases}$$

试回答：(1) 求理想低通滤波器的单位脉冲响应 $h_d(n)$；

(2) 求加矩形窗设计的低通 FIR 滤波器的单位脉冲响应 $h(n)$，确定 α 与 N 之间的关系；

(3) 简述 N 取奇数或偶数对滤波特性的影响。

解：(1) 对频率响应函数 $H_d(e^{j\omega})$ 作 DTFT 逆变换得到

$$h_d(n)=\frac{1}{2\pi}\int_{-\omega_c}^{\omega_c}e^{j(n-\alpha)\omega}d\omega$$

求解上述积分得到

$$h_d(n)=\frac{\sin[(n-\alpha)\omega_c]}{\pi(n-\alpha)}$$

(2) 为满足线性相位条件，要求 $\alpha=(N-1)/2$，其中，N 为矩形窗函数的长度。题中要求过渡带宽度不超过 $\pi/9$，因此得到

$$\frac{4\pi}{N}\leqslant\frac{\pi}{9}$$

即 $N\geqslant 36$。于是，加矩形窗设计的低通 FIR 滤波器的单位脉冲响应 $h(n)$ 为

$$h(n)=\frac{\sin[(n-\alpha)\omega_c]}{\pi(n-\alpha)}R_N(n),\quad \alpha=(N-1)/2$$

(3) 当 N 为奇数时，幅度特性函数 $H_g(\omega)$ 关于 $\omega=0$、$\omega=\pi$ 以及 $\omega=2\pi$ 三点满足偶对称，因此可实现所有滤波类型(低通、高通、带通以及带阻等)；当 N 为偶数时，幅度函数 $H_g(\omega)$ 关于 $\omega=\pi$ 满足奇对称，因此不能实现高通、带阻等滤波类型。

例 6-2　用窗函数法设计一个线性相位低通 FIR 数字滤波器，要求通带截止频率为 $\pi/3$ rad，过渡带宽度为 $2\pi/15$ rad，阻带最小衰减为 50 dB。试选择合适的窗函数及其长度，求

出 $h(n)$ 的表达式。

解:根据对阻带衰减及过渡带的指标要求,选择窗函数的类型,并估计窗口长度 N。先按照阻带衰减选择窗函数的类型。原则是在保证阻带衰减满足要求的情况下,尽量选择主瓣窄的窗函数,然后根据过渡带宽度估计窗口长度 N。待求滤波器的过渡带宽度近似等于窗函数主瓣宽度,且近似与窗口长度 N 成反比。根据本题条件即:阻带最小衰减为 50 dB,故可选择窗函数为哈明窗。又根据题目要求即:过渡带宽度为 $2\pi/15$ rad,得到

$$\frac{6.6\pi}{N} \leqslant \frac{2\pi}{15}$$

故窗口长度应满足 $N > 49.5$,可取 $N=50$。令理想数字低通滤波器的频率响应函数为

$$H_{\rm d}(e^{j\omega}) = \begin{cases} e^{-j\omega(N-1)/2}, & |\omega| \leqslant \pi/3 \\ 0, & \text{其他} \end{cases}$$

对频率响应函数作 DTFT 逆变换得到

$$h_{\rm d}(n) = \frac{1}{2\pi}\int_{-\pi/3}^{\pi/3} e^{j\left(n-\frac{N-1}{2}\right)\omega} d\omega$$

求解上述积分得到

$$h_{\rm d}(n) = \frac{\sin\left[\left(n-\frac{N-1}{2}\right)\frac{\pi}{3}\right]}{\pi\left(n-\frac{N-1}{2}\right)} = \frac{\sin\left[\left(n-\frac{49}{2}\right)\frac{\pi}{3}\right]}{\pi\left(n-\frac{49}{2}\right)}$$

窗函数 $w(n) = w_{\rm Hm}(n)$,则最终数字低通滤波器的单位脉冲响应为

$$h(n) = h_{\rm d}(n)w(n) = \frac{\sin\left[\left(n-\frac{49}{2}\right)\frac{\pi}{3}\right]}{\pi\left(n-\frac{49}{2}\right)} w_{\rm Hm}(n)$$

例 6-3 已知第一类线性相位 FIR 滤波器的单位脉冲响应长度为 16,其 16 个频域幅度采样值中的前 9 个为

$$H_{\rm g}(0)=12,\quad H_{\rm g}(1)=8.3,\quad H_{\rm g}(2)=3.8,\quad H_{\rm g}(3) \sim H_{\rm g}(8)=0$$

根据第一类线性相位 FIR 滤波器幅度特性函数的特点,求其余 7 个频域幅度采样值。

解:对于第一类(A 类)线性相位 FIR 滤波器,当 N 为偶数时,幅度函数 $H_{\rm g}(\omega)$ 关于 $\omega=\pi$ 满足奇对称,即

$$H_{\rm g}(2\pi-\omega) = -H_{\rm g}(\omega)$$

于是,频域幅度采样值满足以下条件:

$$H_{\rm g}(N-k) = -H_{\rm g}(k),\quad k=1,2,\cdots,15$$

根据题目已知条件,可得

$$H_{\rm g}(9) = -H_{\rm g}(7)=0,\quad H_{\rm g}(10) = -H_{\rm g}(6)=0,\quad H_{\rm g}(11) = -H_{\rm g}(5)=0$$

$$H_{\rm g}(12) = -H_{\rm g}(4)=0,\quad H_{\rm g}(13) = -H_{\rm g}(3)=0,\quad H_{\rm g}(14) = -H_{\rm g}(2)=-3.8$$

$$H_{\rm g}(15) = -H_{\rm g}(1) = -8.3$$

例 6-4 证明:当 N 为奇数,且 $h(n)=h(N-n-1)$ 时,FIR 滤波器频率响应函数可表示为 $H(e^{j\omega}) = H_{\rm g}(\omega)e^{-j\omega\tau}$,其中,$H_{\rm g}(\omega) = h(\tau) + \sum_{n=0}^{M-1} 2h(n)\cos(\omega(n-\tau))$,$\tau = \frac{N-1}{2}$,$M=\left[\frac{N-1}{2}\right]$。式中,$[(N-1)/2]$ 表示取不大于 $(N-1)/2$ 的最大整数。

证明:利用题目条件,对 FIR 滤波器频率响应函数进行如下推导:

$$
\begin{aligned}
H(e^{j\omega}) &= \sum_{n=0}^{N-1} h(n)e^{-j\omega n} = h\left(\frac{N-1}{2}\right)e^{-j\omega\frac{N-1}{2}} + \sum_{n=0}^{M-1}\left[h(n)e^{-j\omega n} + h(N-n-1)e^{-j\omega(N-n-1)}\right] = \\
& h\left(\frac{N-1}{2}\right)e^{-j\omega\frac{N-1}{2}} + \sum_{n=0}^{M-1}\left[h(n)e^{-j\omega n} + h(n)e^{-j\omega(N-n-1)}\right] = \\
& h\left(\frac{N-1}{2}\right)e^{-j\omega\frac{N-1}{2}} + \sum_{n=0}^{M-1} h(n)\left[e^{-j\omega n} + e^{-j\omega(N-n-1)}\right] = \\
& h\left(\frac{N-1}{2}\right)e^{-j\omega\frac{N-1}{2}} + e^{-j\omega\frac{N-1}{2}}\sum_{n=0}^{M-1} h(n)\left[e^{-j\omega(n-\frac{N-1}{2})} + e^{-j\omega(\frac{N-1}{2}-n)}\right] = \\
& h\left(\frac{N-1}{2}\right)e^{-j\omega\frac{N-1}{2}} + e^{-j\omega\frac{N-1}{2}}\sum_{n=0}^{M-1} 2h(n)\cos\left(\omega\left(n-\frac{N-1}{2}\right)\right) = \\
& \left[h\left(\frac{N-1}{2}\right) + \sum_{n=0}^{M-1} 2h(n)\cos\left(\omega\left(n-\frac{N-1}{2}\right)\right)\right]e^{-j\omega\frac{N-1}{2}} = \\
& \left[h(\tau) + \sum_{n=0}^{M-1} 2h(n)\cos(\omega(n-\tau))\right]e^{-j\omega\tau}
\end{aligned}
$$

因此,FIR 滤波器频率响应函数可表示为

$$H(e^{j\omega}) = H_g(\omega)e^{-j\omega\tau}$$

其中

$$H_g(\omega) = h(\tau) + \sum_{n=0}^{M-1} 2h(n)\cos(\omega(n-\tau))$$

例 6-5　证明:当 N 为偶数,且 $h(n)=h(N-n-1)$ 时,FIR 滤波器频率响应函数可表示为 $H(e^{j\omega}) = H_g(\omega)e^{-j\omega\tau}$,其中 $H_g(\omega) = \sum_{n=0}^{M} 2h(n)\cos(\omega(n-\tau))$,$\tau = \frac{N-1}{2}$,$M = \left[\frac{N-1}{2}\right]$。式中,$[(N-1)/2]$ 表示取不大于 $(N-1)/2$ 的最大整数。

证明:利用题目条件,对 FIR 滤波器频率响应函数进行如下推导:

$$
\begin{aligned}
H(e^{j\omega}) &= \sum_{n=0}^{N-1} h(n)e^{-j\omega n} = \sum_{n=0}^{M}\left[h(n)e^{-j\omega n} + h(N-n-1)e^{-j\omega(N-n-1)}\right] = \\
& \sum_{n=0}^{M}\left[h(n)e^{-j\omega n} + h(n)e^{-j\omega(N-n-1)}\right] = \sum_{n=0}^{M} h(n)\left[e^{-j\omega n} + e^{-j\omega(N-n-1)}\right] = \\
& e^{-j\omega\frac{N-1}{2}}\sum_{n=0}^{M} h(n)\left[e^{-j\omega(n-\frac{N-1}{2})} + e^{-j\omega(\frac{N-1}{2}-n)}\right] = \\
& e^{-j\omega\frac{N-1}{2}}\sum_{n=0}^{M} 2h(n)\cos\left(\omega\left(n-\frac{N-1}{2}\right)\right) = \left[\sum_{n=0}^{M} 2h(n)\cos(\omega(n-\tau))\right]e^{-j\omega\tau}
\end{aligned}
$$

因此,FIR 滤波器频率响应函数可表示为

$$H(e^{j\omega}) = H_g(\omega)e^{-j\omega\tau}$$

其中

$$H_g(\omega) = \sum_{n=0}^{M} 2h(n)\cos(\omega(n-\tau))$$

例 6-6　证明:当 N 为奇数,且 $h(n)=-h(N-n-1)$ 时,FIR 滤波器频率响应函数可表示为 $H(e^{j\omega}) = H_g(\omega)e^{-j(\pi/2+\omega\tau)}$,其中 $H_g(\omega) = \sum_{n=0}^{M-1} 2h(n)\sin(\omega(n-\tau))$,$\tau = \frac{N-1}{2}$,$M =$

$\left[\dfrac{N-1}{2}\right]$。式中，$[(N-1)/2]$ 表示取不大于 $(N-1)/2$ 的最大整数。

证明：利用题目条件，对 FIR 滤波器频率响应函数进行如下推导：

$$H(e^{j\omega})=\sum_{n=0}^{N-1}h(n)e^{-j\omega n}=h\left(\frac{N-1}{2}\right)e^{-j\omega\frac{N-1}{2}}+\sum_{n=0}^{M-1}[h(n)e^{-j\omega n}+h(N-n-1)e^{-j\omega(N-n-1)}]$$

由于

$$h(n)=-h(N-n-1)$$

故 $h\left(\dfrac{N-1}{2}\right)=0$，于是

$$\begin{aligned}H(e^{j\omega})&=\sum_{n=0}^{M-1}[h(n)e^{-j\omega n}-h(n)e^{-j\omega(N-n-1)}]=\sum_{n=0}^{M-1}h(n)[e^{-j\omega n}-e^{-j\omega(N-n-1)}]=\\&e^{-j\omega\frac{N-1}{2}}\sum_{n=0}^{M-1}h(n)[e^{-j\omega(n-\frac{N-1}{2})}-e^{-j\omega(\frac{N-1}{2}-n)}]=-je^{-j\omega\frac{N-1}{2}}\sum_{n=0}^{M-1}2h(n)\sin(\omega(n-\frac{N-1}{2}))=\\&e^{-j\frac{\pi}{2}}e^{-j\omega\frac{N-1}{2}}\sum_{n=0}^{M-1}2h(n)\sin(\omega(n-\frac{N-1}{2}))=\left[\sum_{n=0}^{M-1}2h(n)\sin(\omega(n-\tau))\right]e^{-j(\omega\tau+\frac{\pi}{2})}\end{aligned}$$

因此，FIR 滤波器频率响应函数可表示为

$$H(e^{j\omega})=H_g(\omega)e^{-j(\pi/2+\omega\tau)}$$

其中

$$H_g(\omega)=\sum_{n=0}^{M-1}2h(n)\sin(\omega(n-\tau))$$

例 6-7　证明：当 N 为偶数，且 $h(n)=-h(N-n-1)$ 时，FIR 滤波器频率响应函数可表示为 $H(e^{j\omega})=H_g(\omega)e^{-j(\pi/2+\omega\tau)}$，其中 $H_g(\omega)=\sum\limits_{n=0}^{M}2h(n)\sin(\omega(n-\tau))$，$\tau=\dfrac{N-1}{2}$，$M=\left[\dfrac{N-1}{2}\right]$。式中，$[(N-1)/2]$ 表示取不大于 $(N-1)/2$ 的最大整数。

证明：利用题目条件，对 FIR 滤波器频率响应函数进行如下推导：

$$H(e^{j\omega})=\sum_{n=0}^{N-1}h(n)e^{-j\omega n}=\sum_{n=0}^{M}[h(n)e^{-j\omega n}+h(N-n-1)e^{-j\omega(N-n-1)}]$$

由于 $h(n)=-h(N-n-1)$，于是

$$\begin{aligned}H(e^{j\omega})&=\sum_{n=0}^{M}[h(n)e^{-j\omega n}-h(n)e^{-j\omega(N-n-1)}]=\sum_{n=0}^{M}h(n)[e^{-j\omega n}-e^{-j\omega(N-n-1)}]=\\&e^{-j\omega\frac{N-1}{2}}\sum_{n=0}^{M}h(n)[e^{-j\omega(n-\frac{N-1}{2})}-e^{-j\omega(\frac{N-1}{2}-n)}]=\\&-je^{-j\omega\frac{N-1}{2}}\sum_{n=0}^{M}2h(n)\sin\left(\omega\left(n-\frac{N-1}{2}\right)\right)=\\&e^{-j\frac{\pi}{2}}e^{-j\omega\frac{N-1}{2}}\sum_{n=0}^{M}2h(n)\sin\left(\omega\left(n-\frac{N-1}{2}\right)\right)=\\&\left[\sum_{n=0}^{M}2h(n)\sin(\omega(n-\tau))\right]e^{-j(\omega\tau+\frac{\pi}{2})}\end{aligned}$$

因此，FIR 滤波器频率响应函数可表示为

$$H(e^{j\omega})=H_g(\omega)e^{-j(\pi/2+\omega\tau)}$$

其中

$$H_g(\omega)=\sum_{n=0}^{M}2h(n)\sin(\omega(n-\tau))$$

例 6-8　证明：若 $h(n)$ 为实序列，则线性相位 FIR 滤波器零点必定是互为倒数的共轭对，即若已知 z_i 为零点，则必有 z_i^{-1}、z_i^* 以及 $(z_i^*)^{-1}$ 也为零点。

证明：线性相位 FIR 滤波器系统函数为

$$H(z)=\sum_{n=0}^{N-1}h(n)z^{-n}$$

根据线性相位条件 $h(n)=\pm h(N-1-n)$，可得

$$H(z)=\pm\sum_{n=0}^{N-1}h(N-1-n)z^{-n}=\pm\sum_{m=0}^{N-1}h(m)z^{-(N-1-m)}=\pm z^{-(N-1)}\sum_{m=0}^{N-1}h(m)z^{m}=$$

$$\pm z^{-(N-1)}\sum_{m=0}^{N-1}h(m)\ (z^{-1})^{-m}=\pm z^{-(N-1)}H(z^{-1})$$

若 z_i 为零点，即 $H(z_i)=0$，则根据以上推导可得

$$z_i^{-(N-1)}H(z_i^{-1})=0$$

即

$$H(z_i^{-1})=0$$

因此，z_i^{-1} 也是系统函数的零点。另外，又根据 z_i 为零点，即 z_i 为以下方程的根，即

$$H(z_i)=\sum_{n=0}^{N-1}h(n)z_i^{-n}=0$$

由于 $h(n)$ 为实序列，对上述方程两边同时求共轭，得到

$$\sum_{n=0}^{N-1}h(n)\ (z_i^*)^{-n}=0$$

即 $H(z_i^*)=0$，故 z_i^* 也是系统函数的零点。紧接着，利用之前推导出的结果可得

$$H((z_i^*)^{-1})=0$$

故 $(z_i^*)^{-1}$ 也是系统函数的零点。

6.3　习题解答

1. 用矩形窗设计一个 FIR 线性相位数字低通滤波器。已知 $\omega_c=0.25\pi$，$N=19$，求出 $h(n)$，并画出 $20\lg|H(e^{j\omega})|$ 曲线。

解：令理想数字低通滤波器的频率响应函数为

$$H_d(e^{j\omega})=\begin{cases}e^{-j\omega 9}, & |\omega|\leqslant 0.25\pi\\ 0, & \text{其他}\end{cases}$$

对频率响应函数作 DTFT 逆变换得到

$$h_d(n)=\frac{1}{2\pi}\int_{-0.25\pi}^{0.25\pi}e^{j(n-9)\omega}d\omega$$

求解上述积分得到

$$h_d(n)=\frac{\sin[(n-9)\cdot 0.25\pi]}{\pi(n-9)}$$

选择窗函数 $w(n)=R_{19}(n)$，则最终设计的 FIR 线性相位数字低通滤波器的单位脉冲响应为

$$h(n)=h_d(n)w(n)=\frac{\sin[(n-9)\cdot 0.25\pi]}{\pi(n-9)}R_{19}(n)$$

根据单位脉冲响应，可画出 $20\lg|H(e^{j\omega})|$ 曲线如图 6-1 所示。

2. 用 Bartlett 窗设计一个 FIR 线性相位数字低通滤波器。已知 $\omega_c=0.35\pi, N=31$，求出 $h(n)$，并画出 $20\lg|H(e^{j\omega})|$ 曲线。

解：令理想数字低通滤波器的频率响应函数为

$$H_d(e^{j\omega})=\begin{cases}e^{-j15\omega}, & |\omega|\leqslant 0.35\pi\\ 0, & \text{其他}\end{cases}$$

对频率响应函数作 DTFT 逆变换得到

$$h_d(n)=\frac{1}{2\pi}\int_{-0.35\pi}^{0.35\pi}e^{j(n-15)\omega}d\omega$$

求解上述积分得到

$$h_d(n)=\frac{\sin[(n-15)\cdot 0.35\pi]}{\pi(n-15)}$$

选择窗函数 $w(n)=w_B(n)$，则最终数字低通滤波器的单位脉冲响应为

$$h(n)=h_d(n)w(n)=\frac{\sin[(n-15)\cdot 0.35\pi]}{\pi(n-15)}w_B(n)$$

根据单位脉冲响应，可画出 $20\lg|H(e^{j\omega})|$ 曲线如图 6-2 所示。

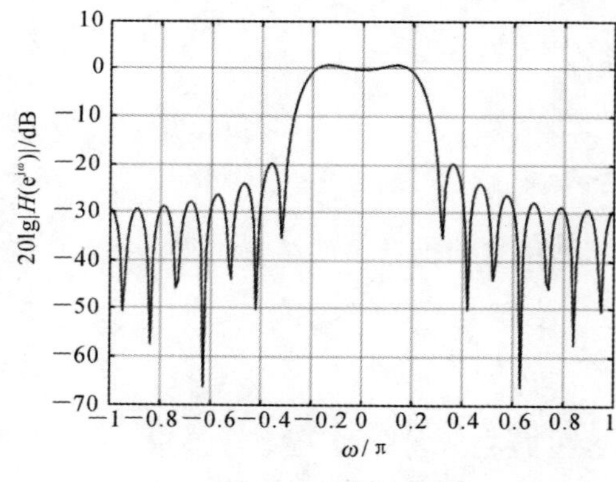

图 6-1　题 1 解图

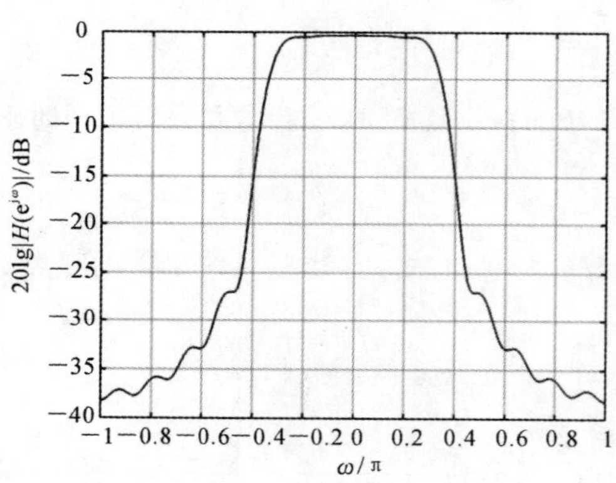

图 6-2　题 2 解图

3. 用汉宁窗设计一个线性相位高通滤波器，已知

$$H_d(e^{j\omega})=\begin{cases}e^{-j(\omega-\pi)\alpha}, & \pi-\omega_c\leqslant|\omega|\leqslant\pi\\ 0, & 0\leqslant|\omega|<\pi-\omega_c\end{cases}$$

求出 $h(n)$ 的表达式，确定 α 与 N 的关系，并画出 $20\lg|H(e^{j\omega})|$ 曲线（设 $\omega_c=0.65\pi, N=21$）。

解：根据给定的理想数字高通滤波器的频率响应函数，即

$$H_d(e^{j\omega})=\begin{cases}e^{-j(\omega-\pi)\alpha}, & \pi-\omega_c\leqslant|\omega|\leqslant\pi\\ 0, & 0\leqslant|\omega|<\pi-\omega_c\end{cases}$$

对频率响应函数作 DTFT 逆变换得到

$$h_d(n)=\frac{1}{2\pi}e^{j\pi\alpha}\int_{-\pi}^{-(\pi-\omega_c)}e^{j\omega(n-\alpha)}d\omega+\frac{1}{2\pi}e^{j\pi\alpha}\int_{\pi-\omega_c}^{\pi}e^{j\omega(n-\alpha)}d\omega$$

求解上述积分得到

$$h_d(n)=\frac{\sin[\pi(n-\alpha)]-\sin[(n-\alpha)(\pi-\omega_c)]}{\pi(n-\alpha)}e^{j\pi\alpha}$$

高通滤波器在通带内的相位特性函数是

$$\theta(\omega)=-(\omega-\pi)\alpha=-\omega\alpha+\pi\alpha$$

因此,若令 $\alpha=(N-1)/2=2k$,k 为任意正整数,即可保证滤波器实现线性相位。本题中给定 $\omega_c=0.65\pi$,$N=21$,故有

$$h_d(n)=\frac{\sin[\pi(n-10)]-\sin[(n-10)(\pi-0.65\pi)]}{\pi(n-10)}e^{j\pi10}$$

化简后得到

$$h_d(n)=\frac{\sin[\pi(n-10)]-\sin[0.35\pi(n-10)]}{\pi(n-10)}$$

选择窗函数 $w(n)=w_{Hn}(n)$,则最终数字低通滤波器的单位脉冲响应为

$$h(n)=h_d(n)w(n)=\frac{\sin[\pi(n-10)]-\sin[0.35\pi(n-10)]}{\pi(n-10)}w_{Hn}(n)$$

根据单位脉冲响应,可画出 $20\lg|H(e^{j\omega})|$ 曲线如图 6-3 所示。

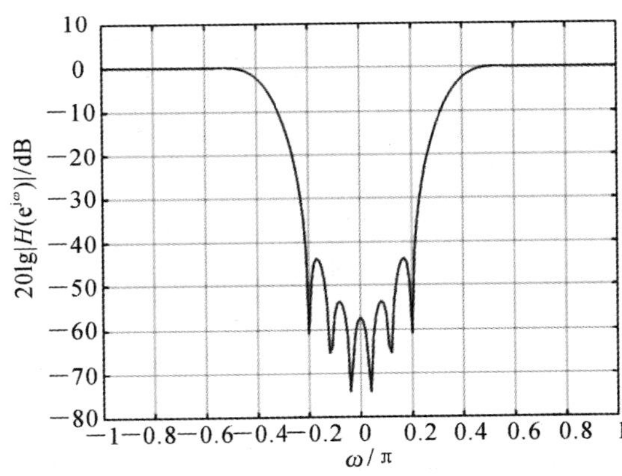

图 6-3　题 3 解图

4. 用哈明窗设计一个线性相位数字带通滤波器

$$H_d(e^{j\omega})=\begin{cases}e^{-j\omega\alpha}, & \omega_0-\omega_c\leqslant|\omega|\leqslant\omega_0+\omega_c\\0, & \text{其他 }\omega\text{,且 }|\omega|\leqslant\pi\end{cases}$$

求出 $h(n)$ 的表达式,并画出 $20\lg|H(e^{j\omega})|$ 曲线(设 $\omega_c=0.35\pi$,$\omega_0=0.55\pi$,$N=31$)。

解:根据题意有

$$H_d(e^{j\omega})=\begin{cases}e^{-j\omega\alpha}, & 0.2\pi\leqslant|\omega|\leqslant0.9\pi\\0, & \text{其他}\end{cases}$$

令 $\alpha=(N-1)/2$,则有

$$H_d(e^{j\omega})=\begin{cases}e^{-j\omega15}, & 0.2\pi\leqslant|\omega|\leqslant0.9\pi\\0, & \text{其他}\end{cases}$$

对频率响应函数作 DTFT 逆变换得到

$$h_{\mathrm{d}}(n)=\frac{1}{2\pi}\int_{-0.9\pi}^{-0.2\pi}\mathrm{e}^{\mathrm{j}(n-15)\omega}\mathrm{d}\omega+\frac{1}{2\pi}\int_{0.2\pi}^{0.9\pi}\mathrm{e}^{\mathrm{j}(n-15)\omega}\mathrm{d}\omega=\frac{\sin[0.9\pi(n-15)]-\sin[0.2\pi(n-15)]}{\pi(n-15)}$$

选择窗函数 $w(n)=w_{\mathrm{Hm}}(n)$，则最终数字低通滤波器的单位脉冲响应为

$$h(n)=h_{\mathrm{d}}(n)w(n)=\frac{\sin[0.9\pi(n-15)]-\sin[0.2\pi(n-15)]}{\pi(n-15)}w_{\mathrm{Hm}}(n)$$

根据单位脉冲响应，可画出 $20\lg|H(\mathrm{e}^{\mathrm{j}\omega})|$ 曲线如图 6-4 所示。

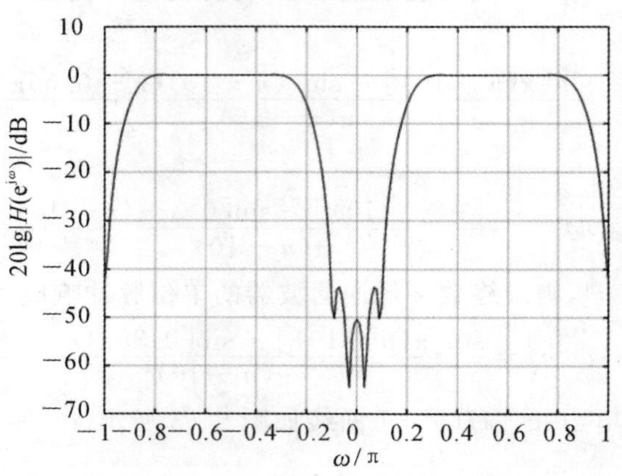

图 6-4　题 4 解图

5. 用布莱克曼窗设计一个理想线性相位 90° 移相带通滤波器

$$H_{\mathrm{d}}(\mathrm{e}^{\mathrm{j}\omega})=\begin{cases}\mathrm{j}\mathrm{e}^{-\mathrm{j}\omega\alpha}, & \omega_0-\omega_c\leqslant|\omega|\leqslant\omega_0+\omega_c\\ 0, & \text{其他 }\omega\text{，且 }|\omega|\leqslant\pi\end{cases}$$

求出 $h(n)$ 的表达式，并画出 $20\lg|H(\mathrm{e}^{\mathrm{j}\omega})|$ 曲线（设 $\omega_0=0.55\pi,\omega_c=0.35\pi,N=31$）。

解：根据题意有

$$H_{\mathrm{d}}(\mathrm{e}^{\mathrm{j}\omega})=\begin{cases}\mathrm{j}\mathrm{e}^{-\mathrm{j}\omega\alpha}, & 0.2\pi\leqslant|\omega|\leqslant0.9\pi\\ 0, & \text{其他}\end{cases}$$

令 $\alpha=(N-1)/2$，则有

$$H_{\mathrm{d}}(\mathrm{e}^{\mathrm{j}\omega})=\begin{cases}\mathrm{j}\mathrm{e}^{-\mathrm{j}\omega15}, & 0.2\pi\leqslant|\omega|\leqslant0.9\pi\\ 0, & \text{其他}\end{cases}$$

对频率响应函数作 DTFT 逆变换得到

$$h_{\mathrm{d}}(n)=\frac{1}{2\pi}\int_{-0.9\pi}^{-0.2\pi}\mathrm{j}\mathrm{e}^{\mathrm{j}(n-15)\omega}\mathrm{d}\omega+\frac{1}{2\pi}\int_{0.2\pi}^{0.9\pi}\mathrm{j}\mathrm{e}^{\mathrm{j}(n-15)\omega}\mathrm{d}\omega$$

求解上述积分得到

$$h_{\mathrm{d}}(n)=\frac{\sin[0.9\pi(n-15)]-\sin[0.2\pi(n-15)]}{\pi(n-15)}\mathrm{j}$$

选择窗函数 $w(n)=w_{\mathrm{Bl}}(n)$，则最终数字低通滤波器的单位脉冲响应为

$$h(n)=h_{\mathrm{d}}(n)w(n)=\frac{\sin[0.9\pi(n-15)]-\sin[0.2\pi(n-15)]}{\pi(n-15)}\mathrm{j}w_{\mathrm{Bl}}(n)$$

根据单位脉冲响应，可画出 $20\lg|H(\mathrm{e}^{\mathrm{j}\omega})|$ 曲线如图 6-5 所示。

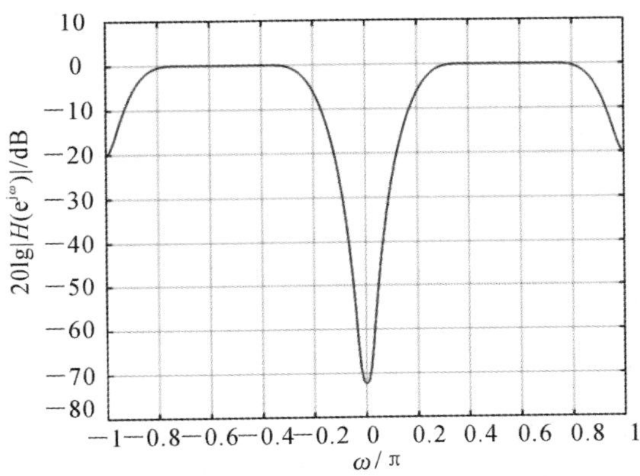

图 6-5　题 5 解图

6. 设 FIR 滤波器的系统函数为

$$H(z)=\frac{1}{9}(1+0.8z^{-1}+2.5z^{-2}+0.8z^{-3}+z^{-4})$$

求出该滤波器的单位脉冲响应 $h(n)$，判断是否具有线性相位，并求出其幅度特性函数和相位特性函数。

解：有限长序列的 z 变换为

$$H(z)=\sum_{n=0}^{N-1}h(n)z^{-n}$$

对比题中给出的系统函数，即

$$H(z)=\frac{1}{9}(1+0.8z^{-1}+2.5z^{-2}+0.8z^{-3}+z^{-4})$$

可得滤波器的单位脉冲响应 $h(n)$ 为

$$h(0)=1/9,\quad h(1)=0.8/9,\quad h(2)=2.5/9,\quad h(3)=0.8/9,\quad h(4)=1/9$$

又因为单位脉冲响应 $h(n)$ 满足以下条件，即

$$h(n)=h(N-1-n),\quad N=5$$

所以该 FIR 滤波器具有第一类线性相位。

根据单位脉冲响应 $h(n)$，可计算其频率响应函数为

$$H(\mathrm{e}^{\mathrm{j}\omega})=\sum_{n=0}^{4}h(n)\mathrm{e}^{-\mathrm{j}\omega n}=\frac{1}{9}+\frac{0.8}{9}\mathrm{e}^{-\mathrm{j}\omega}+\frac{2.5}{9}\mathrm{e}^{-\mathrm{j}2\omega}+\frac{0.8}{9}\mathrm{e}^{-\mathrm{j}3\omega}+\frac{1}{9}\mathrm{e}^{-\mathrm{j}4\omega}=$$

$$\frac{1}{9}[(1+\mathrm{e}^{-\mathrm{j}4\omega})+(0.8\mathrm{e}^{-\mathrm{j}\omega}+0.8\mathrm{e}^{-\mathrm{j}3\omega})+2.5\mathrm{e}^{-\mathrm{j}2\omega}]=$$

$$\frac{1}{9}[(\mathrm{e}^{\mathrm{j}2\omega}+\mathrm{e}^{-\mathrm{j}2\omega})\mathrm{e}^{-\mathrm{j}2\omega}+(0.8\mathrm{e}^{\mathrm{j}\omega}+0.8\mathrm{e}^{-\mathrm{j}\omega})\mathrm{e}^{-\mathrm{j}2\omega}+2.5\mathrm{e}^{-\mathrm{j}2\omega}]=$$

$$\frac{1}{9}[2\cos(2\omega)+1.6\cos(\omega)+2.5]\mathrm{e}^{-\mathrm{j}2\omega}$$

因此，该滤波器的幅度特性函数和相位特性函数分别为

$$H_{\mathrm{g}}(\omega)=\frac{1}{9}[2\cos(2\omega)+1.6\cos(\omega)+2.5]$$

$$\theta(\omega)=-2\omega$$

7. 设低通滤波器的单位脉冲响应与频率响应分别为 $h(n)$ 和 $H(e^{j\omega})$，另一个滤波器的单位脉冲响应为 $h_1(n)$，它与 $h(n)$ 的关系是 $h_1(n)=(-1)^n h(n)$。试证明滤波器 $h_1(n)$ 是一个高通滤波器。

解：本题解题的关键是利用以下等式：

$$(-1)^n=\cos(\pi n)=\frac{1}{2}[e^{j\pi n}+e^{-j\pi n}]$$

对题中给出的 $h_1(n)=(-1)^n h(n)$，可变换为

$$h_1(n)=(-1)^n h(n)=\frac{1}{2}[e^{j\pi n}+e^{-j\pi n}]h(n)$$

于是利用 DTFT 的性质，可得 $h_1(n)$ 的 DTFT 变换为

$$H_1(e^{j\omega})=\text{DTFT}[h_1(n)]=\frac{1}{2}[H(e^{j(\omega-\pi)})+H(e^{j(\omega+\pi)})]$$

上式表明：$H_1(e^{j\omega})$ 是 $H(e^{j\omega})$ 平移 $\pm\pi$ 的结果，由于题中已知 $H(e^{j\omega})$ 表示低通滤波器，即其通带位于以 $\omega=0$ 为中心的附近区域，因此 $H_1(e^{j\omega})$ 的通带将位于以 $\omega=\pm\pi$ 为中心的附近区域，即滤波器 $h_1(n)$ 是一个高通滤波器。

8. 设低通滤波器的单位脉冲响应与频率响应分别为 $h(n)$ 和 $H(e^{j\omega})$，截止频率为 ω_c，另一个滤波器的单位脉冲响应为 $h_2(n)$，它与 $h(n)$ 的关系是 $h_2(n)=2h(n)\cos(\omega_0 n)$，且 $\omega_c<\omega_0<\pi-\omega_c$。试证明滤波器 $h_2(n)$ 是一个带通滤波器。

解：利用以下等式

$$2\cos(\omega_0 n)=e^{j\omega_0 n}+e^{-j\omega_0 n}$$

得到

$$h_2(n)=2h(n)\cos(\omega_0 n)=[e^{j\omega_0 n}+e^{-j\omega_0 n}]h(n)$$

于是利用 DTFT 的性质，可得 $h_2(n)$ 的 DTFT 变换为

$$H_2(e^{j\omega})=\text{DTFT}[h_2(n)]=H(e^{j(\omega-\omega_0)})+H(e^{j(\omega+\omega_0)})$$

上式表明：$H_2(e^{j\omega})$ 是 $H(e^{j\omega})$ 平移 $\pm\omega_0$ 的结果，由于题中已知 $H(e^{j\omega})$ 表示低通滤波器，即其通带位于以 $\omega=0$ 为中心的附近区域，因此 $H_2(e^{j\omega})$ 的通带将位于以 $\omega=\pm\omega_0$ 为中心的附近区域，又已知 $\omega_c<\omega_0<\pi-\omega_c$，故滤波器 $h_2(n)$ 是一个带通滤波器。

6.4 典型 MATLAB 实验

例 6-9 用窗函数法设计一个 FIR 带阻滤波器，滤波器要求采样频率为 250 Hz，滤波器通带截止频率为 45 Hz、55 Hz，阻带截止频率为 49 Hz、51 Hz，阻带衰减为 20 dB。试确定窗函数的类型和滤波器的阶数，并画出该滤波器的幅频曲线和相频曲线。若通带衰减为 1 dB，而其他性能指标不变，设计一个巴特沃斯数字带阻滤波器，试计算此时滤波器的阶数，并画出该滤波器的幅频曲线和相频曲线。

解：由题知，要求使用窗函数法设计 FIR 带阻滤波器，且要求阻带衰减为 20dB，故选择窗函数为汉宁窗。使用函数 hanning 可计算汉宁窗序列，接着使用函数 fir1 实现窗函数法设计 FIR 滤波器。对于 IIR 滤波器，可使用函数 buttord 计算带阻滤波器的阶数，然后用函数 butter 设计巴特沃斯带阻滤波器，相应的 MATLAB 程序如下：

```
Fs = 250;Fs2 = Fs/2;
fp1 = 45;fs1=49;fs2 = 51;fp2 = 55;                    %确定滤波器的截止频率
wp1 = fp1 * pi/Fs2;ws1 = fs1 * pi/Fs2;                 %计算归一化的截止频率
```

```
ws2 = fs2 * pi/Fs2;wp2 = fp2 * pi/Fs2;
As =20;
tr_width   = min((ws1-wp1),(wp2-ws2));          %计算过渡带宽
M=ceil(6.2 * pi/tr_width);                      %计算 FIR 滤波器阶数
fc1 = (ws1+wp1)/2/pi;fc2 = (ws2+wp2)/2/pi;
win = hanning(M+1)';
h1 = fir1(M,[fc1,fc2],'stop',win);              %窗函数法设计 FIR 滤波器
fk=(0:511) * pi/512;
hs = freqz(h1,1,fk);                            %求频率响应函数
figure;plot(fk * Fs/2/pi,20 * log10(abs(hs)),'k-');   %画出 FIR 带阻滤波器幅频曲线
grid on;xlabel('频率 (Hz)');ylabel('幅频响应 (dB)');
figure;plot(fk * Fs/2/pi,unwrap(angle(hs)),'k-');     %画出 FIR 带阻滤波器相频曲线
grid on;xlabel('频率 (Hz)');ylabel('相频响应 (rad) ');
disp(['FIR 滤波器阶数 = ', num2str(M)]);
Wp = [45,55]/(Fs/2); Ws =[49,51]/(Fs/2);       %设置通带阻带截止频率
Rp = 1; Rs =20;                                 %设置通带阻带衰减
[n,Wn] = buttord(Wp,Ws,Rp,Rs);                  %计算 IIR 带阻滤波器的阶数
[bs,as] = butter(n,Wn,'stop');                  %设计巴特沃斯带阻滤波器
fk=(0:511) * pi/512;hs = freqz(bs,as,fk);figure;
plot(fk * Fs/2/pi,20 * log10(abs(hs)),'k-');    %画出 IIR 带阻滤波器幅频曲线
grid on;xlabel('频率 (Hz)');ylabel('幅频响应 (dB)');
figure;plot(fk * Fs/2/pi,unwrap(angle(hs)),'k-');     %画出 IIR 带阻滤波器相频曲线
grid on;xlabel('频率 (Hz)');ylabel('相频响应/rad');
disp(['IIR 滤波器阶数 = ', num2str(n)]);
```

运行程序后输出以下结果：

```
>>FIR 滤波器阶数 = 194
IIR 滤波器阶数 = 2
```

从仿真结果可以看到，为了实现带阻滤波，且通带截止频率为 45 Hz、55 Hz，阻带截止频率为 49 Hz、51 Hz，阻带衰减为 20 dB，FIR 滤波器所需的阶数为 194 阶，而相同的技术指标下 IIR 滤波器所需的阶数仅为 2 阶。FIR 滤波器的幅频曲线和相频曲线如图 6-6 所示，IIR 滤波器的幅频曲线和相频曲线如图 6-7 所示。

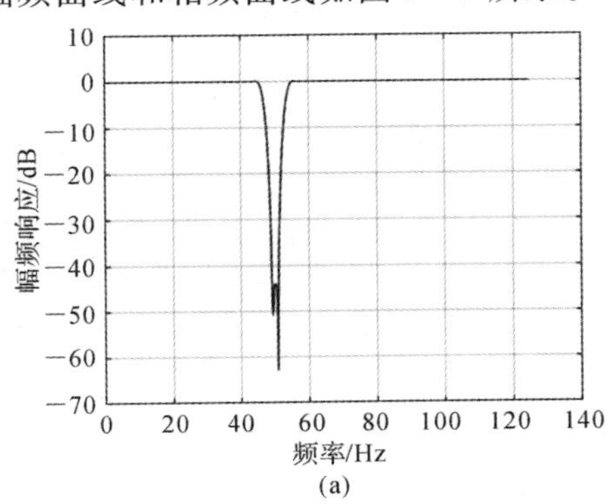

(a)

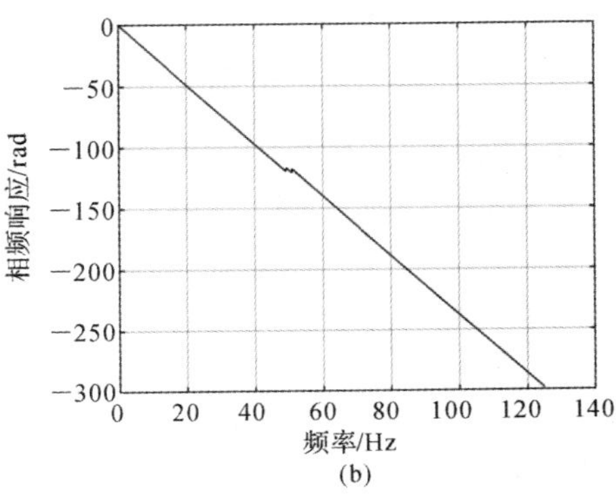

(b)

图　6-6

(a) FIR 带阻滤波器的幅频响应曲线；（b）FIR 带阻滤波器的相频响应曲线

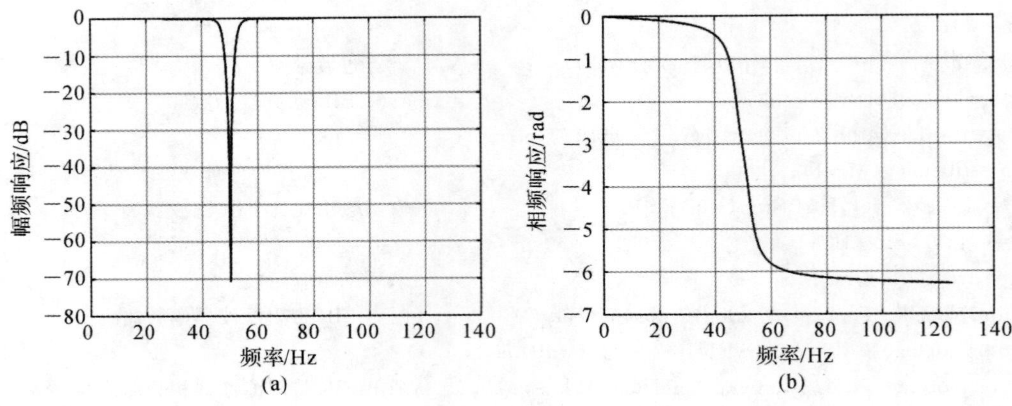

(a)　　(b)

图　6-7

(a) IIR 带阻滤波器的幅频响应曲线；(b) IIR 带阻滤波器的相频响应曲线

例 6-10　某混合信号由两个余弦信号组成，频率分别为 5 Hz、20 Hz，初始相位分别为 45°和 60°，信号幅度均为 1，信号长度为 100 点。试用窗函数法设计 FIR 低通滤波器消除 20 Hz的余弦信号分量，滤波器要求采样频率为 100 Hz，滤波器通带截止频率为 10 Hz，阻带截止频率为 15 Hz，通带衰减为 3 dB，阻带衰减为 60 dB。试画出该滤波器的幅频曲线和相频曲线，并比较滤波前后信号在时域和频域上的变化。

解：由题知，要求使用窗函数法设计 FIR 低通滤波器，且要求阻带衰减为 60 dB，故选择窗函数为布莱克曼窗。使用函数 blackman 可计算布莱克曼窗序列，接着使用函数 fir1 即可实现窗函数法设计 FIR 滤波器，相应的 MATLAB 程序如下：

```
N=100;                                              %信号长度为 100
Fs =100;Fs2 = Fs/2;                                 %采样频率为 100Hz
f1 = 5; f2 =20;                                     %输入信号频率
phy1 = pi/4; phy2 = pi/3;                           %输入信号初始相位
t = (0:N-1)/Fs;                                     %时间自变量取值范围
x = cos(2*pi*f1*t+phy1)+cos(2*pi*f2*t+phy2);        %构成输入信号
plot(t,x,'k-');xlabel('时间 (s)');ylabel('幅度 ');   %画原始信号波形
Nfft = 1024;fx = fft(x,Nfft);                       %计算原始信号频谱
figure;plot((0:Nfft/2-1)*Fs/Nfft, abs(fx(1:Nfft/2)),'k-');  %画原始信号频谱
xlabel('频率 (Hz)');ylabel('幅度 ');
fp =10; fs =15;Rp = 3; As =60;                      %确定滤波器衰减技术指标
wp = fp*pi/Fs2; ws = fs*pi/Fs2;                     %求归一化的截止频率
deltaw = ws-wp;                                     %计算过渡带宽
M = ceil(11*pi/deltaw);                             %确定滤波器阶数
M=M+mod(M,2);
win = blackman(M+1)';                               %计算布莱克曼窗序列
Wn = (fs+fp)/Fs;
b = fir1(M,Wn,win);                                 %使用窗函数法设计 FIR 滤波器
fk=(0:511)*pi/512;hs = freqz(b,1,fk);
```

```
figure;plot(fk * Fs/2/pi,20 * log10(abs(hs)),'k—');                    %画出滤波器幅频曲线
grid on;
xlabel('频率 (Hz)');ylabel('幅频响应 (dB)');
figure;plot(fk * Fs/2/pi,unwrap(angle(hs)),'k—');                      %画出滤波器相频曲线
grid on;xlabel('频率 (Hz)');ylabel('相频响应 (rad)');
x1 = filter(b,1,x);                                                    %根据所设计滤波器对信号作滤波
figure;plot(t,x1,'k—');                                                %画经过滤波之后的信号波形
xlabel('时间 (s)');ylabel('幅度');
Nfft = 1024;fx1 = fft(x1,Nfft);                                        %对滤波之后的信号进行 FFT 运算
figure;plot((0:Nfft/2—1) * Fs/Nfft, abs(fx1(1:Nfft/2)),'k—');         %画滤波之后的信号频谱图
xlabel('频率 (Hz)');ylabel('幅度');
```

运行程序后得到原始信号的时域波形和频谱如图 6-8 所示，由图可见原始信号确由两个余弦信号组成，其频率分别为 5 Hz、20 Hz。所设计 FIR 低通滤波器的幅频曲线和相频曲线如图 6-9 所示，达到了题中设计指标，且在通带实现了线性相位。最后，滤波后信号的时域波形和频谱如图 6-10 所示，由图可见使用窗函数法设计的 FIR 低通滤波器实现了消除 20 Hz 余弦信号分量的目的。

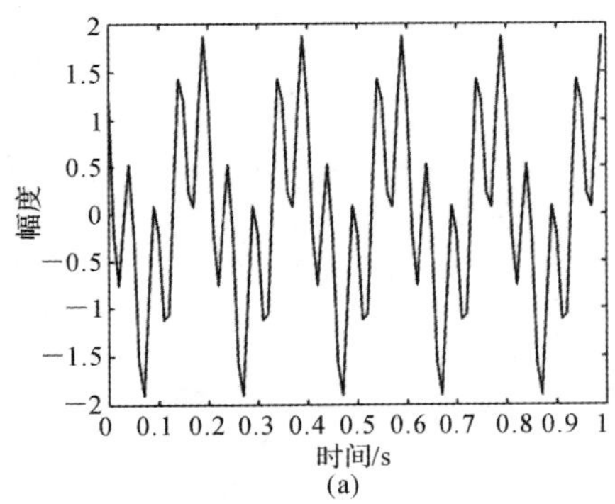

(a)

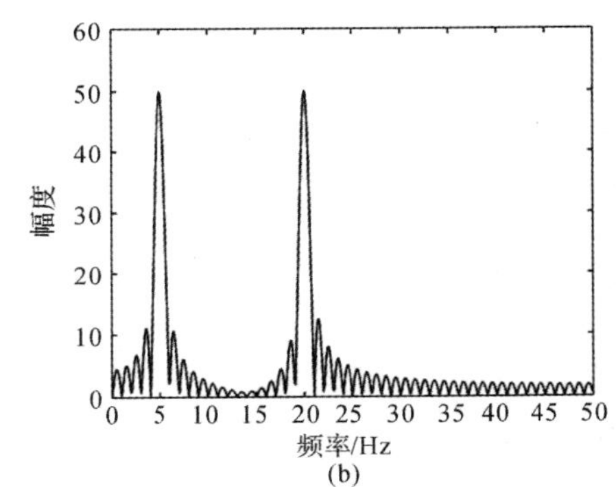

(b)

图　6-8

(a) 原始信号时域波形；(b) 原始信号频谱

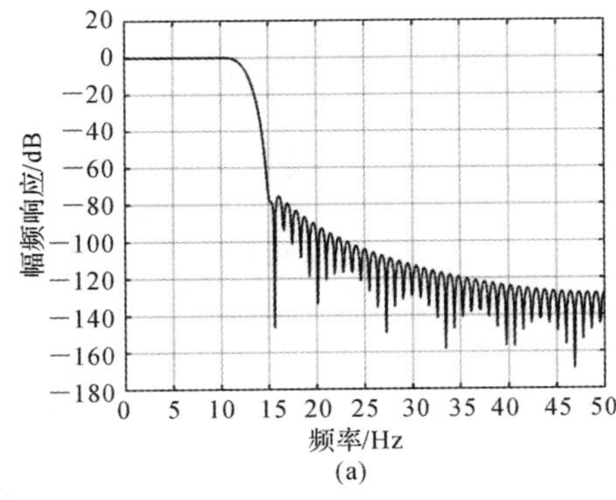

(a)

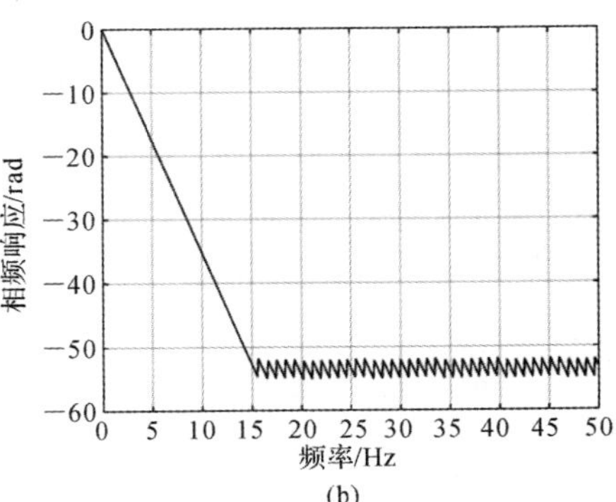

(b)

图　6-9

(a) FIR 低通滤波器的幅频响应曲线；(b) FIR 低通滤波器相频响应曲线

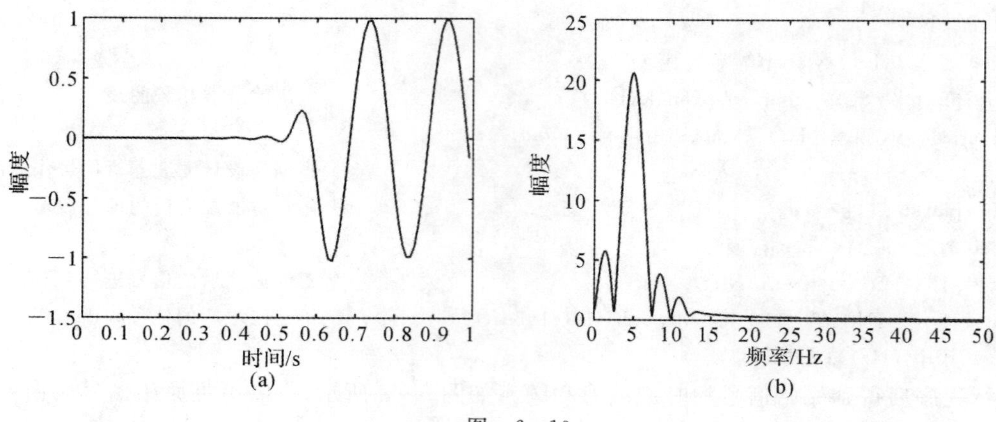

图 6-10

(a) 低通滤波后信号时域波形；(b) 低通滤波后信号频谱

例 6-11 在例 6-10 中，通过设计的 FIR 滤波器低通滤波后的信号在时域上表现出较长时间的延迟，试在例 6—10 相同条件下完成对原始信号的低通滤波，要求消除滤波器的时间延迟影响，并画出滤波前后信号在时域和频域上的变化。

解：此题中 FIR 低通滤波器设计过程与例 6—10 相同，唯一不同的是在对原始信号作低通滤波时没有使用函数 filter，因为这会导致滤波后信号出现一定的延迟。因此，本题使用卷积函数 conv 实现滤波，并在滤波后丢弃无效数据点，并保留有效数据，相应的 MATLAB 程序如下：

```
N=100;Fs =100;Fs2 = Fs/2;
f1 = 5; f2 =20;phy1 = pi/4; phy2 = pi/3;t = (0:N-1)/Fs;
x = cos(2 * pi * f1 * t+phy1)+cos(2 * pi * f2 * t+phy2);              %构成输入信号
plot(t,x,'k-');xlabel('时间 (s)');ylabel('幅度 ');
Nfft = 1024;fx = fft(x,Nfft);                                         %计算原始信号频谱
figure;plot((0:Nfft/2-1) * Fs/Nfft, abs(fx(1:Nfft/2)),'k-');          %画原始信号频谱
xlabel('频率 (Hz)');ylabel('幅度 ');
fp =10; fs =15;Rp = 3; As =60;                                        %确定滤波器衰减技术指标
wp = fp * pi/Fs2; ws = fs * pi/Fs2;
deltaw = ws-wp; M = ceil(11 * pi/deltaw);                             %确定滤波器阶数
M=M+mod(M,2);
win = blackman(M+1)';                                                 %计算布莱克曼窗序列
Wn = (fs+fp)/Fs;
b = fir1(M,Wn,win);                                                   %使用窗函数法设计 FIR 滤波器
x2 = conv(b,x);                                                       %使用卷积完成信号滤波
x2 = x2(M/2+1:M/2+N);
figure;plot(t,x2,'k-');                                               %画滤波之后的信号波形
xlabel('时间 (s)');ylabel('幅度 ');
Nfft = 1024;fx2 = fft(x2,Nfft);                                       %对滤波之后的信号进行 FFT 运算
figure;plot((0:Nfft/2-1) * Fs/Nfft, abs(fx2(1:Nfft/2)),'k-');        %画滤波之后的信号频谱图
xlabel('频率 (Hz)');ylabel('幅度 ');
```

滤波前后信号在时域和频域上的变化如图 6-11 和图 6-12 所示。由图可见，对 FIR 滤波器的滤波过程可以用 filter 函数也可以用 conv 函数，但这两个函数滤波的结果是完全不同的。由于第一类线性相位 FIR 滤波器的输出将会产生延迟 $(M-1)/2$，其中 M 表示滤波器的长度。当用函数 conv 来滤波时，若输入数据的长度为 L，则滤波器输出序列长度为 $L+M-1$，但输出有效数据只有 L 点，程序语句"x2 = x2(M/2+1:M/2+N)"的功能就是丢弃在滤波后无效数据点，并保留有效数据。

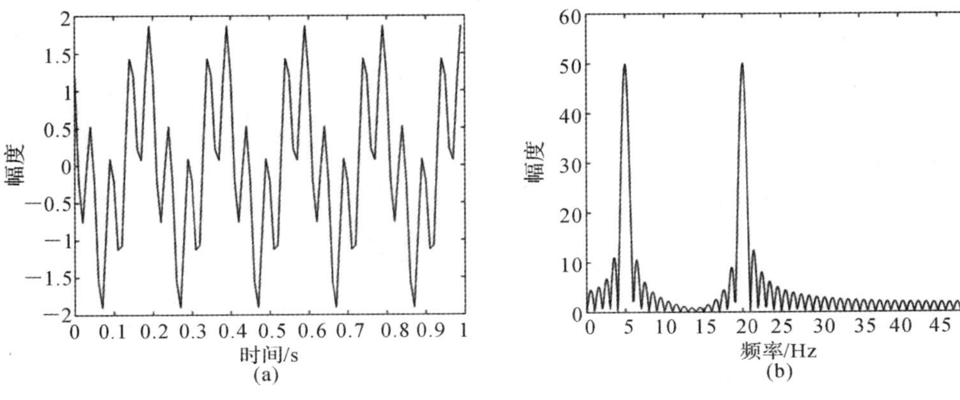

图　6-11

(a) 原始信号时域波形；(b) 原始信号频谱

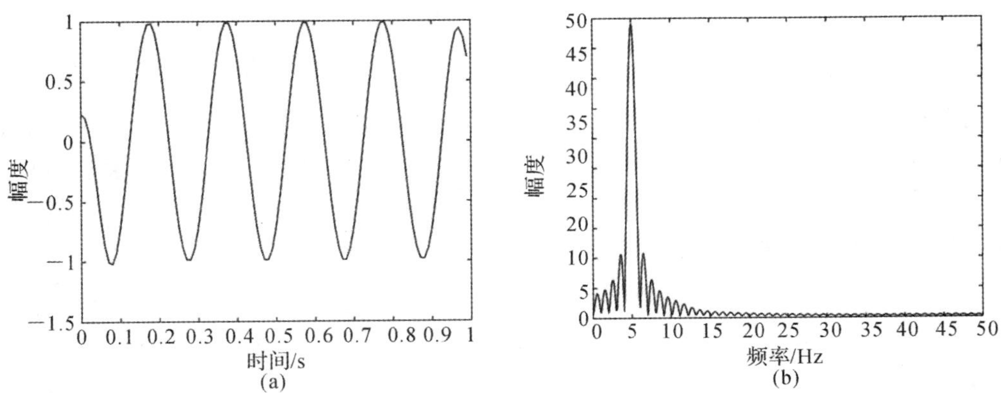

图　6-12

(a) 滤波后信号时域波形；(b) 滤波后信号频谱

例 6-12　试用窗函数法设一个计 FIR 低通滤波器，要求采样频率为 100 Hz，通带截止频率为 10 Hz，阻带截止频率为 15 Hz，通带衰减为 3 dB，阻带衰减为 60 dB。将此低通滤波器的单位脉冲响应记为 $h(n)$，构造另一个滤波器的单位脉冲响应为 $h_1(n)$，它与 $h(n)$ 的关系是

$$h_1(n)=(-1)^n h(n),\quad n=0,1,2,\cdots,N-1$$

其中，N 为单位脉冲响应 $h(n)$ 的长度。试通过 MATLAB 仿真分析滤波器 $h_1(n)$ 的特性。

解：根据题中滤波器性能指标要求，首先使用窗函数法设计此 FIR 低通滤波器，滤波器设计过程同例 6-10。按照题中公式，可对所得滤波器单位脉冲响应进行变换，最后可画出相应的幅频响应曲线，完整的 MATLAB 程序如下：

```
Fs =100;Fs2 = Fs/2;
fp =10; fs =15;Rp = 3; As =60;
wp = fp * pi/Fs2; ws = fs * pi/Fs2;
deltaw = ws-wp;
M = ceil(11 * pi/deltaw);                          %确定滤波器阶数
M=M+mod(M,2);
win = blackman(M+1)';                              %计算布莱克曼窗序列
Wn = (fs+fp)/Fs;
b = fir1(M,Wn,win);                                %使用窗函数法设计 FIR 滤波器
stem(0:length(b)-1,b,'k-');
xlabel('n');ylabel('h(n)');
fk=(0:511) * pi/512;hs = freqz(b,1,fk);
figure;plot(fk * Fs/2/pi,20 * log10(abs(hs)),'k-');    %画出原始滤波器的幅频曲线
grid on;
xlabel('频率 (Hz)');ylabel('幅频响应 (dB)');
nn = 0:length(b)-1;
b1 = b. * ((-1).^nn);                              %根据题意对 h(n)进行变换
figure;stem(0:length(b1)-1,b1,'k-');
xlabel('n');ylabel('h_1(n)');
fk=(0:511) * pi/512;
hs1 =freqz(b1,1,fk);
figure;plot(fk * Fs/2/pi,20 * log10(abs(hs1)),'k-');   %画出变换后滤波器的幅频曲线
grid on;xlabel('频率 (Hz)');ylabel('幅频响应 (dB)');
```

运行程序后，单位脉冲响应 $h(n)$ 及相应的幅频响应曲线如图 6-13 所示。对单位脉冲响应 $h(n)$ 进行变换，即 $h_1(n)=(-1)^n h(n)$，所得单位脉冲响应 $h_1(n)$ 及相应的幅频响应曲线如图 6-14 所示。由图可见，单位脉冲响应 $h(n)$ 对应的滤波器是低通滤波器，而单位脉冲响应 $h_1(n)$ 对应的滤波器为高通滤波器。

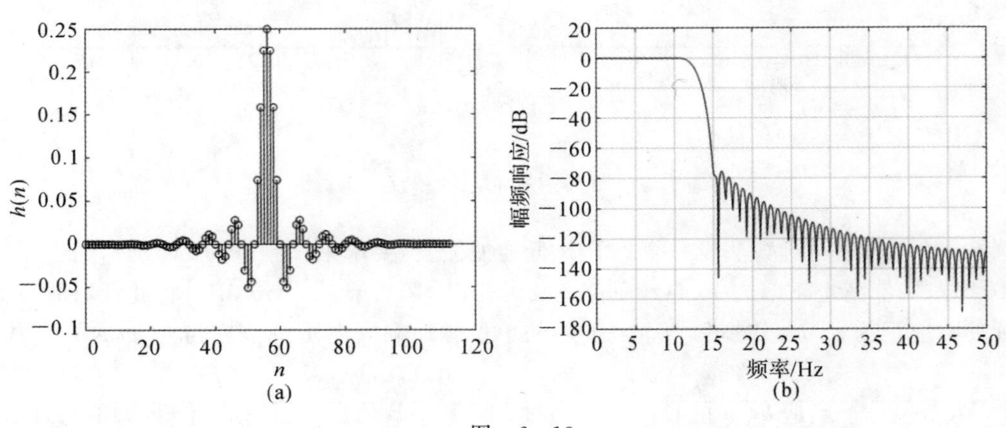

图 6-13

(a) FIR 低通滤波器的单位脉冲响应； (b) FIR 低通滤波器的幅频响应曲线

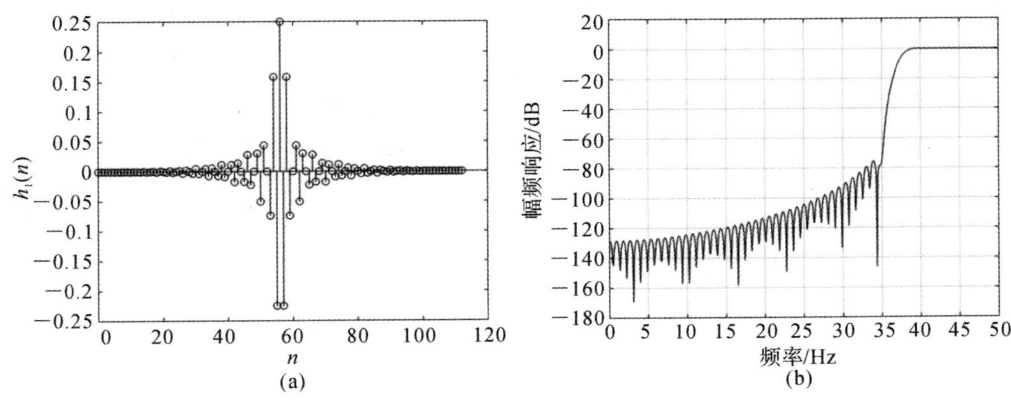

图　6 - 14

(a) 变换后滤波器的单位脉冲响应；(b) 变换后滤波器的幅频响应曲线

例 6 - 13　试用窗函数法设计一个 FIR 低通滤波器，要求采样频率为 100 Hz，通带截止频率为 10 Hz，阻带截止频率为 15 Hz，通带衰减为 3 dB，阻带衰减为 60 dB。将此低通滤波器的单位脉冲响应记为 $h(n)$，构造另一个滤波器的单位脉冲响应为 $h_2(n)$，它与 $h(n)$ 的关系是

$$h_2(n)=2h(n)\cos(\omega_0 n),\quad n=0,1,2,\cdots,N-1,\quad \omega_0=0.45\pi$$

其中，N 为单位脉冲响应 $h(n)$ 的长度。试通过 MATLAB 仿真分析滤波器 $h_2(n)$ 的特性。

解：根据题中滤波器性能指标要求，首先用窗函数法设计此 FIR 低通滤波器，滤波器设计过程同例 6 - 10。按照题中公式，对所得滤波器单位脉冲响应进行变换，最后可画出相应的幅频响应曲线，完整的 MATLAB 程序如下：

```
Fs =100;Fs2 = Fs/2;fp =10; fs =15;Rp = 3; As =60;
wp = fp * pi/Fs2;ws = fs * pi/Fs2;deltaw = ws-wp;
M = ceil(11 * pi/deltaw);                          %确定滤波器阶数
M=M+mod(M,2);
win = blackman(M+1)';                              %计算布莱克曼窗序列
Wn = (fs+fp)/Fs;
b = fir1(M,Wn,win);                                %使用窗函数法设计 FIR 滤波器
stem(0:length(b)-1,b,'k-');
xlabel('n');ylabel('h(n)');
fk=(0:511) * pi/512;hs = freqz(b,1,fk);
figure;plot(fk * Fs/2/pi,20 * log10(abs(hs)),'k-');  %画出原始滤波器的幅频曲线
grid on;
xlabel('频率 (Hz)');
ylabel('幅频响应 (dB)');
nn = 0:length(b)-1;
b1 = 2 * b. * cos(0.45 * pi * nn);                 %根据题意对 h(n)进行变换
figure;stem(0:length(b1)-1,b1,'k-');
xlabel('n');ylabel('h_1(n)');
fk=(0:511) * pi/512;hs1 = freqz(b1,1,fk);
figure;plot(fk * Fs/2/pi,20 * log10(abs(hs1)),'k-'); %画出变换后滤波器的幅频曲线
```

```
grid on;xlabel('频率 (Hz)');
ylabel('幅频响应 (dB)');
```

运行程序后，单位脉冲响应 $h(n)$及相应的幅频响应曲线如图 6-15 所示。对单位脉冲响应 $h(n)$进行变换，即 $h_2(n)=2h(n)\cos(\omega_0 n)$，所得单位脉冲响应 $h_2(n)$及相应的幅频响应曲线如图 6-16 所示。由图可见，单位脉冲响应 $h(n)$对应的滤波器是低通滤波器，而单位脉冲响应 $h_2(n)$对应的滤波器为带通滤波器。

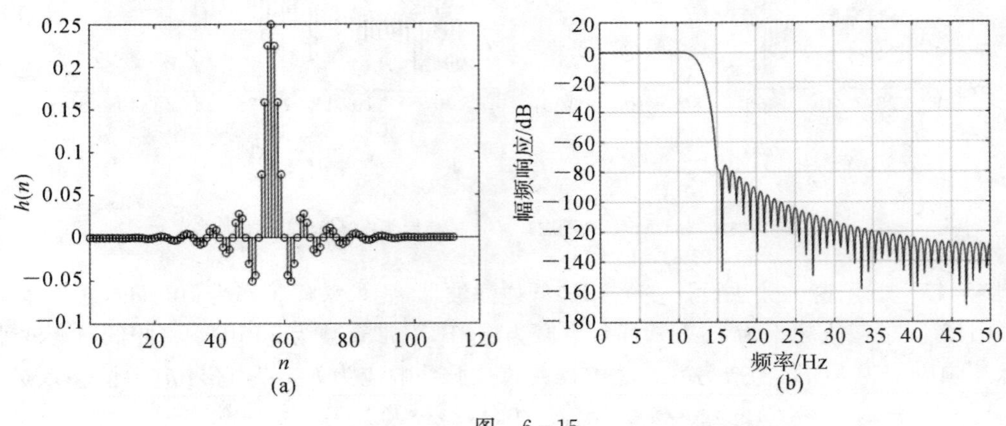

图 6-15

(a) 滤波器单位脉冲响应 $h(n)$； (b) 滤波器 $h(n)$的幅频响应曲线

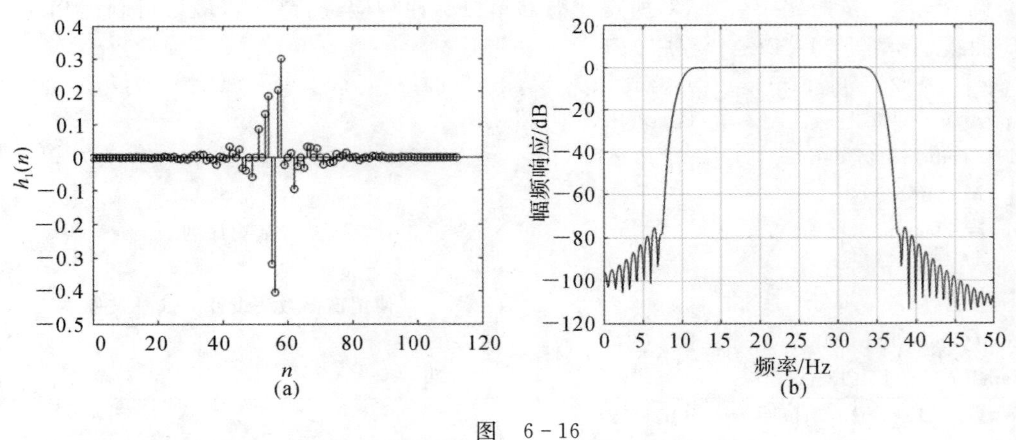

图 6-16

(a) 滤波器单位脉冲响应 $h_2(n)$； (b) 滤波器 $h_2(n)$的幅频响应曲线

6.5 上机题解答

1. 假设窗函数的长度 $N=20$，用 MATLAB 程序绘制矩形窗、汉宁窗、哈明窗、Bartlett 窗、Blackman 窗、三角窗、Kaiser 窗、Chebyshev 窗的时域波形。

解：分别调用窗函数命令 boxcar、hanning、hamming、bartlett、blackman、triang、kaiser 和 chebwin 来产生上述窗函数，并绘制它们的时域波形图，求解程序如下：

```
N=20;n=0:N-1;                                          %窗函数的长度 N=20
figure(1);                                             %绘制第一幅图
for i=1:4;                                             %分 4 种情况
    switch i
        case 1
        w=boxcar(N);                                   %产生矩形窗
        stext='矩形窗(N=20)'
        case 2
        w=hanning(N);                                  %产生汉宁窗
        stext='汉宁窗(N=20)'
        case 3
        w=hamming(N);                                  %产生哈明窗
        stext='哈明窗(N=20)'
        case 4
        w=bartlett(N); %产生 Bartlett 窗
        stext='Bartlett 窗(N=20)'
    end
    subplot(2,2,i);stem(n,w); %画上述各种窗函数
    hold on;plot(n,w,'r');                             %绘制窗函数的包络线
    xlabel('n');
    ylabel('w(n)');
    title(stext);grid on;
end
figure(2);                                             %绘制第二幅图
for i=1:4;                                             %分 4 种情况
    switch i
        case 1
        w=blackman(N);stext='Blackman 窗(N=20)';       %产生 Blackman 窗
        case 2
        w=triang(N); stext='三角窗(N=20)';             %产生三角窗
        case 3
        w=kaiser(N,3); stext='Kaiser 窗(N=20,beta=3)'; %产生 Kaiser 窗(beta=3)
        case 4
        w=chebwin(N,40);                               %产生 Chebyshev 窗,旁瓣衰减 r=40
        stext='Chebyshev 窗(N=20,r=40)'
    end
    subplot(2,2,i);stem(n,w);                          %画上述各种窗函数
    hold on;plot(n,w,'r');                             %绘制窗函数的包络线
    xlabel('n'); ylabel('w(n)');title(stext);grid on;
end
```

运行结果如图 6-17 所示，从图中可知各种窗函数的长度均为 20。此外，Kaiser 窗可以通过改变 beta 参数来控制窗函数的形状；Chebyshev 窗可以改变输入参数来控制旁瓣的衰

减值。

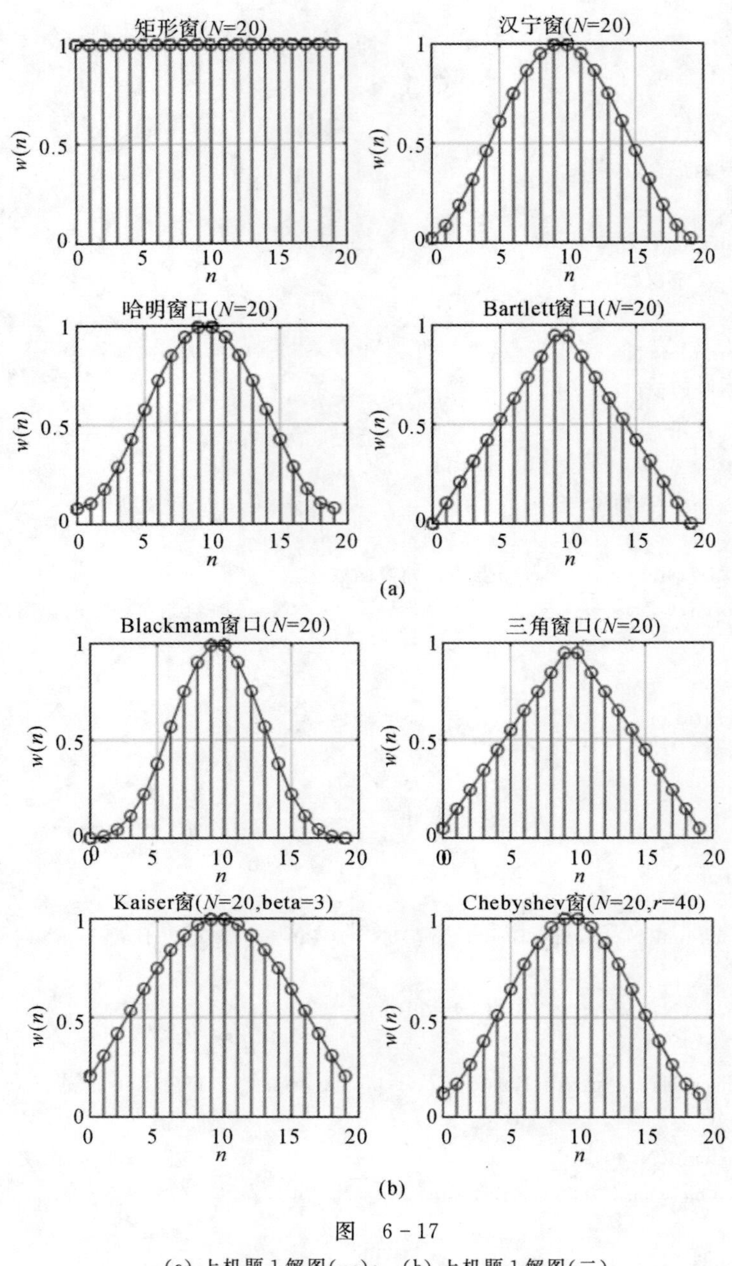

图 6-17

(a) 上机题 1 解图(一)； (b) 上机题 1 解图(二)

2. 假设窗函数的长度 $N=30$，用 MATLAB 程序绘制矩形窗、汉宁窗、哈明窗、Bartlett 窗、Blackman 窗、三角窗、Kaiser 窗、Chebyshev 窗的幅频特性曲线。

解：分别调用上述窗函数命令产生各种窗函数的系数，再通过 freqz 函数计算它们各自的幅频响应函数，并分别绘制幅频响应曲线，求解程序如下：

```
N=30;                                          %窗函数的长度 N=30
```

```
figure(1);                                                    %绘制第一幅图
for i=1:4;                                                    %分 4 种情况
    switch i
        case 1
        w=boxcar(N);stext='矩形窗(N=30)'                       %矩形窗
        case 2
        w=hanning(N); stext='汉宁窗(N=30)'                     %汉宁窗
        case 3
        w=hamming(N); stext='哈明窗(N=30)'                     %哈明窗
        case 4
        w=bartlett(N); stext='Bartlett 窗(N=30)'               %Bartlett 窗
    end
    [y,f]=freqz(w,1,512);subplot(2,2,i);
    plot(f/pi,20*log10(abs(y/max(y))));                       %绘制窗函数的幅频特性曲线
    xlabel('\omega/\pi');ylabel('幅频响应/dB');
    title(stext);grid on;
end
figure(2);                                                    %绘制第二幅图
for i=1:4;                                                    %分 4 种情况
    switch i
        case 1
        w=blackman(N); stext='Blackman 窗(N=30)';              %Blackman 窗
        case 2
        w=triang(N); stext='三角窗(N=30)';                     %三角窗
        case 3
        w=kaiser(N,3); stext='Kaiser 窗(N=30,beta=3)';       %Kaiser 窗,beta=3
        case 4
        w=chebwin(N,40);              %Chebyshev 窗,旁瓣衰减 r=40
        stext='Chebyshev 窗(N=30,r=40)';
    end
    [y,f]=freqz(w,1,512);
    subplot(2,2,i);plot(f/pi,20*log10(abs(y/max(y))));       %绘制各种窗函数的幅频特性曲线
    xlabel('\omega/\pi');
    ylabel('幅频响应/dB');
    title(stext);grid on;
end
```

运行结果如图 6-18 所示,从图中可以看出,矩形窗的主瓣宽度最窄,但是其旁瓣峰值也是最大的;Blaekman 窗具有最大的旁瓣衰减特性,但是它的主瓣宽度也是最宽的。因此,旁瓣的衰减通常是靠牺牲过渡带的带宽得到的。而 Kaiser 窗和 Chebyshev 窗就显得更加灵活,因为它们都可以通过相应的参数去控制幅频响应曲线。

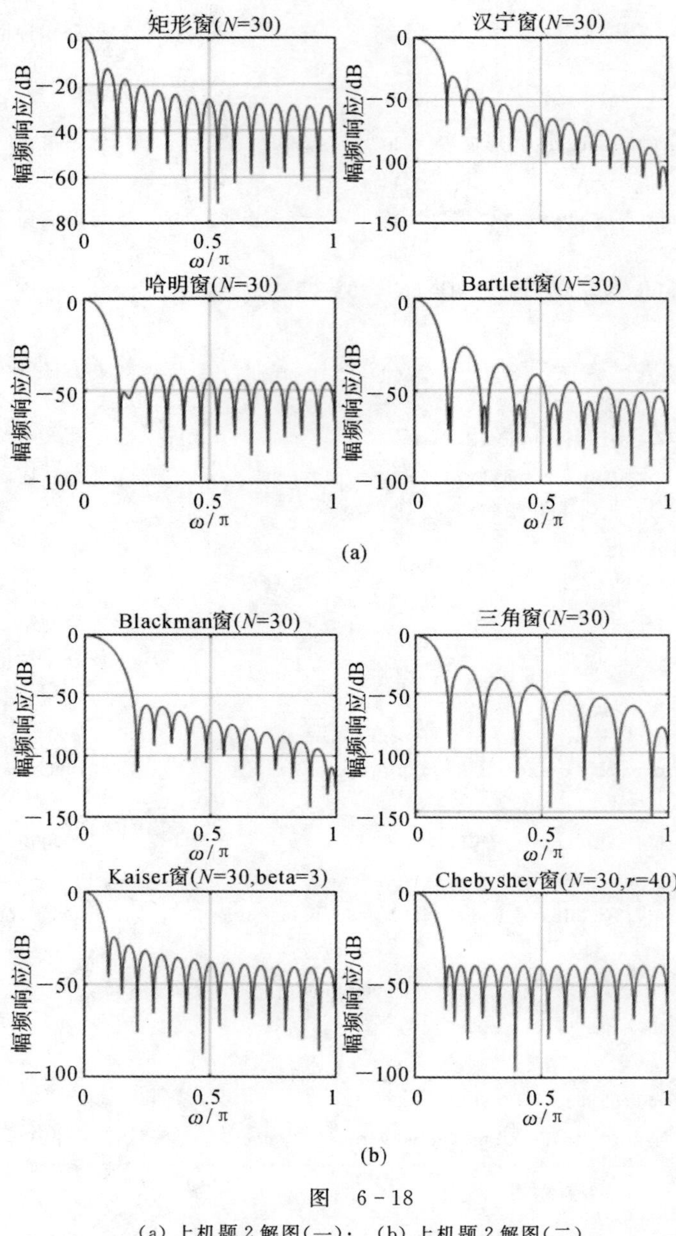

图 6-18

(a) 上机题 2 解图(一); (b) 上机题 2 解图(二)

3. 窗函数的长度分别为 $N=10$,$N=30$,$N=50$,$N=70$ 时,用 MATLAB 程序绘制矩形窗的幅频特性曲线。

解:利用 boxcar 命令产生各种长度的矩形窗函数的系数,再通过 freqz 函数计算它们各自的幅频响应函数,并分别绘制幅频响应曲线,求解程序如下:

```
for i=1:4;                                  %矩形窗的长度分四种情况
    switch i
        case 1
```

```
        w=boxcar(10);                        %产生长度为 10 的矩形窗
        stext='矩形窗(N=10)'
        case 2
        w=boxcar(30);                        %产生长度为 30 的矩形窗
        stext='矩形窗(N=30)'
        case 3
        w=boxcar(50);                        %产生长度为 50 的矩形窗
        stext='矩形窗(N=50)'
        case 4
        w=boxcar(70);                        %产生长度为 70 的矩形窗
        stext='矩形窗(N=70)'
    end
    [y,f]=freqz(w,1,512);subplot(2,2,i);
    plot(f/pi,20 * log10(abs(y/max(y))));         %绘制矩形窗的幅频响应曲线
    xlabel('\omega/\pi');ylabel('幅频响应/dB');title(stext);grid on;
end
```

运行结果如图 6-19 所示，从图中可以看出，对于矩形窗而言，随着 N 增大，主瓣和旁瓣的宽度减小，过渡带宽变小。由于它们的旁瓣峰值相对于主瓣的衰减值是一样的，因此，如果需要增大阻带衰减，只能通过改变窗函数的类型来实现。

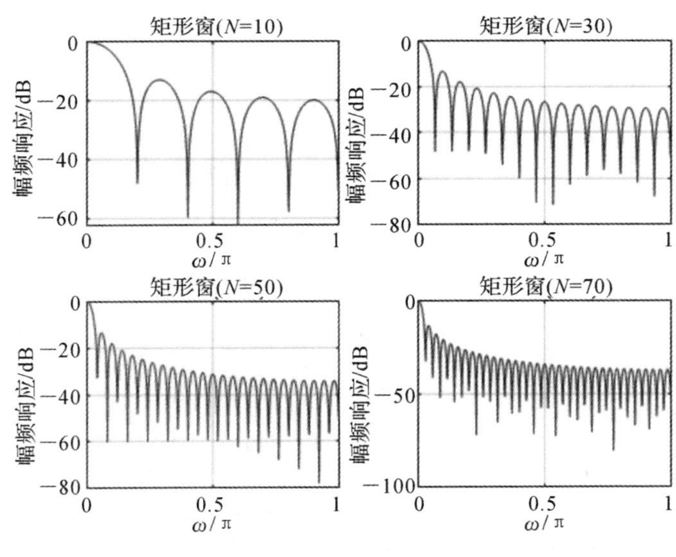

图 6-19　上机题 3 解图

4. 窗函数的长度分别为 $N=10$，$N=30$，$N=50$，$N=70$ 时，用 MATLAB 程序绘制哈明窗的幅频特性曲线。

解：利用 hamming 命令产生各种长度的哈明窗函数的系数，计算频率响应函数和画幅频响应曲线和前面矩形窗的过程一样，求解程序如下：

```
for i=1:4;                                 %哈明窗的长度分四种情况
```

```
    switch i
        case 1
        w=hamming(10); stext='哈明窗(N=10)';            %产生长度为 10 的哈明窗
        case 2
        w=hamming(30); stext='哈明窗(N=30)';            %产生长度为 30 的哈明窗
        case 3
        w=hamming(50); stext='哈明窗(N=50)';            %产生长度为 50 的哈明窗
        case 4
        w=hamming(70); stext='哈明窗(N=70)';            %产生长度为 70 的哈明窗
    end
    [y,f]=freqz(w,1,512);subplot(2,2,i);
    plot(f/pi,20*log10(abs(y/max(y))));                 %绘制哈明窗的幅频响应曲线
    xlabel('\omega/\pi');ylabel('幅频响应/dB');title(stext);grid on;
end
```

运行结果如图 6-20 所示，哈明窗的旁瓣衰减比矩形窗更大。因此，它是一种高效的窗函数，MATLAB 的库函数 fir1 默认选用的窗函数类型就是哈明窗。

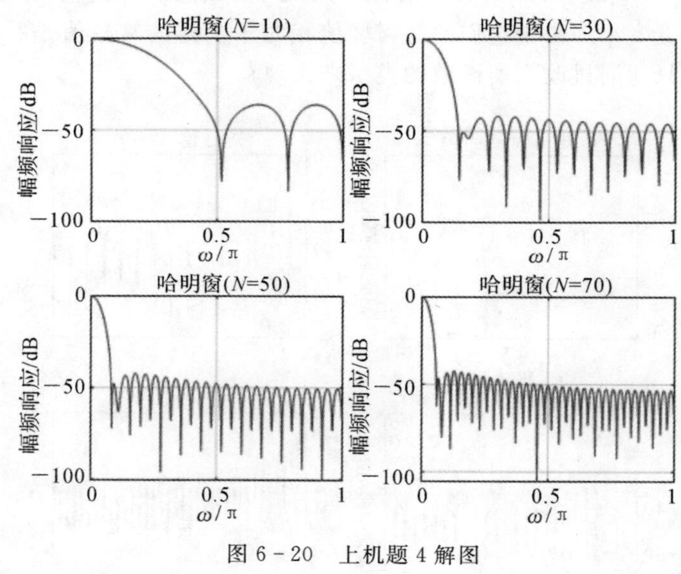

图 6-20　上机题 4 解图

5. 窗函数的长度分别为 $N=15$，$N=35$，$N=55$，$N=75$ 时，用 MATLAB 程序绘制汉宁窗的幅频特性曲线。

解：利用 hanning 命令产生各种长度的汉宁窗函数的系数，求解程序如下：

```
for i=1:4;                    %汉宁窗的长度分四种情况
    switch i
        case 1
        w=hanning(10);        %产生长度为 10 的汉宁窗
        stext='汉宁窗(N=10)'
        case 2
```

```
        w=hanning(30);                          %产生长度为 30 的汉宁窗
        stext='汉宁窗(N=30)'
        case 3
        w=hanning(50);                          %产生长度为 50 的汉宁窗
        stext='汉宁窗(N=50)'
        case 4
        w=hanning(70);                          %产生长度为 70 的汉宁窗
        stext='汉宁窗(N=70)'
    end
    [y,f]=freqz(w,1,512);subplot(2,2,i);
    plot(f/pi,20*log10(abs(y/max(y))));        %绘制汉宁窗的幅频响应曲线
    xlabel('\omega/\pi');ylabel('幅频响应/dB');title(stext);grid on;
end
```

运行结果如图 6-21 所示。

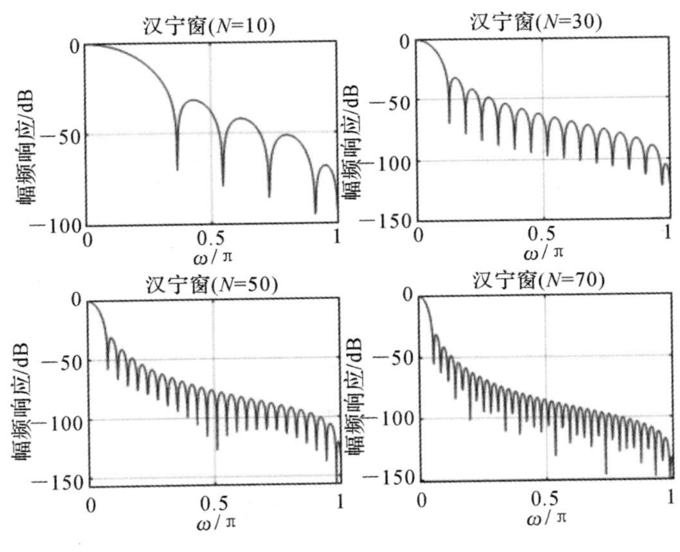

图 6-21　上机题 5 解图

6. 窗函数的长度分别为 $N=15$,$N=35$,$N=55$,$N=75$ 时,用 MATLAB 程序绘制布莱克曼的幅频特性曲线。

解:利用 blackman 命令产生各种长度的 Blackman 窗函数的系数,求解程序如下:

```
for i=1:4;                                      % blackman 窗的长度分四种情况
    switch i
        case 1
        w=blackman(15);                         %产生长度为 15 的 Blackman 窗
        stext='Blackman 窗(N=15)'
        case 2
        w=blackman(35);                         %产生长度为 35 的 Blackman 窗
        stext='Blackman 窗(N=35)'
```

```
        case 3
        w=blackman(55);                              %产生长度为 55 的 Blackman 窗
        stext='Blackman 窗(N=55)'
        case 4
        w=blackman(75);                              %产生长度为 75 的 Blackman 窗
        stext='Blackman 窗(N=75)'
    end
    [y,f]=freqz(w,1,512);subplot(2,2,i);
    plot(f/pi,20 * log10(abs(y/max(y))));            %绘制 Blackman 窗的幅频响应曲线
    xlabel('\omega/\pi');ylabel('幅频响应/dB');title(stext);grid on;
end
```

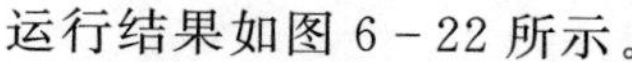

运行结果如图 6-22 所示。

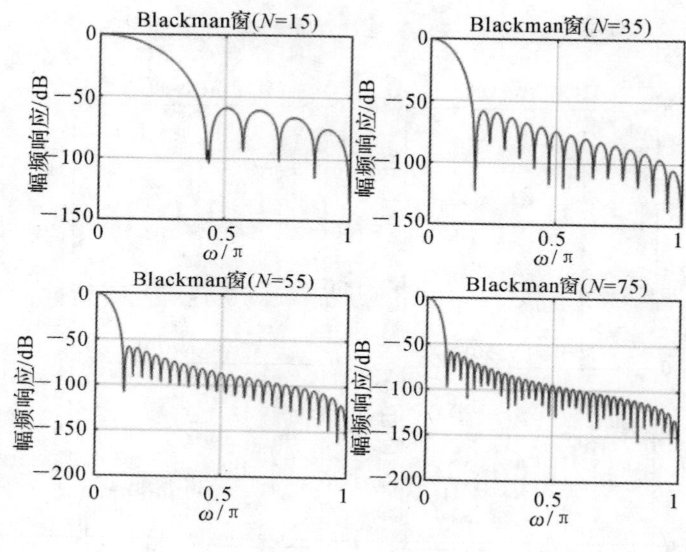

图 6-22 上机题 6 解图

7. 用窗函数法设计一个线性相位 FIR 低通滤波器，其性能指标要求为：通带归一化的截止频率为 $\omega_p=0.35$，阻带归一化的边界频率为 $\omega_s=0.55$，阻带最小衰减为 40 dB，通带最大衰减为 2 dB。输入信号包含 $f_1=3$ Hz 和 $f_2=18$ Hz 两个，信号采样频率为 50 Hz，将信号通过滤波器后进行比较。

解：根据题目要求阻带最小衰减为 40 dB，因而选择汉宁窗，求解程序如下：

```
wp=0.35 * pi;ws=0.55 * pi;wd=ws-wp;          %确定过渡带宽
N=ceil(8 * pi/wd);                            %计算汉宁窗的长度
wc=(wp+ws)/2;                                 %计算理想低通滤波器的 6dB 截止频率
n=0:N-1;alpha=(N-1)/2;m=n-alpha+eps;
hd=sin(wc * m)./(pi * m);                     %计算理想低通滤波器的单位脉冲响应
w=hanning(N);
h=hd.* w';                                    %计算加窗之后的 FIR 滤波器的单位脉冲响应
figure(1);
```

```
[H,f]=freqz(h,1,512,50);                                      %计算 FIR 低通滤波器的频率响应
subplot(2,1,1);plot(f,20*log10(abs(H)));                      %画幅频响应
xlabel('f/Hz');ylabel('幅频响应/dB');grid on;
subplot(2,1,2);plot(f,180/pi*unwrap(angle(H)));               %画相频响应
xlabel('f/Hz');ylabel('相频响应/\circ');
grid on;
f1=3;f2=18;                                                   %输入信号频率为 3Hz 和 18Hz
fs=50;ts=1/fs;                                                %采样频率为 50Hz
n=0:100;x=sin(2*pi*f1*n*ts)+cos(2*pi*f2*n*ts);                %产生输入信号
y=filter(h,1,x);                                              %输入信号经过 FIR 低通滤波器
figure(2);subplot(2,1,1);plot(n*ts,x);                        %画输入及输出信号时域波形
title('输入信号');
subplot(2,1,2);plot(n*ts,y);title('输出信号');xlabel('时间/s');
```

运行结果如图 6-23 所示。

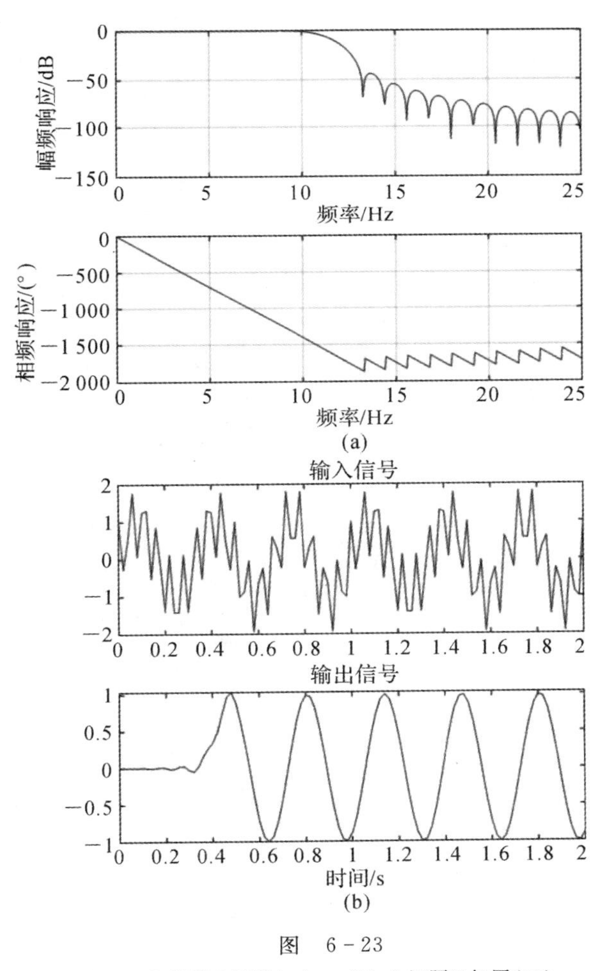

图　6-23

(a) 上机题 7 解图(一)；(b) 上机题 7 解图(二)

从图 6-23(a)的幅频响应曲线可知，采样频率为 50 Hz，滤波器的实际通带截止频率为

0.35 * Fs/2=8.75 Hz，滤波器的实际阻带截止频率为 0.55 * Fs/2=13.75 Hz，因此所设计出来的 FIR 低通滤波器满足技术指标要求。从相频响应图可知，在通带内满足线性相位特性。从图 6-23(b)可知，输入信号包含 3 Hz 和 18 Hz 的信号，经过低通滤波器滤波之后，仅保留了频率为 3 Hz 的低频信号。

8. 对某模拟信号进行低通滤波处理，要求通带截止频率 $f_p=100$ Hz，通带最大衰减为 1 dB，阻带截止频率 $f_s=250$ Hz，阻带最小衰减为 40 dB，用 Kaiser 窗设计满足上述要求的 FIR 数字低通滤波器，采样频率为 1 000 Hz。

解：根据题目技术指标要求计算过渡带宽、Kaiser 窗的参数及 Kaiser 窗的阶数，再利用函数 fir1 得到 Kaiser 窗的单位脉冲响应，最后用 freqz 函数计算 FIR 数字低通滤波器的频率响应函数，求解程序如下：

```
fp=100;fs=250;Rs=40;Fs=1000;                        %确定低通滤波器的技术指标
wp=2*pi*fp/Fs;ws=2*pi*fs/Fs;
Bw=ws-wp;                                           %计算过渡带宽
alpha=0.5842*(Rs-21)^0.4+0.07886*(Rs-21);           %Kaiser 窗参数
M=ceil((Rs-8)/(2.285*Bw));                          %根据 Kaiser 窗过渡带宽求阶数
wc=(wp+ws)/2/pi;                                    %6dB 截止频率
h=fir1(M,wc,kaiser(M+1,alpha));
[H,f]=freqz(h,1,512,Fs);
subplot(3,1,1);stem(0:length(h)-1,h,'fill');        %绘制单位脉冲响应 h(n)
xlabel('n');ylabel('h(n)');grid on;
subplot(3,1,2);plot(f,20*log10(abs(H)))             %绘制 FIR 数字低通滤波器的幅频响应图
xlabel('f/Hz');ylabel('幅频响应/dB');grid on;
subplot(3,1,3);plot(f,180/pi*unwrap(angle(H)))      %绘制 FIR 数字低通滤波器的相频响应图
xlabel('f/Hz');ylabel('相频响应/^o');grid on;
```

运行结果如图 6-24 所示。从图中可以看了出，设计出来的 FIR 数字低通滤波器满足技术指标要求。

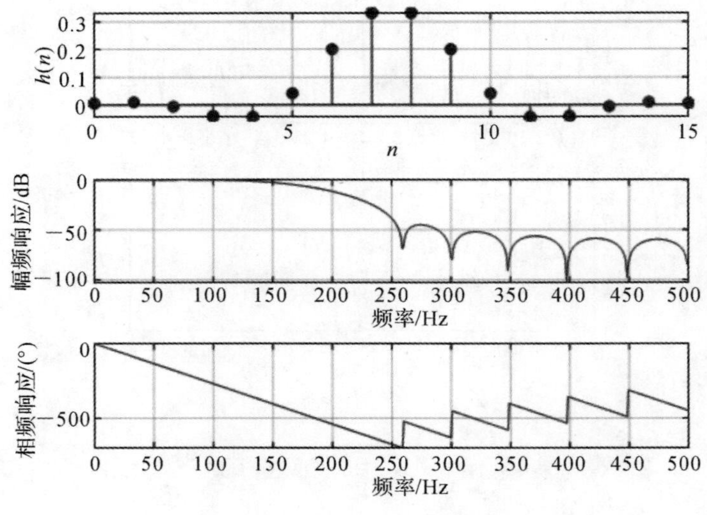

图 6-24　上机题 8 解图

9.用窗函数法设计一线性相位 FIR 带阻滤波器，其通带下截止频率为 0.2π，通带上截止频率为 0.8π，阻带下截止频率为 0.35π，阻带上截止频率为 0.65π，通带最大衰减为 1 dB，阻带最小衰减为 60 dB。

解：根据题目要求阻带最小衰减为 60 dB，因此选用布莱克曼窗。首先根据技术指标要求计算过渡带宽及 Blackman 窗的阶数，再利用函数 fir1 得到 Blackman 窗的单位脉冲响应，最后用 freqz 函数计算 FIR 数字带阻滤波器的频率响应函数，求解程序如下：

```
wp1=0.2*pi;ws1=0.35*pi;                              %确定数字滤波器的技术指标
wp2=0.8*pi;ws2=0.65*pi;
Bw=ws1-wp1;                                          %计算过渡带宽
M=ceil(12*pi/Bw);                                    %根据布莱克曼窗过渡带宽求阶数
wc=[(wp1+ws1)/2/pi,(wp2+ws2)/2/pi];%6dB 截止频率
h=fir1(M,wc,'stop',blackman(M+1));
[H,w]=freqz(h,1,512);
subplot(3,1,1);stem(0:length(h)-1,h,'fill');         %绘制单位脉冲响应 h(n)
xlabel('n');ylabel('h(n)');grid on;
subplot(3,1,2);plot(w/pi,20*log10(abs(H)))           %绘制 FIR 数字带阻滤波器的幅频响应图
xlabel('\omega/\pi');ylabel('幅频响应/dB');grid on;
subplot(3,1,3);plot(w/pi,180/pi*unwrap(angle(H)))    %绘制 FIR 数字带阻滤波器的相频响应图
xlabel('\omega/\pi');ylabel('相频响应/°');grid on;
```

运行结果如图 6-25 所示。从图中可以看出，设计出来的 FIR 数字带阻滤波器满足技术指标要求。

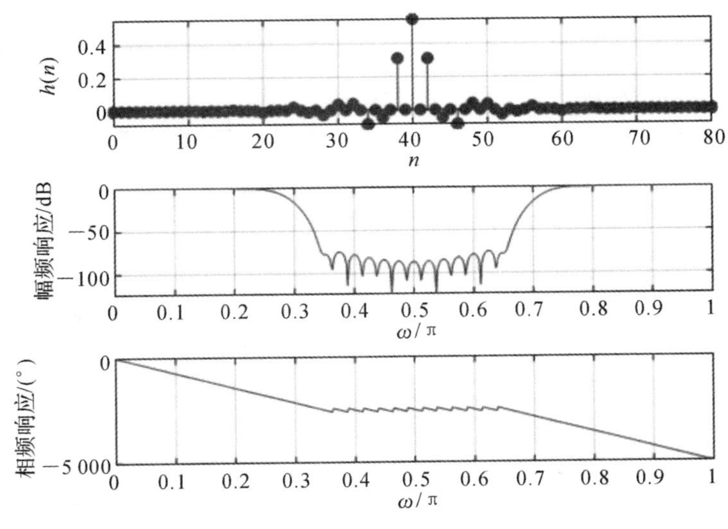

图 6-25　上机题 9 解图

10.设计某 FIR 低通滤波器，其阶数为 60。该滤波器的截止频率为 200 Hz，采样频率 $f_s=1\ 000$ Hz。输入信号为 $f_1=100$ Hz，$f_2=500$ Hz，将输入信号与输出信号进行比较。

解：根据题目要求归一化的截止频率为 $\omega_p=\dfrac{200}{f_s/2}=0.4$，将滤波器阶数 $N=60$ 和 ω_p 代入

函数 fir1 可求出 FIR 低通滤波器的单位脉冲响应，然后再利用函数 freqz 计算频率响应函数，最后将计算所得到的单位脉冲响应代入函数 filter，即可完成对输入信号的滤波，求解程序如下：

```
fs=1000;                                          %采样频率为 1000Hz
wp=200/(fs/2);                                    %计算归一化的截止频率
N=60;                                             %FIR 低通滤波器阶数为 60
h=fir1(N,wp);                                     %计算单位脉冲响应
figure(1);[H,f]=freqz(h,1,512,fs);                %求频率响应函数
subplot(2,1,1);plot(f,20*log10(abs(H)));          %画幅频响应曲线
xlabel('f/Hz');ylabel('幅频响应/dB');grid on;
subplot(2,1,2);plot(f,180/pi*unwrap(angle(H)));   %画相频响应曲线
xlabel('f/Hz');ylabel('相频响应/\circ');grid on;
f1=100;f2=500;                                    %输入信号为 100Hz 和 500Hz
ts=1/fs;n=0:100;                                  %信号时间取值范围
x=sin(2*pi*f1*n*ts)+0.5*cos(2*pi*f2*n*ts);        %产生输入混合信号
y=filter(h,1,x);                                  %对输入信号进行滤波
figure(2);subplot(2,1,1);plot(n*ts,x);title('输入信号');   %画输入信号时域波形图
subplot(2,1,2);plot(n*ts,y);                      %画输出信号时域波形图
title('输出信号');xlabel('时间/s');
```

运行结果如图 6-26 所示。从图 6-26(a)中幅频响应曲线可知，采样频率为 1 000 Hz，滤波器的 6 dB 截止频率为 200 Hz，因此设计的 FIR 低通滤波器满足技术指标要求；而从相频响应图可知，在通带内满足线性相位特性。从图 6-26(b)中可以看出，输入信号包含 100 Hz 以及 500 Hz 两个频率的信号，经过该 FIR 低通滤波器滤波之后，500 Hz 的高频信号被滤除了，仅剩下 100 Hz 的低频信号。

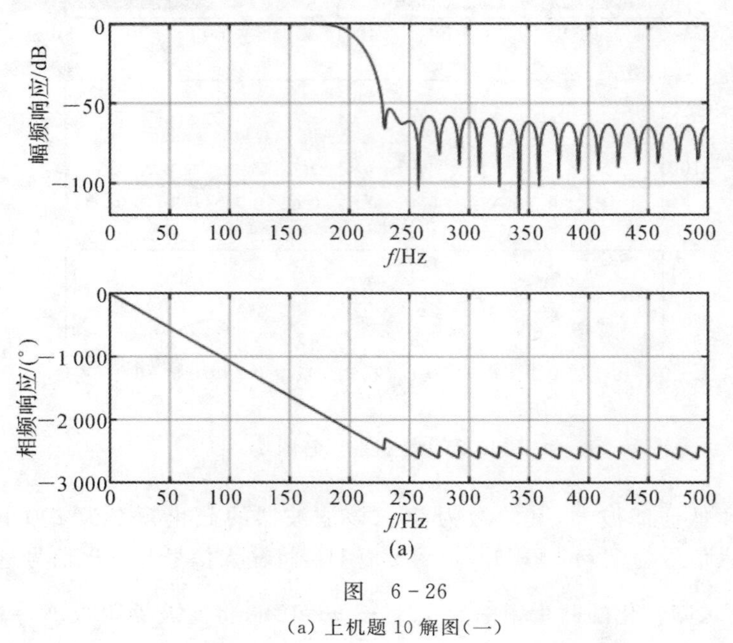

图 6-26

(a) 上机题 10 解图(一)

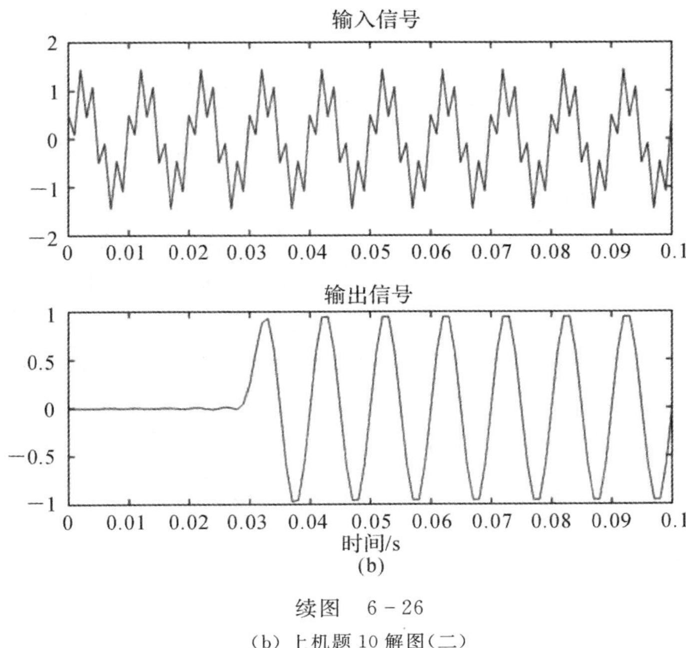

续图　6-26

(b) 上机题 10 解图(二)

11. 设计一个 36 阶的 FIR 带通滤波器，其归一化的通带截止频率为[0.4,0.6]。输入信号为 $f_1=5$ Hz，$f_2=25$ Hz，$f_3=40$ Hz，信号采样频率为 100 Hz，将信号通过滤波器后进行比较。

解：根据题目要求将滤波器阶数 $N=36$ 和归一化的通带截止频率[0.4,0.6]代入函数 fir1 可求出 FIR 带通滤波器的单位脉冲响应，然后再利用函数 freqz 计算带通滤波器的频率响应函数，最后将计算所得到的单位脉冲响应代入函数 filter，即可完成对输入信号的滤波，求解程序如下：

```
wp=[0.4 0.6];                                   %带通滤波器归一化的截止频率
N=36;                                           %FIR 带通滤波器阶数为 36
h=fir1(N,wp);                                   %计算单位脉冲响应
fs=100;                                         %采样频率为 100Hz
figure(1);
[H,f]=freqz(h,1,512,fs);                        %求带通滤波器的频率响应函数
subplot(2,1,1);plot(f,20*log10(abs(H)));        %画带通滤波器的幅频响应曲线
xlabel('f/Hz');ylabel('幅频响应/dB');
grid on;
subplot(2,1,2);
plot(f,180/pi*unwrap(angle(H)));                %画带通滤波器的相频响应曲线
xlabel('f/Hz');ylabel('相频响应/\circ');
grid on;
f1=5;f2=25;f3=40;                               %输入信号为 5Hz、25Hz 和 40Hz
ts=1/fs;n=0:100; %产生输入混合信号
x=sin(2*pi*f1*n*ts)+0.5*cos(2*pi*f2*n*ts)+0.5*sin(2*pi*f3*n*ts);
```

```
y=filter(h,1,x);                              %对输入信号进行滤波
figure(2);subplot(2,1,1);
plot(n*ts,x);title('输入信号');                %画输入信号时域波形图
subplot(2,1,2);
plot(n*ts,y);                                 %画输出信号时域波形图
title('输出信号');xlabel('时间/s');
```

运行结果如图 6-27 所示。从图 6-27(a)中的幅频响应图可知,采样频率为 100 Hz,滤波器的实际通带截止频率为[0.4 0.6]*Fs/2=[20 30]Hz,因此设计出来的 FIR 带通滤波器满足技术指标要求;而从相频响应图可知,在通带内满足线性相位特性。从图 6-27(b)中可知,输入信号包含 5 Hz、25 Hz 以及 40 Hz 频率的信号,经过该 FIR 带通滤波器滤波之后,在通带截止频率之外的 5 Hz 和 40 Hz 的信号被滤除了,仅剩下带通滤波器频带内的 25 Hz 信号通过,因此所设计的 FIR 带通滤波器能够满足题目要求。

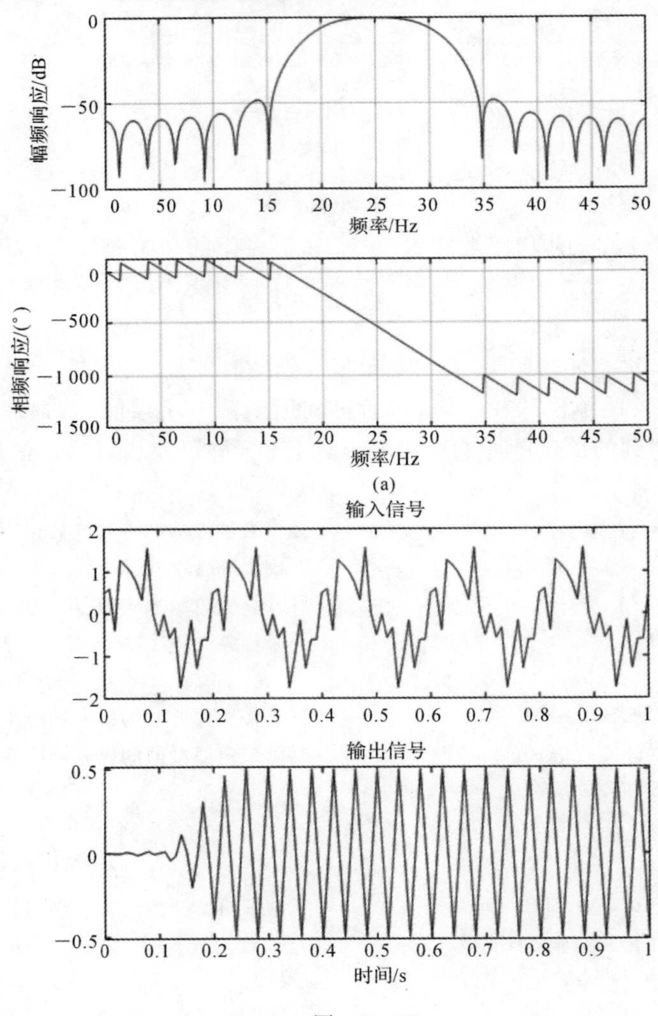

图 6-27

(a) 上机题 11 解图(一); (b) 上机题 11 解图(二)

12. 设计一个 100 阶的 FIR 带阻滤波器，采样频率为 1 000 Hz，阻带频率为 300～350 Hz，输入信号为 $x(t)=\sin(2\pi f_1 t)+\sin(2\pi f_2 t)$，其中 $f_1=50$ Hz，$f_2=320$ Hz，将输入信号与输出信号进行比较。

解：由题意得归一化的阻带截止频率为 $\omega_s=\left[\dfrac{300}{f_s/2},\dfrac{350}{f_s/2}\right]=[0.6,0.7]$，将滤波器阶数 $N=100$ 和 ω_s 代入函数 fir1 可求出 FIR 带阻通滤波器的单位脉冲响应的。需要注意的是，对于带阻滤波器，函数 fir1 需要添加字符串“stop”。之后再利用函数 freqz 计算带通滤波器的频率响应函数，最后将计算所得到的单位脉冲响应代入函数 filter，即可完成对输入信号的滤波，求解程序如下：

```
clear all;clc;
fs=1000;ws=[300 350]/(fs/2);                          %带阻滤波器归一化的截止频率
N=100;                                                %FIR 带阻滤波器阶数为 100
h=fir1(N,ws,'stop');                                  %计算单位脉冲响应
[H,f]=freqz(h,1,512,fs);                              %求带阻滤波器的频率响应函数
subplot(4,1,1);plot(f,20*log10(abs(H)));              %画带阻滤波器的幅频响应曲线
xlabel('f/Hz');ylabel('幅频响应/dB');grid on;
subplot(4,1,2);plot(f,180/pi*unwrap(angle(H)));       %画带阻滤波器的相频响应曲线
xlabel('f/Hz');ylabel('相频响应/\circ');grid on;
f1=50;f2=320;%输入信号为 50Hz 和 320Hz
ts=1/fs;n=0:150;%信号时间取值范围
x=sin(2*pi*f1*n*ts)+sin(2*pi*f2*n*ts);                %产生输入混合信号
y=filter(h,1,x);%对输入信号进行滤波                     %画输入信号时域波形图
subplot(4,1,3);plot(n*ts,x);title('输入信号');
subplot(4,1,4);plot(n*ts,y);                          %画输出信号时域波形图
title('输出信号');xlabel('时间/s');
```

运行结果如图 6-28 所示。从子图一的幅频响应图可知，采样频率为 1 000 Hz，滤波器的实际阻带截止频率为[300,350]Hz，因此设计出来的 FIR 带阻滤波器满足技术指标要求；而从子图二的相频响应图可知，在通带内满足线性相位特性。从子图三可知，输入信号包含 50 Hz 以及 320 Hz 频率的信号，经过该 FIR 带阻滤波器滤波之后，阻带内 320 Hz 两个的信号被滤除了，仅保留了频率为 50 Hz 的信号，因此所设计的 FIR 带阻滤波器能够满足题目要求。

13. 输入信号为 $x(t)=\sin(2\pi f_1 t)$，$f_1=500$ Hz，该信号叠加了随机噪声，设计一个 FIR 带通滤波器，通带截止频率为[495,505] Hz，信号采样频率为 5 000 Hz，将信号通过滤波器后进行比较。

解：该带通滤波器的设计过程与上机题 11 设计过程类似，求解程序如下：

```
fs=5000;wp=[495/(fs/2) 505/(fs/2)];                   %带通滤波器归一化的截止频率
N=50;h=fir1(N,wp);                                    %计算带通滤波器的单位脉冲响应
[H,f]=freqz(h,1,512,fs);                              %求带通滤波器的频率响应函数
```

```
subplot(5,1,1);plot(f,20*log10(abs(H)));                %画带通滤波器的幅频响应曲线
xlabel('f/Hz');ylabel('振幅/dB');grid on;
subplot(5,1,2);plot(f,180/pi*unwrap(angle(H)));         %画带通滤波器的幅频响应曲线
xlabel('f/Hz');ylabel('相位/\circ');grid on;
f1=500;ts=1/fs;n=0:200;                                 %输入信号为500Hz
x1=sin(2*pi*f1*n*ts);
x2=sin(2*pi*f1*n*ts)+0.5*randn(1,length(n));            %输入信号叠加随机噪声
y=filter(h,1,x2); %对输入信号进行滤波
subplot(5,1,3);plot(n*ts,x1);title('输入信号');          %画输入信号时域波形图
subplot(5,1,4);plot(n*ts,x2); %画包含噪声的输入信号时域波形图
title('输入信号与噪声');xlabel('时间/s');
subplot(5,1,5);plot(n*ts,y);                            %画输出信号时域波形图
title('输出信号');xlabel('时间/s');
```

运行结果如图 6-29 所示。从子图一的幅频响应图可知,设计出来的 50 阶 FIR 带通滤波器满足技术指标要求。而从子图二的相频响应图可知,在通带内满足线性相位特性。子图三和子图四分别是频率为 500 Hz 的输入信号以及叠加了随机噪声的输入信号,子图五则是经过该 FIR 带通滤波器滤波之后的输出信号波形,从图中可以看出噪声得到了有效抑制。因此,所设计的 FIR 带通滤波器能够满足题目要求。

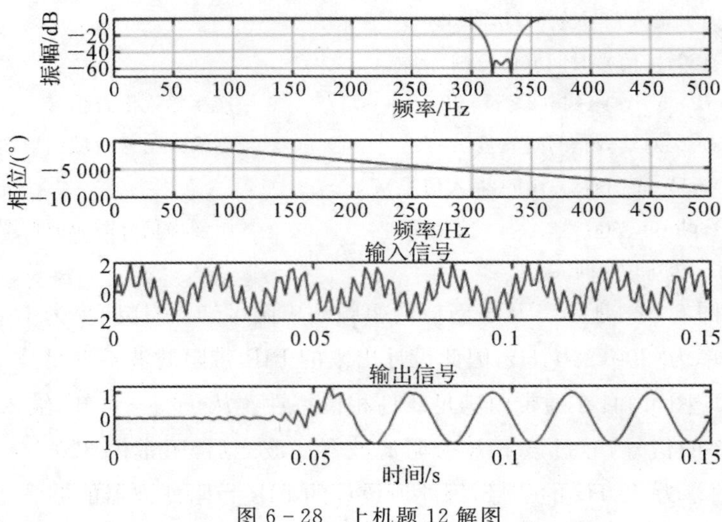

图 6-28　上机题 12 解图

14. 输入信号为 $x(t)=\sin(2\pi f_1 t)$,$f_1=100$ Hz,该信号叠加了随机噪声,设计一个 FIR 低通滤波器,通带截止频率为 110 Hz,信号采样频率为 1 000 Hz,将信号通过滤波器后进行比较。

解:该 FIR 低通滤波器的设计过程与上机题 10 设计过程类似,求解程序如下:

```
fs=1000;wp=110/(fs/2);                                  %低通滤波器归一化的截止频率
N=80;                                                   %FIR带通滤波器阶数为80
```

```
h=fir1(N,wp);                                          %计算低通滤波器的单位脉冲响应
[H,f]=freqz(h,1,512,fs);                               %求低通滤波器的频率响应函数
subplot(5,1,1);plot(f,20 * log10(abs(H)));             %画低通滤波器的幅频响应曲线
xlabel('f/Hz');ylabel('振幅/dB');grid on;
subplot(5,1,2);plot(f,180/pi * unwrap(angle(H)));      %画带通滤波器的幅频响应曲线
xlabel('f/Hz');ylabel('相位/\circ');grid on;
f1=100;ts=1/fs;n=0:200;                                %输入信号为 500Hz
x1=sin(2 * pi * f1 * n * ts);
x2=sin(2 * pi * f1 * n * ts)+0.5 * randn(1,length(n)); %输入信号叠加随机噪声
y=filter(h,1,x2);                                      %对输入信号进行低通滤波
subplot(5,1,3);plot(n * ts,x1);title('输入信号');       %画输入信号时域波形图
subplot(5,1,4);plot(n * ts,x2);
title('输入信号与噪声');xlabel('时间/s');               %画包含噪声的输入信号时域波形图
subplot(5,1,5);plot(n * ts,y);title('输出信号');xlabel('时间/s');%画输出信号时域波形图
```

运行结果如图 6-30 所示。从子图一的幅频响应图可知，设计出来的 80 阶 FIR 低通滤波器能够满足题目要求。而由子图二的相频响应曲线可看出，在通带内满足线性相位特性。子图三和子图四分别是输入为 100 Hz 频率的信号以及包含了随机噪声的输入信号，子图五则是经过该 FIR 低通滤波器滤波之后的输出信号波形，从图中可以看出噪声得到了有效抑制。

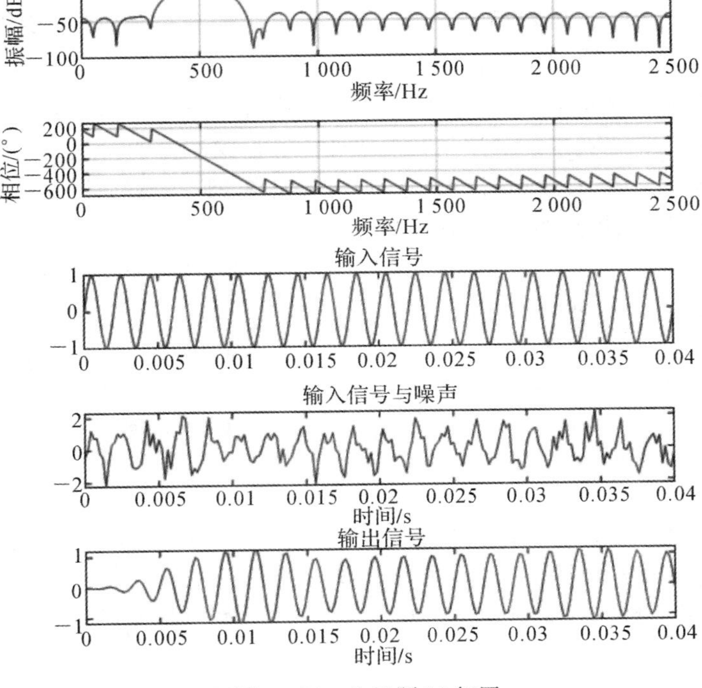

图 6-29　上机题 13 解图

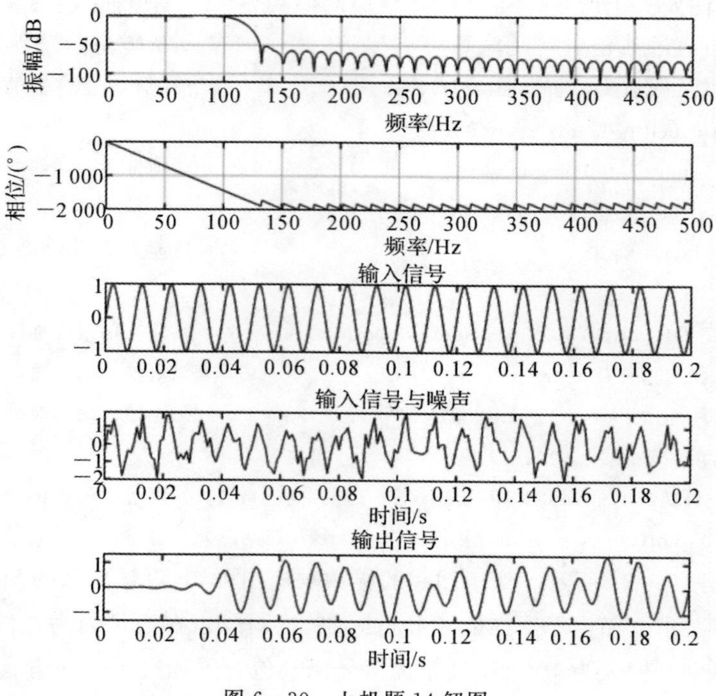

图 6-30　上机题 14 解图

15. 用汉宁窗来设计一个 FIR 带阻滤波器，阻带截止频率为[0.3π，0.5π]，通带上边界频率为 0.6π，通带下边界频率为 0.2π。用 MATLAB 程序绘制窗函数的时域波形，幅频特性曲线，零、极点图。

解：首先，根据带阻滤波器的技术指标要求计算出过渡带宽为 $B_\omega=\omega_{s1}-\omega_{p1}=0.1\pi$；由于汉宁窗的过渡带宽为 $8\pi/N$，因此利用函数 ceil 可计算出汉宁窗的阶数；再利用函数 fir1 可求出汉宁窗的单位脉冲响应，最后利用函数 freqz 可求出该 FIR 带阻滤波器的频率响应函数，并通过函数 zplane 画出零、极点图，求解程序如下：

```
wp1=0.2*pi;ws1=0.3*pi;                        %确定数字滤波器的技术指标
wp2=0.6*pi;ws2=0.5*pi;
Bw=ws1-wp1;                                   %计算过渡带宽
M=ceil(8*pi/Bw);                              %根据汉宁窗过渡带宽求阶数
wc=[(wp1+ws1)/2/pi,(wp2+ws2)/2/pi]            ;%6dB 截止频率
h=fir1(M,wc,'stop',hanning(M+1));
[H,w]=freqz(h,1,512);
figure(1);subplot(3,1,1);stem(0:length(h)-1,h,'fill');  %绘制汉宁窗的单位脉冲响应 h(n)
xlabel('n');ylabel('h(n)');grid on;
subplot(3,1,2);plot(w/pi,20*log10(abs(H)))    %绘制 FIR 数字带阻滤波器的幅频响应图
xlabel('\omega/\pi');ylabel('幅频响应/dB');grid on;
subplot(3,1,3);plot(w/pi,180/pi*unwrap(angle(H)))  %绘制 FIR 数字带阻滤波器的相频响应图
xlabel('\omega/\pi');ylabel('相频响应/^o');
grid on;figure(2);zplane(h,1);                %画零、极点图
```

运行结果如图 6－31 所示。从图 6－31(a)的幅频响应图可知，设计出来的 FIR 带阻滤波器满足题目要求；通过其相频响应曲线可看出，在通带内满足线性相位特性。从图 6－31(b)的零、极点图可以发现，FIR 滤波器仅有零点，极点在原点处，阶数为 80，从而验证了 FIR 滤波器具备稳定性的优点。

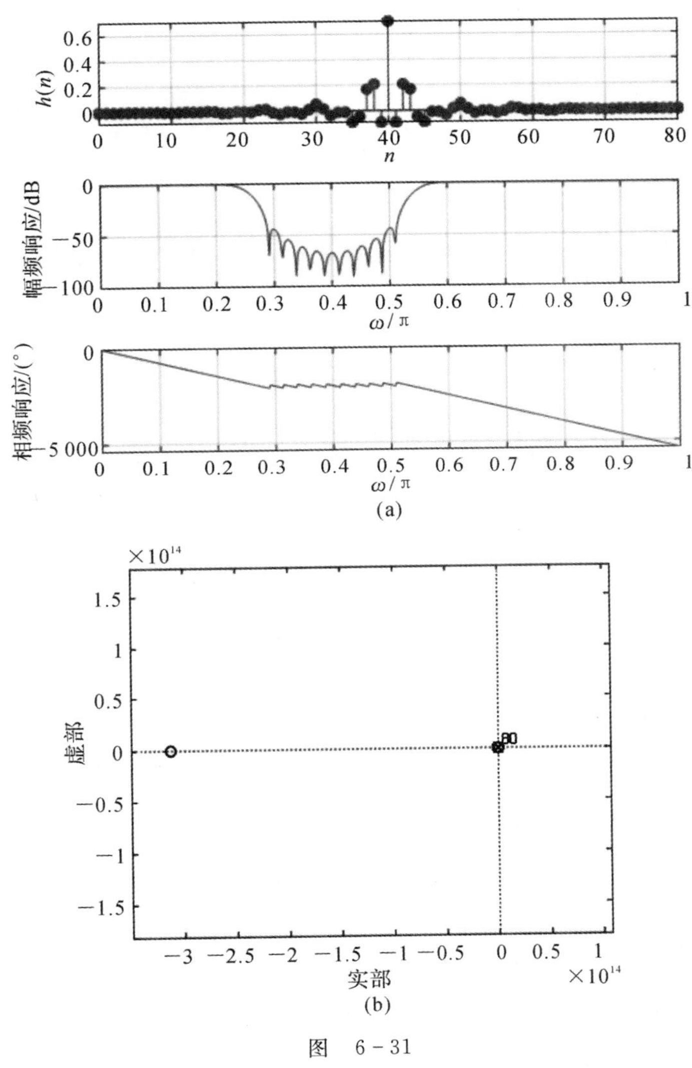

图　6－31

(a) 上机题 15 解图(一)；(b) 上机题 15 解图(二)

第 7 章 综合实验

7.1 实验一：音频信号的采集及时域处理

一、实验目的

(1)掌握音频信号的采集、读取以及播放方法。

(2)掌握音频信号的各种时域处理方法。

二、实验内容

1. 音频信号采集

音频信号通常可使用 Windows 自带的录音机进行采样记录，并将音频信号保存为.wav 文件，也可以使用其他专业的录音软件，录制时一般需要配备录音设备如麦克风，为了方便比较，需要在安静、无噪声、干扰小的环境下进行录制。此外，在 MATLAB R2018b 版本中提供了一个名为 Audio Labeler 的应用程序，在 APP 标签页的信号处理和通信部分，给出了包括 Audio Labeler 在内的众多信号处理应用程序，如图 7-1-1 所示。

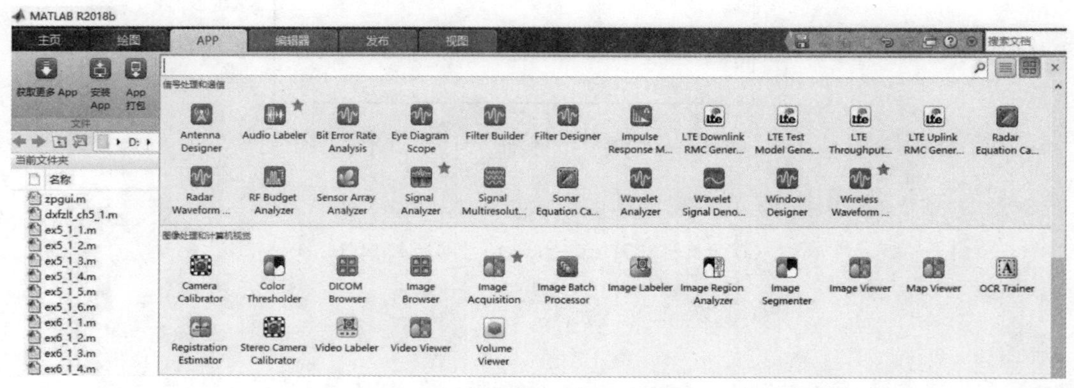

图 7-1-1 MATLAB 软件提供的 Audio Labeler 应用程序

单击 Audio Labeler 图标，打开 Audio Labeler 应用程序，然后选择 RECORD 功能页，该页界面如图 7-1-2 所示。在 RECORD 功能页中，可在 Save Location 中指定录音文件的存储位置，在 Prefix 中指定录音文件的前缀名，在 Format 中选择录音文件的格式，如：AVI,

WAV,WMA,MPEG4,FLAC,OGG 等。

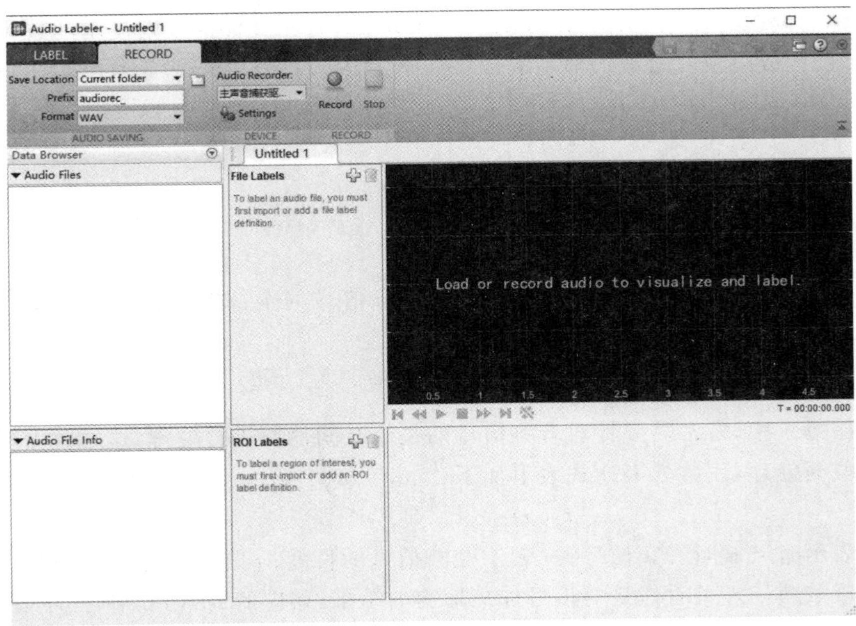

图 7-1-2　Audio Labeler 应用程序的 RECORD 功能页

在 RECORD 功能页中,点击 Record 开始,MATLAB 就开始自动记录音频信号,同时在右侧窗口实时显示信号的时域波形,点击 Stop 结束音频信号的采集,MATLAB 将此音频信号文件保存在指定位置,并在左下侧窗口显示音频信号文件的详细信息,相关显示界面如图 7-1-3所示。

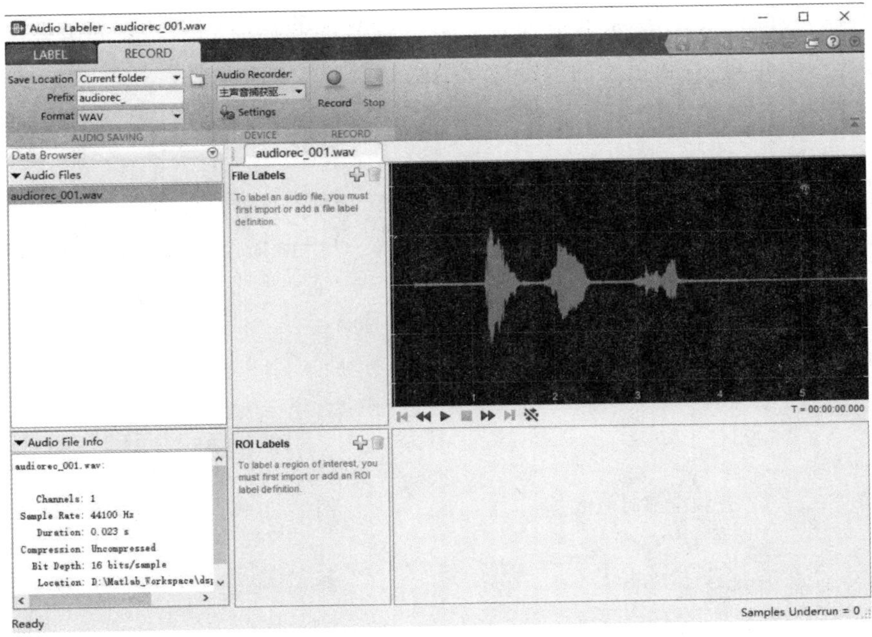

图 7-1-3　在 Audio Labeler 应用程序中完成音频记录

2. 音频信号的读取、播放以及时域波形显示

音频文件的读取可使用 MATLAB 函数 audioread，音频文件播放则使用函数 sound，对音频文件的读取、播放以及时域波形显示的程序如下：

```
[Y,Fs] = audioread('audiorec_001.wav');                %读取音频文件
sound(Y,Fs);                                           %播放音频文件
t = (0:length(Y)-1)/Fs;
plot(t, Y);                                            %画音频信号时域波形
xlabel('时间 (s)');ylabel('幅度');grid on;
```

运行程序后，计算机将自动播放音频信号，音频信号的全部时域波形显示如图 7-1-4 所示。

3. 音频信号的时域截断处理

某些应用场景中，常常需要针对音频信号的某个时间片段进行处理，这时就需要对音频信号进行时域截断处理，用数学表达式表示如下：

$$x_s(n)=x(n)R_N(n-d)$$

其中，$x_d(n)$表示时域截断音频信号；N 表示截断信号的长度；d 表示信号截取的时间起点。音频信号的时域截断处理可看作是对信号加矩形窗的结果，相应的 MATLAB 程序如下：

```
tstart = 1.1;                          %指定时间起点
tdur = 0.5;                            %指定持续时间
tindex = round(tstart * Fs+1):round((tstart+tdur) * Fs+1);
y1=Y(tindex);
t1 = (tindex-1)/Fs;
figure;plot(t1, y1);                   %画音频信号局部波形
xlabel('时间 (s)');ylabel('幅度');grid on;
```

以上程序中，变量 tstart 表示截取的音频局部信号的起始时间，变量 tdur 表示截取的音频局部信号的持续时间，音频信号的局部时域波形如图 7-1-5 所示。

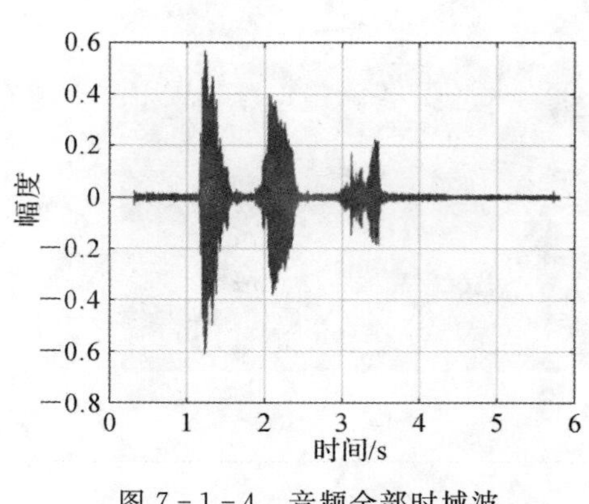

图 7-1-4　音频全部时域波

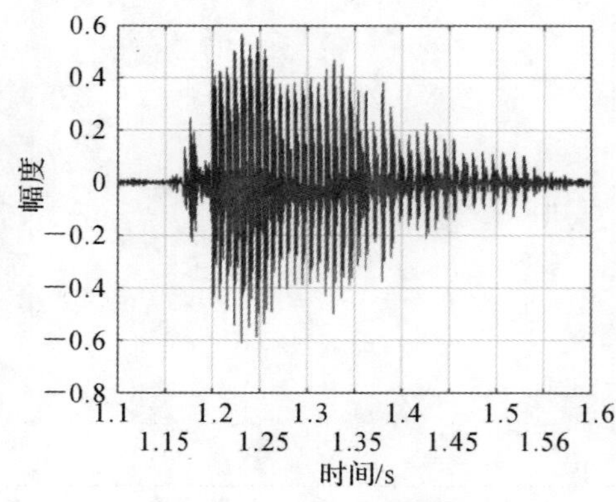

图 7-1-5　音频局部时域波形

4. 音频信号的倒序播放

构造新的音频信号为原音频信号的时域翻转，然后播放翻转后的音频信号，即可实现音频

信号的倒序播放。理论上，序列的时域翻转可表示为

$$x_i(n)=x(-n)$$

其中，$x_i(n)$表示序列 $x(n)$的时域翻转。为了便于编程，将翻转后的序列仍看作从 $n=0$ 开始，相应的 MATLAB 程序如下：

```
y_ivs = Y(end:-1:1);                    %信号时域翻转
sound(y_ivs,Fs);                        %播放翻转后的音频信号
t = (0:length(y_ivs)-1)/Fs;
figure;
plot(t, y_ivs);                         %画翻转后的信号波形
xlabel('时间 (s)');ylabel('幅度');grid on
```

运行程序后就可听到倒序播放的音频，在程序中利用了 MATLAB 语句 Y(end:-1:1)实现对序列 Y 的时域翻转，时域翻转后的信号时域波形如图 7-1-6 所示。

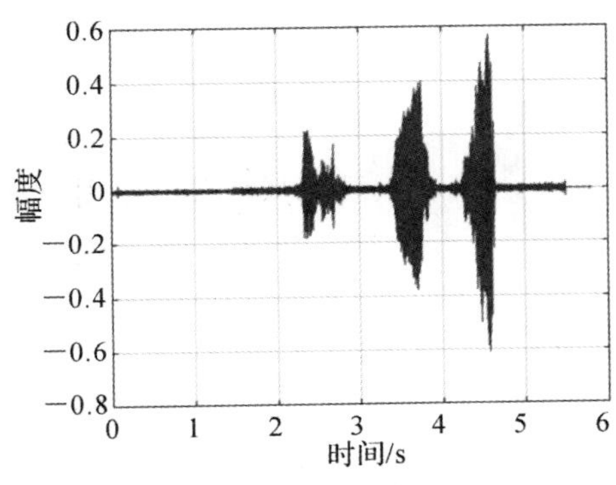

图 7-1-6　时域翻转后的音频信号波形

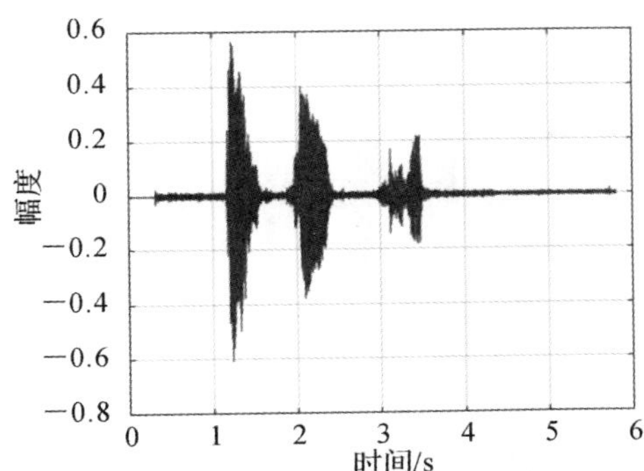

图 7-1-7　5 倍降采样后的音频信号波形

5. 音频信号的时域压缩处理

在原音频序列的基础上，每间隔 1 个采样数据选取 1 个采样数据，重新构造成新的音频序列，称为 2 倍降采样，可表示为

$$x_d(n)=x(2n)$$

其中，$x(n)$表示原序列；$x_d(n)$表示 2 倍降采样序列。以此类推，在原音频序列的基础上，每间隔 $N-1$ 个采样数据选取 1 个采样数据，重新构造成新的音频序列，称为 N 倍降采样，可表示为

$$x_d(n)=x(Nn)$$

其中，N 为正整数。上述操作处理均属于序列的时域压缩处理，相应的 MATLAB 程序如下：

```
y_dsamp = Y(1:5:end);                   %信号 5 倍降采样
sound(y_dsamp,Fs/5);                    %播放降采样后的音频信号
t = (0:length(y_dsamp)-1)/(Fs/5);
figure;
plot(t, y_dsamp);                       %画降采样后的信号波形
xlabel('时间 (s)');ylabel('幅度');grid on;
pause;
```

```
y_dsamp = Y(1:20:end);                  %信号 20 倍降采样
sound(y_dsamp,Fs/20);                   %播放降采样后的音频信号
t = (0:length(y_dsamp)-1)/(Fs/20);
figure;
plot(t, y_dsamp);                       %画降采样后的信号波形
xlabel('时间 (s)');ylabel('幅度');grid on;
```

以上程序实现了 5 倍降采样和 20 倍降采样，播放后者音频信号，能够发现音质明显下降。5 倍降采样和 20 倍降采样后的音频信号时域波形分别如图 7-1-7 和图 7-1-8 所示。为了更加清楚地对比降采样效果，图 7-1-9～图 7-1-11 分别给出了原始信号、5 倍降采样信号以及 20 倍降采样信号在 1.5～1.55 s 的局部波形图。由图可见，相比原始音频信号，20 倍降采样信号的时域波形已明显失真。

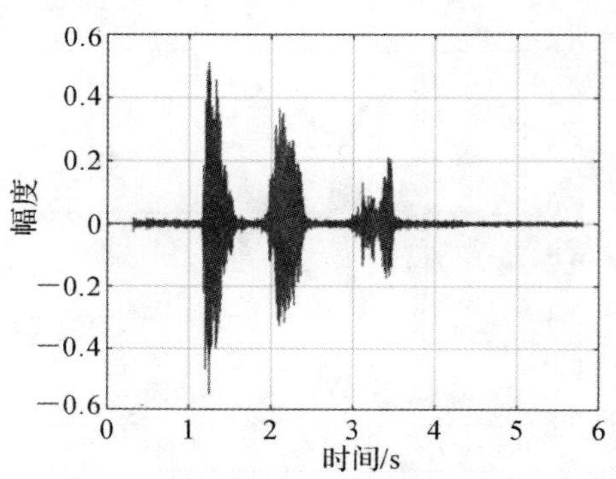

图 7-1-8　20 倍降采样后的音频信号波形

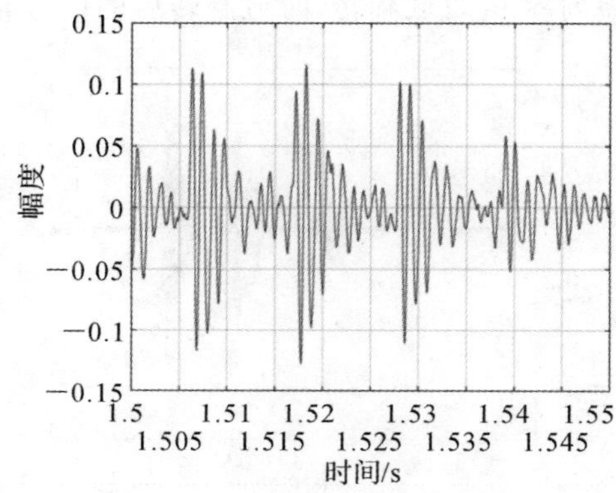

图 7-1-9　原始音频信号的局部波形

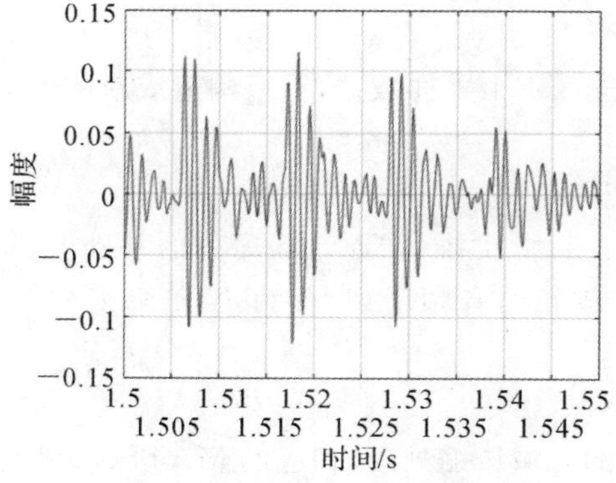

图 7-1-10　5 倍降采样信号的局部波形

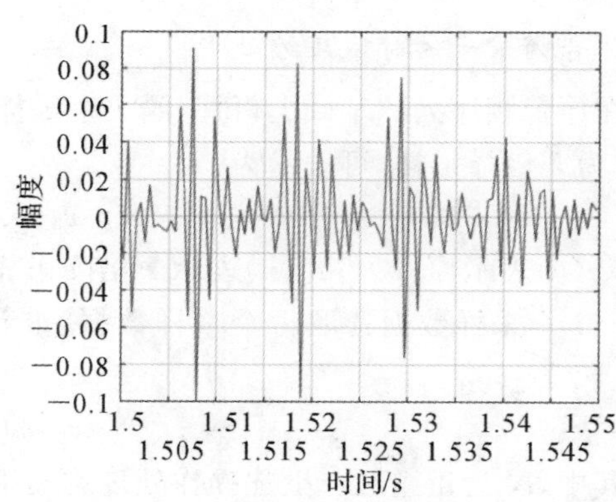

图 7-1-11　20 倍降采样信号的局部波形

6. 音频信号的时域扩展处理

音频信号的时域扩展处理是序列时域扩展的另一种时间尺度变换，它是把原音频序列的两个相邻抽样值之间插入 $I-1$ 个零值，其中 I 为整数，上述操作也称为序列的零值插入，可表示为

$$x_e(n)=\begin{cases} x(n/I), & n=mI, \quad m=0,\pm1,\pm2,\cdots \\ 0, & \text{其他} \end{cases}$$

对原始音频信号作时域扩展处理的 MATLAB 程序如下：

```
pause;
y_insz =zeros(1,2 * length(Y));                    %音频信号时域扩展处理(I=2)
y_insz(1:2:end)= Y;
sound(y_insz,Fs)
figure;
t_insz = (0:length(y_insz)-1)/Fs;
plot(t_insz, y_insz);                              %画时域扩展后的信号波形
xlabel('时间 (s)');ylabel('幅度');grid on;
```

以上程序实现了当 $I=2$ 时音频信号的时域扩展处理，运行程序后可听到时域扩展后音频信号语速变慢，且音调变得低沉。图 7-1-12 和图 7-1-13 给出了时域扩展后的音频信号波形及局部波形。

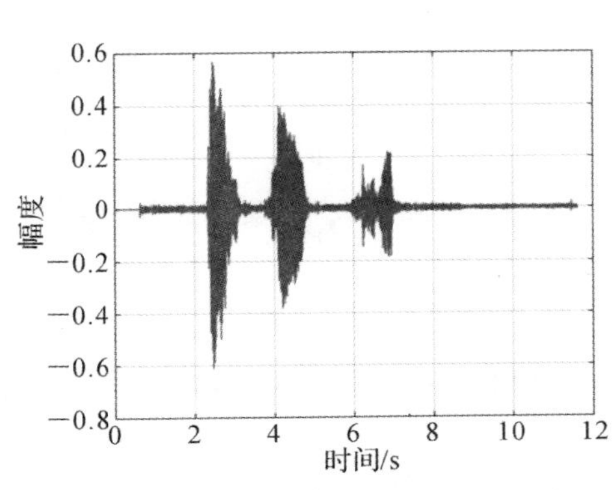

图 7-1-12　时域扩展后音频信号波形($I=2$)

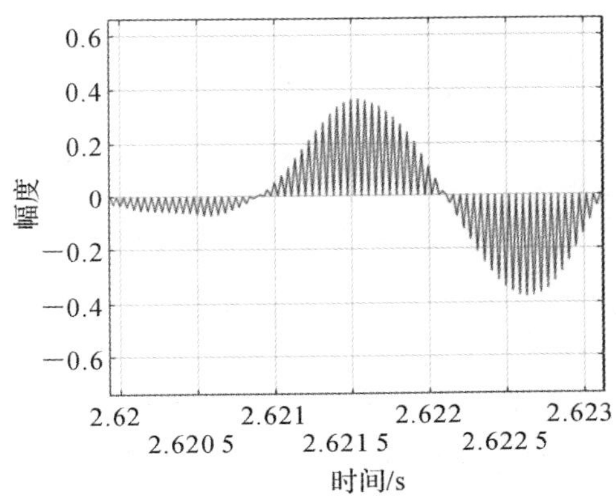

图 7-1-13　时域扩展后音频信号局部波形

7. 音频信号的幅度缩放处理

音频信号仍记为 $x(n)$，对音频信号幅度的放大或缩小可表示为

$$x_a(n)=Ax(n)$$

其中，A 表示幅度增益。当 $A>1$ 时，信号幅度被放大；当 $A<1$ 时，信号幅度被缩小。对音频信号的幅度缩放处理程序如下：

```
pause;
A=0.2;
ya = Y * A;                        %缩小信号幅度
sound(ya,Fs);
figure;
t = (0:length(ya)-1)/Fs;
plot(t, ya);                       %画幅度缩小后的信号波形
xlabel('时间 (s)');ylabel('幅度');grid on;
pause;
A=2;
ya = Y * A;                        %放大信号幅度
```

```
sound(ya,Fs);
figure;
t = (0:length(ya)-1)/Fs;
plot(t, ya);                                  %画幅度放大后的信号波形
xlabel('时间 (s)');ylabel('幅度');grid on;
```

当幅度增益分别设置为 0.2 和 2 时，音频信号波形分别如图 7-1-14 和图 7-1-15 所示。分别播放两种情况对应的音频信号，可发现声音强度有明显变化。

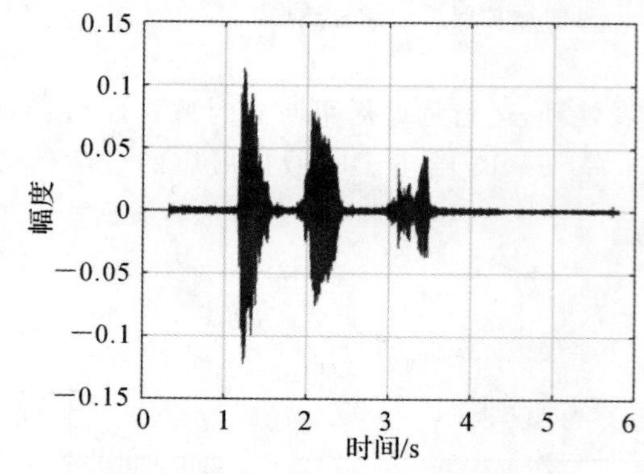

图 7-1-14　幅度缩小后的音频信号波形(A=0.2)

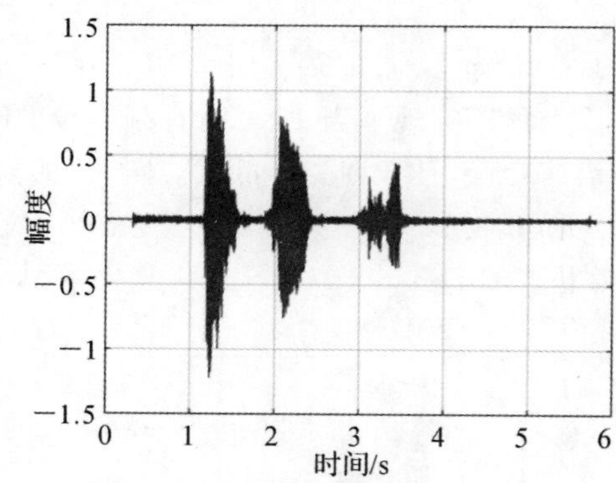

图 7-1-15　幅度放大后的音频信号波形(A=2)

8. 思考题

(1)录制一段音频信号，对该音频信号进行时域左移和右移，给出详细的程序清单，并画出音频信号在时移后的波形。

(2)录制一段音频信号，人为对该音频信号叠加相同长度的白噪声，给出详细的程序清单，并画出叠加噪声后音频信号的时域波形。

7.2　实验二:音频信号的时域采样与重建

一、实验目的

(1)掌握并理解时域采样定理。

(2)理解采样频率对采样过程的影响。

(3)熟悉将离散时间信号重建为连续时间信号的过程。

二、实验原理

将连续时间信号变成离散时间信号是在计算机上实现数字信号处理的必要步骤。在实际工作中，信号的采样是通过 A/D 芯片来实现的。下面简要回顾对连续时间信号的采样过程以及采样定理内容。在数学上，可将采样过程看作是采样脉冲序列 p(t)与连续信号 f(t)相乘的过程，将采样后的信号用 $f_d(t)$表示，则有

$$f_d(t)=f(t)p(t)$$

根据连续信号傅里叶变换的频域卷积定理可知，采样信号 $f_d(t)$ 的频谱等于连续信号 $f(t)$ 的

频谱与采样脉冲序列 $p(t)$ 的频谱进行卷积计算后的结果，可表示为

$$F_d(\mathrm{j}\Omega)=\frac{1}{2\pi}F(\mathrm{j}\Omega)*P(\mathrm{j}\Omega)$$

由于采样脉冲序列 $p(t)$ 的傅里叶变换为

$$P(\mathrm{j}\Omega)=F[p(t)]=\frac{2\pi}{T_s}\sum_{n=-\infty}^{+\infty}\delta\left(\Omega-n\left(\frac{2\pi}{T_s}\right)\right)$$

其中，T_s 表示采样周期。于是，可得到采样信号 $f_d(t)$ 的频谱为

$$F_d(\mathrm{j}\Omega)=\frac{1}{2\pi}F(\mathrm{j}\Omega)*\left[\frac{2\pi}{T_s}\sum_{n=-\infty}^{+\infty}\delta\left(\Omega-n\frac{2\pi}{T_s}\right)\right]=\frac{1}{T_s}\sum_{n=-\infty}^{+\infty}F(\mathrm{j}\Omega)*\delta\left(\Omega-n\frac{2\pi}{T_s}\right)=$$
$$\frac{1}{T_s}\sum_{n=-\infty}^{+\infty}F\left(\mathrm{j}\Omega-\mathrm{j}n\frac{2\pi}{T_s}\right)$$

因此，理想采样信号的频谱是原模拟信号的频谱沿频率轴以采样频率 $\Omega_s=2\pi/T_s$ 为周期不断重叠相加而成的。为此，时域采样定理告诉我们，为了不发生频谱混叠，至少要求采样频率大于等于2倍的信号最高频率。

为了从理想采样信号中恢复原模拟信号，只需将理想采样信号的频谱恢复为原模拟信号的频谱即可。假设有一理想低通滤波器，其频率响应为

$$H(\mathrm{j}\Omega)=\begin{cases}T_s, & |\Omega|\leqslant\Omega_s/2\\0, & |\Omega|>\Omega_s/2\end{cases}$$

将理想采样信号通过上述理想低通滤波器，得到

$$Y(\mathrm{j}\Omega)=H(\mathrm{j}\Omega)F_d(\mathrm{j}\Omega)$$

其中，$Y(\mathrm{j}\Omega)$ 表示理想低通滤波器的输出频谱。易知 $Y(\mathrm{j}\Omega)$ 正好等于原模拟信号的频谱 $F(\mathrm{j}\Omega)$。在时域上，理想低通滤波器的输出 $y(t)$ 为

$$y(t)=f_d(t)*h(t)$$

通过计算后得到

$$y(t)=\sum_{n=-\infty}^{+\infty}f(nT_s)\frac{\sin(\Omega_s(t-nT_s)/2)}{\Omega_s(t-nT_s)/2}$$

上式记为由采样后离散时间序列重建原信号的公式，它实际上是一插值公式，且插值函数为sinc函数。值得说明的是，在计算机处理中任何信号都只能是离散的，为此在本实验仿真中，为了近似得到重建信号，对上式中的 $y(t)$ 进行密集采样，采样周期记为 T_{ss}，且满足 $T_{ss}\ll T_s$，此时上式可表示为

$$y(mT_{ss})=\sum_{n=-\infty}^{+\infty}f(nT_s)\frac{\sin(\Omega_s(mT_{ss}-nT_s)/2)}{\Omega_s(mT_{ss}-nT_s)/2},\quad m=0,1,2,\cdots,M-1$$

又因为计算机仿真只能处理有限长的数据，假设 $f(n)$ 的长度为 N，则上式可进一步写为

$$y(mT_{ss})=\sum_{n=0}^{N-1}f(nT_s)\frac{\sin(\Omega_s(mT_{ss}-nT_s)/2)}{\Omega_s(mT_{ss}-nT_s)/2},\quad m=0,1,2,\cdots,M-1$$

三、实验内容

1. 读取音乐音频信号

使用MATLAB函数audioread读取保存在计算机上的音频文件，并使用函数sound播放音频文件，同时还可画出信号的时域波形，相关MATLAB程序如下：

```
[Y,Fs] = audioread('qhc.mp3');          %读取音频文件
Y = Y(56 * Fs:75 * Fs);                 %截取音频片段
sound(Y,Fs);                            %播放音频文件
t = (0:length(Y)-1)/Fs;
plot(t, Y);                             %画音频信号时域波形
xlabel('时间 (s)');
ylabel('幅度');
grid on;
```

运行程序后，计算机将自动播放该音频信号，信号时域波形如图 7-2-1 所示。

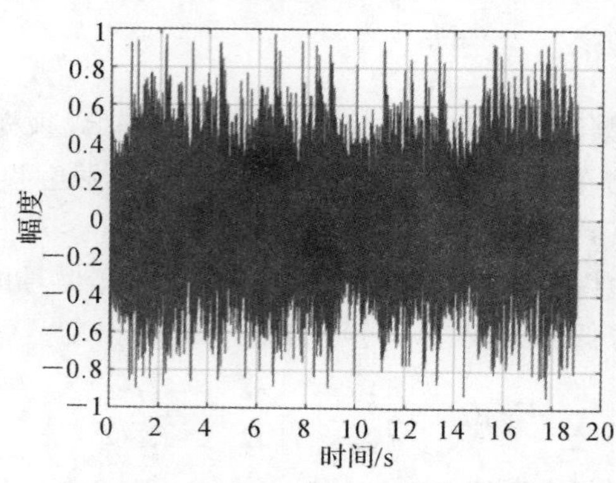

图 7-2-1　音频信号的时域波形

2. 音频信号的降采样处理

在原始音频信号的基础上，每间隔 $N-1$ 个采样数据选取 1 个采样数据，可重新构造成新的音频序列，上述操作称为 N 倍降采样，相关 MATLAB 程序如下：

```
for nsamp = [2, 3, 5,10]
    y_dsamp = Y(1:nsamp:end);                          %信号降采样
    disp(['当前实际采样频率 = ', num2str(Fs/nsamp)]);
    sound(y_dsamp,Fs/nsamp);                           %播放降采样后的音频信号
    t = (0:length(y_dsamp)-1)/(Fs/nsamp);
    figure;
    plot(t, y_dsamp);                                  %画降采样后的信号波形
    xlabel('时间 (s)');ylabel('幅度');grid on;
    pause;
end
```

以上程序实现了对原始音频信号的 2 倍、3 倍、5 倍、以及 10 倍降采样，对应新的采样频率分别为 22 050 Hz、14 700 Hz、8 820 Hz 以及 4 410 Hz。通过播放不同倍数降采样后的音频信号，可直观了解降采样（或不同采样频率）对信号的影响。对原始音频信号进行 2 倍、3 倍、5 倍、以及 10 倍降采样后信号的时域波形如图 7-2-2～图 7-2-5 所示。

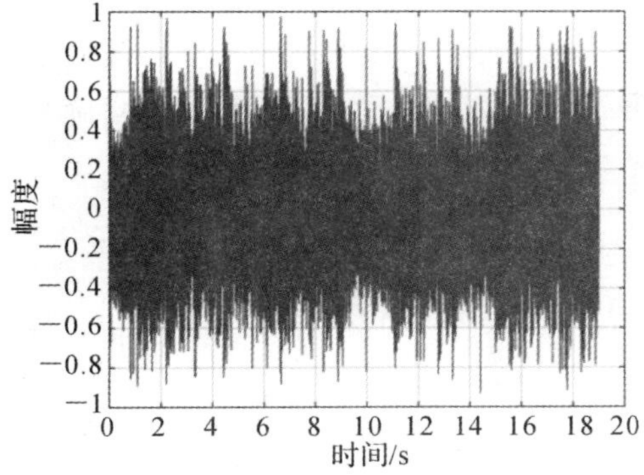

图 7-2-2　2 倍降采样音频信号的时域波形

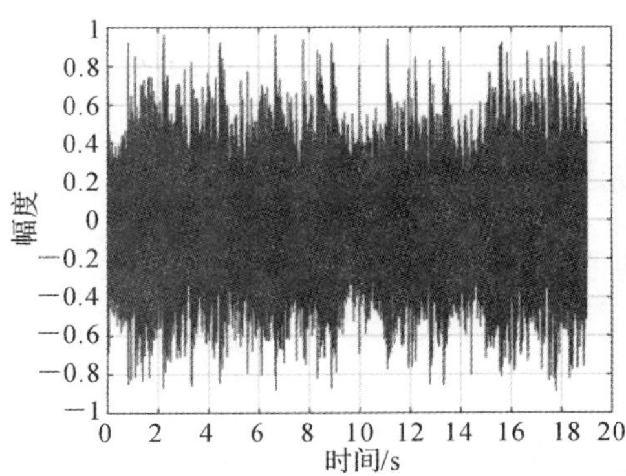

图 7-2-3　3 倍降采样音频信号的时域波形

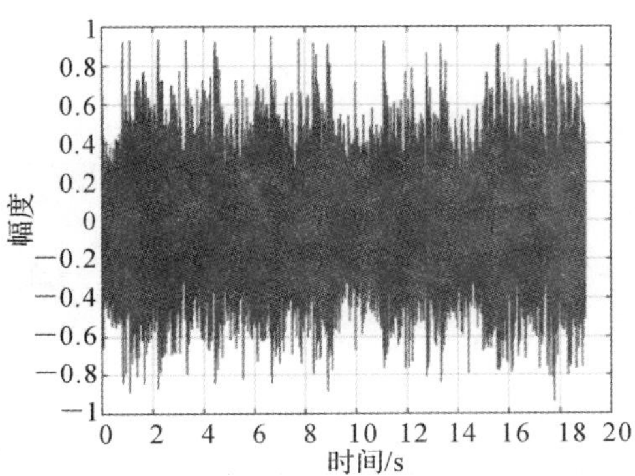

图 7-2-4　5 倍降采样音频信号的时域波形

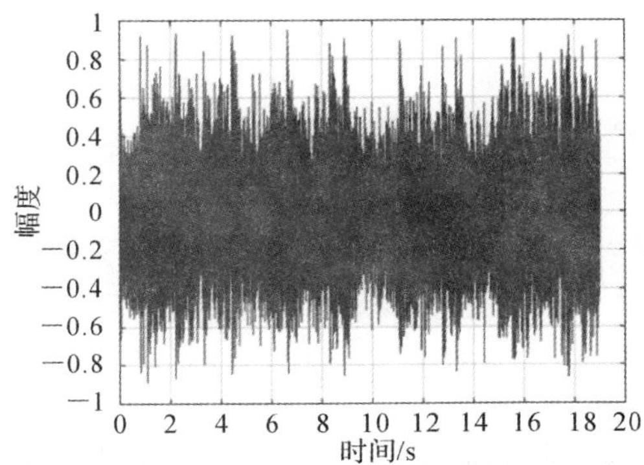

图 7-2-5　10 倍降采样音频信号的时域波形

3. 降采样信号与原始信号的时域波形对比

将原始音频信号的时域波形分别与 2 倍、3 倍、5 倍以及 10 倍降采样后的时域信号波形同时画在一张图形之中，可更加直观地了解降采样后信号在时域的波形变化，相关 MATLAB 程序如下：

```
for nsamp = [2, 3, 5,10]
    y_dsamp = Y(1:nsamp:end);                              %信号降采样
    disp(['当前实际采样频率 = ', num2str(Fs/nsamp)]);
    sound(y_dsamp,Fs/nsamp);                               %播放降采样后的音频信号
    pause;
    t = (0:length(y_dsamp)-1)/(Fs/nsamp);
    figure;
    plot( (0:length(Y)-1)/Fs,Y,'k-','LineWidth',1);        %画原始信号波形
    hold on;
    plot(t, y_dsamp,'k--','LineWidth',1);                  %画降采样后的信号波形
    xlabel('时间 (s)');ylabel('幅度');
    axis([0,0.003,-1,1]);grid on;
    legend('原始信号','降采样信号');
```

```
end
```

程序中为了方便对比时域波形，使用语句 axis([0,0.003,-1,1])将时域信号波形的观察窗口限定在 0～0.003 s。运行程序后得到原始信号波形与 2 倍、3 倍、5 倍以及 10 倍降采样信号波形的对比图如图 7-2-6～图 7-2-9 所示。

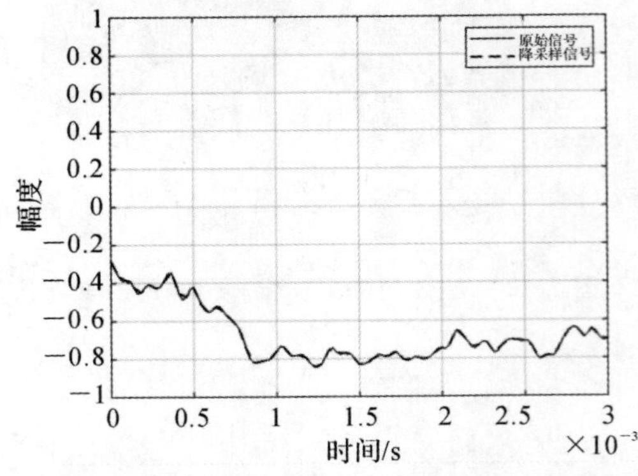

图 7-2-6　2 倍降采样信号与原始信号波形对比

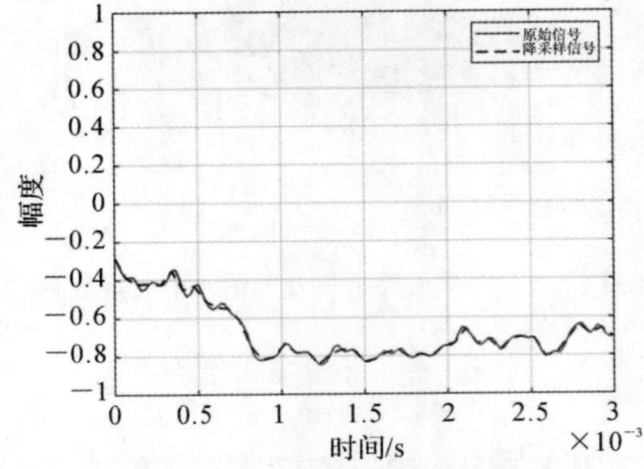

图 7-2-7　3 倍降采样信号与原始信号波形对比

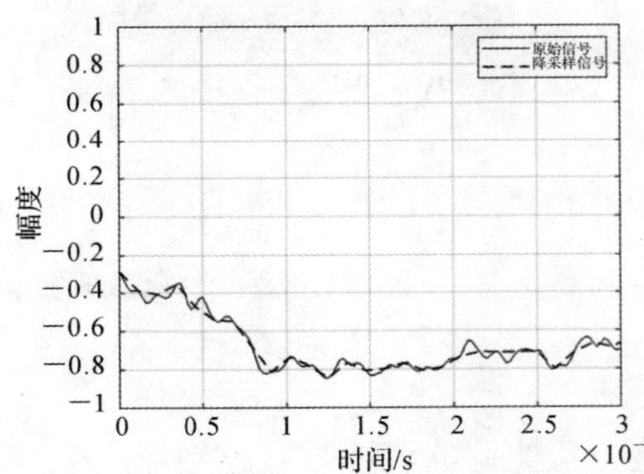

图 7-2-8　5 倍降采样信号与原始信号波形对比

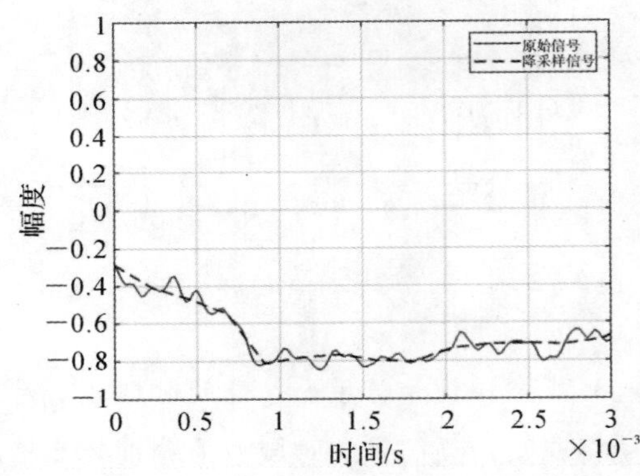

图 7-2-9　10 倍降采样信号与原始信号波形对比

4. 原始音频信号及降采样音频信号的频谱对比

对原始音频信号，以及 2 倍、3 倍、5 倍、10 倍降采样信号分别进行 FFT 处理，可得到上述信号的频谱结果，相应的 MATLAB 程序如下：

```
data = Y(1:Fs);
Nfft = Fs;
df = fft(data,Fs);                          %对原始信号作 FFT 处理
df = df(1:Nfft/2);
figure;
plot((0:Nfft/2-1) * Fs/Nfft, 10 * log10(abs(df)));
xlabel('频率 (Hz)');ylabel('幅度 (dB)');
grid on;
TimeLen = 1;
```

```
for nsamp = [2, 3, 5,10]
    y_dsamp = Y(1:nsamp:end);          %信号降采样
    Tcur = 1/(Fs/nsamp);               %当前采样周期
    Fcur = Fs/nsamp;                   % 当前采样频率
    Npoint = TimeLen/Tcur;
    data = y_dsamp(1:Npoint);
    Nfft = Fs;
    df = fft(data,Fs);                 %对降采样信号作 FFT 处理
    df = df(1:Nfft/2);
    figure;
    plot((0:Nfft/2-1) * Fcur/Nfft, 10 * log10(abs(df)));
    xlabel('频率 (Hz)');
    ylabel('幅度 (dB)');
    grid on;
end
```

由于音频信号的频率成分通常随着时间不断地变化，因此以上程序中仅选定原始信号以及降采样信号在第 0～1 s 之间的信号片段进行频谱分析，结果如图 7-2-10～图 7-2-14 所示。对比这些频谱图可发现，随着采样频率的降低，信号频谱出现一定程度的混叠。

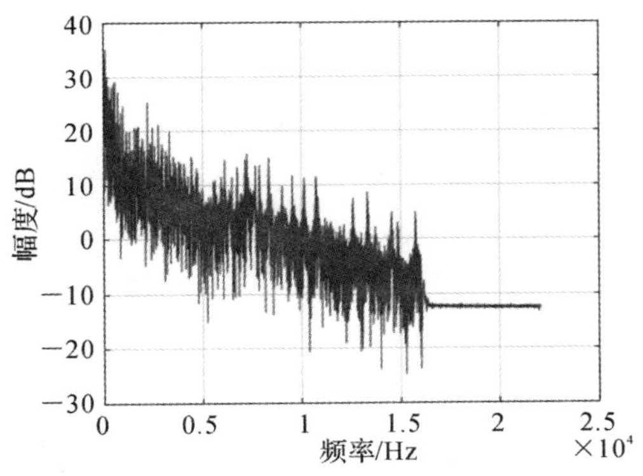

图 7-2-10　原始音频信号的频谱图

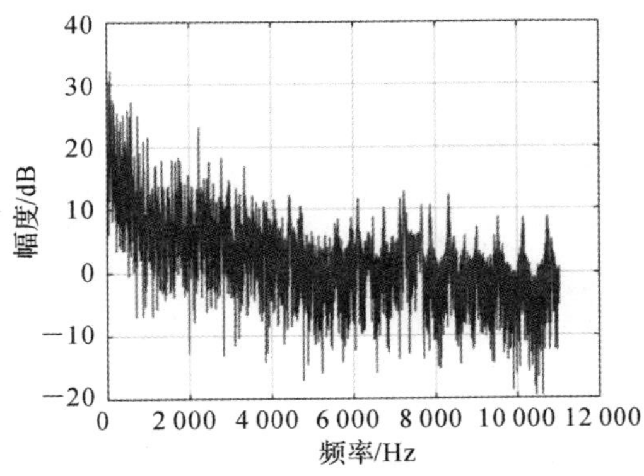

图 7-2-11　2 倍降采样信号的频谱图

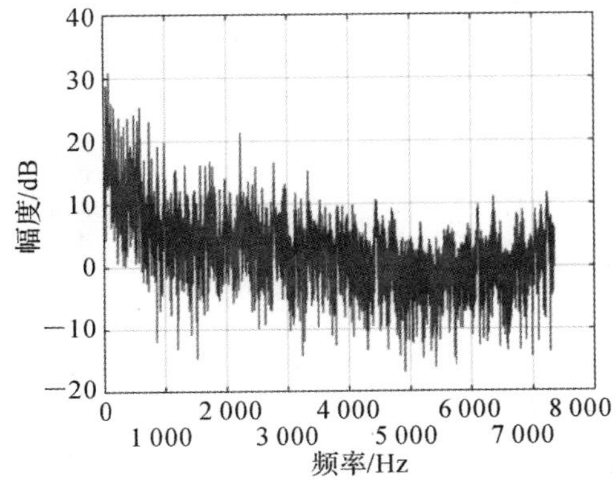

图 7-2-12　3 倍降采样信号的频谱图

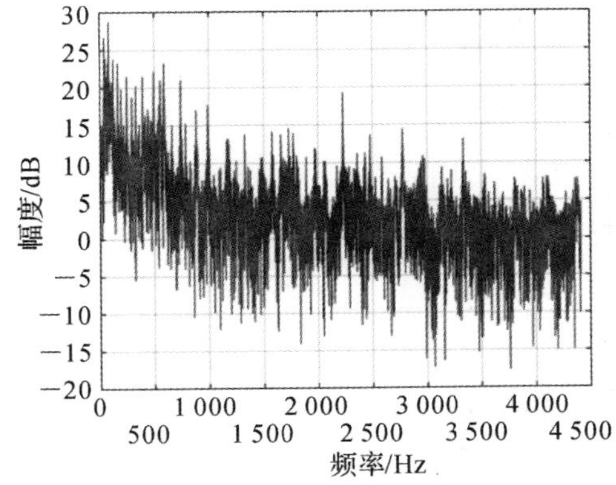

图 7-2-13　5 倍降采样信号的频谱图

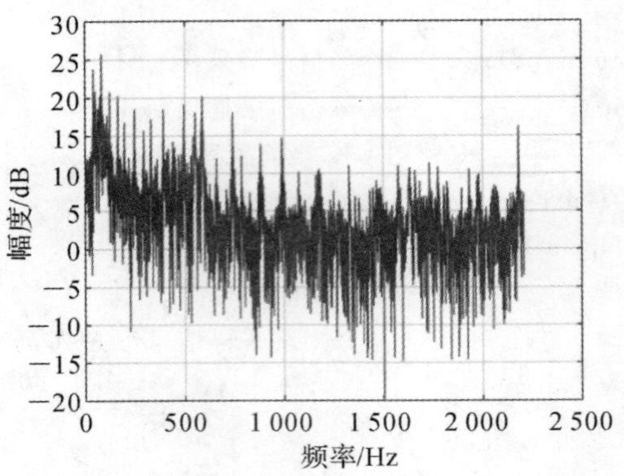

图 7-2-14　10 倍降采样信号的频谱图

5. 对降采样音频信号的时域重建

按照实验原理部分给出的信号时域重建公式，可实现对 2 倍、3 倍、5 倍以及 10 倍降采样信号的时域重建，相关 MATLAB 程序如下：

```
y = Y(1:2000);Ts = 1/Fs;
for nsamp = [2, 3, 5,10]
    y_dsamp = y(1:nsamp:end);                          %信号降采样
    Ts_cur = Ts * nsamp;
    Fs_cur = Fs/nsamp;
    y_recons = [];
    for t = (0:length(y)-1)/Fs
        n= 0:length(y_dsamp)-1;
        insfunc = sinc(Fs_cur * (t-n * Ts_cur));
        y_recons = [y_recons, sum(y_dsamp. * insfunc)];  %对采样信号进行重建
    end
    t = (0:length(y)-1)/Fs;t1 = t(1:100);
    figure;
    plot(t1, y_recons(1:100),'k-.','LineWidth',1);    %画重建后的信号波形
    hold on;
    plot(t1,y(1:100),'k-','LineWidth',1);             %画出原始信号的波形
    xlabel('时间 (s)');ylabel('幅度');
    grid on;legend('重建信号','原始信号');
    pause;sound(y_recons,Fs);
    filename = ['consc_music_',num2str(nsamp),'.wav'];
    audiowrite(filename,y_recons,Fs);                  %保存重建信号到文件
end
```

由于原始音频信号的时间较长，采样点数较多，若对全部音频信号进行时域重建，将耗时较长。为此，以上程序对原始音频信号进行了截取，仅保留 2 000 个采样数据点。然后再对其进行 2 倍、3 倍、5 倍以及 10 倍降采样以及相应的时域重建。重建结果分别如图 7-2-15～图 7-2-18所示。对比这些时域重建图可以发现，降采样倍数越低，时域重建的效果越好。

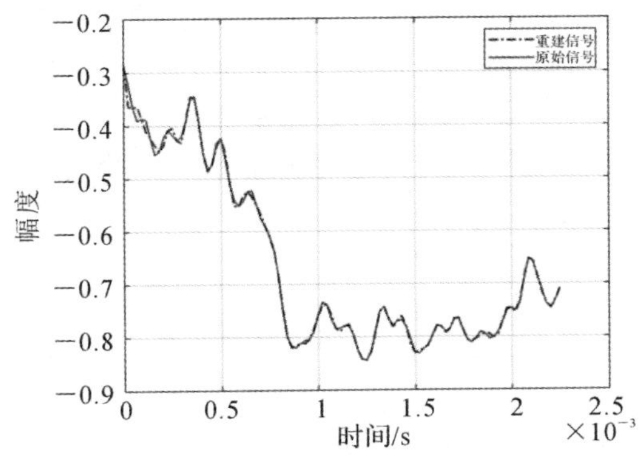

图7-2-15 2倍降采样信号的时域重建

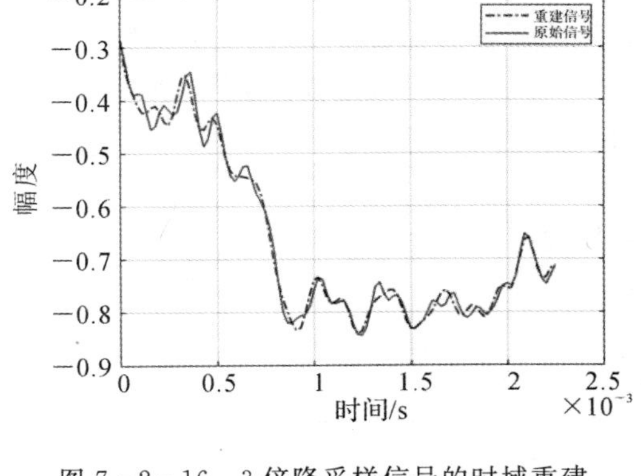

图7-2-16 3倍降采样信号的时域重建

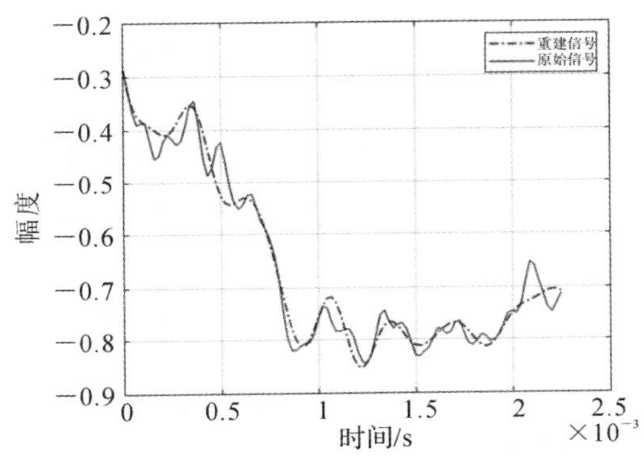

图7-2-17 5倍降采样信号的时域重建

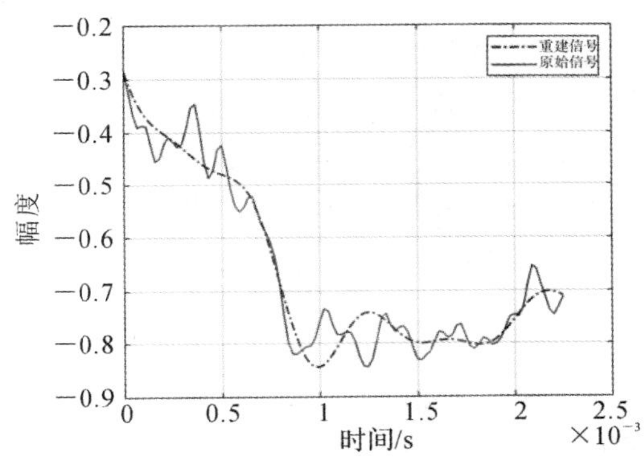

图7-2-18 10倍降采样信号的时域重建

6.思考题

(1)通过理论分析,研究降采样倍数对信号频谱的影响。

(2)为何利用插值公式可从采样信号中恢复原模拟信号?

7.3 实验三:离散时间系统的响应及稳定性

一、实验目的

(1)掌握时域离散系统的时域特性。

(2)掌握用MATLAB求系统响应的方法。

(3)掌握判断系统的稳定性的方法。

二、实验原理

在时域中,通常可以由线性常系数差分方程和单位脉冲响应来描述一个线性移不变离散时间系统。计算机适合用递推法求差分方程的解,此外,线性移不变特性使得线性移不变离散时间系统可以由系统的单位脉冲响应完全描述。也就是说，若一个线性移不变离散系统的单位脉冲响应已知，就可以得到系统对于任意输入信号产生的系统响应。

假设线性移不变离散系统的初始状态为零，输入信号为 $x(n)$，系统的单位脉冲响应为 $h(n)$，由输入输出关系可知，系统的响应 $y(n)$ 可由下列线性卷积表达式求得，即

$$y(n)=x(n)*h(n)$$

系统框图如图 7-3-1 所示。

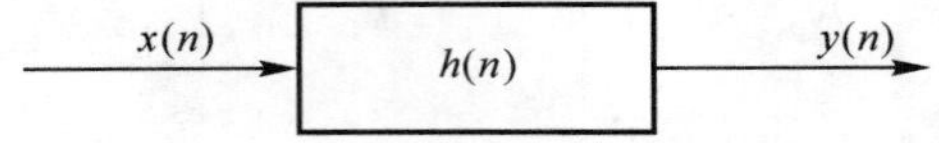

图 7-3-1　线性移不变离散时间系统

在 MATLAB 中可以通过函数 filter 或 conv 求解系统的响应，其调用格式分别为

y=filter(b,a,x)，y=conv(x,h)

其中，x 为系统的输入序列；y 为系统的响应；b 是差分方程中 x 的系数；a 是差分方程中 y 的系数；h 为系统的单位脉冲响应。

系统的稳定性是指满足 BIBO(Bounded Input Bounded Output)特性的系统，即对于任意输入有界的信号，系统的输出也是有界的。通常可以通过判断该系统的单位脉冲响应是否满足绝对可和的条件，即

$$\sum_{n=-\infty}^{\infty} |h(n)| < \infty$$

来判断系统的稳定性，在 MATLAB 中可通过函数 impz 来求系统的单位脉冲响应，其调用格式如下：

h=impz(b,a,n)

其中，b 和 a 的含义同上；n 表示输出序列的时间取值范围；h 是系统的单位脉冲响应。在实际工程中检验一个系统是否稳定，不可能对所有的输入信号都进行判断。现实的办法是将单位阶跃序列作为输入信号，如果此时系统的输出最终趋于一个稳定值，则可以判断该系统是稳定系统。

三、实验内容

1. 用函数 filter 计算以下线性移不变离散系统的响应，并判断系统的稳定性

某离散时间系统的差分方程为 $y(n)-0.3y(n-1)+0.02y(n-2)=x(n)+x(n-1)$，系统初始状态为零，分别求出当输入信号 $x_1(n)=R_5(n)$，$x_2(n)=u(n)$ 时系统的响应，要求画出输出信号的波形图。同时，求出系统的单位脉冲响应，绘制波形图，并判断系统的稳定性。

(1)运行下列 MATLAB 程序

```
a=[1 -0.3 0.02];b=[1 1];                                   %输出、输入序列系数
n1=0:15;x1=[ones(1,5),zeros(1,(length(n1)-5))];            %输入序列为 R5(n)
y1=filter(b,a,x1);                                         %对差分方程求解响应 y1(n)
figure(1);subplot(2,2,1);stem(n1,x1);grid on;             %绘制输入序列 x1(n)
xlabel('n');ylabel('x_1(n)');title('输入序列 x_1(n)');
subplot(2,2,2);stem(n1,y1);grid on; %绘制输出序列 y1(n)
```

```
xlabel('n');ylabel('y_1(n)');title('响应 y_1(n)');
n2=0:99;x2=ones(1,100);                                      %输入序列为 u(n)
y2=filter(b,a,x2);subplot(2,2,3);stem(n2,x2);grid on;        %绘制输入序列 x2(n)
xlabel('n');ylabel('x_2(n)');title('输入序列 x_2(n)');
subplot(2,2,4);stem(n2,y2);grid on;                          %绘制单位阶跃响应 y2(n)
xlabel('n');ylabel('y_2(n)');title('单位阶跃响应 y_2(n)');
figure(2);impz(b,a,n2);                                      %求系统的单位脉冲响应 h(n)
```

(2)分析与讨论。运行结果如图 7-3-2 和图 7-3-3 所示。从图 7-3-2 可以发现，系统的单位阶跃响应随着 n 增大趋于一个常数值；且从图 7-3-3 可知，该系统的单位脉冲响应满足绝对可和的条件，因此，该系统是稳定系统。

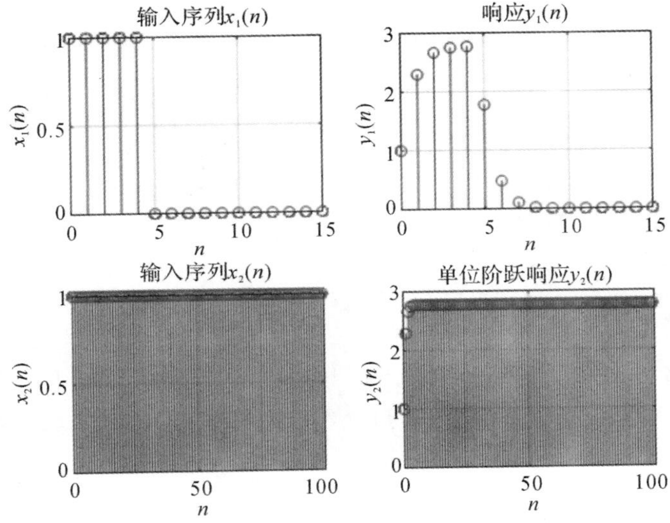

图 7-3-2　输入序列及用 filter 函数计算的响应波形图

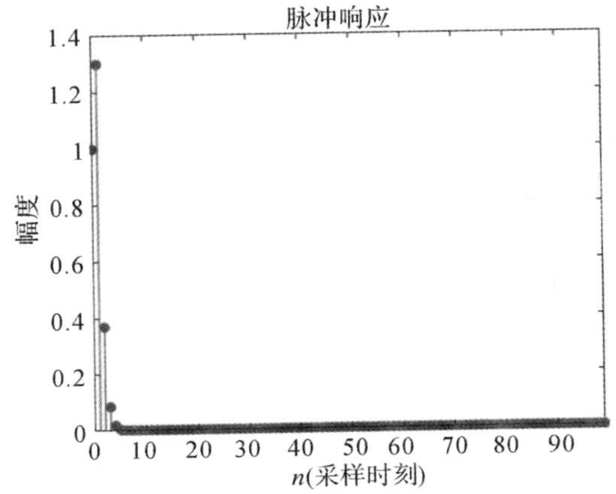

图 7-3-3　单位脉冲响应波形图

某离散时间系统的差分方程为 $y(n)-1.7y(n-1)+0.6y(n-2)=x(n)+2x(n-1)$，系统初始状态为零，分别求出当输入信号 $x_1(n)=R_5(n)$，$x_2(n)=u(n)$时系统的响应，要求画出输出信号的波形图。同时，求出系统的单位脉冲响应，绘制波形图，并判断系统的稳定性。

(1)运行下列 MATLAB 程序。

```
a=[1 -1.7 0.6];b=[1 2];                              %输出、输入序列系数
n1=0:15;x1=[ones(1,5),zeros(1,(length(n1)-5))];     %输入序列为 R5(n)
y1=filter(b,a,x1);                                  %对差分方程求解响应 y1(n)
figure(1);subplot(2,2,1);
stem(n1,x1);grid on;                                %绘制输入序列 x1(n)
xlabel('n');ylabel('x_1(n)');
title('输入序列 x_1(n)');
subplot(2,2,2);stem(n1,y1);grid on;                 %绘制输出序列 y1(n)
xlabel('n');ylabel('y_1(n)');title('响应 y_1(n)');
n2=0:99;x2=ones(1,100);                             %输入序列为 u(n)
y2=filter(b,a,x2);subplot(2,2,3);
stem(n2,x2);grid on;                                %绘制输入序列 x2(n)
xlabel('n');ylabel('x_2(n)');title('输入序列 x_2(n)');
subplot(2,2,4);stem(n2,y2);grid on;                 %绘制单位阶跃响应 y2(n)
xlabel('n');ylabel('y_2(n)');title('单位阶跃响应 y_2(n)');
figure(2);impz(b,a,n2);                             %求系统的单位脉冲响应 h(n)
```

(2)分析与讨论。运行结果如图 7-3-4 和图 7-3-5 所示。从图 7-3-4 可以发现，系统的单位阶跃响应随着 n 增大趋于无穷大；且从图 7-3-5 可知，该系统的单位脉冲响不满足绝对可和的条件，因此，该系统是不稳定系统。

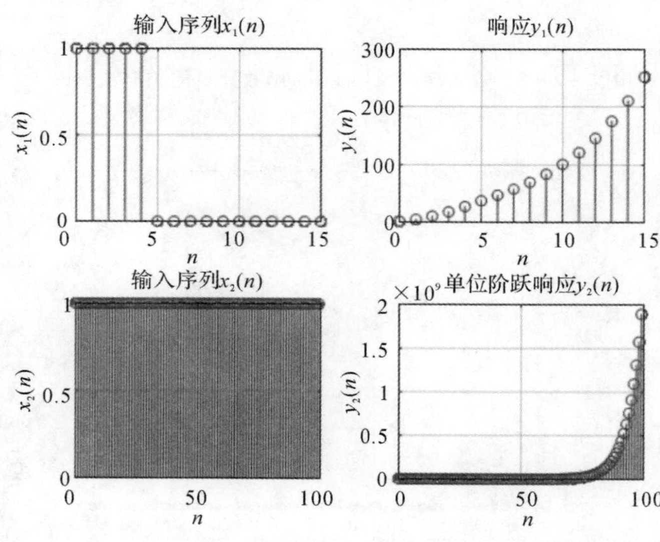

图 7-3-4　输入序列及用 filter 函数计算的响应波形图

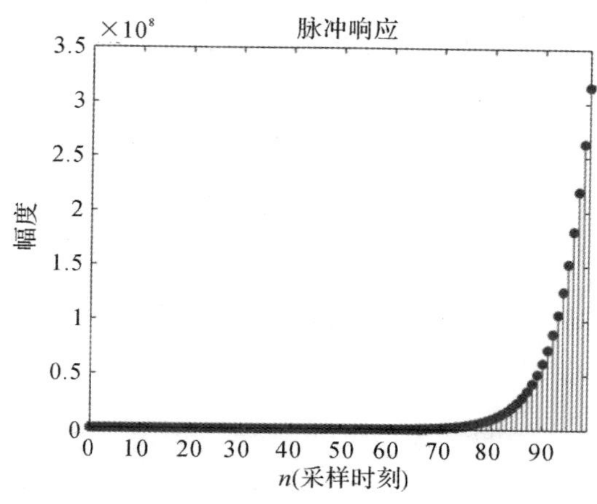

图 7-3-5　单位脉冲响应波形图

2. 用函数 conv 计算以下线性移不变离散系统的响应，并判断系统的稳定性

某离散时间系统的差分方程为 $y(n)-0.3y(n-1)+0.02y(n-2)=x(n)+x(n-1)$，系统初始状态为零，求出系统的单位脉冲响应，绘制波形图，并判断系统的稳定性。再分别求出当输入信号 $x_1(n)=R_5(n)$，$x_2(n)=u(n)$ 时系统的响应，要求画出输出信号的波形图。

(1)运行下列 MATLAB 程序。

```
a=[1 -0.3 0.02];b=[1 1];                                %输出、输入序列系数
n=0:99;
x1=ones(1,5);                                           %输入序列为 R5(n)
hn=impz(b,a,n);                                         %求系统的单位脉冲响应 h(n)
y1=conv(x1,hn);                                         %输入序列与单位脉冲响应的卷积
figure(1);impz(b,a,n);                                  %求系统的单位脉冲响应 h(n)
figure(2);subplot(1,2,1);stem(0:15,y1(1:16));grid on;  %绘制输出序列 y1(n)
xlabel('n');ylabel('y_1(n)');title('响应 y_1(n)');
x2=ones(1,100);                                         %输入序列为 u(n)
y2=conv(x2,hn);                                         %输入序列与单位脉冲响应的卷积
subplot(1,2,2);stem(n,y2(1:100));grid on;              %绘制输出序列 y2(n)
xlabel('n');ylabel('y_2(n)');title('单位阶跃响应 y_2(n)');
```

(2)分析与讨论。运行结果如图 7-3-6 和图 7-3-7 所示。从图 7-3-7 中可知用 conv 函数计算的系统响应与图 7-3-2 用 filter 函数计算出来的响应是一致的。综合起来，求离散系统的响应可以通过两种方式。一种是通过递推法解差分方程求到的，另一种是通过输入序列与系统的单位脉冲响应进行卷积所得。此外，由于该系统与步骤 1. 中的第一个系统是同一个系统，因而该系统是稳定系统。

某离散时间系统的差分方程为 $y(n)-1.7y(n-1)+0.6y(n-2)=x(n)+2x(n-1)$，系统初始状态为零，分别求出当输入信号 $x_1(n)=R_5(n)$，$x_2(n)=u(n)$ 时系统的响应，要求画出输出信号的波形图。同时，求出系统的单位脉冲响应，绘制波形图，并判断系统的稳定性。

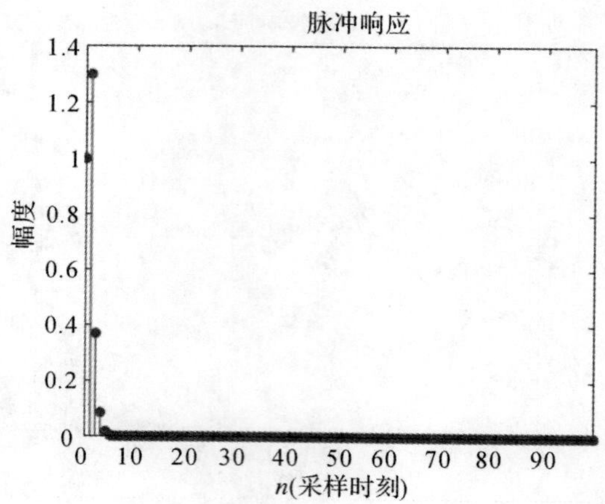

图 7-3-6　单位脉冲响应波形图

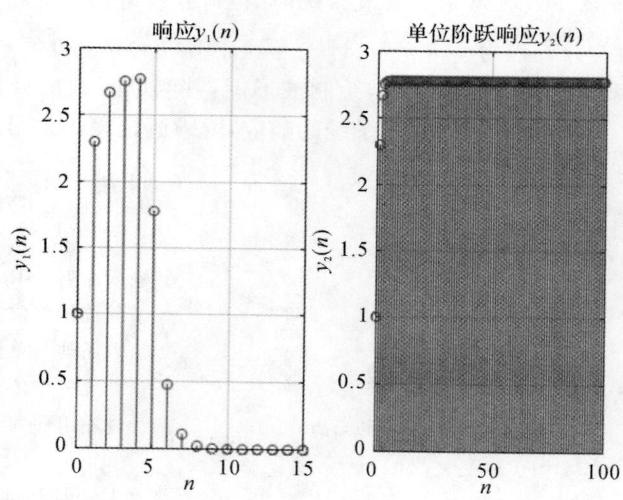

图 7-3-7　用 conv 函数计算的响应波形图

(1)运行下列 MATLAB 程序

```
a=[1 -1.7 0.6];                                  %输出序列系数
b=[1 2];                                         %输入序列系数
n=0:99;
x1=ones(1,5);                                    %输入序列为R5(n)
hn=impz(b,a,n);                                  %求系统的单位脉冲响应h(n)
y1=conv(x1,hn);                                  %输入序列与单位脉冲响应的卷积
figure(1);
impz(b,a,n);                                     %求系统的单位脉冲响应h(n)
figure(2);
subplot(1,2,1);stem(0:15,y1(1:16));grid on;      %绘制输出序列y1(n)
xlabel('n');ylabel('y_1(n)');title('响应 y_1(n)');
```

```
x2=ones(1,100);                              %输入序列为 u(n)
y2=conv(x2,hn);                              %输入序列与单位脉冲响应的卷积
subplot(1,2,2);stem(n,y2(1:100));grid on;    %绘制输出序列 y2(n)
xlabel('n');ylabel('y_2(n)');title('单位阶跃响应 y_2(n)');
```

(2)分析与讨论。运行结果如图 7-3-8 和图 7-3-9 所示。从图中可知用 conv 函数计算的系统响应与图 7-3-3 用 filter 函数计算出来的响应是相等的。由于该系统与步骤 1. 中的第二个系统是同一个系统，因此，该系统是不稳定的。

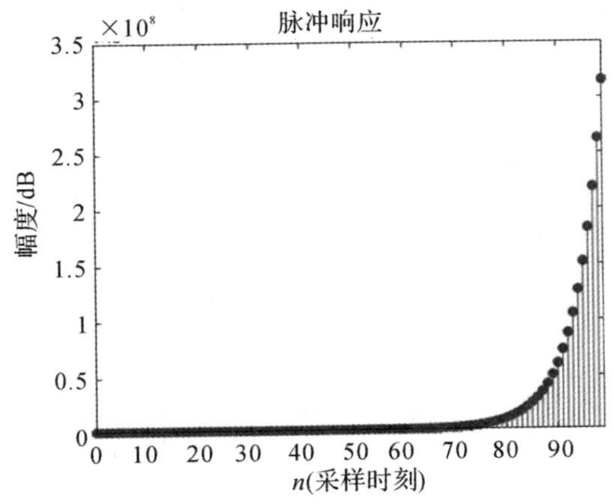

图 7-3-8　单位脉冲响应波形图图

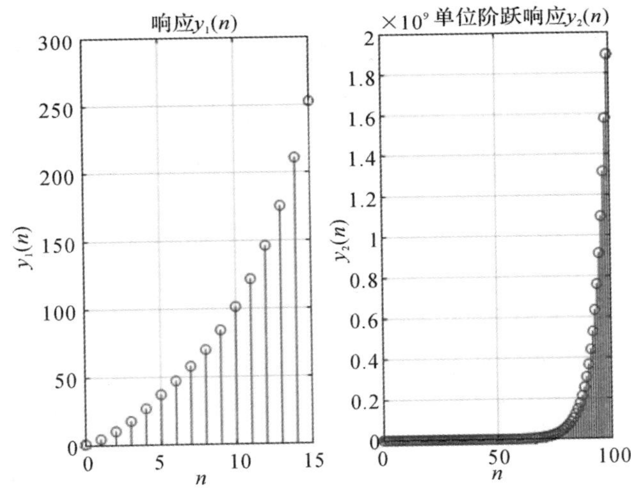

图 7-3-9　用 conv 函数计算的响应波形图

7.4　实验四：用 DFT 计算线性卷积

一、实验目的

(1)掌握循环卷积与线性卷积之间的转换关系。

(2)掌握用 DFT 计算线性卷积的原理与方法。

(3)掌握重叠相加法的原理及 MATLAB 实现。

二、实验原理

在数字信号处理领域中，通常会遇到需要计算一个线性时不变离散系统的响应或对序列进行滤波处理的场景。上述应用均是基于线性卷积运算的基础，而如何实现线性卷积的快速运算成为关键问题。由于 DFT 有快速算法 FFT，所以利用 DFT 实现线性卷积的方法就变得很有研究意义。因此，本实验主要介绍用 DFT 实现线性卷积计算，为用 DFT 进行数字滤波及系统分析奠定基础。

现有序列 $x(n)$ 和 $h(n)$，均为有限长序列，长度分别为 N 和 M。$x(n)$ 和 $h(n)$ 线性卷积结果记为 $y_1(n)$，而它们的 L 点循环卷积结果记为 $y_c(n)$。下面将简单介绍线性卷积与循环卷积的关系，由线性卷积和循环卷积的公式可得

$$y_1(n)=h(n)*x(n)=\sum_{m=0}^{M-1}h(m)x(n-m)$$

$$y_c(n)=h(n)\textcircled{L}x(n)=\sum_{m=0}^{L-1}h(m)x\left((n-m)\right)_L R_L(n)$$

其中，$L\geqslant \max[N,M]$，将 $y_c(n)$ 变形得

$$\begin{aligned}y_c(n)=&\sum_{m=0}^{L-1}h(m)\sum_{i=-\infty}^{\infty}x(n-m+iL)R_L(n)=\\&\sum_{i=-\infty}^{\infty}\sum_{m=0}^{M-1}h(m)x(n+iL-m)R_L(n)=\\&\sum_{i=-\infty}^{\infty}y_1(n+iL)R_L(n)=y_1\left((n)\right)_L R_L(n)\end{aligned}$$

由上式可知，当 $L\geqslant N+M-1$ 时，$y_c(n)=y_1(n)$。

而 DFT 能非常方便地计算循环卷积，这是因为根据时域循环卷积定理有

$$\text{DFT}[y_c(n)]=H(k)X(k)$$

于是，用 DFT 实现线性卷积的原理框图如图 7-4-1 所示。

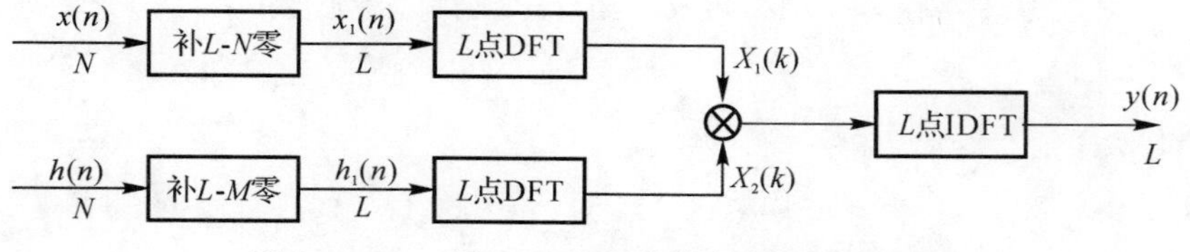

图 7-4-1　用 DFT 实现线性卷积的原理框图

三、实验内容

进行线性卷积运算时，经常会发生两个序列长度相差很大的现象，即长序列的长度远远大于短序列的长度。例如，系统的单位脉冲响应 $h(n)$ 的长度通常较短，而输入数据 $x(n)$ 的长度则可以很长。由图 7-4-1 可知，对于短序列 $h(n)$ 则需要补很多个零，延迟太多，算法效率不高，显然这很不利于许多要求实时处理的场合。此时可以采用将长序列进行分段处理，主要采用重叠相加法和重叠保留法。下面简单介绍重叠相加法的基本原理。

首先，将长序列 $x(n)$ 进行均匀分段，每段长度相等，得到

$$x(n)=\sum_{k=0}^{\infty}x_k(n)$$

则 $h(n)$ 与 $x(n)$ 的线性卷积如下：

$$y(n)=h(n)*x(n)=h(n)*\sum_{k=0}^{\infty}x_k(n)=\sum_{k=0}^{\infty}h(n)*x_k(n)=\sum_{k=0}^{\infty}y_k(n)$$

由于输入一段数据即可立即开始计算，从而达到了实时处理的要求。在 MATLAB 中，可以通过函数 fftfilt 实现重叠相加法来计算线性卷积，下面介绍具体实验步骤。

1. 用重叠相加法计算周期性长序列 $x(n)$ 和短序列 $h(n)$ 的线性卷积

$$x(n)=\cos(\pi n/8)+\cos(3\pi n/4),h(n)=R_4(n)$$

其中，序列 $x(n)$ 长度为 40；序列 $h(n)$ 长度为 4。对 $x(n)$ 进行分段，每段长为 10。

(1)运行 MATLAB 程序如下：

```
clear all;
L=40; N=4;                                    %输入序列 x(n)长为 40,h(n)序列长为 4
M=10;                                         %分段长为 10
h=ones(1,N);                                  %输入序列 h(n)
n=0:L-1;
x=cos(pi*n/8)+cos(3*pi*n/4);                  %输入序列 x(n)
y=fftfilt(h,x,M);                             %用重叠相加法计算线性卷积
subplot(3,1,1);stem(n,[h,zeros(1,L-length(h))],'fill'); %画序列 h(n)
xlabel('n');ylabel('h(n)');
subplot(3,1,2);stem(n,x,'fill');              %画序列 x(n)
xlabel('n');ylabel('x(n)');
subplot(3,1,3);stem(0:length(y)-1,y,'fill');  %画输出序列 y(n)
xlabel('n');ylabel('y(n)');
```

(2)分析与讨论。运行结果如图 7-4-2 所示，从图 7-4-2 可知，周期性长序列 $x(n)$ 与短序列 $h(n)$ 做线性卷积之后的输出序列 $y(n)$ 也呈现出周期性，且周期与序列 $x(n)$ 的周期相同。

(3)在 MATLAB 中演示重叠相加法的分解步骤。

```
L=40;N=4;L1=L+N-1;M=10;
h=ones(1,N);n=0:L-1;
n1=0:9;n2=10:19;n3=20:29;n4=30:39;
x=cos(pi*n/8)+cos(3*pi*n/4);
```

```
x1=cos(pi*n1/8)+cos(3*pi*n1/4);                          %分段序列 1
x2=cos(pi*n2/8)+cos(3*pi*n2/4);                          %分段序列 2
x3=cos(pi*n3/8)+cos(3*pi*n3/4);                          %分段序列 3
x4=cos(pi*n4/8)+cos(3*pi*n4/4);                          %分段序列 4
y1=conv(h,x1);                                           %分段卷积 1
y2=conv(h,x2);                                           %分段卷积 2
y3=conv(h,x3);                                           %分段卷积 3
y4=conv(h,x4);                                           %分段卷积 4
y=[y1,zeros(1,L1-length(y1))]+[zeros(1,10),y2,zeros(1,L1-10-length(y2))] +[zeros(1,20),
y3,zeros(1,L1-20-length(y3))]+[zeros(1,30),y4];
figure(1);subplot(6,1,1);
stem(n,[h,zeros(1,L-length(h))],'fill');                 %画序列 h(n)
xlabel ('n');ylabel('h(n)');
subplot(6,1,2);stem(n,x,'fill');                         %画序列 x(n)
xlabel('n');ylabel('x(n)');
subplot(6,1,3);
stem(0:L-1,[x1,zeros(1,L-length(x1))],'fill');           %分别画分段序列 x1,x2,x3,x4
xlabel('n');ylabel('x_1(n)');
subplot(6,1,4); stem(0:L-1,[zeros(1,M),x2,zeros(1,L-M-length(x2))],'fill');
xlabel('n');ylabel('x_2(n)');
subplot(6,1,5);stem(0:L-1,[zeros(1,2*M),x3,zeros(1,L-2*M-length(x3))],'fill');
xlabel('n');ylabel('x_3(n)');
subplot(6,1,6);stem(0:L-1,[zeros(1,3*M),x4],'fill');xlabel('n');ylabel('x_4(n)');
figure(2);subplot(5,1,1);                                %分别画分段卷积 y1,y2,y3,y4
stem(0:L1-1,[y1,zeros(1,L1-length(y1))],'fill');
xlabel('n');ylabel('y_1(n)');
subplot(5,1,2);stem(0:L1-1,[zeros(1,10),y2,zeros(1,L1-10-length(y2))],'fill');
xlabel('n');ylabel('y_2(n)');
subplot(5,1,3);stem(0:L1-1,[zeros(1,20),y3,zeros(1,L1-20-length(y3))],'fill');
xlabel('n');ylabel('y_3(n)');
subplot(5,1,4);stem(0:L1-1,[zeros(1,30),y4],'fill');xlabel('n');ylabel('y_4(n)');
subplot(5,1,5);stem(0:length(y)-1,y,'fill');             %画卷积 y(n)
xlabel('n');ylabel('y_(n)');
```

运行结果如图 7-4-3 和图 7-4-4 所示。从图中可知，在时域上将长序列 $x(n)$ 分段之后得到的子序列依次与序列 $h(n)$ 进行线性卷积之后，叠加之后得到的序列 $y(n)$ 与步骤(2)用 DFT 计算线性卷积得到的序列 y(n)是一致的，从而进一步验证了上述用函数 fftfilt 实现重叠相加法的正确性。

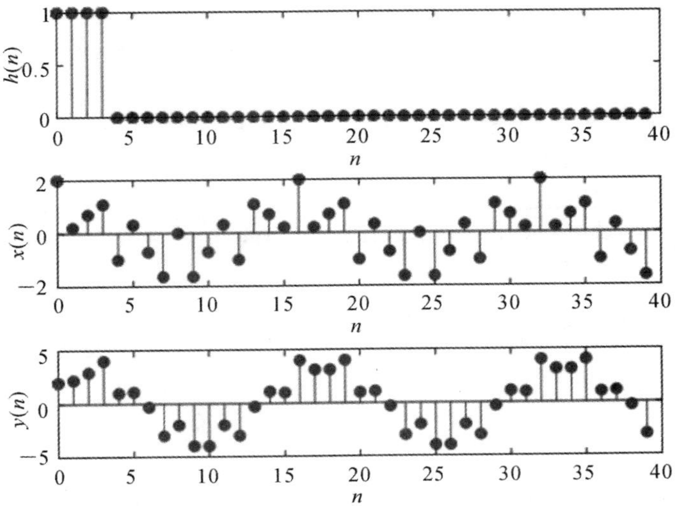

图 7-4-2　短序列 $h(n)$ 与周期性长序列 $x(n)$ 做线性卷积

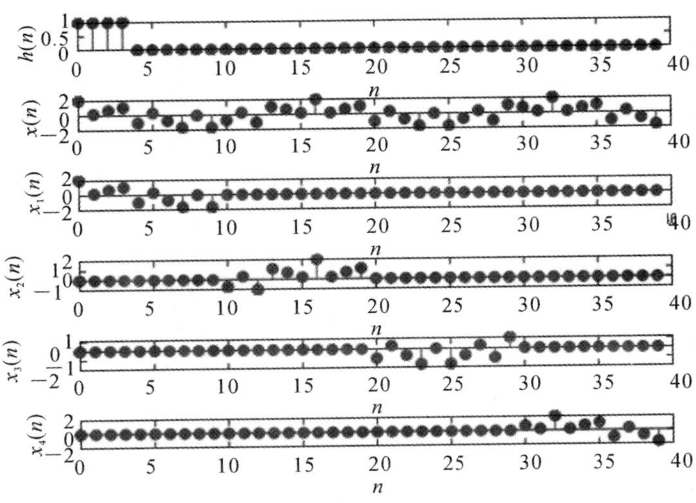

图 7-4-3　用 MATLAB 演示重叠相加法原理

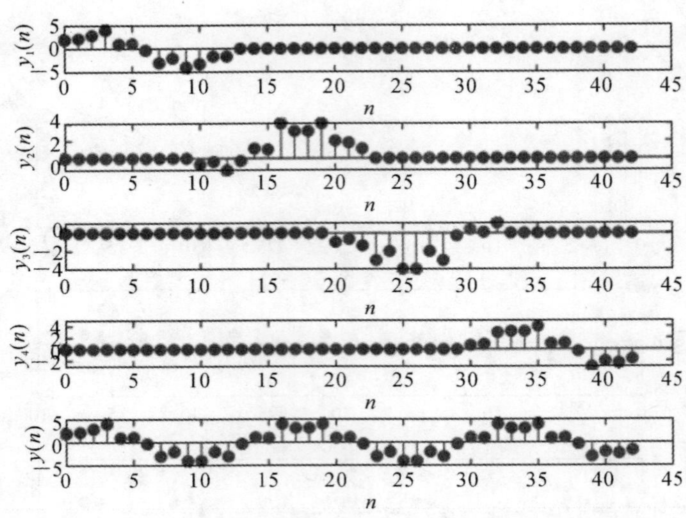

图 7-4-4　用 MATLAB 演示重叠相加法原理(续)

2. 用重叠相加法计算非周期性长序列 $x(n)$ 和短序列 $h(n)$ 的线性卷积

$$x(n)=0.9^n R_{40}(n),\quad h(n)=R_5(n)$$

其中，序列 $x(n)$ 长度为 40；序列 $h(n)$ 长度为 5。对 $x(n)$ 进行分段，每段长为 10。

(1)运行下列 MATLAB 程序。

```
clear all;clc;
L=40; N=5;                                              %输入序列 x(n)长为 40,h(n)序列长为 5
M=10;                                                   %分段长为 10
h=ones(1,N);                                            %输入序列 h(n)
n=0:L-1;
x=(0.9).^n;                                             %输入序列 x(n)为指数序列
y=fftfilt(h,x,M);                                       %用重叠相加法计算线性卷积
subplot(3,1,1);stem(n,[h,zeros(1,L-length(h))],'fill'); %画序列 h(n)
xlabel('n');ylabel('h(n)');
subplot(3,1,2);stem(n,x,'fill');                        %画序列 x(n)
xlabel('n');ylabel('x(n)');
subplot(3,1,3);stem(0:length(y)-1,y,'fill');            %画输出序列 y(n)
xlabel('n');ylabel('y(n)');
```

(2)分析与讨论。运行结果如图 7-4-5 所示。从图 7-4-5 可知，非周期长序列 $x(n)$ 与短序列 $h(n)$ 做线性卷积之后得到的是非周期序列。

(3)在 MATLAB 中演示重叠相加法的分解步骤.

```
L=40;N=5;L1=L+N-1;M=10;h=ones(1,N);n=0:L-1;
n1=0:9;n2=10:19;n3=20:29;n4=30:39;
x1=0.9.^n1;x2=0.9.^n2;x3=0.9.^n3;x4=0.9.^n4;
```

```
y1=conv(h,x1);y2=conv(h,x2);y3=conv(h,x3);y4=conv(h,x4);
y=[y1,zeros(1,L1-length(y1))]+[zeros(1,10),y2,zeros(1,L1-10-length(y2))] +[zeros(1,20),
y3,zeros(1,L1-20-length(y3))]+[zeros(1,30),y4];
figure(1);subplot(6,1,1);stem(n,[h,zeros(1,L-length(h))],'fill');xlabel('n');ylabel('h(n)');
subplot(6,1,2);stem(n,x,'fill');xlabel('n');ylabel('x(n)');
subplot(6,1,3);stem(0:L-1,[x1,zeros(1,L-length(x1))],'fill');xlabel('n');ylabel('x_1(n)');
subplot(6,1,4);stem(0:L-1,[zeros(1,M),x2,zeros(1,L-M-length(x2))],'fill');xlabel('n');ylabel('x
_2(n)');
subplot(6,1,5);stem(0:L-1,[zeros(1,2*M),x3,zeros(1,L-2*M-length(x3))],'fill');xlabel('n');
ylabel('x_3(n)');
subplot(6,1,6);stem(0:L-1,[zeros(1,3*M),x4],'fill');xlabel('n');ylabel('x_4(n)');
figure(2);subplot(5,1,1);stem(0:L1-1,[y1,zeros(1,L1-length(y1))],'fill');xlabel('n');ylabel('y_1
(n)');
subplot(5,1,2);stem(0:L1-1,[zeros(1,10),y2,zeros(1,L1-10-length(y2))],'fill');xlabel('n');ylabel
('y_2(n)');
subplot(5,1,3);stem(0:L1-1,[zeros(1,20),y3,zeros(1,L1-20-length(y3))],'fill');xlabel('n');ylabel
('y_3(n)');
subplot(5,1,4);stem(0:L1-1,[zeros(1,30),y4],'fill');xlabel('n');ylabel('y_4(n)');
subplot(5,1,5);stem(0:length(y)-1,y,'fill');xlabel('n');ylabel('y_(n)');
```

运行结果如图 7-4-6 和图 7-4-7 所示，叠加之后的序列 $y(n)$ 与步骤(2)用 DFT 计算线性卷积得到的序列 $y(n)$ 是相同的。

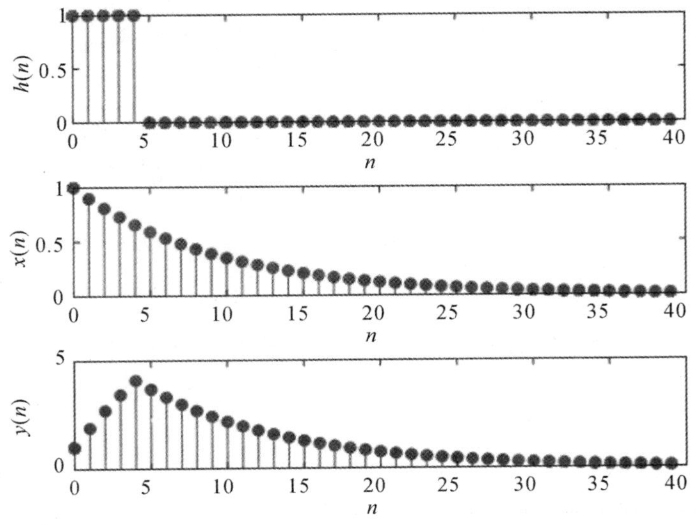

图 7-4-5　短序列 $h(n)$ 与非周期长序列 $x(n)$ 做线性卷积

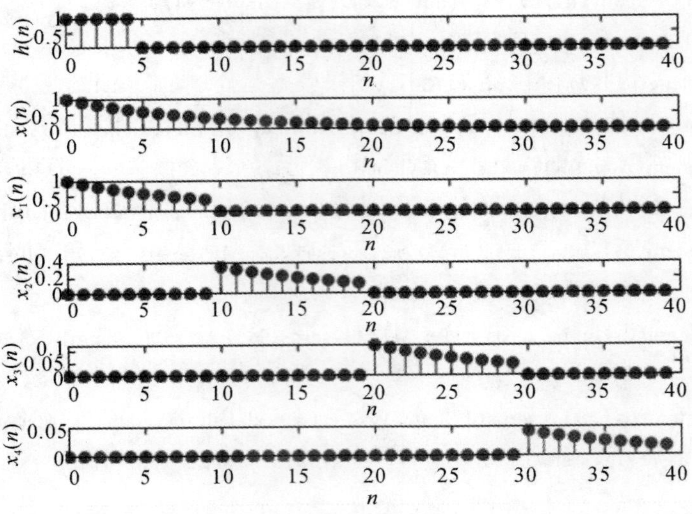

图 7-4-6　用 MATLAB 演示重叠相加法原理(一)

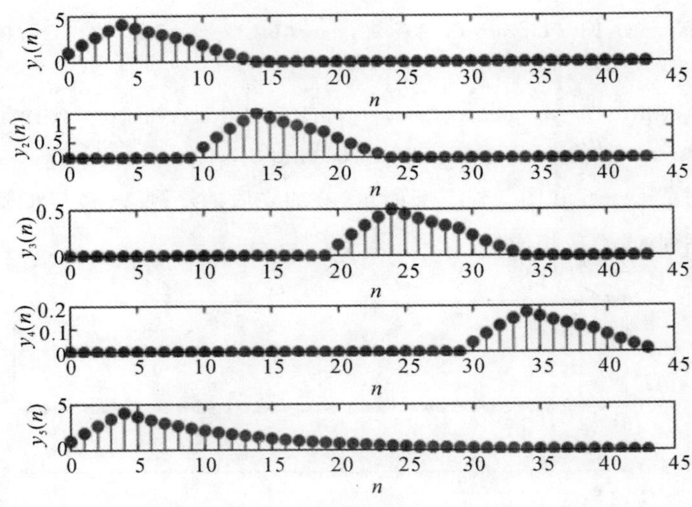

图 7-4-7　用 MATLAB 演示重叠相加法原理(二)

7.5　实验五：音频信号的频域分析与处理

一、实验目的

(1)掌握音频信号的频谱计算方法。

(2)熟悉消除音频信号中单频干扰的方法。

二、实验原理

序列 $x(n)$ 的离散时间傅里叶变换(DTFT) 定义为

$$X(\mathrm{e}^{\mathrm{j}\omega})=\sum_{n=-\infty}^{\infty}x(n)\ \mathrm{e}^{-\mathrm{j}\omega n}$$

DTFT 变换可得到序列的频域变换结果，但它在频域上是连续的，因此在数字信号处理设备中不方便实现。为此，通常使用有限长序列的 DFT 变换进行频域分析和处理。在本实验中，需要分析男声及女声音频信号的频谱，若直接使用 DFT 变换，将导致极大的运算量，因此通常使用快速傅里叶变换方法即 FFT 方法来分析。此外，实验中还将消除音频信号中的单音干扰，为此下面重点分析有限长余弦信号的 DFT 变换。

对于余弦序列 $x(n)=\cos(n\omega_0)$，$0\leqslant n\leqslant N-1$，首先将其转化为复指数序列相加的形式

$$x(n)=\frac{1}{2}\mathrm{e}^{\mathrm{j}n\omega_0}+\frac{1}{2}\mathrm{e}^{-\mathrm{j}n\omega_n}$$

对上式的每一项分别计算 DFT，得到

$$X(k)=\sum_{n=0}^{N-1}x(n)\mathrm{e}^{-\mathrm{j}\frac{2\pi}{N}nk}=\frac{1}{2}\sum_{n=0}^{N-1}\mathrm{e}^{-\mathrm{j}n\left(\frac{2\pi}{N}k-\omega_0\right)}+\frac{1}{2}\sum_{n=0}^{N-1}\mathrm{e}^{-\mathrm{j}n\left(\frac{2\pi}{N}k+\omega_0\right)}$$

当 $\omega_0=2\pi k_0/N$ 时，上式可简化为

$$X(k)=\frac{1}{2}\sum_{n=0}^{N-1}\mathrm{e}^{-\mathrm{j}n\frac{2\pi}{N}(k-k_0)}+\frac{1}{2}\sum_{n=0}^{N-1}\mathrm{e}^{-\mathrm{j}n\frac{2\pi}{N}(k+k_0)}$$

式中，第一项是复指数序列之和，且复指数序列的频率 $\omega_0=2\pi(k-k_0)/N$，因此可知仅当 $k=k_0$ 时，该求和的值等于 N，否则求和值等于零；同样地，第二项仅当 $k=N-k_0$ 时，该求和的值等于 N，否则求和值等于零。因此，当 $\omega_0=2\pi k_0/N$ 时，DFT 系数 $X(k)$ 等于

$$X(k)=\begin{cases}\dfrac{N}{2}, & k=k_0 \text{ 或 } k=N-k_0\\ 0, & \text{其他}\end{cases}$$

对于一般情况，即 $\omega_0\neq 2\pi k_0/N$ 时，利用等比序列求和公式，可得

$$X(k)=\frac{1}{2}\sum_{n=0}^{N-1}\mathrm{e}^{-\mathrm{j}n\left(\frac{2\pi}{N}k-\omega_0\right)}+\frac{1}{2}\sum_{n=0}^{N-1}\mathrm{e}^{-\mathrm{j}n\left(\frac{2\pi}{N}k+\omega_0\right)}=\frac{1}{2}\,\frac{1-\mathrm{e}^{-\mathrm{j}N\left(\frac{2\pi}{N}k-\omega_0\right)}}{1-\mathrm{e}^{-\mathrm{j}\left(\frac{2\pi}{N}k-\omega_0\right)}}+\frac{1}{2}\,\frac{1-\mathrm{e}^{-\mathrm{j}N\left(\frac{2\pi}{N}k+\omega_0\right)}}{1-\mathrm{e}^{-\mathrm{j}\left(\frac{2\pi}{N}k+\omega_0\right)}}$$

进一步化简并整理后得到

$$X(k)=\frac{1}{2}\mathrm{e}^{-\mathrm{j}\left(\frac{N-1}{2}\right)\left(\frac{2\pi}{N}k-\omega_0\right)}\ \frac{\sin\left(\pi k-\dfrac{N\omega_0}{2}\right)}{\sin\left(\dfrac{\pi k}{N}-\dfrac{\omega_0}{2}\right)}+\frac{1}{2}\mathrm{e}^{-\mathrm{j}\left(\frac{N-1}{2}\right)\left(\frac{2\pi}{N}k+\omega_0\right)}\ \frac{\sin\left(\pi k+\dfrac{N\omega_0}{2}\right)}{\sin\left(\dfrac{\pi k}{N}+\dfrac{\omega_0}{2}\right)}$$

从上式可以看出，除非 ω_0 是 $2\pi/N$ 的整数倍，否则在一般情况下 $X(k)$ 对所有的 k 一般取非零值。为了说明和解释上述两种情况下 $X(k)$ 的差异，下面计算序列 $x(n)$ 的 DTFT 变换，即

$$X(\mathrm{e}^{\mathrm{j}\omega})=\sum_{n=0}^{N-1}\cos(n\omega_0)\mathrm{e}^{-\mathrm{j}n\omega}=$$
$$\frac{1}{2}\mathrm{e}^{-\mathrm{j}\left(\frac{N-1}{2}\right)(\omega-\omega_0)}\ \frac{\sin N(\omega-\omega_0)/2}{\sin(\omega-\omega_0)/2}+\frac{1}{2}\mathrm{e}^{-\mathrm{j}\left(\frac{N-1}{2}\right)(\omega+\omega_0)}\ \frac{\sin N(\omega+\omega_0)/2}{\sin(\omega+\omega_0)/2}$$

注意到 DFT 变换结果 $X(k)$ 实际上是对 $X(\mathrm{e}^{\mathrm{j}\omega})$ 在频率区间 $[0,2\pi]$ 上的 N 点等间隔采样，在一般情况下，采样值将等于非零值，而当 $\omega_0=2\pi k_0/N$ 时，采样值仅在 $k=k_0$ 和 $k=N-k_0$ 处取非零值，其他采样值均为零。

总结上述分析可知，为消除音频信号中的单音干扰，可对音频信号 FFT 变换结果中单频干扰所在频率范围内的频谱进行清零，然后再重新计算 IFFT 变换，最终能够得到消除了单频

干扰的音频信号。

三、实验内容

1. 采集男声及女声音频信号

打开 MATLAB R2018b 中的 Audio Labeler 应用程序，然后选择 RECORD 功能页。在 Save Location 中指定录音文件存储位置，在 Prefix 中指定录音文件前缀名，在 Format 中选择录音文件的格式。点击 Record 开始自动记录音频信号，一段时间之后点击 Stop 结束音频信号的采集，相关显示界面如图 7-5-1 所示。重复上述步骤可完成男声或女声音频信号的采集。

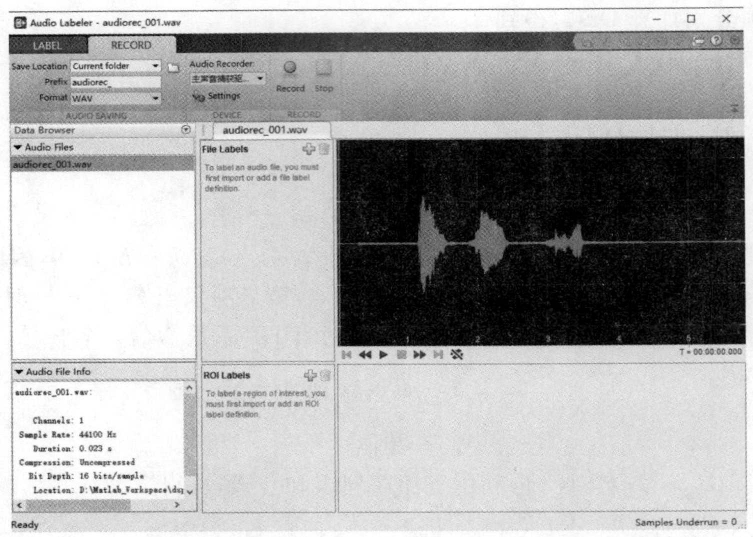

图 7-5-1 在 Audio Labeler 应用程序中完成音频记录

2. 男声及女声音频信号的读取、播放以及时域波形显示

音频文件的读取可使用 MATLAB 函数 audioread，音频文件播放则使用函数 sound，对男声及女声音频文件的读取、播放以及时域波形显示的程序如下：

```
[Yn,Fs] = audioread('audiorec_001.wav');                    %读取音频文件
plot((0:length(Yn)-1)/Fs,Yn)                                %画出男声信号波形
xlabel('时间 (s)');ylabel('幅度');grid on;
[Yw,Fs] = audioread('audiorec_w001.wav');                   %读取音频文件
figure;
plot((0:length(Yw)-1)/Fs,Yw)                                %画出女声信号波形
xlabel('时间 (s)');ylabel('幅度');grid on;
```

程序运行后，计算机将自动播放男声及女声音频信号。此外，男声音频信号的时域波形如图 7-5-2 所示；女声音频信号的时域波形如图 7-5-3 所示。

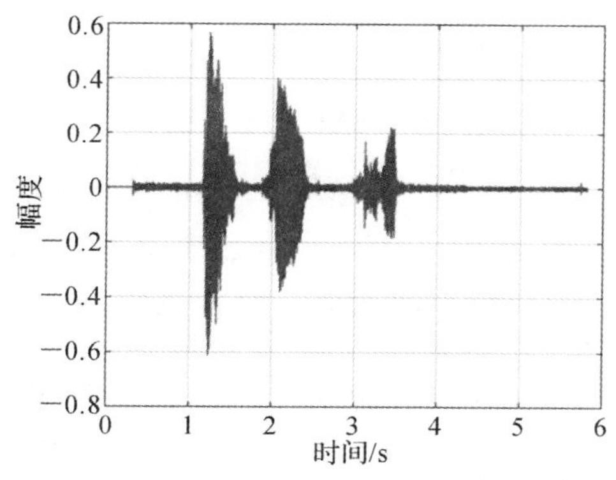

图 7-5-2 男声音频信号的时域波形

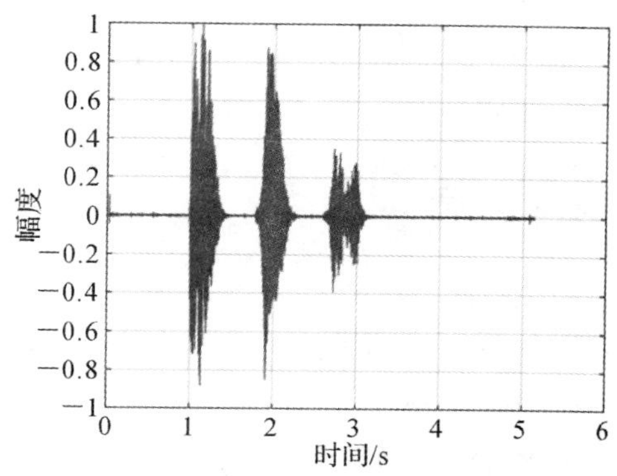

图 7-5-3 女声音频信号的时域波形

3. 对男声、女声音频信号作 FFT 变换

为了分析男声及女声音频信号的频谱，可使用 MATLAB 函数 fft 对男声及女声音频信号计算 FFT 变换，相应的 MATLAB 程序如下：

```
Nfft =  2^(ceil(log2(length(Yn) )));                %使得 Nfft 为 2 的整数次幂
Ynf = fft(Yn,Nfft);                                 %对男声音频信号作 FFT
Ynf = 10 * log10(abs(Ynf(1:Nfft/2)));
Ynf = Ynf -max(Ynf);                                %频谱归一化处理
fk = (0:Nfft/2-1) * Fs/Nfft;
figure;
plot(fk,Ynf);                                       %画出男声音频信号频谱图
xlabel('频率 (Hz)');ylabel('幅度 (dB)');
grid on;axis([0,5000,-30,3]);                       %仅观察 0～5000Hz 范围的频谱
Nfft =  2^(ceil(log2(length(Yw) )));                %使得 Nfft 为 2 的整数次幂
Ywf = fft(Yw,Nfft); %对女声音频信号作 FFT
Ywf = 10 * log10(abs(Ywf(1:Nfft/2)));
Ywf = Ywf -max(Ywf);                                %频谱归一化处理
fk = (0:Nfft/2-1) * Fs/Nfft;
figure;
plot(fk,Ywf);                                       %画出女声音频信号频谱图
xlabel('频率 (Hz)');ylabel('幅度 (dB)');
grid on;axis([0,5000,-30,3]);                       %仅观察 0～5000Hz 范围的频谱
```

由于人体的发声频率范围主要集中在 300～3 400 Hz，故在以上程序中将频谱的观察范围设置在 0～5 000 Hz。男声音频信号的频谱图如图 7-5-4 所示，女声音频信号的频谱图如图 7-5-5 所示。对比两个图形可发现，女声音频信号的频谱具有更加丰富的高频分量。

4. 对男声音频信号叠加单频干扰

首先人为构造频率为 3 500 Hz 的余弦信号作为单频干扰信号，然后将男声音频信号与单频干扰叠加，最后还可分析叠加干扰之后信号的频谱，相应的 MATLAB 程序如下：

```
st = 0.05 * cos(2 * pi * 3500 * (0:length(Yn)-1)/Fs);
st = st';
```

```
Yn_st = Yn + st;                                    %对男声音频叠加单频信号干扰
figure;
plot((0:length(Yn_st)-1)/Fs, Yn_st);                %画出叠加单频干扰后的信号波形
xlabel('时间 (s)');ylabel('幅度');grid on;
sound(Yn_st,Fs);
Nfft =  2^(ceil(log2(length(Yn_st))));              %使得 Nfft 为 2 的整数次幂
Ynf_st = fft(Yn_st,Nfft);                           %对叠加干扰后的信号作 FFT 变换
Ynf_st = 10 * log10(abs(Ynf_st(1:Nfft/2)));
Ynf_st = Ynf_st - max(Ynf_st);                      %频谱归一化处理
fk = (0:Nfft/2-1) * Fs/Nfft;
figure;
plot(fk,Ynf_st);                                    %画出叠加单频干扰后的频谱图
xlabel('频率 (Hz)');ylabel('幅度 (dB)');grid on;
axis([0,5000,-30,3]);                               %仅观察 0~5000Hz 范围的频谱
```

程序运行完成后可听到叠加单频干扰后的男声音频信号。此外，叠加单频干扰后的男声音频信号的时域波形及频谱图分别如图 7-5-6 和图 7-5-7 所示。

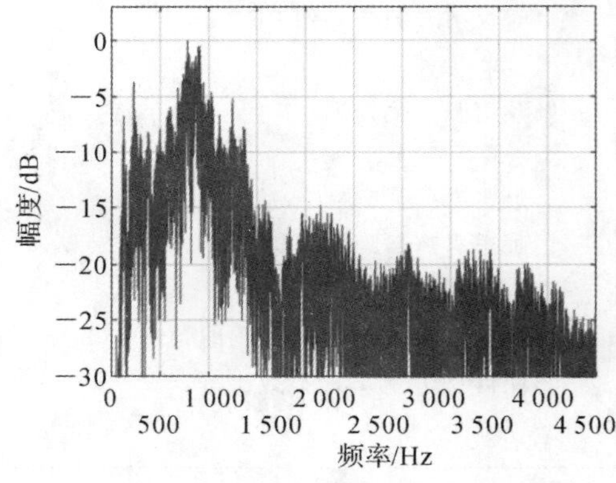

图 7-5-4　男声音频信号的频谱图

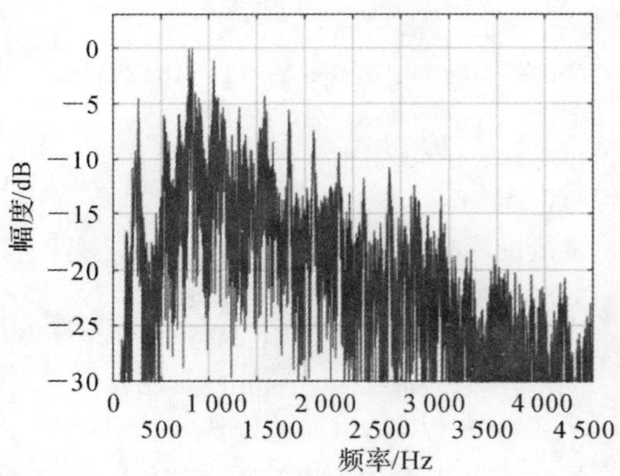

图 7-5-5　女声音频信号的频谱图

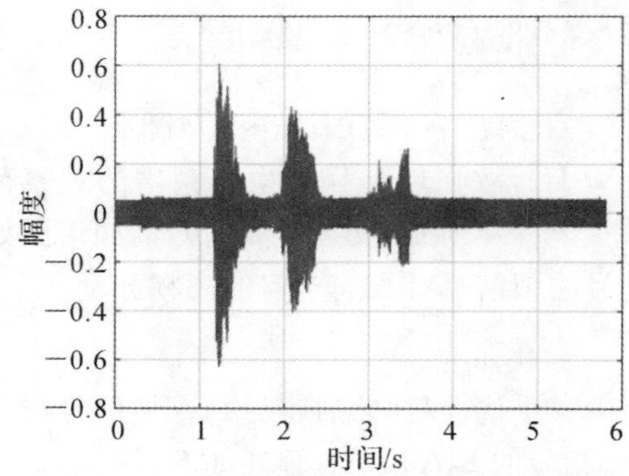

图 7-5-6　叠加单频干扰后男声音频信号时域波形

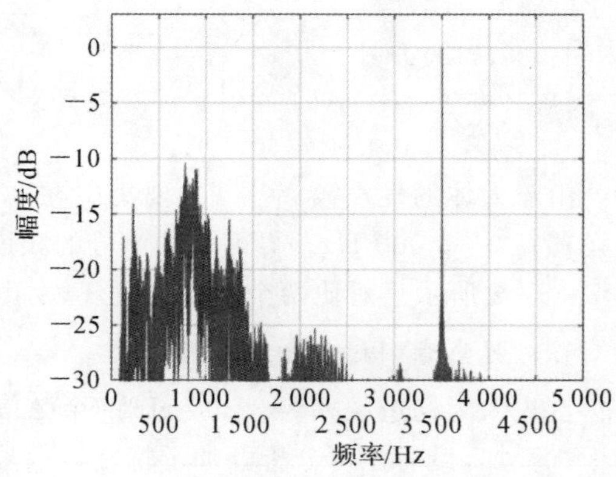

图 7-5-7　叠加单频干扰后男声音频信号频谱图

5. 对女声音频信号叠加单频干扰

同样人为构造频率为 3 500 Hz 的余弦信号作为单频干扰信号，然后将女声音频信号与单频干扰叠加，最后同样分析叠加干扰之后信号的频谱，相应的 MATLAB 程序如下：

```
st = 0.05 * cos(2 * pi * 3500 * (0:length(Yw)-1)/Fs);
st = st';
Yw_st = Yw + st;                                   %对女声音频叠加单频信号干扰
figure;
plot((0:length(Yw_st)-1)/Fs, Yw_st);               %画出叠加单频干扰后的信号波形
xlabel('时间 (s)');ylabel('幅度');grid on;
pause;
sound(Yw_st,Fs);
Nfft =   2^(ceil(log2(length(Yw_st) )));           %使得 Nfft 为 2 的整数次幂
Ywf_st = fft(Yw_st,Nfft);                          %对叠加干扰后的信号作 FFT 变换
Ywf_st = 10 * log10(abs(Ywf_st(1:Nfft/2)));
Ywf_st = Ywf_st -max(Ywf_st);                      %频谱归一化处理
fk = (0:Nfft/2-1) * Fs/Nfft;
figure;
plot(fk,Ywf_st);                                   %画出叠加单频干扰后的频谱图
xlabel('频率 (Hz)');ylabel('幅度 (dB)');grid on;
axis([0,5000,-30,3]);                              %仅观察 0～5000Hz 范围的频谱
```

程序运行完成后可听到叠加单频干扰后的女声音频信号。此外，叠加单频干扰后的女声音频信号的时域波形及频谱图分别如图 7-5-8 和图 7-5-9 所示。

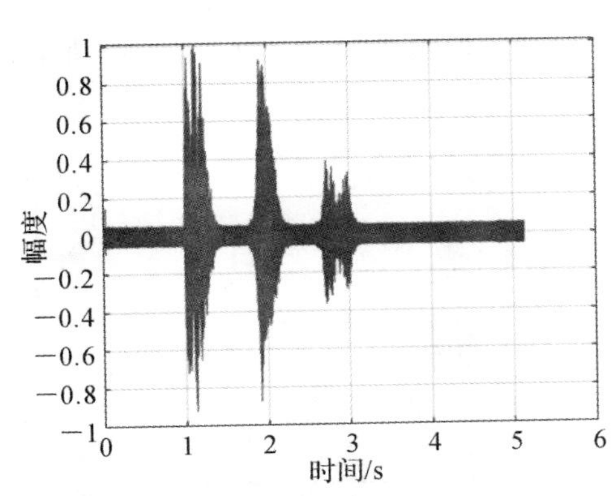

图 7-5-8　叠加单频干扰后女声音频信号时域波形

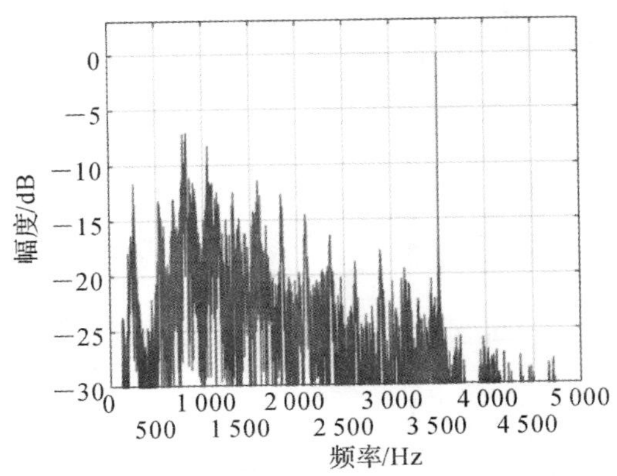

图 7-5-9　叠加单频干扰后女声音频信号频谱图

6. 通过 FFT 频域滤波消除男声音频信号中的单频干扰

所谓 FFT 频域滤波，就是对 FFT 变换结果中单频干扰所在频率范围内的频谱清零，然后再重新计算 IFFT 变换，得到消除单频干扰的音频信号，相关的 MATLAB 程序如下：

```
st = 0.05 * cos(2 * pi * 3500 * (0:length(Yn)-1)/Fs);
st = st';
Yn_st = Yn + st;                                   %对男声音频叠加单频信号干扰
```

```
Nfft =   2^(ceil(log2(length(Yn_st) )));                %使得 Nfft 为 2 的整数次幂
Ynf_st = fft(Yn_st,Nfft);                               %对叠加干扰后的信号作 FFT 变换
stloc = round(3500/(Fs/Nfft))+1;                        %寻找单频干扰对应的谱线位置
Ynf_st(stloc-150:stloc+150)=0;                          %将单频干扰附近谱线清零
stloc = Nfft-round(3500/(Fs/Nfft))+1;
Ynf_st(stloc-150:stloc+150)=0;
Yn_rcv = ifft(Ynf_st,Nfft);                             %计算傅里叶逆变换恢复时域信号
Yn_rcv =real(Yn_rcv);
Yn_rcv = Yn_rcv(1:length(Yn));
figure;
plot((0:length(Yn_rcv)-1)/Fs, Yn_rcv);                  %画出消除单频干扰后的信号波形
xlabel('时间 (s)');ylabel('幅度');grid on;
pause;
sound(Yn_rcv,Fs);                                       %播放消除单频干扰后的男声音频信号
Nfft=  2^(ceil(log2(length(Yn_rcv) )));
Ynf_rcv = fft(Yn_rcv,Nfft);                             %对消除干扰后的音频信号作 FFT
Ynf_rcv = 10 * log10(abs(Ynf_rcv(1:Nfft/2)));
Ynf_rcv = Ynf_rcv -max(Ynf_rcv);
fk = (0:Nfft/2-1) * Fs/Nfft;
figure;
plot(fk,Ynf_rcv);                                       % 画出消除单频干扰后的频谱图
xlabel('频率 (Hz)');ylabel('幅度 (dB)');grid on;
axis([0,5000,-30,3]);                                   %仅观察 0～5000Hz 范围的频谱
```

程序运行后可听到经过 FFT 频域滤波的男声音频信号，可发现男声音频信号中的单频干扰已基本消除，此外还得到消除单频干扰后男声音频信号的时域波形如图 7-5-10 所示，以及相应的频谱图如图 7-5-11 所示。

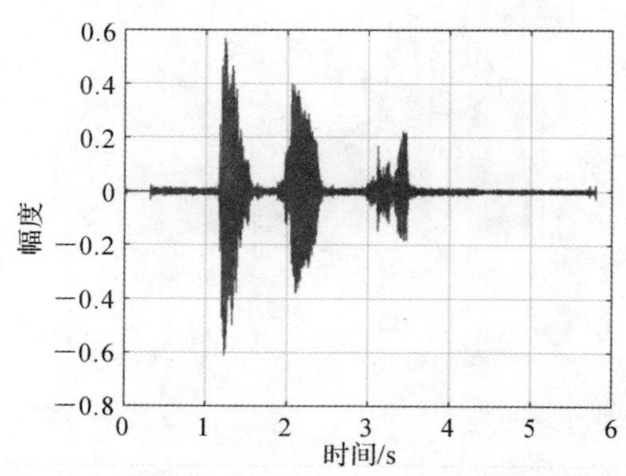

图 7-5-10　消除单频干扰后男声音频信号时域波形

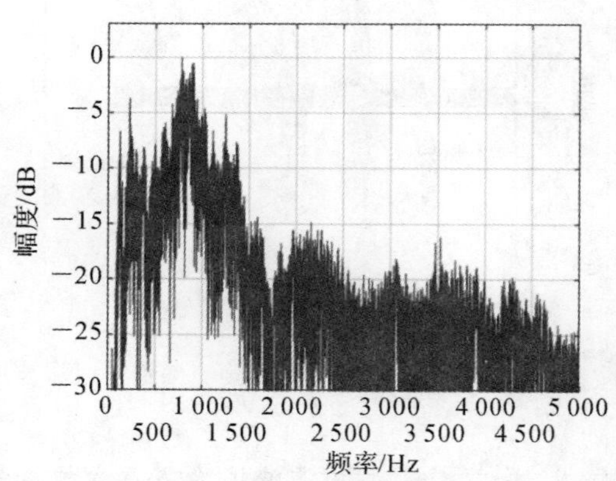

图 7-5-11　消除单频干扰后男声音频信号频谱图

7. 通过 FFT 频域滤波消除女声音频信号中的单频干扰

采用与步骤 6 类似的方法对叠加有单频干扰的女声音频信号进行处理，相关的 MATLAB 程序如下：

```
st = 0.05 * cos(2 * pi * 3500 * (0:length(Yw)-1)/Fs);
st = st';
Yw_st = Yw+ st;                                   %对女声音频叠加单频信号干扰
Nfft =  2^(ceil(log2(length(Yw_st) )));           %使得 Nfft 为 2 的整数次幂
Ywf_st = fft(Yw_st,Nfft);                         %对叠加干扰后的信号作 FFT 变换
stloc = round(3500/(Fs/Nfft))+1;                  %寻找单频干扰对应的谱线位置
Ywf_st(stloc-150:stloc+150)=0;                    %将单频干扰附近谱线清零
stloc = Nfft-round(3500/(Fs/Nfft))+1;
Ywf_st(stloc-150:stloc+150)=0;
Yw_rcv = ifft(Ywf_st,Nfft);                       %计算傅里叶逆变换恢复时域信号
Yw_rcv =real(Yw_rcv);
Yw_rcv = Yw_rcv(1:length(Yn));
figure;
plot((0:length(Yw_rcv)-1)/Fs, Yw_rcv);            %画出消除单频干扰后的信号波形
xlabel('时间 (s)');ylabel('幅度');grid on;
pause;
sound(Yw_rcv,Fs);                                 %播放消除单频干扰后的女声音频信号
Nfft=  2^(ceil(log2(length(Yw_rcv) )));
Ywf_rcv = fft(Yw_rcv,Nfft);                       %对消除干扰后的音频信号作 FFT
Ywf_rcv = 10 * log10(abs(Ywf_rcv(1:Nfft/2)));
Ywf_rcv = Ywf_rcv -max(Ywf_rcv);
fk = (0:Nfft/2-1) * Fs/Nfft;
figure;
plot(fk,Ywf_rcv);                                 %画出消除单频干扰后的频谱图
xlabel('频率 (Hz)');ylabel('幅度 (dB)');grid on;
axis([0,5000,-30,3]);                             %仅观察 0～5000Hz 范围的频谱
```

程序运行后可听到经过 FFT 频域滤波的女声音频信号，可发现女声音频信号中的单频干扰已基本消除，此外还得到消除单频干扰后女声音频信号的时域波形如图 7-5-12 所示，以及相应的频谱图如图 7-5-13 所示。

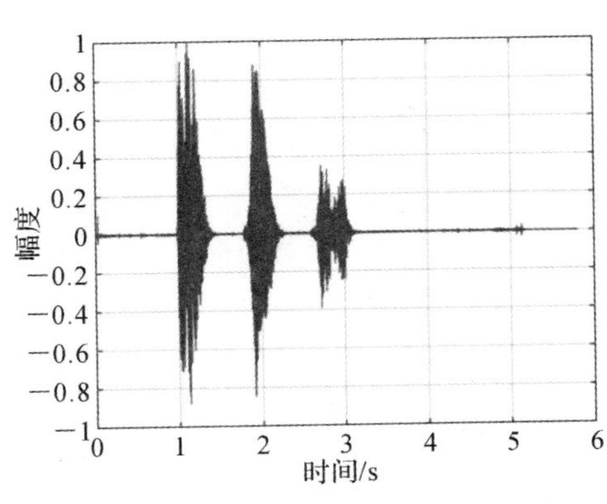

图 7-5-12　消除单频干扰后女声音频信号时域波形

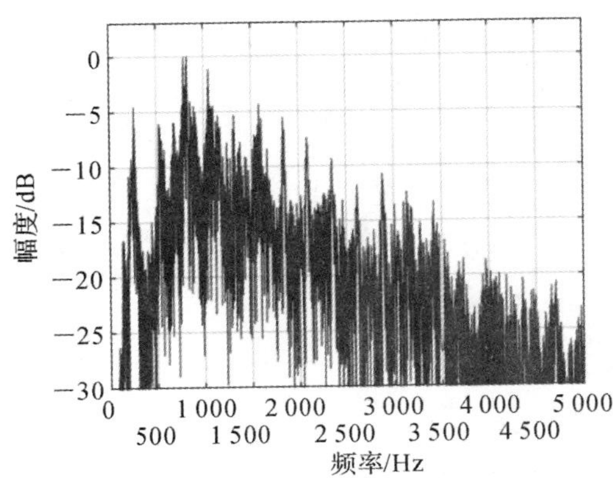

图 7-5-13　消除单频干扰后女声音频信号频谱图

8. 思考题

(1)男声音频信号和女声音频信号在频谱上有何区别?

(2)在用 FFT 频域滤波方法消除单音干扰时,需要注意哪些关键点?

7.6 实验六:用 FDATool 设计数字滤波器

一、实验目的

(1)掌握用 FDATool 设计 IIR 数字滤波器的原理和方法。

(2)掌握用 FDATool 设计 FIR 数字滤波器的原理和方法。

二、实验原理

数字滤波器的设计是数字信号处理技术的一个核心问题,除了众多的滤波器设计函数之外,在 MATLAB 中还提供有辅助滤波器的设计工具 FDATool(Filter Design and Analysis Tool)。它是基于图形化交互式界面的方式帮助设计数字滤波器的一种设计工具,用户可以先通过对话框的形式给出滤波器设计要求,然后使用 FDATool 即可方便地设计出满足性能指标要求的各种类型的滤波器。待滤波器设计完成后,在 FDATool 中可以对其性能进行分析,绘制幅频曲线、相频响应、零极点图等,并且能够将设计结果保存到工作空间中。同时,也可将其系数保存为 mat 文件、文本文件,或者直接生成 C 语言头文件等。

在 MATLAB 命令窗口中输入 fdatool,则会启动滤波器设计和分析工具,界面如图 7-6-1所示。

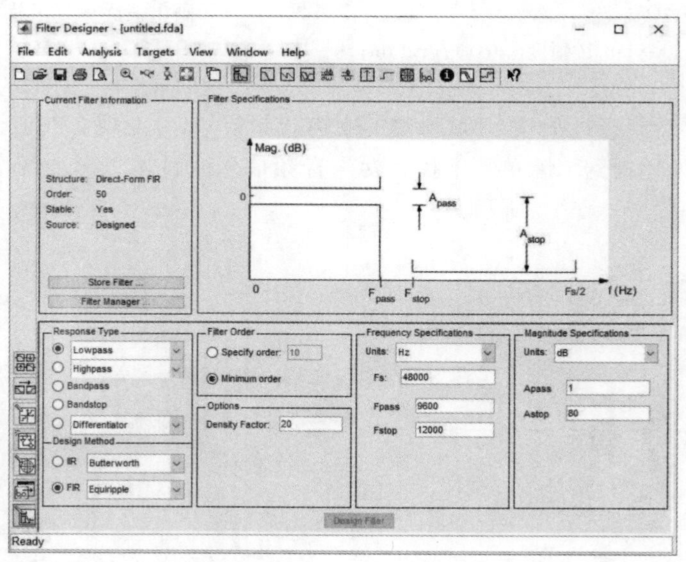

图 7-6-1 FDATool 设计界面

FDATool 设计界面上方显示的是当前滤波器的有关信息,包括滤波器结构、阶数以及是否稳定等。设计界面下方则是用来设计某种具体类型的滤波器以及其各种性能指标参数,下面将对这些参数依次进行介绍。

(1)Response Type:选择滤波器的类型。例如低通、高通、带通、带阻、微分器、多带、希尔伯特变换器以及任意频率响应等。

(2)Design Method:指定滤波器的设计方法。例如 IIR 滤波器可选择巴特沃斯、切比雪夫 I 型、切比雪夫 II 型、椭圆滤波器等类型;如果是 FIR 滤波器可选择等波纹、最小二乘、窗函数等类型。

(3)Filter Order:指定滤波器的阶数,也可以选择使用满足性能指标要求最小阶数的滤波器。

(4)Frequency Specifications:设置滤波器截止频率参数,包括采样频率 Fs、通带截止频率 Fpass 及阻带截止频率 Fstop 等。需要注意的是,如果选择的滤波器类型是带通或带阻滤波器,则通带截止频率包含 Fpass1 和 Fpass2,相应的阻带截止频率包含 Fstop1 和 Fstop2。

(5)Magnitude Specifications:设置滤波器的衰减技术指标。例如对于低通滤波器则有通带最大衰减 Apass 及阻带最小衰减 Astop 等。

上述参数都指定好之后,单击 FDATool 设计界面最下方的"Design Filter"按钮就完成了滤波器的设计,此时"Design Filter"按钮会变成灰色不可用状态。

例如设计一个 IIR 低通滤波器,Response Type 选择低通滤波器,Design Method 选择 IIR Butterworth,Filter Order 选择最小阶数 Minimum Order,采样频率 Fs=5 000 Hz,通带截止频率 Fpass=1 000 Hz,阻带截止频率 Fstop=1 500 Hz,通带最大衰减 Apass=3 dB,阻带最小衰减 Astop=40 dB,然后单击 Design Filter 按钮,即可显示该滤波器的幅频响应曲线图,如图 7-6-2 所示。

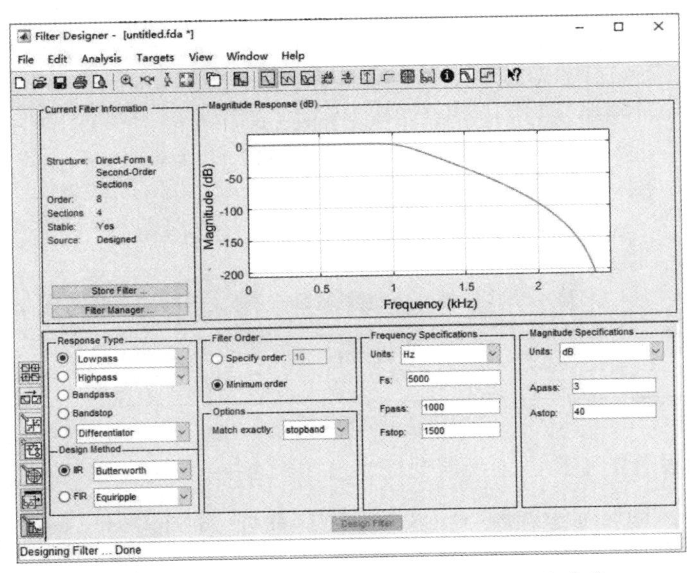

图 7-6-2 指定 IIR 低通滤波器的幅频响应曲线

从图 7-6-2 可知,此时该 IIR 低通滤波器的结构为直接 II 型,满足上述技术指标要求的滤波器的最小阶数为 8,且滤波器是稳定的。此外,在图 7-6-2 中有一排工具栏,如图 7-6-3所示。该工具栏各个按钮的功能是实现对所设计的滤波器进行一些常用的分析,功能介绍如表7-1所示。

图7-6-3 FDATool工具栏

表7-1 工具栏各按钮实现的功能

按钮	功能说明
	新的滤波器分析
	打开已有的设计文件，对该文件进行保存，文件后缀名为fda
	打印、打印预览
	放大、缩放X轴、缩放Y轴
	恢复默认视图、完整分析视图
	给出滤波器性能指标说明
	显示滤波器的幅频响应曲线、相频响应曲线，同时显示幅频及相频响应曲线
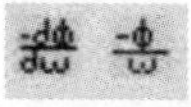	显示群延迟、相位延迟
	显示滤波器的单位脉冲响应、单位阶跃响应
	显示滤波器的零、极点图，滤波器的系数
	显示滤波器的相关信息
	显示估算的滤波器的幅频响应、滤波器的噪声功率谱
	帮助

下面结合前面设计的IIR巴特沃斯低通滤波器对FDATool工具栏的主要功能进行介绍。

单击按钮，将同时显示幅频响应及相频响应曲线，如图7-6-4所示。单击按钮，显示的是群延迟，如图7-6-5所示。单击按钮，显示的是该滤波器的单位脉冲响应，如图7-6-6所示。单击按钮，显示的是该滤波器的零、极点图，如图7-6-7所示，从该图可以看出，此IIR数字低通滤波器的所有极点均在单位圆内，显然该滤波器是稳定的，这和图7-6-2中当前滤波器信息中显示的滤波器是稳定的这一结论是一致的。单击按钮，显示

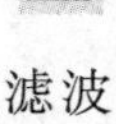

的是该滤波器的系数，如图 7-6-8 所示。

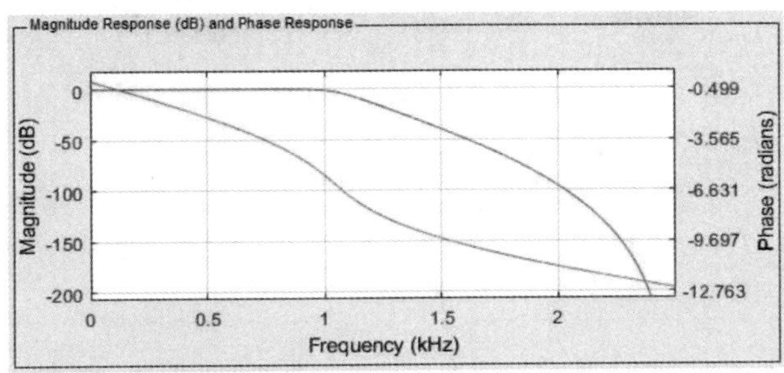

图 7-6-4　指定 IIR 低通滤波器的幅频及相频响应曲线

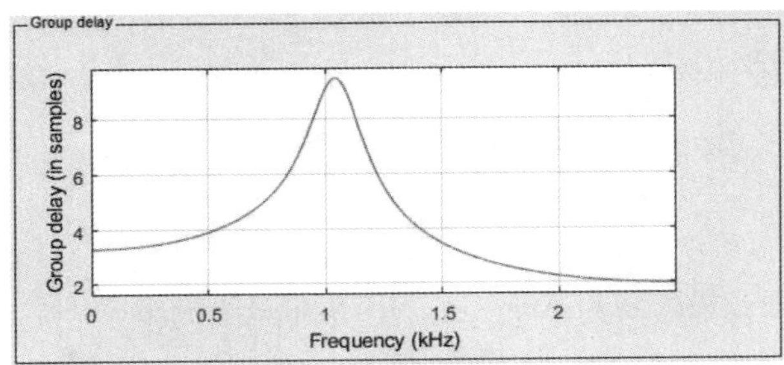

图 7-6-5　指定 IIR 低通滤波器的群延迟

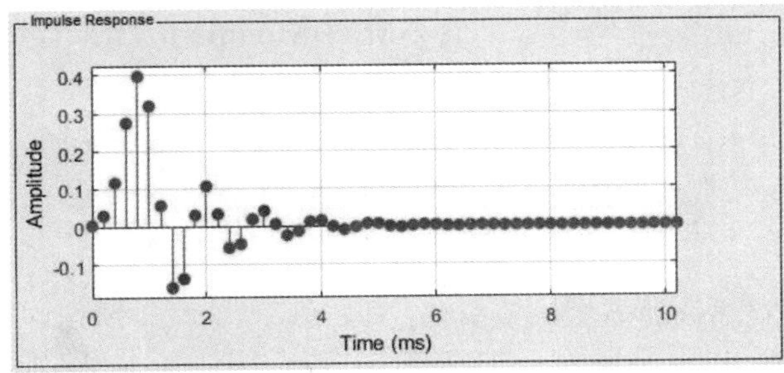

图 7-6-6　指定 IIR 低通滤波器的单位脉冲响应

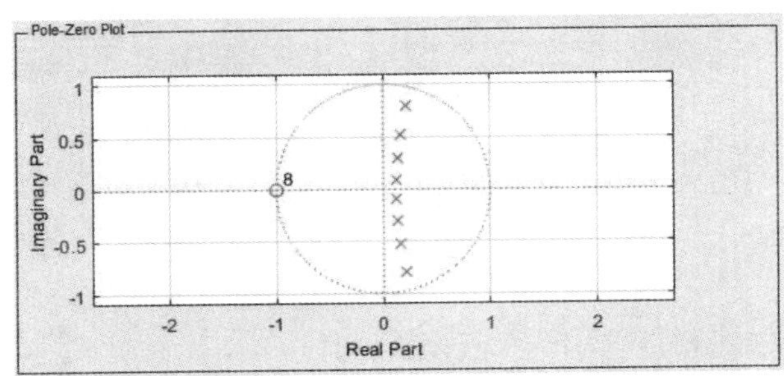

图 7-6-7　指定 IIR 低通滤波器的零、极点图

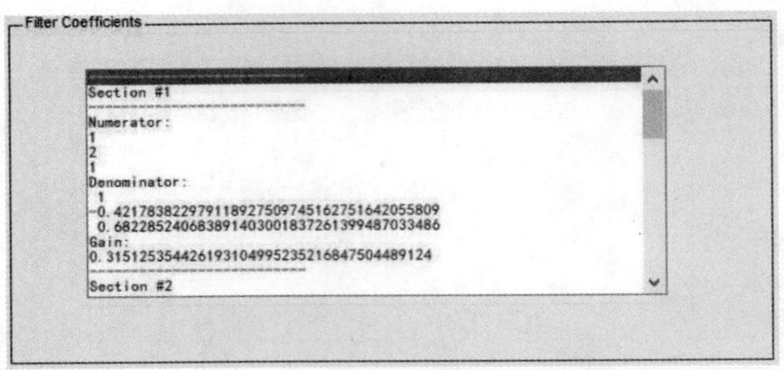

图 7-6-8　指定 IIR 低通滤波器的系数

三、实验内容

前面用 FDATool 设计数字滤波器的实验原理中是以设计 IIR 巴特沃斯低通滤波器为例进行介绍的，下面将继续给出其他各种类型滤波器的设计步骤。

1. 设计一个 IIR 切比雪夫 I 型高通滤波器

性能指标要求如下：采样频率 Fs＝8 000 Hz，通带截止频率 Fpass＝1 200 Hz，阻带截止频率 Fstop＝800 Hz，通带最大衰减 Apass＝2 dB，阻带最小衰减 Astop＝50 dB。

实验步骤如下：

(1)在 MATLAB 命令窗口执行 fdatool，启动 FDATool 设计界面。

(2)在 FDATool 设计界面中将 Response Type 选择为 Highpass，Design Method 选择为 IIR Chebyshev Type I，Filter Order 选择最小阶数 Minimum Order，设置滤波器参数如图 7-6-9 所示。

(3)单击 Design Filter 按钮，即可显示 IIR 切比雪夫 I 型滤波器的幅频响应曲线图，如图 7-6-10 所示。从幅频特性曲线图可知，所设计的 IIR 切比雪夫 I 型数字高通滤波器满足上述性能指标要求。

(4)单击 按钮，显示该滤波器的零、极点图如图 7-6-11 所示，从该图可以看出，所有极点均在单位圆内，因此该滤波器是稳定的。

(5)依次单击工具栏的相频响应、群延迟、单位脉冲响应及滤波器系数等按钮，可以更加深入地对所设计的 IIR 切比雪夫 I 型高通滤波器的各种性能进行分析。

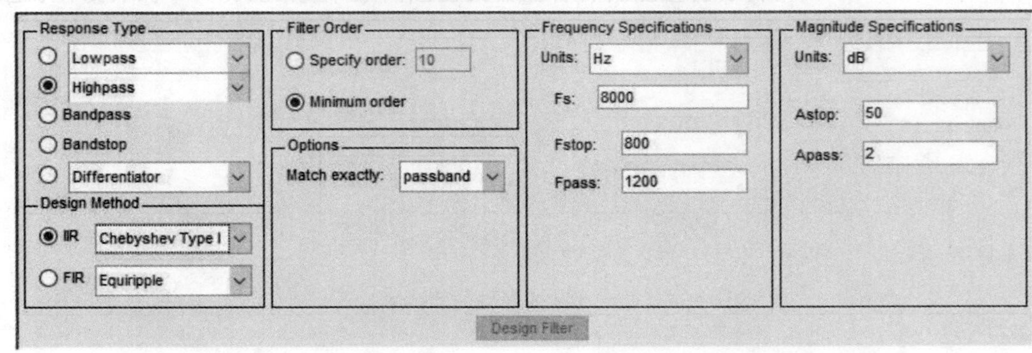

图 7-6-9　IIR 切比雪夫 I 型高通滤波器的参数设置

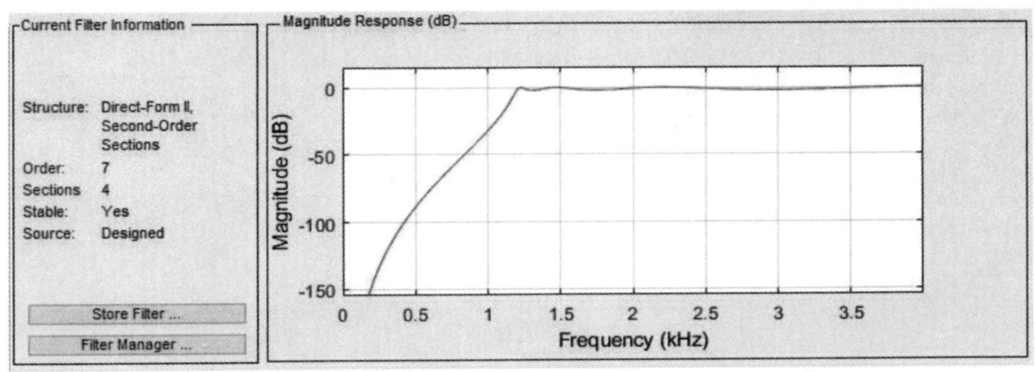

图 7-6-10 IIR 切比雪夫 I 型高通滤波器的幅频响应曲线

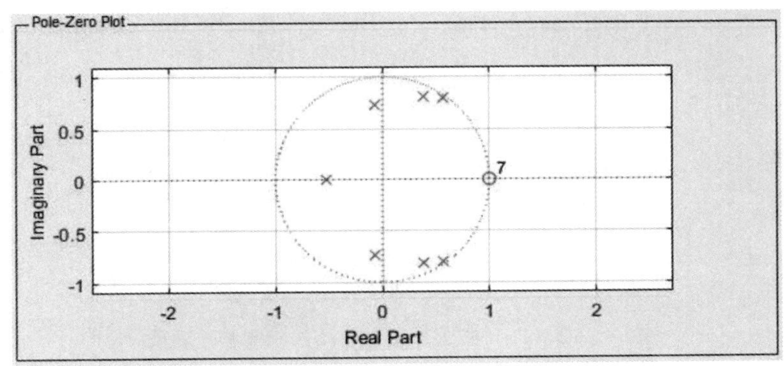

图 7-6-11 IIR 切比雪夫 I 型高通滤波器的零极点图

2. 设计一个 IIR 椭圆带通滤波器

性能指标要求如下：采样频率 Fs＝6 000 Hz，通带截止频率 Fpass1＝800 Hz，Fpass2＝1 000 Hz，阻带截止频率 Fstop1＝600 Hz，Fstop2＝1 200 Hz，通带最大衰减 Apass＝2 dB，阻带最小衰减 Astop＝60 dB。

实验步骤如下：

(1)在 MATLAB 命令窗口执行 fdatool，启动 FDATool 设计界面。

(2)将 Response Type 选择为 Bandpass，Design Method 选择为 IIR Elliptic，Filter Order 选择最小阶数 Minimum Order，设置滤波器参数如图 7-6-12 所示。

(3)单击 Design Filter 按钮，即可显示出 IIR 椭圆滤波器的幅频响应曲线图，如图 7-6-13所示。从幅频特性曲线图可知，所设计的 IIR 椭圆数字带通滤波器满足上述性能指标要求。

(4)单击 按钮，显示该滤波器的零、极点图，如图 7-6-14 所示。从该图可以看出，所有极点均在单位圆内，因此该滤波器是稳定的。

(5)依次单击工具栏的相频响应、群延迟、单位脉冲响应及滤波器系数等按钮，可以更加深入地分析 IIR 椭圆带通滤波器的其他性能。

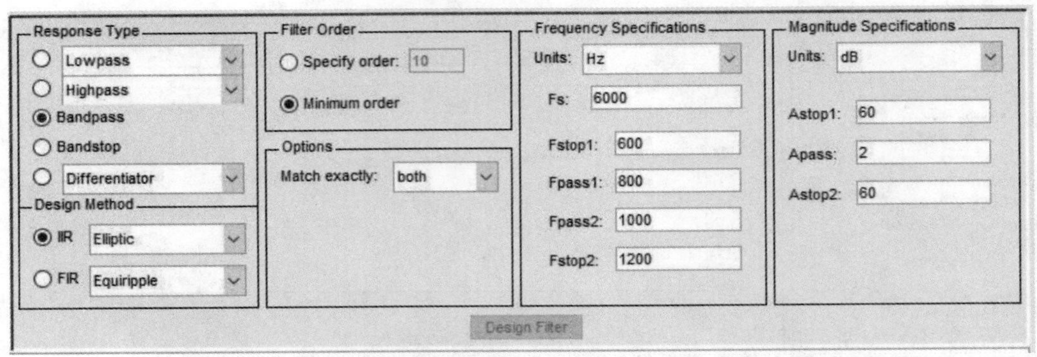

图 7-6-12　IIR 椭圆带通滤波器的参数设置

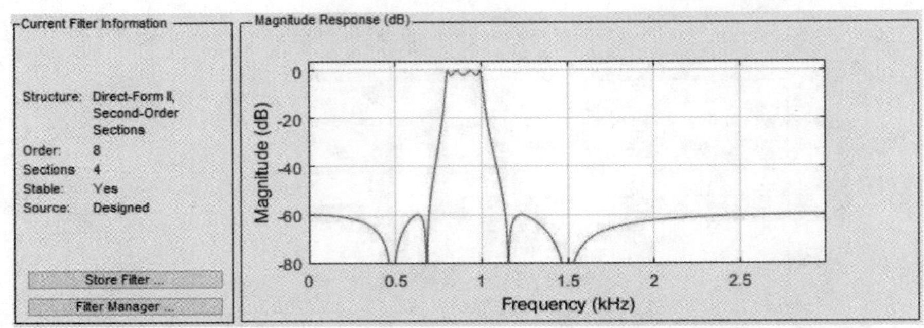

图 7-6-13　IIR 椭圆带通滤波器的幅频响应曲线

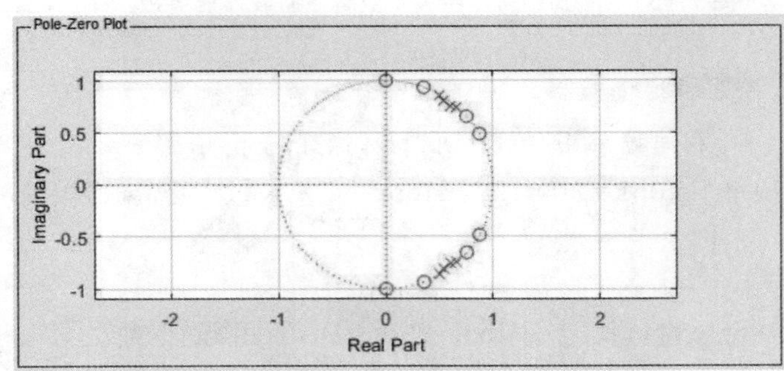

图 7-6-14　IIR 椭圆带通滤波器的零极点图

IIR 带阻滤波器的设计过程与带通滤波器的设计过程类似，注意应将 Response Type 选择为 Bandstop，这里就不再赘述了。

3. 用等波纹法设计一个 FIR 低通滤波器

性能指标要求如下：采样频率 Fs＝8 000 Hz，通带截止频率 Fpass＝2 000 Hz，阻带截止频率 Fstop＝2 500 Hz，通带最大衰减 Apass＝1 dB，阻带最小衰减 Astop＝60 dB，设计方法为等波纹法。

实验步骤如下：

(1)在 MATLAB 命令窗口执行 fdatool,启动 FDATool 设计界面。

(2)将 Response Type 选择为 Lowpass,Design Method 选择为 FIR Equiripple,Filter Order 选择最小阶数 Minimum Order,设置滤波器参数如图 7-6-15 所示。

(3)单击 Design Filter 按钮,即可显示 FIR 低通滤波器的幅频响应曲线图,如图 7-6-16 所示。从幅频特性曲线图可知,所设计的 FIR 数字低通滤波器满足上述性能指标要求。

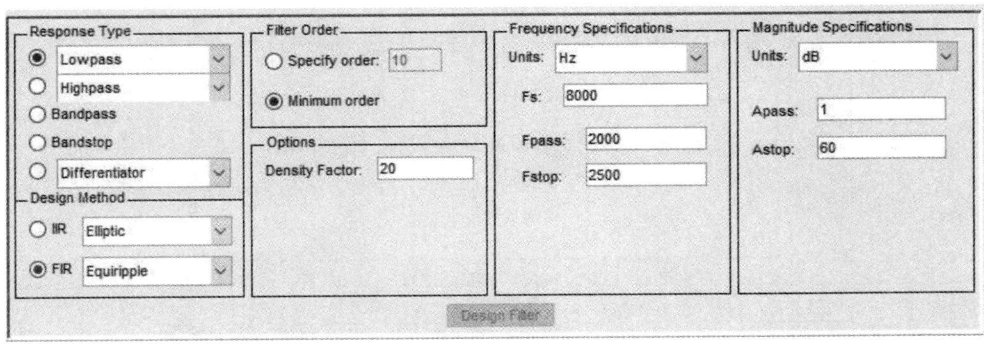

图 7-6-15 FIR 低通滤波器的参数设置(等波纹法)

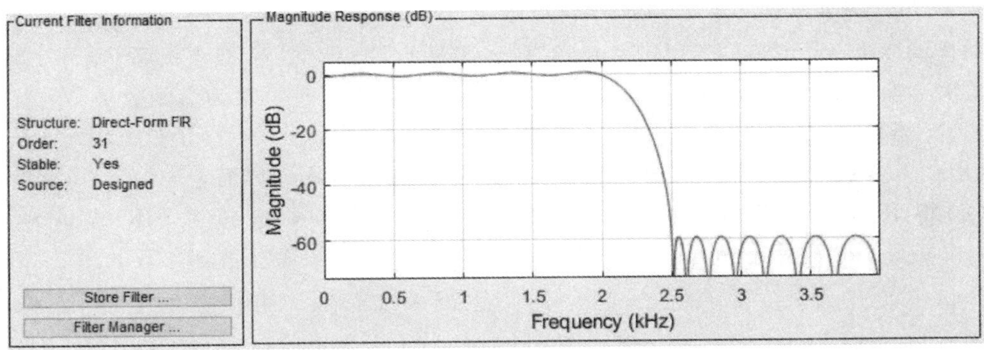

图 7-6-16 FIR 低通滤波器的幅频响应曲线

(4)单击按钮,显示 FIR 低通滤波器的相频响应,如图 7-6-17 所示。从图中可知,FIR 滤波器在通带内具备线性相位特性。

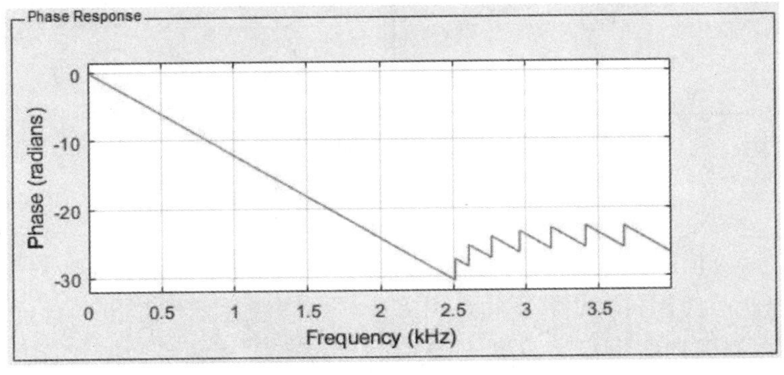

图 7-6-17 FIR 低通滤波器的相频响应曲线

(5)单击 按钮,显示该滤波器的零、极点图,如图 7-6-18 所示。从图中可知,FIR 滤波器仅有位于原点处的极点。因此,FIR 滤波器总是稳定的。

(6)依次单击工具栏的群延迟、单位脉冲响应及滤波器系数等按钮,可以更加深入地分析 FIR 低通滤波器的其他性能。

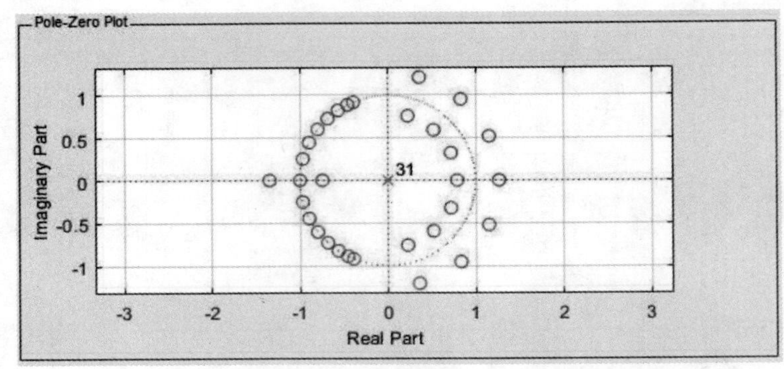

图 7-6-18 FIR 低通滤波器的零极点图

4. 用 Kaiser 窗设计一个 FIR 高通滤波器

采样频率 Fs=8 000 Hz,通带截止频率 Fpass=1 200 Hz,阻带截止频率 Fstop=800 Hz,通带最大衰减 Apass=2 dB,阻带最小衰减 Astop=50 dB,设计方法为窗函数法。

实验步骤如下:

(1)在 MATLAB 命令窗口执行 fdatool,启动 FDATool 设计界面。

(2)将 Response Type 选择为 Highpass, Design Method 选择为 FIR Window, Filter Order 选择最小阶数 Minimum Order, Window 选择 Kaiser,设置滤波器参数如图 7-6-19 所示。

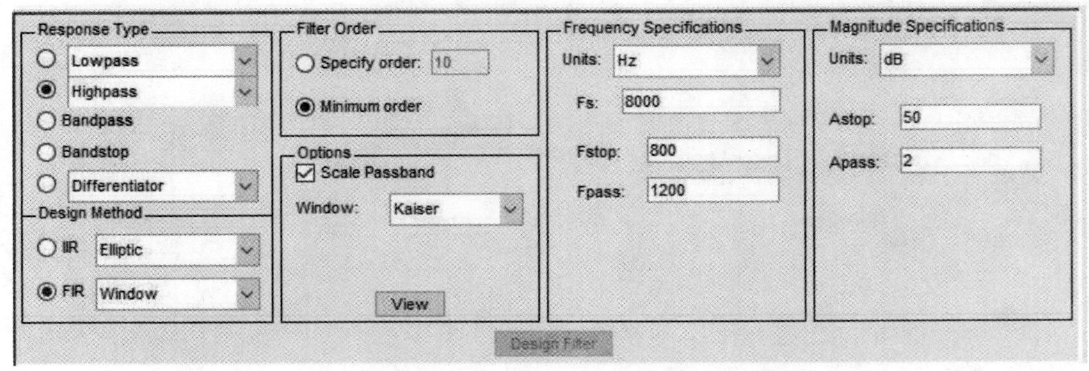

图 7-6-19 FIR 高通滤波器的参数设置(窗函数法)

(3)单击 Design Filter 按钮,就可显示 FIR 高通滤波器的幅频响应曲线图,如图 7-6-20 所示。从幅频特性曲线图可知,所设计的 FIR 数字高通滤波器满足上述性能指标要求。从图中还可以发现,在相同性能指标的前提下,FIR 滤波器所需要的阶数要远远高于 IIR 滤波器。

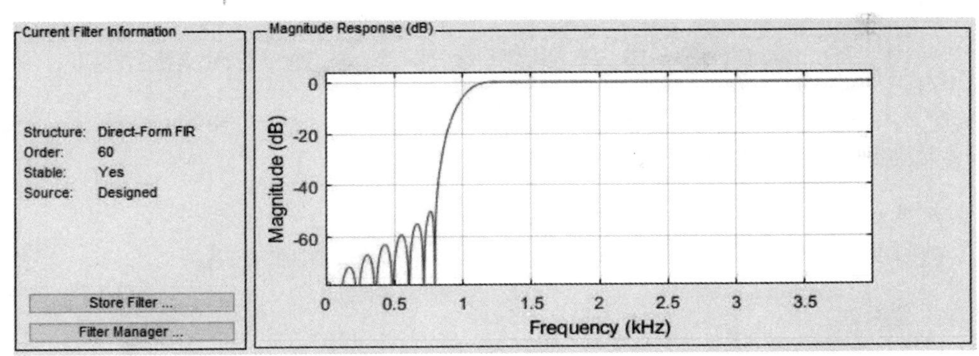

图 7-6-20 FIR 高通滤波器的幅频响应曲线

(4)单击按钮,显示 FIR 高通滤波器的相频响应,如图 7-6-21 所示。从图中可知,FIR 滤波器在通带内具备线性相位特性。

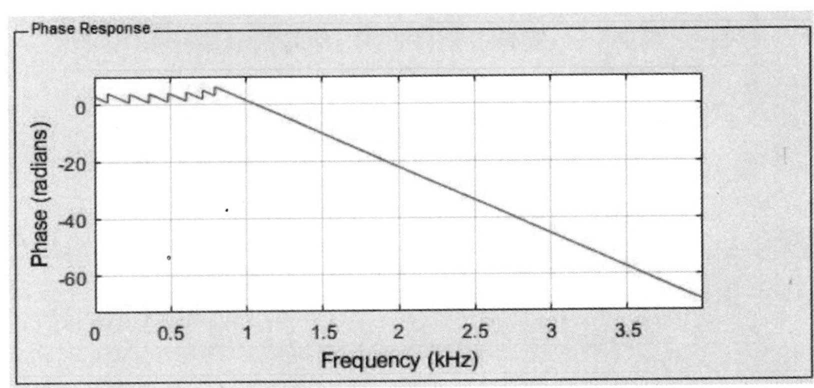

图 7-6-21 FIR 高通滤波器的相频响应曲线

(5)单击按钮,显示该滤波器的零、极点图,如图 7-6-22 所示,从该图可以看出,仅有位于原点处的极点。显然,该 FIR 滤波器总是稳定的。

(6)依次单击工具栏的群延迟、单位脉冲响应及滤波器系数等按钮,可以更加深入地对所设计的 FIR 高通滤波器的各种性能进行分析。

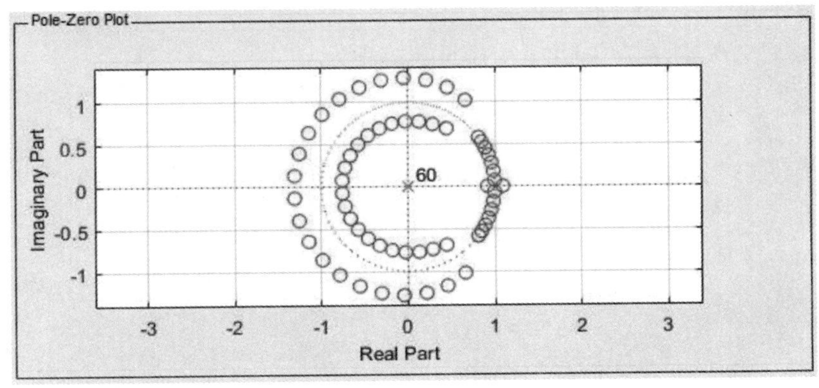

图 7-6-22 FIR 高通滤波器的零极点图

7.7 实验七：双音多频拨号系统信号处理仿真

一、实验目的

(1)熟悉双音多频拨号系统的工作原理。
(2)理解戈泽尔(Goertzel)算法及其在双音多频信号检测中的应用。

二、实验原理

双音多频(DTMF)信号是音频电话中的拨号信号，由美国 AT&T 贝尔实验室研制，并应用于电话网络中。DTMF 信号系统是一个典型的小型信号处理系统，它用数字方法产生模拟信号并进行传输，其中还用到了 D/A 变换器；在接收端用 A/D 变换器将其转换成数字信号，并进行数字信号处理与识别。在电话中，数字 0～9 中的每一个数字都用两个不同的单音频传输，所用的 8 个频率分成高频带和低频带两组，具体对应关系如表 7-2 所示。

表 7-2　双音多频(DTMF)拨号的频率分配

低频组	高频组			
	1 209 Hz	1 336 Hz	1 477 Hz	1 633 Hz
697 Hz	1	2	3	A
770 Hz	4	5	6	B
852 Hz	7	8	9	C
941 Hz	*	0	#	D

以传输数字 1 为例，需要使用 697 Hz 和 1 209 Hz 两个频率，信号表达式为

$$x(t)=\sin(2\pi f_1 t)+\sin(2\pi f_2 t)$$

其中，$f_1=697$ Hz，$f_2=1\,209$ Hz。采样频率通常设置为 8 000 Hz，故当传输数字 1 时，相应的离散时间序列为

$$x(t)=\sin\left(\frac{2\pi f_1}{8\,000}t\right)+\sin\left(\frac{2\pi f_2}{8\,000}t\right)$$

为了提高系统的检测速度并降低成本，研究者开发出一种特殊的 DFT 算法，称为戈泽尔算法。其原理如下：

首先根据等式 $W_N^{-kN}=1$ 将 DFT 变换重新写为

$$X(k)=W_N^{-kN}\sum_{m=0}^{N-1}x(m)W_N^{km}=\sum_{m=0}^{N-1}x(m)W_N^{-k(N-m)}$$

上式可看作序列 $x(n)$ 和序列 $h_k(n)$ 的卷积在 $n=N$ 时的值，其中序列 $h_k(n)$ 为

$$h_k(n)=W_N^{-kn}u(n)$$

进一步地，$X(k)$ 可看作序列 $x(n)$ 通过单位脉冲响应为 $h_k(n)$ 的滤波器后在 $n=N$ 时刻的输出，滤波器系统函数 $H_k(z)$ 为 $h_k(n)$ 的 z 变换，即

$$H_k(z)=\frac{1}{1-W_N^{-k}z^{-1}}$$

在本实验的双音多频信号检测中，仅需计算在 697 Hz、770 Hz、852 Hz、941 Hz、1 209 Hz、1 336 Hz、1 477 Hz、1 633 Hz 等 8 个频率处的 DFT 变换，不妨记为 $X(k_1)$、$X(k_2)$、…、$X(k_8)$。根据上述分析，可构造 8 个一阶 IIR 滤波器，分别对序列 $x(n)$ 进行滤波，并将各个滤波器在 $n=N$ 时刻的输出作为所需的 DFT 变换结果。在具体实现上，可写出滤波器 $H_k(z)$ 对应的差分方程为

$$y_k(n)=W_N^{-k}y_k(n-1)+x(n),\quad y_k(-1)=0$$

然后，通过迭代计算就可得到滤波器在 $n=N$ 时刻的输出结果，即 $X(k)$。因此计算单个 DFT 变换结果 $X(k)$ 所需的计算量是 N 次复数乘法和 N 次复数加法。事实上，这与直接利用 DFT 变换公式计算所需的计算量是相同的。戈泽尔算法的关键在于，它接着对系统函数 $H_k(z)$ 的分子及分母同时乘以 $1-W_N^kz^{-1}$，从而得到等价的二阶 IIR 滤波器为

$$H_k(z)=\frac{1-W_N^kz^{-1}}{1-2\cos(2\pi k/N)z^{-1}+z^{-2}}$$

根据 IIR 滤波器的直接 Ⅱ 型结构，可得到描述该滤波器的差分方程组为

$$v_k(n)=2\cos\frac{2\pi k}{N}v_k(n-1)-v_k(n-2)+x(n)$$

$$y_k(n)=v_k(n)-W_N^kv_k(n-1)$$

最后，总结基于以上差分方程组的迭代计算过程如下：首先对第一个差分方程迭代计算 N 次，得到 $v_k(0)$、$v_k(1)$、…、$v_k(N)$；接着将 $v_k(N-1)$ 及 $v_k(N)$ 代入第二个差分方程，通过一次计算得到 $y_k(N)$，即滤波器在 $n=N$ 时刻的输出结果，它正是我们所需的 DFT 变换结果 $X(k)$。按照上述方法，所需计算量仅为 N 次实数乘法和 $2N$ 次实数加法（忽略第二个差分方程的一次计算过程）。这里需要说明的是，当所需计算的 DFT 结果个数较少，如低于$\log_2^N$，则戈泽尔算法的计算效率较高，反之则 FFT 算法的计算效率更高。在本实验中，可直接调用 MATLAB 信号处理工具箱中的函数 goertzel，它实现了以上介绍的戈泽尔算法。

三、实验内容

1. 对单个按键音的产生与其 goertzel 变换

根据双音多频信号的产生原理，当拨号 1 时，所用频率为 697 Hz、1 209 Hz，而在对拨号信号进行戈泽尔变换时使用函数 goertzel，相应的 MATLAB 程序如下：

```
Fs = 8000;N = 1000;
lo = sin(2 * pi * 697 * (0:N-1)/Fs);
hi = sin(2 * pi * 1209 * (0:N-1)/Fs);
data = lo + hi;                                   %产生拨号信号
sound(data,Fs)                                    %播放拨号音
f = [697 770 852 941 1209 1336 1477];
freq_indices =round(f/Fs * N) + 1;
dft_data = goertzel(data,freq_indices);           %goertzel 变换
plot((0:N-1)/Fs, data);
xlabel('时间 (s)');ylabel('幅度');grid on;
figure;stem(f,abs(dft_data));                     %画 goertzel 变换结果
ax = gca;ax.XTick = f;
```

```
xlabel('频率 (Hz)');ylabel('DFT 幅度');grid on;
```

程序运行后可听到拨号 1 时的拨号音，并得到如下实验结果。其中，图 7-7-1 为拨号 1 时所产生的时域信号波形，图 7-7-2 为对该信号进行戈泽尔变换所得的结果。

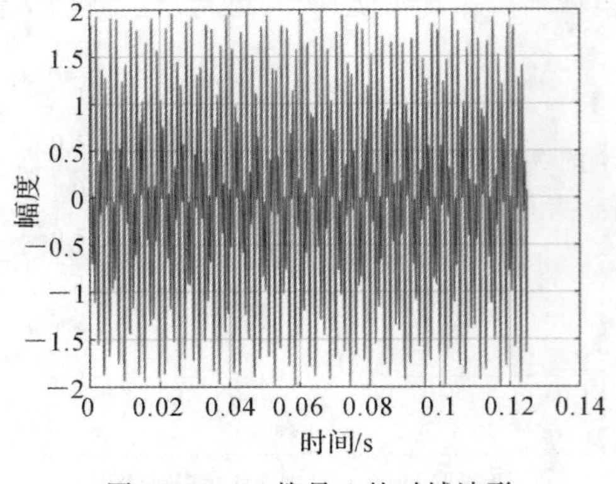

图 7-7-1　拨号 1 的时域波形

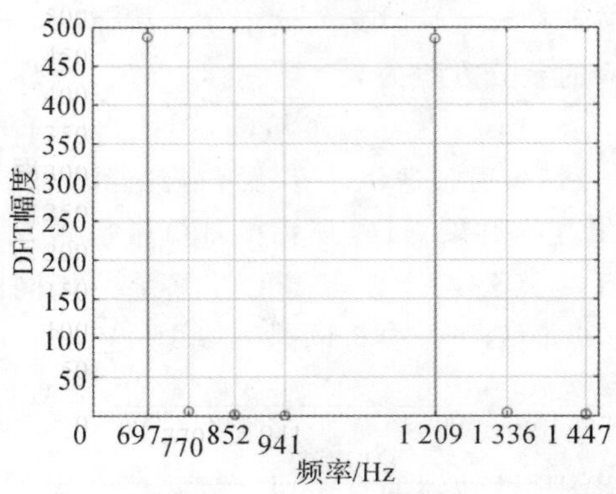

图 7-7-2　拨号 1 时信号 goertzel 变换结果

2. 编写函数以实现拨号号码与频率的对应

编写函数[f1,f2]=dialnum2fre(n)，作用是根据拨号号码 n 得到信号频率 f1、f2；编写函数[n]=fre2dialnum(f1,f2)，作用是根据信号频率 f1、f2 识别拨号号码，相应的程序如下：

```
function [f1,f2]=dialnum2fre(n)
switch n
    case 1
        f1 = 697; f2 =1209;
    case 2
        f1 = 697; f2 =1336;
    case 3
        f1 = 697; f2 =1477;
    case 4
        f1 = 770; f2 =1209;
    case 5
        f1 = 770; f2 =1336;
    case 6
        f1 = 770; f2 =1477;
    case 7
        f1 = 852; f2 =1209;
    case 8
        f1 = 852; f2 =1336;
    case 9
        f1 = 852; f2 =1477;
    case 0
        f1 = 941; f2 =1336;
    otherwise
```

```
        disp('Unknown number.')
    end
end
function [n]=fre2dialnum(f1,f2)
if  f1 == 697&& f2 ==1209
    n=1;
elseif  f1 == 697&& f2 ==1336;
    n=2;
elseif  f1 == 697&& f2 ==1477;
    n=3;
elseif f1 ==770&& f2 ==1209;
    n=4;
elseif f1 == 770&& f2 ==1336;
    n=5;
elseif f1 == 770&& f2 ==1477;
    n=6;
elseif  f1 == 852&& f2 ==1209;
    n=7;
elseif  f1 == 852&& f2 ==1336;
    n=8;
elseif  f1 == 852&& f2 ==1477;
    n=9;
elseif  f1 == 941&& f2 ==1336;
    n=0;
else
    disp('Unknown frequency.')
end
end
```

3、产生任意单个按键音及其 goertzel 变换

利用函数 input 可输入任意单个拨号号码，并利用步骤 2 中的函数 dialnum2fre，得到对应的信号频率。利用函数 goertzel 对信号作戈泽尔变换，然后再利用步骤 2 中的函数 fre2dialnum 识别拨号号码，相应的 MATLAB 程序如下：

```
Fs = 8000;N = 1000;
dn = input('输入单个电话号码:');                    %输入拨号号码
[f1,f2]=dialnum2fre(dn);                            %拨号号码对应的频率
lo = sin(2 * pi * f1 * (0:N-1)/Fs);
hi = sin(2 * pi * f2 * (0:N-1)/Fs);
data = lo + hi;pause(0.5);
sound(data,Fs)                                      %播放拨号音
f = [697 770 852 941 1209 1336 1477];
freq_indices =round(f/Fs * N) + 1;
dft_data = goertzel(data,freq_indices);             %goertzel 变换
```

```
[~,index] = sort(abs(dft_data),'descend');              %对 goertzel 变换结果降序排列
f1 = min(f(index(1)),f(index(2)));                      %拨号号码对应的低频频率识别结果
f2 = max(f(index(1)),f(index(2)));                      %拨号号码对应的高频频率识别结果
rec_n=fre2dialnum(f1,f2);                               %拨号号码识别结果
disp(['拨号号码识别结果为:',num2str(rec_n)]);
figure;plot((0:N-1)/Fs, data);
xlabel('时间 (s)');ylabel('幅度');grid on;
figure;stem(f,abs(dft_data))                            %画 goertzel 变换结果
ax = gca;ax.XTick = f;
xlabel('频率 (Hz)');ylabel('DFT 幅度');grid on;
```

程序运行后 MATLAB 显示如下内容：

```
>>输入单个电话号码:6
拨号号码识别结果为:6
```

上述显示内容说明程序正确识别了单个拨号号码。程序运行后还可听到拨号 6 时的拨号音，并得到如下实验结果。其中，图 7－7－3 为拨号 6 时所产生的时域信号波形，图 7－7－4 为对该信号进行戈泽尔变换所得的结果。

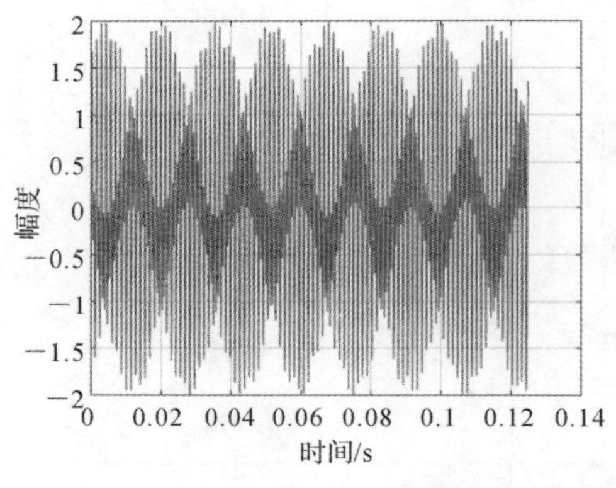

图 7－7－3　拨号 6 的时域波形

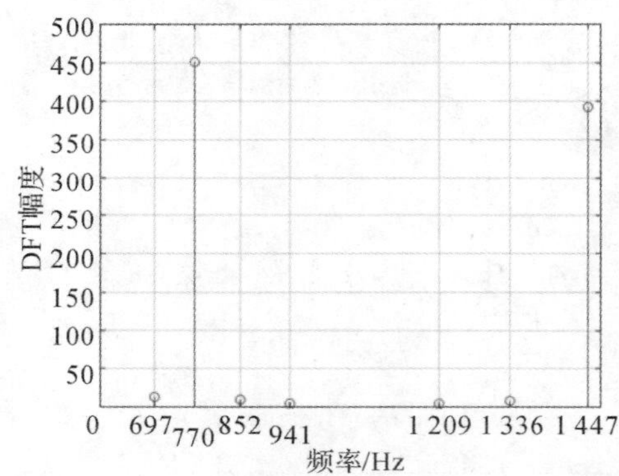

图 7－7－4　拨号 6 时信号 goertzel 变换结果

4. 产生多个连续电话拨号音

同样利用函数 input 可输入多个连续拨号号码，并利用步骤 2 中的函数 dialnum2fre，得到对应的信号频率。连续两个拨号号码之间增加一段时间的空白信号，从而方便听清拨号音，相应的 MATLAB 程序如下：

```
Fs = 8000;N = 1000;
dn_str = input('输入 11 位电话号码:','s');              %输入拨号号码
data_all = [];
for nn=1:11
dn=str2num(dn_str(nn));
    [f1,f2]=dialnum2fre(dn);                            %拨号号码对应的频率
    lo = sin(2*pi*f1*(0:N-1)/Fs);
    hi = sin(2*pi*f2*(0:N-1)/Fs);
    data = lo + hi;
```

```
    data_all = [data_all,data,zeros(1,1000)];          %相邻拨号音之间间隔 1/8 s
end
pause(0.5);
sound(data_all,Fs);                                    %播放拨号音
figure;
plot((0:length(data_all)-1)/Fs, data_all);
xlabel('时间 (s)');ylabel('幅度');grid on;
```

程序运行后 MATLAB 显示以下内容：

```
>>输入 11 位电话号码:13109876543
```

程序运行后还可听到拨号 13109876543 时的拨号音，并得到如下时域信号波形，结果如图 7-7-5 所示。

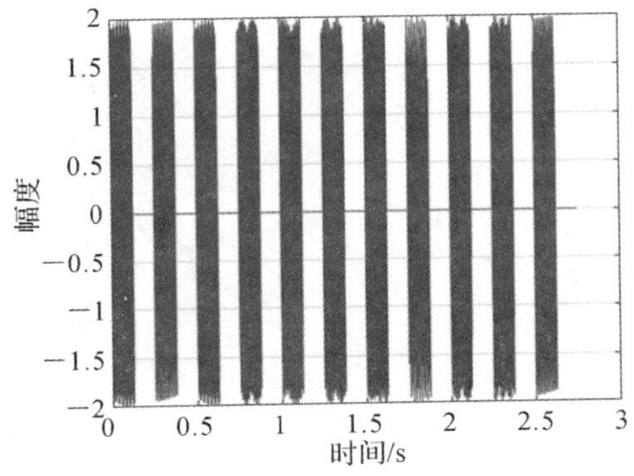

图 7-7-5　拨号 13109876543 对应的时域波形

5. 对多个连续电话拨号音作 goertzel 变换

对连续电话拨号音信号抽取出单个拨号音信号，并利用函数 goertzel 对信号作戈泽尔变换，再利用步骤 2 中的函数 fre2dialnum 识别拨号号码，相应的 MATLAB 程序如下：

```
data_index =1:1000;
f = [697 770 852 941 1209 1336 1477];
freq_indices =round(f/Fs * N) + 1;
rec_nall = [];
for nn=1:11
data = data_all(data_index);
    dft_data = goertzel(data,freq_indices);            %goertzel 变换
    [~,index] = sort(abs(dft_data),'descend');         %对 goertzel 变换结果降序排列
    f1 = min(f(index(1)),f(index(2)));                 %拨号号码对应的低频频率识别结果
    f2 = max(f(index(1)),f(index(2)));                 %拨号号码对应的高频频率识别结果
    rec_n=fre2dialnum(f1,f2);                          %拨号号码识别结果
    rec_nall = [rec_nall,rec_n];
    data_index = data_index +2000;
end
disp(['拨号号码识别结果为:',num2str(rec_nall)]);
```

程序运行后可得到如下输出：

```
>>拨号号码识别结果为:1  3  1  0  9  8  7  6  5  4  3
```

6.思考题

(1)根据实验原理中一阶 IIR 滤波器的差分方程编程实现戈泽尔算法，并与 MATLAB 函数 goertzel 的调用结果进行对比。

(2)根据实验原理中二阶 IIR 滤波器的差分方程编程实现戈泽尔算法，并与 MATLAB 函数 goertzel 的调用结果进行对比。

参考文献

[1] 王芳,陈勇,何成兵. 离散时间信号处理与 MATLAB 仿真[M]. 北京:电子工业出版社,2019.

[2] 程佩青. 数字信号处理教程[M]. 3 版. 北京:清华大学出版社,2007.

[3] 程佩青,李振松. 数字信号处理教程习题分析与解答[M]. 5 版. 北京:清华大学出版社,2018.

[4] 高西全,丁玉美. 数字信号处理[M]. 3 版. 西安:西安电子科技大学出版社,2008.

[5] 丁玉美,高西全.《数字信号处理(第三版)》学习指导[M]. 西安:西安电子科技大学出版社,2009.

[6] 胡广书. 数字信号处理导论[M]. 2 版. 北京:清华大学出版社,2013.

[7] 胡广书. 数字信号处理题解及电子课件[M]. 2 版. 北京:清华大学出版社,2014.

[8] 沈再阳. 精通 MATLAB 信号处理[M]. 北京:清华大学出版社,2015.

[9] 万永革. 数字信号处理的 MATLAB 实现[M]. 2 版. 北京:科学出版社,2012.

[10] 张志涌. 精通 MATLAB R2011a[M]. 北京:北京航空航天大学出版社,2011.

[11] 宋知用. MATLAB 数字信号处理 85 个实用案例精讲:入门到进阶[M]. 北京:北京航空航天大学出版社,2016.

[12] 吴大正,杨林耀,张永瑞,等. 信号与线性系统分析[M]. 4 版. 北京:高等教育出版社,2005.

[13] JOHN G P,DIMITRIS G M. 数字信号处理:原理、算法与应用[M]. 4 版. 方艳梅,刘永清,等译. 北京:电子工业出版社,2014.

[14] ALAN V O,RONAID W S. 离散时间信号处理[M]. 3 版. 黄建国,刘树棠,张国梅,译. 北京:电子工业出版社,2015.

[15] LUIS F C. 信号与系统:使用 MATLAB 分析与实现[M]. 宋琪,译. 北京:清华大学出版社,2017.